ORGANIZADORES

José Augusto de Oliveira
Diogo Aparecido Lopes Silva
Fabio Neves Puglieri
Yovana María Barrera Saavedra

Engenharia e Gestão do CICLO DE VIDA DE PRODUTOS

teoria e prática

A **JORNADA DE UM PRODUTO** DO **DESIGN CIRCULAR** À **MELHORIA DO DESEMPENHO** EM **SUSTENTABILIDADE**

ALTA BOOKS
GRUPO EDITORIAL
Rio de Janeiro, 2024

Engenharia e Gestão do Ciclo de Vida de Produtos

Alta Books é uma empresa do Grupo Editorial Alta Books (Starlin Alta Editora e Consultoria LTDA).

ISBN: 978-85-508-2109-2

Impresso no Brasil — 1ª Edição, 2024 — Edição revisada conforme o Acordo Ortográfico da Língua Portuguesa de 2009.

Dados Internacionais de Catalogação na Publicação (CIP)
(BENITEZ Catalogação Ass. Editorial, MS, Brasil)

E47
1.ed. Engenharia e gestão do ciclo de vida de produtos (EGCV) : teoria e prática / coordenadores José Augusto de Oliveira...[et al.]. – 1.ed. – Rio de Janeiro : Alta books, 2024.
416 p.; 15,7 x 23 cm.

Outros coordenadores: Diogo Aparecido Lopes Silva, Fabio Neves Puglieri, Yovana María Barrera Saavedra.
ISBN 978-85-5082-109-2

1. Engenharia. 2. Produtos – Ciclo de vida. I. Oliveira, José Augusto de. II. Silva, Diogo Aparecido Lopes. III. Puglieri, Fabio Neves. IV. Saavedra, Yovana María Barrera.

08-2024/120 CDD 620

Índice para catálogo sistemático:
1. Produtos : Ciclo de vida : Engenharia 620
Aline Graziele Benitez – Bibliotecária – CRB-1/3129

Grupo Editorial Alta Books

Produção Editorial: Grupo Editorial Alta Books
Diretor Editorial: Anderson Vieira
Editor da Obra: J. A. Ruggeri
Vendas Governamentais: Cristiane Mutüs
Gerência Comercial: Claudio Lima

Produtora Editorial: Ana Clara Tambasco
Revisão: Karina Pedron e Thamiris Leiroza
Diagramação: Rita Motta
Capa: Karma Brandão

ALTA BOOKS
GRUPO EDITORIAL

Rua Viúva Cláudio, 291 — Bairro Industrial do Jacaré
CEP: 20.970-031 — Rio de Janeiro (RJ)
Tels.: (21) 3278-8069 / 3278-8419
www.altabooks.com.br — altabooks@altabooks.com.br
Ouvidoria: ouvidoria@altabooks.com.br

Editora **afiliada à:**
ASSOCIADO

Sobre os editores

José Augusto de Oliveira

Professor na Universidade Estadual Paulista "Júlio de Mesquita Filho" - Unesp *Campus* São João da Boa Vista-SP.
Especialista em Avaliação do Ciclo de Vida, Ecodesign, Produção mais Limpa e Estratégias de Fim de Vida de produtos tecnológicos.

Diogo Aparecido Lopes Silva

Professor na Universidade Federal de São Carlos - UFSCar *Campus* Sorocaba-SP, no curso de Engenharia de Produção.
Especialista em Avaliação do Ciclo de Vida, Manufatura Sustentável, Ecoeficiência e Ecodesign.

Fabio Neves Puglieri

Professor na Universidade Tecnológica Federal do Paraná - UTFPR *Campus* Ponta Grossa-PR, no curso de Engenharia de Produção.
Especialista em Gestão do Ciclo de Vida, Planejamento Estratégico Ambiental e Estratégias Corporativas para a Sustentabilidade.

Yovana María Barrera Saavedra

Professora na Universidade Federal de São Carlos - UFSCar *Campus* Lagoa do Sino-SP, nos cursos de Administração, Engenharia Ambiental, Engenharia Agronômica e Engenharia de Alimentos.
Especialista em Gestão do Ciclo de Vida, Ecodesign, Estratégias de Fim de Vida, Gestão Ambiental e Gestão de Resíduos.

Sumário

Prefácio

Escrever sobre sustentabilidade é escrever sobre complexidade, pois sabemos que são várias as visões e consequências, totalmente multicriteriosas, que corroboram para a imensa discussão mundial. São várias as formas de se buscar o desenvolvimento sustentável com foco na interação entre os pilares social, econômico e ambiental.

Esse caráter de complexidade pode ser explicado pela seguinte analogia: descrever equações termodinâmicas a partir de dados de entrada de sistemas de um volume de controle é uma tarefa complicada, difícil de construir, mas, uma vez definida, torna-se corriqueiro enxergar o resultado. Essa é a beleza das equações. No entanto, descrever sustentabilidade é trivial, prosaico, correto, mas é muito difícil enxergar o efeito. Isso é o que caracteriza sistemas complexos.

Como se sabe, a energia e os problemas que envolvem o seu consumo tornaram-se significativos no âmbito global, não sendo mais possível se manter alheio aos efeitos da exploração descontrolada e, por outro lado, a economia deve ser uma ferramenta para o desenvolvimento sustentável e erradicação da pobreza. O consumo é colocado pelos principais líderes mundiais como uma ferramenta de crescimento. Somos uma sociedade baseada na capacidade de consumo; o ser humano moderno é chamado de consumidor, não de habitante, não de parceiro!

Mas vamos enxergar nosso dia a dia, de modo que nossa visão tenha base para maiores amplificações. O Brasil é reconhecido pelo seu enorme potencial em commodities e por sua alta capacidade de consumo.

Tomemos dois exemplos!

Em 2021, o Brasil foi responsável por alimentar cerca de 10% da população mundial, o que equivale a aproximadamente 800 milhões de pessoas, incluindo a população nacional. Vamos pegar uma tarefa dessa responsabilidade, como a produção de frangos. Diariamente, em nosso país, são abatidos cerca de 15 milhões. Em cerca de 45 dias, um frango atinge a massa de abate de 2,6 kg, consumindo cerca 4,6 kg de alimentos durante seu ciclo, o que significa que diariamente são fornecidas cerca de 69 mil toneladas de ração Just in Time (ração à base de milho e soja) para "alimentar" essa cadeia de valor. Portanto, as plantações de milho e soja são parte de uma cadeia extremamente complexa, que influi diretamente no ODS 2 (fome zero e agricultura sustentável).

Essa é a complexidade da sustentabilidade. Por exemplo, na plantação de milho, usa-se o defensivo agrícola ou opta-se por transgênicos? E como é o consumo de água? E se a agricultura for orgânica? Perceba que a discussão não é simples, pois identificamos pontos na produção, no transporte, na matéria-prima, olhando apenas um só ponto dos Objetivos de Desenvolvimento Sustentável (ODS).

Mas vamos falar de consumo de produtos industrializados e a lógica do conhecimento intangível. Sim, um smartphone exerce a função transformadora de nossa sociedade, que todos sabemos, sentimos e vivemos. Ele é composto basicamente de metais, polímeros e vidro, e seu preço de mercado chega em média a 5 mil US$/kg. Em termos comparativos, um automóvel (marca do consumo mundial do século XX) tem o preço médio de 25 US$/kg e um nanossatélite (o que permite a importância do smartphone) cerca de 55 mil US$/kg. Esses três produtos, uma vez transformados em sucata, valem 5 US$/kg em média. Isso mostra o poder do conhecimento, entendimento de demanda e serviços apresentados. Quanto mais próximo desse entendimento, mais valor terá o produto.

No mundo, foram produzidos cerca de 75 milhões de veículos em 2021, e o Brasil é um dos dez maiores produtores. No entanto, sabe-se que os carros são responsáveis por 72,6% da emissão de gases do efeito estufa. A solução simples e não muito perspicaz é simplesmente encará-lo como vilão (e pensar que, no início de seu mercado, o automóvel já foi um elemento para melhoria da saúde pública de grandes cidades desenvolvidas no início do século XX!). No entanto, sabemos que o efeito é devastador quando uma empresa automotiva abandona uma região. Qual nossa lógica de entendimento se estabelecermos as conversas somente em tecnologias e suas substituições sem, no entanto, entendermos a qualidade e quantidade de postos de trabalho e seus respectivos futuros, o surgimento eventual de novos negócios e empresas, sem a avaliação da infraestrutura (muitos países migram para plataformas elétricas sem produção limpa de energia!) e sem entender os desafios sobre políticas públicas de Estado em termos de estratégias, regulações e legislações?

Se as bases e os princípios não forem entendidos, tudo vira discussão rasa. Na minha ótica, este livro apresenta aspectos fundamentais da Engenharia e Gestão do Ciclo de Vida de produtos (EGCV).

Brilhantemente construído de forma coletiva com dezenas de profissionais estudiosos do tema, ele (re)constrói uma noção de coletividade e pertencimento, com as distintas visões, criando diálogos e exercícios com o leitor, que vai utilizá-lo no seu dia a dia, por meio de "reunião de técnicas, ferramentas e métodos da Engenharia e Gestão do Ciclo de Vida (EGCV) de produtos, de forma teórica e prática, e com base no estado da arte do tema para cursos de graduação e pós-graduação e para o ambiente empresarial, visando assim, a construção e a implementação de tecnologias avançadas e sustentáveis rumo à Economia Circular e Sustentabilidade dos Negócios", conforme cita um dos autores.

Eu enxergo que o objetivo foi cumprido, pois ao final de 13 capítulos, distribuídos entre temas que abordam desde a introdução à EGCV até tópicos como: Produção mais Limpa (P+L); Avaliação do Ciclo de Vida (ACV); Ecodesign de Produtos; Sistema de Gestão Ambiental e Medição de Desempenho Ambiental; Gestão Verde da Cadeia de Suprimentos; Comunicação e Rotulagem Ambiental, o leitor tem sua atenção chamada para as perguntas iniciais sobre o significado do ciclo de vida sistêmico de um produto (história, materiais, fim de vida, Rx etc.) e o quanto se pode contribuir nos diversos setores empresariais e econômicos para a sustentabilidade.

Este livro é uma excelente ferramenta para nos guiar naquelas discussões preconizadas no início deste prefácio, sendo um ótimo guia para os caminhos que as organizações necessariamente devem trilhar para se tornarem competitivas na sociedade do conhecimento sustentável.

Embarque nessa viagem!

Prof. Dr. Jefferson de Oliveira Gomes
Professor do ITA e Superintendente
de Tecnologia e Inovação da CNI/SENAI.

Desde a década de 1960, a Gestão Ambiental vem sendo implementada e aprimorada nas diversas instâncias governamentais, não governamentais e empresariais. Na esfera pública, cabe destacar as abordagens de Avaliação de Impacto Ambiental (AIA), Licenciamento Ambiental e Avaliação Ambiental Estratégica (AAE), dentre outras, que apresentam os instrumentos legais para Gestão Ambiental Pública de empreendimentos e serviços públicos e privados.

Já a Gestão Ambiental Empresarial teve seu início com uma postura mais reativa ou de fim de tubo, passando para uma postura com práticas preventivas, sistemas de gestão, certificáveis ou não, até abordagens mais proativas e estratégicas geradoras de valor e vantagens competitivas aos negócios.

Nos últimos anos, observou-se uma convergência para a visão de Ciclo de Vida, tanto na área acadêmica e científica quanto na área empresarial como um todo. Assim, o objeto de análise passa a ser o ciclo de vida de produtos e serviços, que compreende todas as suas fases e etapas, desde sua concepção até a sua recuperação e retorno ao ciclo produtivo. Desta maneira, nascem duas áreas importantes e complementares, que são o tema central desta obra: a Engenharia e Gestão do Ciclo de Vida (EGCV).

A EGCV é composta de práticas (conceitos, técnicas, ferramentas, programas e estratégias), todas elas aplicadas em fases distintas do ciclo de vida do produto, mas que se complementam, buscando principalmente a melhoria do desempenho ambiental desse bem ou serviço. Mais recentemente, também têm sido desenvolvidas aplicações visando a melhoria do desempenho social desses sistemas produtivos.

Ainda recentes, as produções bibliográficas dessas áreas se concentram em artigos, geralmente destinados à comunidade estritamente científica, e em livros que apresentam apenas alguns dos tópicos da EGCV e, muitas vezes, de forma isolada e superficial. Desse modo, a idealização deste livro, pelos seus organizadores, surgiu ainda quando eram pesquisadores de doutorado e notaram a necessidade de ter uma obra contínua, única e completa da EGCV e que fosse um livro didático para ser utilizado em sala de aula de graduação e pós-graduação como material de referência. Para este enorme desafio, foram convidados mais trinta autores renomados do Brasil e da Europa para contribuir com cada um dos temas abordados, de forma a produzir uma obra profunda e atualizada, sem, contudo, oferecer ao leitor um livro fragmentado. Por esse motivo, o planejamento e execução deste livro durou mais de quatro anos, passando por diversas revisões individuais de cada capítulo como também da obra como um todo, procurando tornar o livro um material homogêneo de estudos e pesquisas.

Esperamos que esta obra contribua significativamente, a médio e longo prazo, para uma formação continuada de novos profissionais com uma base sólida nesses temas tão necessários diante da atual Crise Ambiental e da macrotendência da Economia Circular.

Assim sendo, os organizadores, em nome dos mais de trinta autores deste livro, desejam a todos uma excelente leitura e, o mais importante, que todos possam aprender e colocar em prática os temas aqui desenvolvidos. É um sonho realizado poder entregar esta obra para vocês!

Prof. Dr. José Augusto de Oliveira
Prof. Dr. Diogo Aparecido Lopes Silva
Prof. Dr. Fabio Neves Puglieri
Profa. Dra. Yovana María Barrera Saavedra

Lista de autores e seus capítulos

Capítulo 1 **Introdução à Engenharia e Gestão do Ciclo de Vida (EGCV) de Produtos**

- Prof. Dr. José Augusto de Oliveira
- Prof. Dr. Diogo Aparecido Lopes Silva
- Prof. Dr. Fabio Neves Puglieri
- Profa. Dra. Yovana María Barrera Saavedra

Capítulo 2 **Produção mais Limpa (P+L)**

- Prof. Dr. José Augusto de Oliveira
- Prof. Dr. Antonio José Gonçalves da Cruz
- Dra. Andreza Aparecida Longati
- Enga. Letícia Barbosa Fidanza

Capítulo 3 **Avaliação do Ciclo de Vida (ACV): Definição de Objetivo e Escopo**

- Prof. Dr. Diogo Aparecido Lopes Silva

Capítulo 4 **ACV: Análise de Inventário do Ciclo de Vida (ICV) e Bancos de Dados**

- Dr. Thiago Oliveira Rodrigues
- Dra. Fernanda Belizário Silva
- Dr. Tiago Emmanuel Nunes Braga
- Dra. Marília Ieda da Silveira Folegatti Matsuura

Capítulo 5 **ACV: Avaliação do Impacto do Ciclo de Vida (AICV) de Produtos**

- Dra. Ana Laura Raymundo Pavan
- Dra. Natalia Crespo Mendes

Capítulo 6 **ACV: Interpretação de Resultados**

- Dra. Marcella Ruschi Mendes Saade
- Profa. Dra. Vanessa Gomes
- Profa. Dra. Maristela Gomes da Silva

Capítulo 7 **ACV Social**

- Dra. Alessandra Zamagni
- Dra. Laura Zanchi
- Dra. Silvia Di Cesare
- Dra. Federica Silveri
- Dra. Luigia Petti

Capítulo 8 **Ecodesign de Produtos**

- Dra. Daniela C. A. Pigosso

Capítulo 9 **Sistemas Produto-Serviço (PSS)**

- Prof. Dr. Henrique Rozenfeld
- M.Sc. Maiara Rosa
- M.Sc. Sânia da Costa Fernandes
- Marina de Pádua Pieroni
- Carolina Queiroz Souza
- Érica Gonçalves Rezende
- Cristina Targas Gurian

Capítulo 10 **Sustentabilidade Corporativa – Definindo Estratégias e Modelos de Negócio a partir da Economia Circular**

- Prof. Dr. Fabio Neves Puglieri
- Dr. Diego Rodrigues Iritani

Capítulo 11 **Sistemas de Gestão Ambiental e Medição de Desempenho Ambiental**

- Profa. Dra. Camila Fabrício Poltronieri
- Profa. Dra. Luciana Rosa Leite
- Profa. Dra. Sabrina Rodrigues Sousa

Capítulo 12 **Gestão Sustentável da Cadeia de Suprimentos**

- Prof. Dr. Fabio Neves Puglieri
- Profa. Dra. Yovana María Barrera Saavedra

Capítulo 13 **Comunicação e Rotulagem Ambiental**

- Prof. Dr. Cassiano Moro Piekarski
- Prof. Dr. Murillo Vetroni Barros
- Prof. Dr. Rodrigo Salvador
- Prof. Dr. Fabio Neves Puglieri
- Felipe Queiroz Coelho
- M.Sc. Beatriz Cristina Koszka Kiss

CAPÍTULO

1

Engenharia e Gestão do Ciclo de Vida (EGCV) de Produtos

Prof. Dr. José Augusto de Oliveira

Universidade Estadual Paulista "Júlio de Mesquita Filho" - Unesp
Campus São João da Boa Vista. Av. Professora Isette Corrêa Fontão, 505
13876-750, São João da Boa Vista-SP, Brasil

Prof. Dr. Diogo Aparecido Lopes Silva

Universidade Federal de São Carlos - UFSCar
Departamento de Engenharia de Produção
Campus Sorocaba. Rodovia João Leme dos Santos, km 116
18052-780, Sorocaba-SP, Brasil

Prof. Dr. Fabio Neves Puglieri

Universidade Tecnológica Federal do Paraná - UTFPR
Departamento Acadêmico de Engenharia de Produção
Campus Ponta Grossa. Rua Dr. Washington Subtil Chueire, 330 - Jardim Carvalho
84017-220, Ponta Grossa-PR, Brasil

Profa. Dra. Yovana María Barrera Saavedra

Universidade Federal de São Carlos
Centro de Ciências da Natureza - CCN
Campus Buri Lagoa do Sino
Rodovia Lauri Simões de Barros, km 12 - SP-189 - Bairro Aracaçu
18290-000, Buri-SP, Brasil

1 Engenharia e Gestão do Ciclo de Vida (EGCV) de Produtos

Você sabe o que é Ciclo de Vida de produto e como isso pode ajudar a sustentabilidade? Bem, antes de falarmos propriamente do Ciclo de Vida, vamos definir aqui alguns conceitos importantes sobre sustentabilidade e como o Pensamento do Ciclo de Vida (PCV) se encaixa dentro da Agenda de Desenvolvimento de 2030.

A Agenda de Desenvolvimento de 2030 foi lançada em 2015 com seus 17 Objetivos de Desenvolvimento Sustentável (ODS) e 169 metas associadas que são integradas e indivisíveis (Figura 1). Nesses 17 ODS, foram utilizados a erradicação da pobreza e o Desenvolvimento Sustentável (DS) como centro da Agenda, reconhecendo que, sem um DS, dificilmente o ser humano continuará progredindo e se desenvolvendo na sociedade.

Além disso, também devemos lembrar que nesse mesmo ano foi assinado o acordo de Paris, onde se teve um acordo global sobre a mudança climática e com o objetivo de manter o aumento da temperatura média global abaixo dos 2 °C.

Mas como vamos conseguir atingir os 17 ODS e conseguir manter o aumento da temperatura média global abaixo dos 2 °C? Pois é, aqui que entra o PCV como apoio na identificação de prioridades ao longo do ciclo de vida dos produtos de uma organização.

Veremos mais adiante, neste livro, uma técnica chamada Avaliação do Ciclo de Vida (ACV). Como ela permite identificar, calcular e medir o desempenho ambiental de produtos, serviços e processos, ela pode ser usada para identificar os maiores pontos de concentrações de emissões e analisar quais podem ser as medidas para alcançar sua redução com maior eficiência, com menores impactos e com melhor gerenciamento dos possíveis *trade-offs* que podem ser criados por esses cenários e entre os 17 ODS.

Figura 1 • Objetivos do Desenvolvimento Sustentável

Fonte: Adaptado de ONU-Brasil (2020).

Assim, começamos a notar como a Engenharia e Gestão do Ciclo de Vida (EGCV), apoiada pela ACV, pode ajudar os países a atenderem os ODS. Esse acordo teve o objetivo central de fortalecer a resposta global à ameaça da mudança do clima e de reforçar a capacidade dos países para lidar com os impactos decorrentes dessas mudanças.

Então, podemos dizer que com o PCV podem ser identificados os principais pontos críticos para melhorar a eficiência dos recursos com benefícios nos três pilares da sustentabilidade. A maioria dos 17 ODS oferece oportunidades para integrar a abordagem do ciclo de vida; no entanto, destacam-se os ODS11, sobre cidades e comunidades sustentáveis, e os ODS12, de consumo e produção sustentáveis. Com o uso da EGCV é possível promover modelos de negócios com tecnologias mais sustentáveis e onde possam ser usadas ferramentas como a comunicação e rotulagem ambiental para se ter uma comunicação mais transparente com os consumidores. Além disso, a integração de ecodesign no desenvolvimento desses produtos pode ajudar na melhoria ambiental e no fechamento do ciclo de vida dos mesmos (UNEP, 2019).

Bem, sabemos que ainda não aprendemos o suficiente para compreender de forma profunda e plena como a EGCV pode contribuir para a sustentabilidade, mas feita esta breve contextualização, esperamos ter provocado a sua curiosidade para que você possa desfrutar plenamente deste livro e, ao final de seus estudos, responder por si só como a EGCV pode contribuir para o cumprimento dos ODS e, então, promover a sustentabilidade no meio produtivo e empresarial.

Vamos voltar então à pergunta sobre o que é o ciclo de vida de um produto. Considere este livro, que você está lendo e tocando, como um produto. Agora, vamos lhe convidar para algumas reflexões baseadas nas seguintes perguntas:

- Você sabe a história por trás da produção deste livro?
- Você sabe quais foram os materiais utilizados na sua produção?
- Você sabe como é realizada a sua disposição final após o término da sua vida útil?
- Você sabe se este papel será reciclado ou não, ou mesmo se a reciclagem em si é a melhor alternativa tecnológica existente para tratar o resíduo de papel?
- Se ele for reciclado, esse processo de recuperação do material ao final do ciclo de vida apresenta melhor desempenho ambiental do que a destinação final desse resíduo (disposição em aterro, por exemplo)?

Todas essas questões surgem justamente quando começamos a pensar ou a desenvolver um pensamento sobre o ciclo de vida dos produtos que compramos e que consumimos. Este livro foi pensado em apresentar, explicar e detalhar os principais conceitos, técnicas e aplicações da EGCV para contribuir com as partes interessadas — setores empresariais e econômicos, governos, organizações não governamentais e sociedade civil.

Voltando ao exemplo do livro, a Figura 2 representa todas as etapas pelas quais o livro passa, e é importante destacar que, independentemente do produto, sempre vai ser gerado algum tipo de impacto (negativo ou positivo) ao longo de todo o seu ciclo de vida, isto é, desde a extração dos recursos necessários para a sua concepção e produção, até a distribuição, o uso e seu descarte no pós-consumo. Assim, é possível termos uma visão mais ampla e realista de sua interação com os pilares ambiental, econômico e social, ou seja, com a sustentabilidade. Mas por que é importante o ciclo de vida para a sustentabilidade? Pense no contexto atual, pense como os impactos negativos estão aumentando cada vez mais pelo consumo exagerado de produtos e pelo ciclo de vida curto, ou seja, o aumento na geração dos resíduos. Este cenário faz com que seja urgente a implementação da EGCV na prática.

Figura 2 • Ciclo de vida dos produtos – exemplo para o caso de um livro de papel

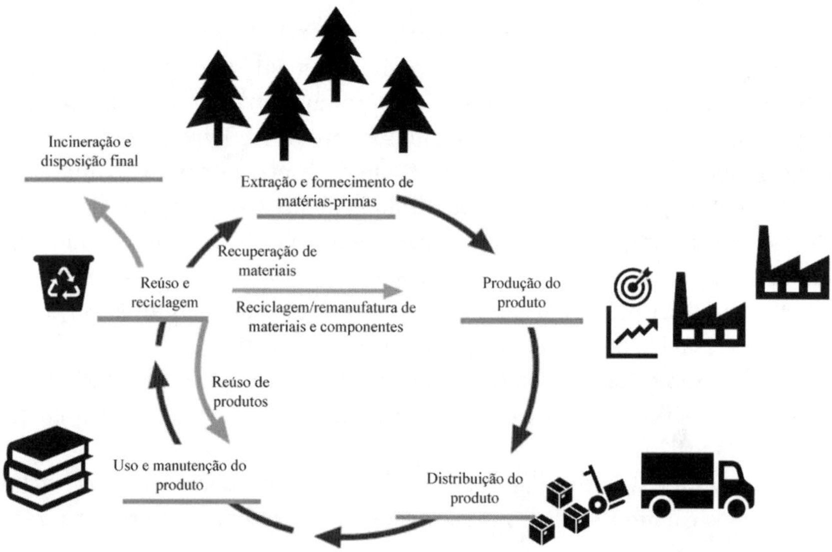

Fonte: Adaptada de *United Nations Environment Programme* – UNEP (2007).

No entanto, antes de continuar, é importante definir o conceito principal do nosso livro, que é o ciclo de vida, também conhecido mundialmente como PCV (do inglês, *Life Cycle Thinking*). Segundo *Life Cycle Initiative* (LCI), a definição do conceito de PCV é:

> Pensar no ciclo de vida é ir além do foco tradicional no local de produção e nos processos de fabricação para incluir impactos ambientais, sociais e econômicos de um produto ao longo de todo o seu ciclo de vida (UNEP, 2019).

A UNEP (2016) acrescenta que o objetivo do PCV é orientar a transição de uma análise isolada das etapas de um produto para uma análise sistêmica do produto com todas as suas etapas e todas as suas atividades e, com isso, garantir melhorias e reduzir o uso dos recursos ao longo do ciclo de vida dos produtos. Com o PCV é possível ter uma melhor compreensão do mundo moderno onde tudo está inter-relacionado e onde se faz necessário identificar os impactos ambientais, econômicos e sociais ao longo de todo o ciclo de vida de um produto, processo e inclusive de uma organização. Além disso, implementar o PCV é pensar em toda a cadeia de suprimentos e engajar os *stakeholders*, que podem variar desde desenvolvedores de políticas a gerentes ambientais até projetistas de produtos e engenheiros.

Apesar de parecer uma obviedade, o PCV só passou a ter maior destaque após o desenvolvimento da técnica de Avaliação do Ciclo de Vida (ACV), que permite uma avaliação quantitativa de todos os impactos ambientais potenciais que ocorrem ao longo do ciclo de vida de um produto. Assim, voltando ao exemplo do ciclo de vida do livro de papel, por meio de uma ACV, seria possível verificar onde ocorrem os seus principais impactos ambientais e qual seria a sua escala de magnitude para cada etapa do ciclo de vida. A ACV permite gerar respostas para questões relevantes neste caso, tais como: o que é melhor, realizar a disposição final do livro de papel após o término de sua vida útil, ou reciclá-lo? Onde se gera mais impactos, no cultivo das árvores que fornecerão a matéria-prima necessária para a produção dos livros, ou no processo fabril de fabricação do produto? Qual é a relevância dos processos logísticos de transporte de matérias-primas e de distribuição do produto para os impactos do ciclo de vida do livro de papel?

No entanto, a ACV advém de um conceito mais amplo, definido como Engenharia do Ciclo de Vida (ECV). Segundo Alting and Legarth (1995), a ECV consiste em "projetar o ciclo de vida de produtos por meio de escolhas sobre conceitos, estruturas, materiais e processos de fabricação de produtos". Entendemos aqui que as escolhas citadas se referem ao projeto, desenvolvimento e produção de produtos utilizando conceitos, estruturas e materiais com menores potenciais de impactos, sempre em busca da melhoria contínua nos processos de tomada de decisão. Em um conceito mais recente, Jeswiet (2014) define a ECV como:

> Atividades de engenharia que incluem a aplicação de princípios tecnológicos e científicos à fabricação de produtos com o objetivo de proteger o meio ambiente, conservar recursos, incentivar o progresso econômico, tendo em mente as preocupações sociais e a necessidade de sustentabilidade, otimizando o ciclo de vida do produto e minimizando a poluição e o desperdício (JESWIET, 2014).

A ECV cobre cinco linhas básicas, sendo: o projeto do produto, a fabricação do produto, a lucratividade do empreendimento, o impacto ambiental e o impacto social das atividades (JESWIET, 2003). Estas cinco linhas devem ser consideradas ao se pensar na sustentabilidade.

Tripple Botton Line, ou Tripé da Sustentabilidade, visa o equilíbrio entre o crescimento econômico, a responsabilidade ambiental e a equidade social. Nesse sentido, devemos pensar como a ECV deve ser tratada para o fomento a este tripé, visando sua aceitação pelo meio empresarial e a implementação no cenário real, para que não seja apenas uma teoria sem aplicabilidade. Para este objetivo, deparamos com a Tríade ECV, que é ilustrada na Figura 3.

Em suma, esta tríade é representada pela análise integrada dos três desempenhos esperados de um produto ou processo. Se por um lado pensamos em projetar, desenvolver e produzir produtos com menores potenciais de impactos ambientais, ou seja, com maiores e melhores[1] desempenhos ambientais, precisamos também analisar quais serão os impactos advindos destas melhorias no desempenho econômico e no desempenho técnico/tecnológico, quando se trata de produtos, e desempenho operacional, quando se trata de processos. Além disso, avaliar os aspectos sociais dos produtos e processos para a promoção da sustentabilidade[2].

Figura 3 • Tríade da Engenharia do Ciclo de Vida

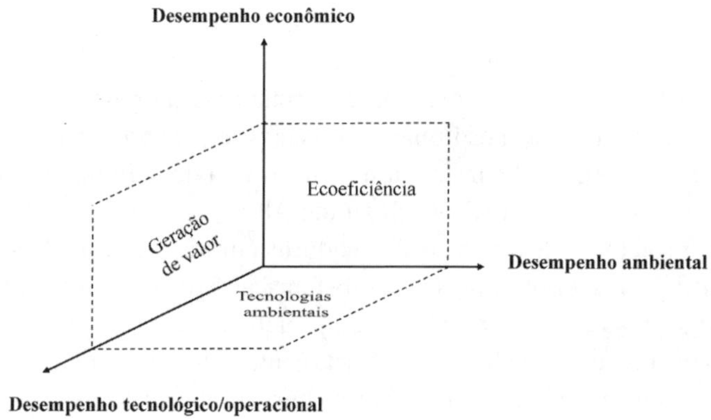

Fonte: Autores.

Mas por que isso? Bem, se queremos desenvolver uma ciência aplicada, precisamos pensar nos públicos-alvo desta aplicação, ou seja, no mercado. Por razões óbvias, as empresas esperam melhorar o desempenho ambiental dos produtos, mas não querem que as práticas desenvolvidas gerem impactos negativos no desempenho técnico/tecnológico de seus produtos, no desempenho operacional de seus processos e muito menos no desempenho econômico. Claro, muitas vezes teremos algum tipo de impacto negativo desses desempenhos em detrimento das melhorias do desempenho ambiental ou social, mas, mesmo assim, estas precisam ser estudadas para que seja possível minimizá-las e gerenciá-las do ponto de vista prático.

1 Um desempenho pode ser melhor, do ponto de vista qualitativo, quando há melhoria, ou pode ser maior, do ponto de vista quantitativo, quando os indicadores aumentam.

2 O desempenho social não foi inserido na Figura 3 por ser de difícil mensuração na ECV e na comparação com os demais desempenhos observados na mesma figura.

Mas por que adotar a ECV? Do ponto de vista ambiental, sabemos que a Capacidade de Suporte e a Capacidade de Resiliência da Biosfera é limitada, e elas se regeneram em ciclos, assim como ocorrem com os ciclos biogeoquímicos, por exemplo, os ciclos de Carbono (C), Nitrogênio (N), da Água (H_2O) etc. No entanto, por causa do nosso modelo atual linear e elevado de extração de recursos, do aumento na produção e do consumo e, consequentemente, do descarte de produtos, esses ciclos não estão tendo o tempo necessário para se regenerar e, se continuarmos com esse modelo e não adotarmos uma visão cíclica para diminuir a extração de recursos e a disposição de resíduos, sejam eles sólidos, líquidos ou gasosos, sem opções de recuperação, sabemos que a biosfera não suportará mais as atividades humanas ao longo do tempo.

E do ponto de vista econômico, como a ECV pode ajudar? Bem, sabemos que a economia em que vivemos atualmente consiste basicamente no sistema econômico do capitalismo, que se baseia na produção (Y), que por sua vez ocorre em função de quatro fatores de produção, conforme ilustra a Equação 1:

$$Y = f(RN, C, H, T) \tag{1}$$

Em que:

RN = Recursos Naturais
C = Capital
H = Força de mão de obra
T = Tecnologia

Oras, mas o que a Equação 1 tem a ver com a ECV? Sabemos que a economia capitalista prevê, majoritariamente, o aumento de C, certo? Sabemos também que o crescimento demográfico aumenta naturalmente de forma exponencial a variável H. Estas duas primeiras variáveis requerem a busca constante pelo avanço tecnológico, ou seja, aumento de T. Por outro lado, sabemos que a oferta de RN pela biosfera se comporta como uma função relativamente decrescente.[3] Assim, verificamos um *trade-off*, que consiste em termos gerais, em uma relação inversa, que pode também ser inversamente proporcional. Ou seja, enquanto as taxas de C, H e T crescem, a taxa de RN diminui.

Mas ainda não ficou clara a relação da Economia com a ECV, certo? Se temos uma tendência de redução de RN devido à sua finitude, devemos aumentar a eficiência de seu uso, ou seja, devemos usar mais vezes cada RN para gerar mais valor aos produtos e serviços, conforme a Equação 2.

---

[3] Os recursos naturais apresentam uma função decrescente em relação às demais variáveis que aumentam com maior intensidade. Assim, os recursos naturais são finitos em detrimento de sua demanda pelas ações antrópicas.

$$Eficiência\ do\ uso\ de\ RN = \frac{Produtos\ ou\ serviços\ gerados}{RN\ utilizado} \qquad (2)$$

Assim, se usarmos e reutilizarmos os RN, manteremos suas taxas constantes e, se aumentarmos os produtos e serviços gerados, teremos um aumento das taxas de eficiência do uso de RN.

Bem, agora começa a fazer sentido. Mas e quanto a C e a T? De forma clara, se aumenta o valor dos produtos e serviços gerados, obtém-se um maior retorno sobre o capital investido na forma de ativos, aumentando assim os valores de C. Ainda falta T, certo? Bem, a tecnologia tem papel fundamental na ECV, pois ela pode se comportar como um fator multiplicativo para os demais fatores de produção, conforme sugere a Equação 3:

$$Y = T.f(RN, C, H) \qquad (3)$$

A tecnologia, se aplicada para a sustentabilidade, pode ainda aumentar exponencialmente a função produção, ou mesmo multiplicando, gerando um impacto muito positivo sobre a eficiência do uso de RN, C e H.

Assim, observa-se um papel fundamental da tecnologia para a ECV e para a economia, dividindo-se em duas abordagens principais: Tecnologias Sustentáveis e Tecnologias para a Sustentabilidade. Mas qual é a diferença entre elas? As tecnologias ditas como sustentáveis são aquelas que possuem menores potenciais de impactos ambientais e podem ser substituídas ao longo do tempo visando o aumento do desempenho de sustentabilidade de produtos e processos que são realizados por estas tecnologias. Como exemplos, pode-se citar a modificação de um processo produtivo, a reutilização de algum resíduo de um processo X em um processo Y, a conversão de energia térmica perdida na forma de calor em energia elétrica para ser utilizada pela própria empresa etc. Já as tecnologias para a sustentabilidade são aquelas que possuem o foco principal de prevenir, reduzir ou mitigar os impactos ambientais de produtos e processos. Como exemplos para esta abordagem podemos citar as biotecnologias, como o desenvolvimento de polímeros biodegradáveis e/ou produzidos a partir de fontes renováveis, o uso de microrganismos para o tratamento de resíduos e efluentes, dentre outros que veremos ao longo deste livro.

Para sumarizar, com o uso ineficiente dos fatores de produção, a economia como um todo irá decrescer e, assim, seus efeitos negativos serão observados ao longo do tempo não só pela óptica ambiental, mas do ponto de vista econômico e social. Então, praticar ECV não é somente um tema estritamente de cunho ambiental, apesar que este foco por si só tenha grande relevância, mas a ECV é extremamente necessária para garantir o crescimento econômico e a equidade social. Assim, considera-se que os processos de tomada de decisão sobre conceitos de produtos, projetos de produto, projetos de manufatura, bem como de seus materiais e estruturas, devem ser sistematizados e devem considerar de forma integrada a Tríade ECV.

Por outro lado, a Gestão do Ciclo de Vida (GCV) que se correlaciona com a ECV é definida como um *framework* dirigido à análise e gestão do desempenho sustentável de produtos e de organizações, em todo seu ciclo de vida (UNEP, 2009). Ou seja, trata-se de uma abordagem de gestão dos problemas ambientais e socioeconômicos dos produtos e serviços, e da própria organização, considerando toda sua cadeia de valor (UNEP, 2007).

Importante notar que a GCV não é uma ferramenta ou método. Na verdade, trata-se de uma coleção de sistemas de gestão e de disseminação de informações relacionadas aos produtos e processos, a partir de programas, estratégias, práticas e conceitos (UNEP, 2007). Em suma, a GCV é um modo de implementar práticas de gestão com foco na operacionalização do PCV, conforme ilustrado na Figura 4.

Entre outros objetivos, a GCV busca a integração de políticas referentes aos produtos para auxiliar a organização a melhorar a sustentabilidade dos produtos, processos e negócios, além de melhorar a comunicação e o relacionamento com os *stakeholders* (partes interessadas) internos e externamente. A GCV pode ajudar também nos processos de inovação na busca por melhorias socioambientais de produtos de uma organização.

Figura 4 • Gestão do Ciclo de Vida

Fonte: Adaptado de Ometto e Saavedra (2012).

Segundo Sonnemann e Margni (2015), a GCV exige uma visão holística e um entendimento completo da interdependência dos negócios, a fim de apoiar decisões e ações relevantes para melhorar o desempenho da sustentabilidade, que considera os benefícios ambientais e sociais e, ao mesmo tempo, oferece oportunidades de criação de valor aos negócios. Entende-se aqui que a GCV abrange as técnicas, ferramentas e práticas de ECV. Ou melhor, a GCV tem o papel fundamental de implementar e gerenciar a aplicação da ECV ao longo do ciclo de vida dos produtos. Ou seja, a ECV se aplica no nível micro de produtos e processos, ao passo que a GCV gerencia estas práticas no âmbito macro, inter e intraorganizacional, conforme esquema da Figura 5.

Figura 5 • Relação entre ECV e GCV

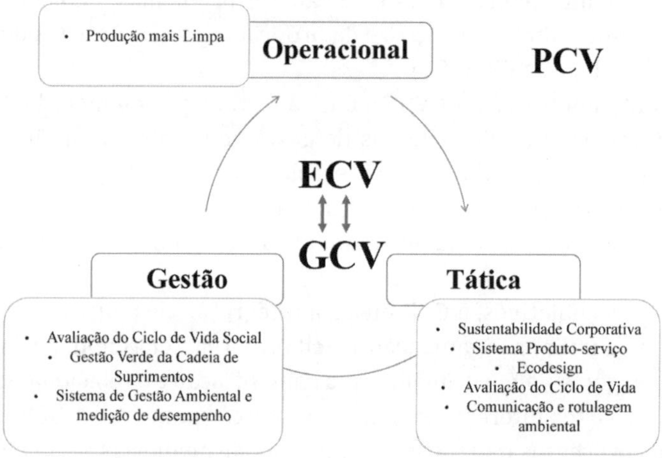

Fonte: Autores.

A GCV pode ser implementada por meio de um ciclo de melhoria contínua, isto é, com base no ciclo *Plan-Do-Check-Act* ou ciclo PDCA, conforme é apresentado na Figura 6.

Figura 6 • Etapas de implementação da GCV

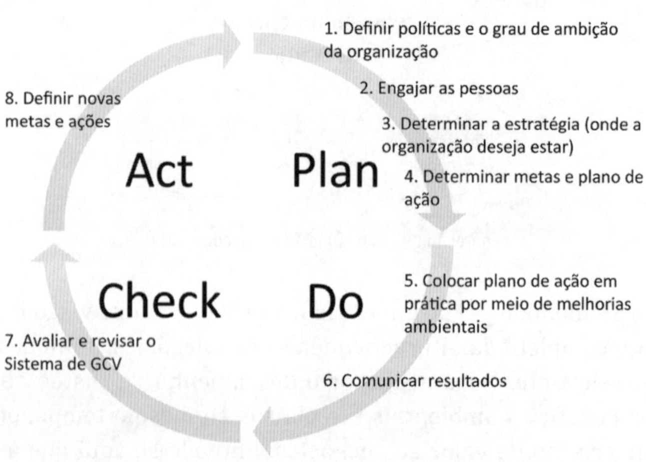

Fonte: Adaptado de UNEP (2007).

Toda a parte do planejamento (*Plan*), isto é, da definição das políticas orientadas a uma abordagem de ciclo de vida, conscientização das pessoas na organização, determinação das estratégias competitivas de negócio, além das definições de metas e planos de ação poderão ser vistas no Capítulo 10 e no Capítulo 11 deste livro.

O primeiro tratará principalmente das atribuições da alta gestão da empresa (principais acionistas, presidência e direção), a partir de uma postura *top-down*, de como um plano estratégico orientado às melhorias no ciclo de vida e a proposição de um plano de ação pode ser elaborado. Em outras palavras, a sustentabilidade corporativa atua prioritariamente no planejamento (*Plan*) de ações de longo prazo (de 5 a 10 anos) do negócio, para que este possa se tornar mais sustentável.

O plano estratégico, criado a partir do planejamento estratégico para a sustentabilidade, envolve desde a determinação do compromisso da organização com a melhoria socioambiental no ciclo de vida, a identificação da situação atual da empresa, passando pela situação futura desejada e a definição de metas estratégicas e competitivas embasadas no conceito de Economia Circular. Esse plano estratégico é traduzido em um plano de ação, ou seja, na determinação de modelos de negócio sustentáveis prioritários para o negócio.

Já no Capítulo 11, todas as etapas deste ciclo de melhoria contínua são desenvolvidas, pois serão trabalhados conceitos relacionados principalmente às Normas ISO 14001 e 14031, as quais são estruturadas a partir de um ciclo PDCA. Desta forma, neste capítulo, você poderá encontrar todo o processo que envolve o estabelecimento de uma política ambiental, a identificação de oportunidades de melhoria nos produtos e processos das organizações, definição de um plano de ação e metas, colocação do plano de ação em prática e avaliação do sistema por meio de indicadores. No entanto, diferentemente da Sustentabilidade Corporativa, aqui o direcionamento das ações está mais no nível tático e operacional.

Vale a pena ressaltar que, desde a última atualização da Norma ISO 14001, em 2015, esta exige a inclusão do PCV, fazendo assim um instrumento de gestão fortemente relacionado à GCV.

A parte do nosso ciclo PDCA, que se refere à comunicação de resultados, você poderá acompanhar no Capítulo 13. Neste capítulo, serão abordadas formas de se comunicar, por meio de rótulos ambientais, o desempenho ambiental de produtos aos clientes, consumidores finais e todo o público da organização. Uma das formas de realizar esse tipo de comunicação é por meio da Declaração Ambiental de Produto (DAP), na qual resultados sobre o desempenho ambiental dos produtos em todo seu ciclo de vida são comunicados aos consumidores. Esses resultados são gerados a partir de um estudo de ACV e podem ser divulgados nas embalagens dos produtos, da mesma forma que você encontra atualmente as informações nutricionais quando pega um produto alimentício no supermercado, por exemplo.

Por fim, muitas dessas oportunidades estratégicas, táticas e operacionais destacadas no ciclo PDCA da implementação da GCV podem ser bastante limitadas se não existir um comprometimento frente às questões ambientais de todos os elos da cadeia de valor e de suprimentos da organização. Então, no Capítulo 12, veremos o que se refere às ações que podem ser desenvolvidas junto aos fornecedores, à recuperação de produtos, incluindo neste caso a logística reversa e a seleção das estratégias de fim de vida dos produtos.

E como o PCV e a EGCV podem contribuir para os diversos setores econômicos? Facilitar o acesso ao conhecimento do PCV e da EGCV para pequenas e médias empresas permite que possam identificar seus principais pontos críticos, e possam melhorar e criar negócios mais sustentáveis, melhorando a sua credibilidade, a sustentabilidade e a sua competitividade.

Já abordagens mais amplas como a ACV organizacional podem fornecer informações para a elaboração de relatórios para poder orientar as prioridades como, por exemplo, na parte de compras públicas e privadas e como auxílio para mitigar as mudanças climáticas por meio de compras de baixo carbono (LCI, 2020).

Os livros que buscam abordar estes temas tratam de Gestão Ambiental ou Gestão Ambiental Empresarial, de forma geral, como uma "caixa-preta" conceitual; não se aprofundam em técnicas, ferramentas e estratégias, que por sua vez, dificultam as suas compreensões e implementações práticas, tanto no âmbito da pesquisa como no cenário empresarial. Este livro visa avançar nessa lacuna teórica e prática, trazendo definições de conceitos, mas também se aprofundando nas técnicas, ferramentas e estratégias de EGCV.

Assim, neste livro, além de abordar detalhadamente a metodologia e o estado-da-arte envolvendo o uso da ACV desde o Capítulo 3 até o Capítulo 6, outras técnicas e ferramentas da ECV serão também apresentadas, tais como: a Produção mais Limpa (P+L) no Capítulo 2, a ACV Social no Capítulo 7, o Ecodesign no Capítulo 8 e o desenvolvimento dos Sistemas Produto-Serviço no Capítulo 9.

Além disso, técnicas e ferramentas de GCV também serão abordadas neste livro, tais como, por exemplo: a Sustentabilidade Corporativa explicada no Capítulo 10, o desenvolvimento de Sistemas de Gestão Ambiental (SGA) e os Sistemas de Medição de Desempenho (SMD) organizacionais, conforme o Capítulo 11, a Gestão Verde da Cadeia de Suprimentos que será apresentada no Capítulo 12, e a comunicação e a rotulagem ambiental que serão tratados no Capítulo 13.

É importante ressaltar que tanto a ECV quanto a GCV se complementam, gerando um efeito sinérgico às organizações que as adotam. Enquanto a GCV é vista como um sistema de gestão, a ECV é definida como a arte de projetar processos e produtos mais sustentáveis.

Esperamos neste primeiro capítulo termos elucidado os conceitos de EGCV, bem como suas técnicas, ferramentas e aplicações em produtos e serviços, de forma a fomentar a sustentabilidade no seu sentido mais amplo. Convidamos você a continuar seus estudos e leitura em nossos próximos capítulos. Após esta introdução, apresentaremos e detalharemos a ECV. Em seguida, estudaremos a GCV.

Para este livro, reunimos pesquisadores nacionais e internacionais renomados e com um vasto histórico de pesquisa e profunda expertise em cada tema que compõe a EGCV. Nesta proposta, pensamos em trazer o estado-da-arte de cada um desses temas, sugerindo aplicações práticas e exercícios para a assimilação e compreensão dos conceitos, ferramentas e técnicas da EGCV.

Desejamos a todos bons estudos e que este livro contribua para a sua atuação profissional mais sustentável!

Referências

JESWIET, J. A definition for life cycle engineering. *In*: *36th International on Manufacturing Systems* (2003). Proceedings. Saarbrucken, Germany: 2003. Plenary Speech; p. 17-20.

JESWIET, J. Life Cycle Engineering. *In*: The International Academy for Production Engineering, Luc Laperrière, Gunther Reinhart. (eds). *CIRP Encyclopedia of Production Engineering*. Berlin, Heidelberg: Springer, 2014.

Nações Unidas Brasil. *Transformando Nosso Mundo*: A Agenda 2030 para o Desenvolvimento Sustentável. Disponível em: https://nacoesunidas.org/pos2015/agenda2030/. Acesso em: 03 mar. 2020.

OMETTO, A. R.; SAAVEDRA, Y. M B. Gestão e Engenharia do Ciclo de Vida. *In*: OMETTO, A. R.; PERES, R. B.; SAAVEDRA, Y. M. B. (org.). *Ecoinovação para a melhoria ambiental de produtos e serviços: experiências espanholas e brasileiras nos setores industrial, urbano e agrícola*. São Carlos: Diagrama Editorial, p. 25-38, 2012.

SONNEMANN, G.; MARGNI, M. *Life Cycle Management*. Springer Nature, 2015.

UNEP. *Life Cycle Management*: a business guide to sustainability. Paris: UNEP/SETAC Life Cycle Initiative, 2007.

UNEP, SETAC. *Life Cycle Management:* how business uses it to decrease footprint, create opportunities and make value chains more sustainable. [s/l]:[s/e], 2009.

UNEP, SETAC. Opportunities for national life cycle network creation and expansion around the world. [s/l]:[s/e], 2016.

UNEP. LCI – *Life Cycle Initiative*: the business case for life cycle thinking. [s/l]:[s/e], 2019.

CAPÍTULO

2

Produção mais Limpa (P+L)

Prof. Dr. José Augusto de Oliveira

Universidade Estadual Paulista "Júlio de Mesquita Filho" - Unesp
Campus São João da Boa Vista. Av. Professora Isette Corrêa Fontão, 505
13876-750, São João da Boa Vista-SP/Brasil

Prof. Dr. Antonio José Gonçalves da Cruz

Universidade Federal de São Carlos - UFSCar
Departamento de Engenharia Química
Rodovia Washington Luís, km 235
13565-905, São Carlos-SP/Brasil

Dra. Andreza Aparecida Longati

Universidade Estadual de Campinas - Unicamp
Faculdade de Engenharia Química
Departamento de Engenharia de Materiais e Bioprocessos
Av. Albert Einstein, 500
13083-852, Campinas-SP/Brasil

Enga. Letícia Barbosa Fidanza

Universidade Estadual Paulista "Júlio de Mesquita Filho" - Unesp
Programa de Pós-Graduação em Engenharia Elétrica
Campus São João da Boa Vista. Av. Professora Isette Corrêa Fontão, 505
13876-750, São João da Boa Vista-SP/Brasil

2 Produção mais Limpa (P+L)

A Produção mais Limpa (P+L) é "a aplicação contínua de uma estratégia ambiental integrada a processos, produtos e serviços para aumentar a eficiência e reduzir os riscos para os seres humanos e ao meio ambiente" (UNEP, 2002).

Trata-se então de uma estratégia proativa, com foco nas causas raízes dos aspectos ambientais, visando desta forma evitar e, preventivamente, minimizar os impactos ambientais em processos de produção.

2.1 Surgimento e Importância da Produção mais Limpa

Há muitos relatos na literatura sobre a origem das abordagens e estratégias proativas. Ainda existe uma indefinição sobre os temas e conceitos que definem as estratégias preventivas de impactos ambientais na produção, que muito dependem das diferentes escolas, organizações fundadoras e localizações geográficas. A origem do termo P+L está associada às origens da própria gestão ambiental e, portanto, permeia o ambientalismo e sua história.

Nesse contexto histórico, cabe destacar que, durante a década de 1970, a preocupação com o meio ambiente foi intensamente debatida, estimulando a atuação empresarial frente aos seus impactos ambientais negativos. Essa tendência favoreceu o surgimento, em 1975, da iniciativa 3M *Pollution Prevention Pays* (3P), uma das primeiras abordagens proativas de gestão ambiental, um programa baseado na ação dos funcionários da empresa 3M, para a implementação de projetos inovadores que visassem a eliminação da poluição, utilizando design de produtos e práticas de fabricação aplicados à gestão ambiental.

É necessário contextualizar que, antes dessa iniciativa, as questões ambientais industriais foram primeiro ignoradas, depois diluídas (década de 1970) e depois tratadas no final dos processos ou fim de tubo (*end of pipe*) na década de 1980. Quando a 3M criou seu projeto inovador, as indústrias eram uma mistura dessas três abordagens até então.

Em 1989, o *United Nations of Environment Programme* (UNEP) começou a sua iniciativa de P+L, procurando conceituar o seu termo real, em vez de focar apenas a "tecnologia limpa". A Divisão de Tecnologia, Indústria e Meio Ambiente do UNEP destacou a importância da efetiva gestão e organização, além da necessidade de melhoria constante no desempenho da P+L. O UNEP já vinha se esforçando para prover liderança e encorajar parcerias para promover este conceito em escala mundial. Especificamente, eles envolveram nesse momento o fornecimento e intercâmbio de informações, assim como meios para a capacitação e assistência técnica e promoção de estratégias de P+L (UNIDO, 2002).

Já em 1990, o termo P+L foi definido oficialmente pelo seu órgão fundador, o UNEP. Esta definição foi usada como a definição de trabalho de todos os programas relacionados com a promoção de uma P+L, e ainda continua a ser uma definição válida até os dias atuais.

Segundo UNIDO/UNEP (2004), alguns pontos importantes sobre a P+L devem ser considerados:

I. Deve ser um processo contínuo e não uma atividade pontual e isolada.
II. Não é limitada a indústrias, a portes ou a ramos empresariais específicos.
III. Direciona a produção para um equilíbrio entre a disponibilidade e o consumo de materiais (incluindo água) e energia. Ela não nega o crescimento, mas insiste que seja ambientalmente sustentável.
IV. Refere-se a uma abordagem de bens e serviços com o mínimo de impactos ambientais dentro dos limites tecnológicos e econômicos.
V. Não se limita à minimização de resíduos, mas sim emprega um contexto mais amplo e usa o termo "impactos ambientais" no ciclo de vida.
VI. Além dos aspectos ambientais do ciclo de vida, a P+L também aborda questões de saúde e segurança e enfatiza ainda o risco de redução.
VII. É eficiente (em termos de aumento de outputs de forma imediata) e eficaz (em termos de resultados positivos a longo prazo).
VIII. É uma estratégia do tipo "ganha-ganha-ganha", que protege o meio ambiente, as comunidades (ou seja, a saúde e a segurança dos trabalhadores, consumidores e do bairro) e os negócios (ou seja, sua rentabilidade e imagem). Portanto, a P+L aborda questões sociais, econômicas, ambientais, e não deve ser considerada apenas como uma estratégia ambiental.

A prioridade da P+L se diferencia das práticas *end of pipe* que apenas tentam mitigar os prejuízos ambientais causados por um sistema produtivo não sustentável, remediando os seus efeitos sem combater as causas que os produziram, ou seja, propostas de soluções reativas e seletivas, geralmente introduzidas para atender aos padrões de emissões ou de qualidade ambiental estabelecidos pela regulamentação governamental.

Pode-se inferir que a P+L busca a Ecoeficiência com a aplicação de suas práticas. Ecoeficiência é um conceito em evolução, que permite que as empresas se adaptem à dinâmica de mudanças do mercado atual. As organizações estão cada vez mais focadas em atender às exigências de seus *stakeholders*. Desta forma, aquelas que implementarem práticas ecoeficientes serão capazes de responder de forma mais positiva às pressões competitivas e antecipar as necessidades dos clientes e, ao mesmo tempo, proteger o meio ambiente, saúde e segurança do empregado.

Em termos simples, a visão da ecoeficiência é "produzir mais com menos". Reduzir o desperdício e a poluição, usar menos energia e menos matérias-primas é, obviamente, bom para o meio ambiente. Também é bom para os negócios porque reduz os custos das empresas e, eventualmente, evita potenciais passivos ambientais. É, portanto, um pré-requisito para a sustentabilidade a longo prazo do negócio.

O conceito de Ecoeficiência é mais bem entendido analisando o conceito de eficiência tradicional, ou seja, produzir mais com menos utilização de recursos. Contudo, enquanto a eficiência produtiva se concentra na análise estritamente quantitativa da relação entre os outputs e inputs, ou seja, da relação entre o valor agregado com os recursos utilizados, a Ecoeficiência tem o foco na consideração qualitativa e quantitativa da relação entre os serviços industriais e os impactos ambientais decorrentes dessas atividades. Assim, um processo ecoeficiente é aquele que produz mais produtos, utilizando menos recursos e gerando menos impactos ambientais. A Equação 1 apresenta a fórmula básica para o cálculo da Ecoeficiência.

$$\text{Ecoeficiência} = \frac{\sum \ Produto}{\sum \ recursos + \sum \ impactos\ ambientais} \qquad (1)$$

Cabe destacar que a Equação 1 é uma forma ilustrativa de mensuração da Ecoeficiência, sendo sua aplicação complexa devido à falta de heterogeneidade das unidades de cada conjunto de variáveis.

2.2 Etapas para a Condução e Prática da Produção mais Limpa

A aplicação da P+L deve ocorrer seguindo uma ordem decrescente dos níveis de prioridade estabelecidos, conforme indica a Figura 1.

Figura 1 • Níveis de aplicação da Produção mais Limpa

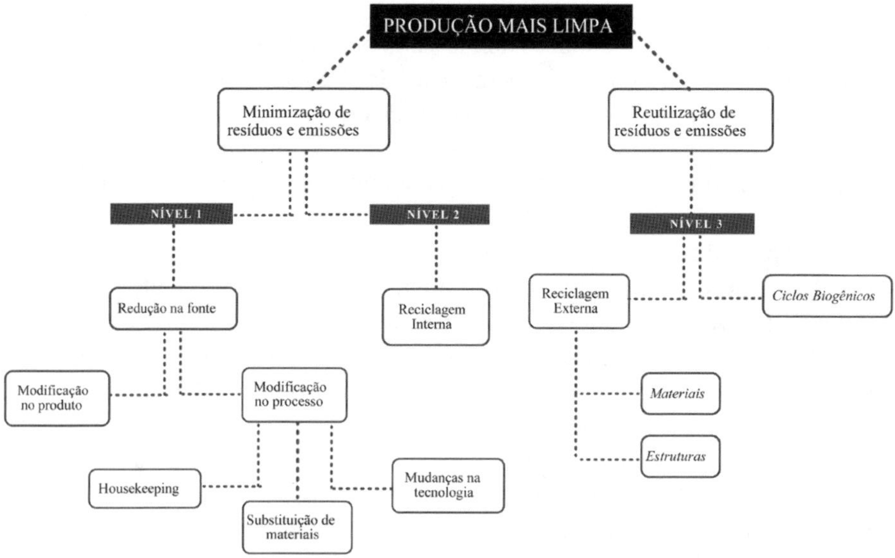

Fonte: Adaptado de UNIDO/UNEP (2004).

A ordem dos níveis de aplicação que as empresas devem seguir para a aplicação da P+L deve priorizar as opções que apresentam maior desempenho ambiental e econômico dentro dos seus limites tecnológicos, ou seja, priorizando do nível 1 ao 3. O desempenho ambiental e o desempenho econômico das opções de P+L vão sendo reduzidos do nível 1 ao nível 3, ou seja, a ecoeficiência tende a ser minimizada.

O programa de implementação da P+L pode ser dividido em cinco etapas (UNEP, 2007):

1. **Planejamento e organização** — prevê e estabelece atividades e recursos necessários ao programa.
2. **Diagnóstico** — busca-se o conhecimento do nível atual da empresa em relação às práticas de gestão ambiental.
3. **Avaliação** — levanta dados concretos atualizados, analisando e determinando quais são as opções de P+L existentes para o ajuste dos aspectos anteriormente priorizados.
4. **Estudo da Viabilidade** — avalia as oportunidades identificadas no estágio anterior e seleciona as mais viáveis para implementação, tendo em vista o maior potencial de ecoeficiência possível.
5. **Implementação e Monitoramento** — coloca em prática as opções selecionadas no estágio anterior, compara os resultados obtidos com o

planejado e intervém para a realização de mudanças necessárias, visando aumentar a ecoeficiência.

A Figura 2 resume essas etapas em um fluxo lógico de implementação da P+L.

Figura 2 • Implementação da Produção mais Limpa

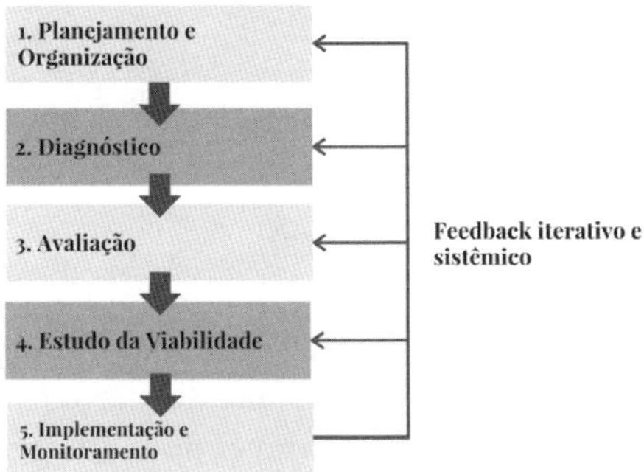

Fonte: Adaptado de UNIDO/UNEP (2004).

Essas cinco etapas para a implementação da P+L estão de acordo com a metodologia UNEP/UNIDO e serão descritas a seguir nas seções 2.2.1 a 2.2.5.

2.2.1 *Planejamento*

O objetivo desta etapa (Etapa 1, Figura 2) é obter o comprometimento com o projeto, alocar recursos e detalhar o trabalho que será realizado. Esta etapa possui grande proximidade com alguns requisitos da NBR ISO 14001:2015. Para mais detalhes sobre um planejamento ambiental no contexto empresarial, consultar o Capítulo 11. A etapa de Planejamento e Organização é composta das seguintes atividades:

I. **Definição dos requisitos Legais**
A disposição inadequada e a grande quantidade de resíduos gerados têm feito com que inúmeros países adotem medidas legais para a gestão de resíduos. A Alemanha foi a pioneira no que se refere à gestão dos resíduos sólidos. Assim, inspirados na legislação alemã, outros países desenvolvidos buscaram maneiras de incorporar leis e ações para atender à temática. No Brasil, a Política Nacional de Resíduos Sólidos (PNRS), Lei nº 12.305, estabelece as diretrizes para a gestão de resíduos. Na fase de planejamento, é de grande importância considerar os requisitos impostos pela legislação vigente em relação à responsabilidade compartilhada

das instituições e da destinação e tratamento de seus resíduos sólidos. Vale salientar que o não cumprimento dos requisitos legais pode gerar grandes impactos, não só em termos financeiros, mas também ambientais e em relação à imagem pública da instituição. Além dessas, as práticas de P+L precisam ser focadas no atendimento de requisitos legais estabelecidos por legislações sobre: Política Nacional do Meio Ambiente (PNMA); Uso de água; Particularidades do local de empreendimento; Requisitos estabelecidos na Licença ambiental; Resoluções do Conselho Nacional do Meio Ambiente (CONAMA); Resoluções da Companhia Ambiental do Estado de São Paulo (CETESB); NBR 10004 etc.

II. **Definição da Política Ambiental**
A determinação de uma política ambiental está associada ao enfoque que a empresa dá à implementação da P+L. Trata-se do estabelecimento de ações ordenadas e práticas que devem ser tomadas para garantir o desenvolvimento mais sustentável do empreendimento. Trata-se do estabelecimento das práticas adotadas para nortear um crescimento sustentável da organização.

III. **Comprometimento da Alta Direção**
A fase de sensibilização e consequente comprometimento da alta direção tem grande importância na implantação da P+L. A identificação da importância das práticas para a imagem e para a rentabilidade econômica e ambiental da empresa promove a continuidade das implementações das práticas de P+L.

IV. **Sensibilização dos Colaboradores**
Trata-se de uma atividade fundamental à implantação da P+L, pois promove uma mudança de caráter organizacional e cultural nos funcionários. A partir do momento que o funcionário se reconhece como parte necessária, sua postura se torna proativa no que se refere aos ganhos para a empresa e para a própria rotina do funcionário.

V. **Formação da Equipe de P+L**
Este time é comumente denominado de Ecotime pelas empresas, podendo inclusive ser formado pela equipe responsável pelo Sistema de Gestão Ambiental (SGA). Para a formação da equipe, há a necessidade de uma variabilidade em relação às áreas de atuação dos componentes da Equipe de P+L, no intuito de formar-se um grupo multidisciplinar. Setores como Financeiro, Manutenção, Engenharia, Qualidade e Pesquisa e Desenvolvimento são fundamentais para identificação de

pontos de melhoria do sistema. Existem muitas formas de realizar-se as etapas I a V. Para consultar detalhes, vejam SENAI (2003).

VI. **Apresentação da Metodologia**
Envolve a incorporação de uma série de reuniões técnicas na qual a Equipe P+L estabelece objetivos e os meios para atingi-los. Trata-se da especificação de atividades e estruturação das ações que devem ser tomadas, além de setores que se esperam ser atingidos na organização. Aqui, em geral, são realizados treinamentos sobre o uso de certas técnicas e ferramentas que irão auxiliar no processo de implementação prática da P+L. Exemplos de algumas ferramentas típicas que podem ser adotadas pela Equipe P+L durante os treinamentos estão disponíveis em Silva *et al.* (2013).

VII. **Identificação de oportunidades**
Na adoção das práticas de P+L, as empresas poderão se deparar com diversos tipos de oportunidades de diversas categorias. Estas barreiras podem ser externas à empresa e internas, tais como: organizacionais, sistêmicas, de atitude, econômicas, técnicas, entre outras. Dessa maneira, é de grande importância o esclarecimento a respeito das práticas implementadas e de seus benefícios para a empresa e funcionários.

2.2.2 *Diagnóstico*

A avaliação (Etapa 2, Figura 2) de P+L inicia-se com o "diagnóstico" do processo, fase em que são identificadas deficiências e suas causas, bem como são encontradas opções de como melhorar esse processo. A Etapa de diagnóstico é composta da pré-avaliação dos processos visando a identificação de oportunidades de P+L. Essa etapa é subdivida em:

I. Elaboração do fluxograma do processo:
   » Primeiro, o qualitativo.
   » Em segundo, o quantitativo.
II. Avaliação das entradas e saídas:
   » Apontamento das entradas, saídas e perdas, por meio de cálculos de balanço de massa e energia.
III. Predeterminação dos focos de P+L:
   » Indicação de possíveis focos de atuação das práticas de P+L.

As fases da etapa 2 serão detalhadas a seguir.

Pré-avaliação

O objetivo da etapa de pré-avaliação é obter uma visão geral dos aspectos produtivos e ambientais da empresa. Os processos de produção são melhor representados por meio da elaboração de um fluxograma mostrando as entradas, saídas e perdas. Em seguida, os focos de atuação das práticas de P+L podem então ser determinados.

I. **Elaboração do fluxograma do processo**

A primeira fase de pré-avaliação é a elaboração do fluxograma do processo, que consiste em uma representação gráfica de todas as etapas de um processo e do modo como elas se relacionam entre si. A elaboração do fluxograma é um passo fundamental na avaliação, que é feita primeiramente de um fluxograma qualitativo e, em seguida, um fluxograma quantitativo.

O fluxograma qualitativo apresenta as diversas atividades relativas à execução de uma tarefa específica ou de uma série de ações. Também registra o andamento dos processos ao longo de uma ou de diversas seções ou departamentos da empresa. Nesse fluxograma, é possível identificar os insumos e matérias-primas utilizados, os produtos e subprodutos produzidos, o consumo de água e energia e também os resíduos e as emissões gerados. Ou seja, por meio desse fluxograma, são visualizados todos os fluxos de materiais e dos produtos em elaboração. Conhece-se também o fluxo de informação e o caminho percorrido nos diversos processos. Para a elaboração desse fluxograma, são utilizados dados operacionais já existentes, como relatórios de produção, relatórios de auditoria e plantas do local.

Em seguida, é elaborado o fluxograma de processo quantitativo. O objetivo dessa etapa é o levantamento de dados quantitativos de produção e de aspectos ambientais utilizando todas as fontes disponíveis e existentes relativas aos processos, como, por exemplo, estimativas do setor de compras, dados do setor de vendas, histórico do planejamento de produção etc. O fluxograma de processo se destina a fornecer uma visão geral e, portanto, deve ser acompanhado por dados quantitativos de entrada (matéria-prima, água, energia e outros insumos) e de saída (produtos, subprodutos, emissões, efluentes e resíduos) para cada operação ou setor de processo considerado na análise, além de dados da situação ambiental da empresa. É importante também incluir nesse fluxograma algumas atividades que são frequentemente negligenciadas, como, por exemplo, limpeza, armazenamento e manuseio de materiais, operações auxiliares (refrigeração, vapor e ar comprimido), manutenção e reparação de equipamentos, algumas correntes de materiais (catalisadores, lubrificantes etc.) e subprodutos liberados para o meio ambiente.

Esse fluxograma será a base para os balanços de massa e de energia que serão realizados na etapa posterior, a etapa de avaliação. Alguns exemplos de fluxogramas de produção utilizados em estudos de EGCV podem ser consultados neste livro no Capítulo 3. Esses fluxogramas são essenciais, pois representam o mapeamento das operações de interesse, seja para realizar a P+L ou para conduzir outras iniciativas de melhoria rumo a uma produção mais sustentável.

II. **Avaliação das entradas e saídas**

Muitas das informações necessárias para preencher os fluxogramas de processo quantitativos, descritos anteriormente, podem ser obtidas durante uma inspeção passo a passo da empresa. Essa inspeção deve seguir o processo desde o início até o fim, concentrando-se em áreas onde produtos, resíduos e emissões são gerados. Durante a análise, todas as informações obtidas devem ser listadas e, se houver soluções óbvias para os problemas existentes, elas devem ser observadas. É importante que seja dada uma atenção especial a soluções sem custo e/ou de baixo custo. Essas soluções devem ser implementadas imediatamente, sem esperar por uma análise detalhada de viabilidade.

III. **Predeterminação dos focos de P+L**

Nesta etapa, que é a última da fase de pré-avaliação, são conhecidos os problemas com os quais se lidará em etapa posterior e tem como objetivo estabelecer o foco para trabalhos futuros de P+L. Em um caso ideal, todos os processos e operações unitárias deveriam ser avaliados. Entretanto, algumas restrições, como de tempo e de recursos financeiros, podem tornar necessário selecionar os aspectos mais importantes ou as áreas de processo. Assim, os focos de estudo da P+L são definidos por diversos fatores, e alguns dos critérios a serem utilizados são: nível de periculosidade para o meio ambiente, custo das matérias-primas, submissão a regulamentações e taxações presentes e futuras, custo do gerenciamento de resíduos e emissões (tratamento e disposição), quantidade de resíduos, perigos para a segurança dos empregados e áreas vizinhas, além de orçamento disponível para a avaliação. Assim, a equipe definirá as etapas, processos, produtos e/ou equipamentos que serão priorizados para a efetiva avaliação.

Outro critério para a seleção de foco da P+L pode ser dado por meio do cálculo da Ecoeficiência atual dos processos mapeados. Aqueles processos com menor Ecoeficiência devem então ser priorizados para a posterior avaliação e sugestão de melhorias para o sistema produtivo.

2.2.3 *Avaliação*

O objetivo da etapa de avaliação (Etapa 3, Figura 2) é coletar (ou o levantamento de) dados e avaliar o desempenho ambiental e a eficiência da produção da empresa. Nesta avaliação, medições e balanços de massa e/ou energia serão realizados. Os dados coletados sobre as atividades de gerenciamento podem ser usados para monitorar e controlar a eficiência geral do processo, definir metas e calcular indicadores mensais ou anuais. Os dados coletados sobre atividades operacionais podem ser usados para avaliar o desempenho de um processo específico.

A Avaliação é compreendida pelas fases:

I. Balanços de Massa (Material) e Energia
II. Avaliação das causas
III. Identificação de oportunidades de P+L
IV. Seleção das oportunidades de P+L

Essas fases serão detalhadas a seguir.

I. **Balanços de Massa (Material) e Energia**

Os balanços de massa (também chamados de balanços materiais) são baseados na Lei da Conservação da Massa, proposta por Antoine Laurent de Lavoisier (1743–1794): "Na natureza, nada se perde, nada se cria, tudo se transforma." Assim, a natureza impõe restrições às transformações físicas e químicas da matéria, que precisam ser consideradas quando avaliamos novos processos ou analisamos um já existente. Os balanços de energia são analisados com base na lei da conservação de energia ou 1ª Lei da Termodinâmica.

Quando um contador faz o balanço financeiro de uma empresa, ele contabiliza o dinheiro que entra, o dinheiro que sai, o dinheiro que a empresa ganha ou perde em investimentos e o dinheiro que a empresa acumula em caixa. Os balanços de massa e energia são semelhantes, entretanto, em vez de contabilizar o fluxo de caixa (dinheiro) de uma determinada firma, eles contabilizam a massa e a energia em um determinado volume de controle.

Os balanços envolvem um **sistema ou volume de controle (VC),** isto é, uma porção do espaço sobre a qual a análise será realizada. O profissional precisa limitar seu estudo à parte relevante do seu processo ou mesmo ao processo como um todo. O volume de controle é separado do restante do universo por uma **fronteira ou superfície de controle (SC)**.

Quando existe troca de matéria entre o volume de controle e o seu entorno, diz-se que o **sistema é aberto**. Um exemplo de um sistema aberto é um lago, onde sempre há água saindo por evaporação ou entrando por rios ou pela chuva. Se há transferência contínua de matéria por meio da fronteira de um sistema, como no caso do rio, ela é chamada de corrente. Quando não existe transferência de matéria pelas fronteiras, o **sistema é denominado fechado**. Um cofre é um exemplo de sistema fechado. Quando não há transferência de matéria e de energia por meio das fronteiras, **o sistema é isolado**.

Figura 3 • Sistemas aberto e fechado

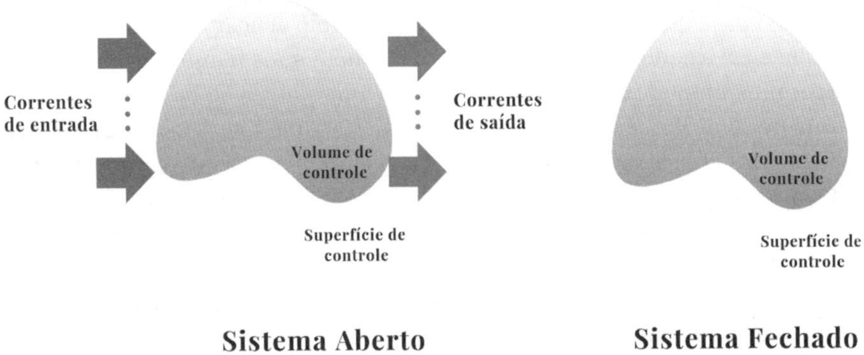

Fonte: Autores.

É possível classificar um processo químico, físico ou bioquímico de forma semelhante à classificação de um sistema, em função de como ocorre a troca de matéria entre o volume de controle onde ocorre o processo e o meio.

Um processo no qual há passagem de matéria pelas fronteiras do sistema por meio de correntes de entrada e saída é chamado de **processo contínuo**. A maioria das unidades de processo em escala industrial na engenharia são projetadas para operar de forma contínua. Exemplos de unidades que operam de forma contínua incluem trocadores de calor, unidades de separação e a maioria dos reatores. Um exemplo mais cotidiano é um chuveiro elétrico: a água da rede entra de forma contínua pelo encanamento e sai de forma contínua pelo bocal do chuveiro. Processos contínuos são classificados como **sistemas abertos**.

Um processo no qual não há passagem contínua de matéria pelas fronteiras do processo e a alimentação e descarga acontecem de uma só vez no início e no final do processo é chamado de **descontínuo ou batelada**. Esse tipo de processo é pouco comum na indústria e é mais usado em experimentos de laboratório, por exemplo, uma reação química acontecendo em frasco de um Erlenmeyer. A preparação de uma porção de biscoitos em um forno também é um exemplo de processo em batelada. Em escala industrial, processos descontínuos são sistemas abertos no início (carga do sistema) e no final (descarga do sistema) do processo, mas são sistemas fechados durante todo o resto do tempo.

Um processo no qual há somente entrada de matéria, mas não saída, ou somente saída, mas não entrada, é chamado de **semicontínuo.** Um exemplo importante é a produção de etanol. Primeiro, as leveduras que conduzem a fermentação são introduzidas em uma dorna de fermentação. Depois, uma corrente de mosto contendo o açúcar (sacarose), que será fermentado, é alimentada continuamente ao tanque ao longo de algumas horas, até o seu enchimento; o processo é classificado como semicontínuo. Em seguida, a alimentação é interrompida e o processo se torna descontínuo por mais algumas horas, de forma a proporcionar o tempo necessário para que as leveduras consumam todo o açúcar adicionado. Ao final, o tanque é esvaziado rapidamente. Outro exemplo mais familiar é um copo com refrigerante. Enquanto você bebe, há apenas uma saída, não há entrada de refrigerante no copo. Processos semicontínuos são sistemas abertos enquanto houver uma corrente de entrada ou de saída e podem alternar de sistema aberto para fechado com o passar do tempo. Algumas observações importantes:

- Os processos em batelada e semicontínuos ocorrem em estado não estacionário (regime transiente), pois em ambos os casos há alteração nos valores das variáveis de processo ao longo do tempo, como massa, volume e concentração, por exemplo.
- Os processos contínuos são projetados para ocorrerem em estado estacionário (regime permanente). Entretanto, em algumas situações, como, por exemplo, na partida do processo (startup) ou quando há mudanças nas condições de operação (setup), os processos contínuos ocorrem em regime transiente.
- Um processo pode ocorrer em regime permanente em relação a uma dada variável e encontrar-se em regime transiente em relação a outra(s). Assim, o processo deve ser analisado sob a ótica da variável de interesse.

Para realizar um balanço de massa ou energia em um sistema, as entradas e saídas de matéria e/ou energia (na forma de calor e/ou trabalho) devem ser contabilizadas. Também é possível identificar os valores das correntes, que podem ser desconhecidos ou difíceis de serem conhecidos sem esta técnica. A lei de conservação é baseada no fato de que a matéria não pode desaparecer ou ser criada espontaneamente. Embora a massa total de um sistema não possa ser criada ou destruída (exceto em reações nucleares), substâncias químicas podem se converter de uma espécie para outra, de forma que um balanço de massa feito componente a componente pode revelar substâncias sendo geradas e consumidas (Figura 4). Assim, de forma geral, o balanço para qualquer substância pode ser escrito segundo a Equação 2:

$$acumula = entra - sai + aparece - desaparece \quad (2)$$

Dentro do VC | Através da SC | Através da SC | Dentro do VC | Dentro do VC

Figura 4 • Balanço de massa para uma substância em um sistema aberto

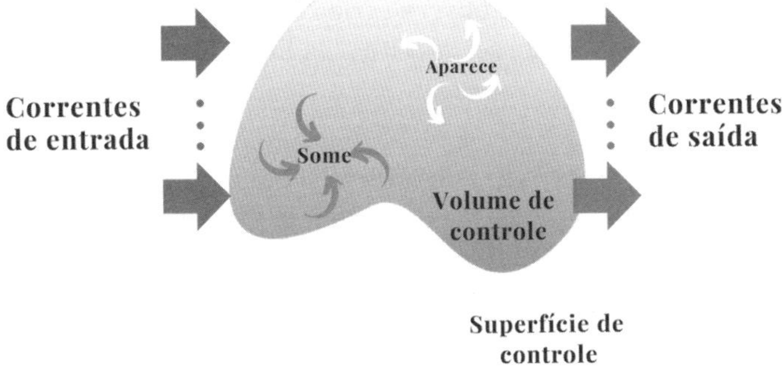

Fonte: Autores.

A Equação 2 é a **equação geral do balanço**. Nessa equação, os termos *"+ aparece"* e *"– desaparece"* podem ser escritos como *"+ gerado"* e *"– consumido"*, respectivamente. A Equação 2 pode ser simplificada para representar alguns sistemas especiais:

Sistema fechado, pela Equação 3:

$$acumula = + aparece - some \quad (3)$$

Operação contínua, pela Equação 4:

$$acumula = entra - sai + aparece - some \quad (4)$$

Sistema sem reação, pela Equação 5:

$$acumula = entra - sai \quad (5)$$

Balanços materiais: A quantidade de matéria pode ser contabilizada em termos mássicos ou molares. Além disso, pode-se fazer um balanço da quantidade de matéria total ou por componentes. A escolha entre a base mássica e a base molar depende do processo estudado. Geralmente, é preferível usar a base molar em processos que envolvem reações químicas ou equilíbrios de fase, e a base mássica nos demais. De qualquer maneira, é possível converter entre base mássica e base molar por meio da massa molar da substância ou da massa molar média da mistura.

Ao se aplicar a equação geral de balanço para a massa total de um sistema, pode-se descartar os termos de aparecimento e desaparecimento. Com exceção de reações nucleares e fenômenos quânticos ou relativísticos, que não são o foco dos processos industriais, não se observa criação ou destruição de massa. Assim, o **balanço de massa total** pode ser escrito pela Equação 6, como:

$$acumula = entra - sai \qquad (6)$$

Exemplo 1: Suponha que um colaborador de uma determinada empresa tenha recebido ao final de um mês R\$1.000,00 de salário e R\$400,00 de um trabalho que ele fez nos horários de folga. Além disso, considere que esse colaborador tenha gastado R\$950,00 com despesas ao longo do mês. Aplicando o balanço de massa, é possível determinar a quantidade de dinheiro acumulada no final do mês, que é dada por:

$$acumula = entra - sai$$

$$Dinheiro_{acumulado} = Dinheiro_{entra} - Dinheiro_{sai}$$

$$Dinheiro_{acumulado} = R\$1000{,}00 + R\$400{,}00 - R\$950{,}00$$

$$Dinheiro_{acumulado} = R\$450{,}00$$

Logo, ao final do mês, o colaborador acumulou quatrocentos e cinquenta reais. Observe que nesse caso foi feito um balanço de dinheiro. No caso de um balanço de material, é feita a contabilidade de matéria. Vejamos agora o exemplo em que o mesmo conceito de balanço global é aplicado a um tanque industrial de armazenamento de água.

Exemplo 2: Seja o tanque industrial representado na Figura 5. Qual seria o acúmulo de água no caso em que são alimentadas correntes de entrada e saída iguais a 100 kg/h.

Figura 5 • Esquema que representa a primeira parte do Exemplo 2

Fonte: Autores.

Aplicando o balanço de massa:

$$acumula = entra - sai$$

$$massa_{água,\ acumulada} = massa_{água,\ entra} - massa_{água,\ sai}$$

$$massa_{água,\ acumulada} = (100 - 100)\frac{kg}{h}$$

$$massa_{água,\ acumulada} = 0\frac{kg}{h}$$

Conforme pode ser visto, não há acúmulo de água nesse tanque, uma vez que toda a água que entra no tanque sai na mesma quantidade, ou seja, vazão mássica. Esse sistema é classificado como contínuo (há correntes materiais atravessando as fronteiras enquanto o processo ocorre) e em regime permanente ou estado estacionário (não há mudança do valor da massa no interior do tanque ao longo do tempo).

Para o caso em que esse mesmo tanque tenha vazões mássicas de entrada (100 kg/h) e de saída (90 kg/h), tem-se:

Figura 6 • Esquema que representa a segunda parte do Exemplo 2

Fonte: Autores.

Aplicando o balanço de massa:

$$acumula = entra - sai$$

$$massa_{água,\ acumulada} = massa_{água.entra} - massa_{água,sai}$$

$$massa_{água,\ acumulada} = (100 - 90)\frac{kg}{h}$$

$$massa_{água,\ acumulada} = 10\frac{kg}{h}$$

Nesse caso, a vazão mássica de saída da água é menor que a de entrada e, assim, ocorre o acúmulo de água na unidade de armazenamento. O sistema pode ser classificado como contínuo e em regime transiente (há mudança na massa de água no sistema à medida que o tempo passa).

Assim como para a massa total, a equação geral de balanço também pode ser aplicada a uma substância específica em uma mistura. Esse tipo de balanço é chamado de **balanço de massa por componente** e está representado na Equação 7:

$$acumula = entra - sai \pm reage \tag{7}$$

Exemplo 3: Seja uma solução de água e sacarose. Essa solução é alimentada em um reator contínuo preenchido com certa quantidade de enzima invertase em seu interior (a enzima invertase catalisa a reação de transformação da sacarose em glicose e frutose). Assim, cada molécula de sacarose é "quebrada" em uma molécula de glicose e uma de frutose. Contudo, o balanço para a sacarose irá incluir um termo de desaparecimento. Se chamarmos a sacarose pelo índice A, o balanço *d* e a massa para sacarose são representados pela Equação 8:

$$\frac{dm_A}{dt} = \dot{m}_{A,entra} - \dot{m}_{A,sai} - r_A \cdot V \tag{8}$$

Onde $\dot{m}_{A,entra}$ é a vazão mássica (ou molar) de sacarose que entra no VC e $\dot{m}_{A,sai}$ é a vazão mássica (ou molar) de sacarose que sai do VC. Esses termos possuem unidades de massa/tempo ou mol/tempo. O termo que apresenta a derivada ($\frac{dm_A}{dt}$) é a quantidade de massa de sacarose m_A acumulada no tempo t dentro do VC. O termo r_A é a velocidade de hidrólise da sacarose (velocidade de reação, com unidade de concentração pelo tempo, massa/[volume·tempo] ou mol/[volume·tempo]) e *V* é o volume.

Ao contrário do balanço de massa total, em que não há criação ou destruição de massa, no balanço molar pode haver criação ou desaparecimento de espécies químicas e/ou alteração no número de mols no sistema, mesmo em um sistema fechado. Em balanços que envolvem reações, é mais prático trabalhar em mols. Observa-se, nesse caso, que a estequiometria impõe restrições ao processo. Suponha a seguinte estequiometria de reação:

$$1\,A + 2\,B \rightarrow 3\,C + 2\,D$$

Neste caso, tem-se, pela Equação 9:

$$\frac{r_A}{1} = \frac{r_B}{2} = \frac{r_C}{3} = \frac{r_D}{2} \tag{9}$$

Orientações gerais para cálculos de balanços materiais

Os problemas de balanços materiais envolvem determinações de quantidades e propriedades de correntes de saída, a partir de quantidades e propriedades de correntes de entrada, e vice-versa, em um dado VC. O equacionamento desses problemas costuma ser muito simples. Entretanto, eles podem envolver um grande número de variáveis e equações, que podem trazer algumas complicações. Um procedimento que pode facilitar a solução desse tipo de problema é apresentado a seguir em seis etapas (BADINO; CRUZ, 2013):

1. Desenhe um diagrama de blocos do processo.
2. Numere ou nomeie todas as correntes e todas as espécies químicas envolvidas.
3. Escreva os valores e unidades de todas as variáveis conhecidas no seu diagrama de blocos ou em uma tabela.
4. Indique as variáveis desconhecidas no diagrama de blocos ou em uma tabela.
5. Se houver uma mistura de variáveis em bases mássicas e molares, converta-as para uma mesma dimensão que seja apropriada. Se houver vazões volumétricas, converta-as para base mássica ou molar.
6. Escreva as equações de balanço de massa total e para os componentes da mistura. **Exemplo 4:** Considere uma câmara de combustão (Figura 7), onde são alimentados 10 kmols de metano CH_4 (hidrocarboneto) por hora e uma corrente de ar (considere o ar como uma mistura contendo

21% O_2 e 79% N_2, em base molar) a 500 °C e 1 atm à vazão de 300 m^3/h. Nessa câmara, é gerada uma corrente de produtos de combustão (CO_2 e H_2O). Supondo que a queima seja completa e sabendo-se que o N_2 alimentado com o ar não participa da reação de combustão (inerte), aplique os procedimentos para o cálculo de balanço de materiais para a representação do problema.

O primeiro passo é desenhar o fluxograma (Figura 7):

Figura 7 • Câmara de combustão

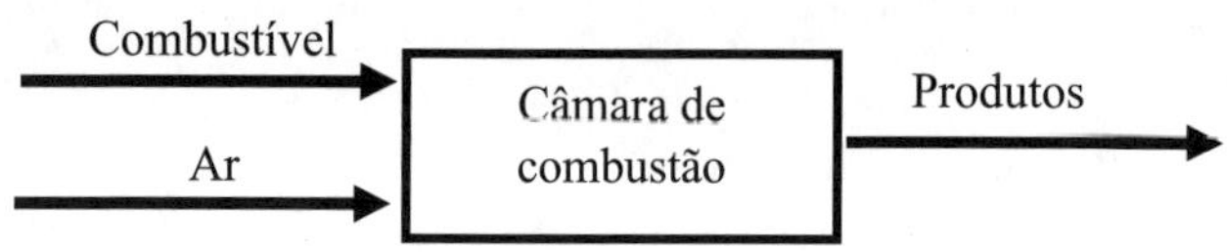

Fonte: Autores.

O segundo passo é numerar ou nomear todas as correntes e todas as espécies químicas envolvidas. Numerando as correntes, tem-se a Figura 8.

Figura 8 • Câmara de combustão com numeração

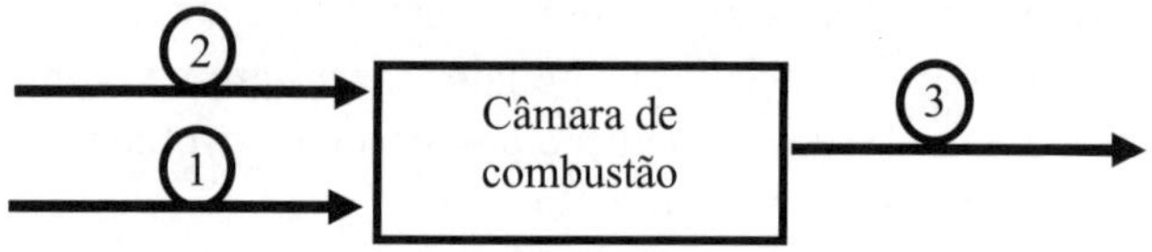

Fonte: Autores.

Atribuindo símbolos às espécies:

Metano (M), oxigênio (O_2), nitrogênio (N_2), dióxido de carbono (CO_2) e água (H_2O).

O terceiro, o quarto e o quinto passos estão descritos na Tabela 1 a seguir. Ela contém os valores e unidades de todas as variáveis conhecidas e organizadas (terceiro passo), indica ainda as variáveis desconhecidas (quarto passo), além de apresentar também todas as variáveis para uma mesma base (quinto passo).

Tabela 1 • Informações das correntes de entrada (1 e 2) e saída (3)

Corrente		
1 (Ar)	2 (Combustível)	3 (Produtos)
T_1 = 500 °C P_1 = 1 atm V_1 = 300 m³/h $y_{O_2,1}$ = 0,21 kmol O_2/kmol ($21\%\ O_2$) $y_{N_2,1}$ = 0,79 kmol N_2/kmol ($79\%\ N_2$) * n_1 = 4,73 kmol/h	n_2 = 10 kmol/h y_M = 1,0 kmol C/kmol	n_3 (kmol/h) $y_{O_2,3}$ (kmol O_2/kmol) $y_{N_2,3}$ (kmol N_2/kmol) $y_{M,3}$ (kmol C/kmol) $y_{CO_2,3}$ (kmol CO_2/kmol) $y_{H_2O,3}$ (kmol H_2O/kmol)

*vazão mássica calculada a partir da vazão volumétrica utilizando $n_1 = \frac{P_1 \cdot V_1}{R \cdot T_1}$ em que R é a constante dos gases ideais 0,08206 atm·m³/(kmol·K).

Por fim, o último passo consiste em escrever as equações de balanço de massa para os componentes da mistura, tendo como estequiometria a reação da combustão completa do metano ($CH_4 + 2\ O_2 \rightarrow CO_2 + H_2O$). É importante ressaltar que, para o caso de frações mássicas ou molares, tem-se que utilizar a relação implícita de que a soma das frações é igual a 1.

Balanço de energia: A energia E tem muitas formas. Em engenharia de processos industriais, as formas mais comuns são a energia mecânica (cinética e potencial) e a energia interna. A energia cinética (K) é a energia mecânica associada ao movimento do centro de massa do sistema macroscópico, e a energia potencial (Φ) está associada à posição desse centro de massa em relação a um campo gravitacional. A energia interna (U) pode ser definida como a energia total dos componentes microscópicos de um sistema macroscópico. Isso se traduz como a energia cinética de moléculas individuais, modos de vibração etc. Na maioria das aplicações, variações na energia interna são muito maiores do que variações na energia mecânica, que pode ser desprezada ($E = K + \Phi + U \approx U$) (BADINO; CRUZ, 2013).

A energia interna do sistema pode ser alterada por transferências de energia na forma de calor (Q) e de trabalho (W). Dessa forma, o **balanço de energia em sistemas fechados** é dado pela Equação 10:

$$\Delta K + \Delta \Phi + \Delta U = Q + W \tag{10}$$

Algumas observações importantes de acordo com Badino e Cruz (2013):

a. A energia interna (U) de um sistema depende da composição química, do estado de agregação e da temperatura dos componentes que o formam. U é independente da pressão para gases ideais e, praticamente, independente da pressão para líquidos e sólidos. Portanto, se não houver mudanças de temperatura, de fase e de composição química no processo, ou ainda, se os materiais do processo são todos sólidos, líquidos ou gases ideais, nesses casos, ΔU = 0.
b. Se um sistema e suas vizinhanças estão na mesma temperatura ou se o sistema é perfeitamente isolado, tem-se um processo adiabático, logo, Q = 0.
c. Trabalho feito sobre ou pelo sistema fechado é acompanhado de um movimento da fronteira contra uma força de resistência, ou por uma geração de corrente ou radiação elétrica para além das fronteiras do sistema. Se não há partes em movimento, nem geração de corrente, para um sistema fechado, tem-se que W = 0.
d. Se ocorrem variações de energia potencial, que não sejam devido à diferença de altura (movimento contra uma força de resistência elétrica ou um campo elétrico ou magnético), os termos para contabilizá-la devem ser incluídos no termo Φ do balanço de energia.

Por definição, nos sistemas abertos, há matéria atravessando as fronteiras durante o processo. Adotaremos, por convenção, que nos sistemas abertos, as taxas de transferência de calor ($\dot{Q}$) e trabalho ($\dot{W}$) têm sinal positivo quando entram no volume de controle e negativo quando saem. O trabalho pode ser dividido em três componentes: o trabalho de eixo aplicado sobre o sistema por agitadores, compressores, dentre outros ($\dot{W}_S$), o trabalho de fronteira, realizado pela expansão ou contração do volume de controle ($\dot{W}_b = -P\frac{dV_R}{dt}$) e o trabalho das correntes de entrada e saída com diferentes pressões e vazões ($\dot{W}_f = \dot{V}_0 P_0 - \dot{V}P$). Esse último componente pode ser combinado à energia interna, resultando na variável entalpia ($\underline{H} = \underline{U} + P\underline{V}$). Assim, o **balanço de energia geral para um sistema aberto** é dado pela Equação 11.

$$\frac{dE}{dt} = \dot{n}_o E_0 - \dot{n}E + \dot{Q} + (\dot{W}_s + \dot{W}_b + \dot{W}_F) \tag{11}$$

Em que $\dot{n}_o$ é a vazão molar que entra e $\dot{n}$ é a vazão molar que sai.

Conforme mencionado anteriormente, na maioria das aplicações industriais, as variações na energia interna são muito maiores que as variações na energia mecânica (cinética e potencial) e, portanto, podem ser desprezadas. Dessa forma, podemos aproximar a energia total do sistema (E) pela energia interna (U), conforme a Equação 12:

$$\frac{d}{dt}(K + \Phi + U) \approx \frac{dU}{dt} \tag{12}$$

Substituindo a Equação 12 na Equação 11, tem-se:

$$\frac{dU}{dt} = \dot{n}_o U_0 - \dot{n} U + \dot{Q} + (\dot{W}_s + \dot{W}_b + \dot{W}_F) \tag{13}$$

Lembrando que $\dot{W}_f = \dot{V}_0 P_0 - \dot{V} P$ e substituindo na Equação 13, obtém-se:

$$\frac{dU}{dt} = \dot{n}_o U_0 - \dot{n} U + \dot{Q} + (\dot{W}_s + \dot{W}_b + \dot{V}_0 P_0 - \dot{V} P\ ) \tag{14}$$

Rearranjando a Equação 14:

$$\frac{dU}{dt} = \dot{n}_o (\underline{U}_0 + P_0 \underline{V}_0) - \dot{n}(\underline{U} + P\underline{V}) + \dot{Q} + (\dot{W}_s + \dot{W}_b) \tag{15}$$

Sabendo-se que a Entalpia é dada por $\underline{H} = \underline{U} + P\underline{V}$, finalmente obtém-se:

$$\frac{dU}{dt} = \dot{n}_o \underline{H}_0 - \dot{n}\underline{H} + \dot{Q} + (\dot{W}_s + \dot{W}_b) \tag{16}$$

Algumas simplificações importantes (BADINO; CRUZ, 2013):

a. Se não há partes móveis no sistema, $\dot{W}_s = 0$.
b. Se o sistema e sua vizinhança estão na mesma temperatura, $\dot{Q} = 0$.
c. Se as velocidades lineares das correntes são as mesmas, $\Delta K=0$.
d. Se todas as correntes entram e deixam o processo à mesma altura, $\Delta\Phi=0$.

Resumindo, a massa e/ou energia total na entrada é composta da soma de todas as correntes de matérias e/ou de energia que entram no sistema: insumos e matérias-primas, materiais auxiliares, energia (trabalho e/ou calor) e água, dentre outros. A massa e/ou energia total na saída engloba a soma de todas as massas e/ou energia que deixam o sistema: produtos, subprodutos, resíduos, efluentes e emissões. A massa e/ou energia acumulada refere-se a aspectos provenientes de etapas produtivas acumuladas. Assim, por meio do balanço (de matéria e/ou energia), é possível identificar e quantificar os consumos de matéria e de energia do processo, assim como as perdas, desperdícios e emissões resultantes do processo, fornecendo uma indicação de suas fontes e causas (BADINO; CRUZ, 2013). Dessa forma, é possível apontar as áreas de uso ineficiente dos recursos e com fraca gestão dos resíduos gerados na produção e, consequentemente, identificar os principais fluxos de entrada/saída que tornam o processo poluidor com base. Assim, as decisões futuras a serem tomadas durante a etapa de avaliação das causas (próximo tópico) podem ser tomadas fundamentadas em dados quantitativos.

II. **Avaliação das causas**

A partir da coleta de dados e da aplicação do balanço de massa/energia nas etapas e/ou setores priorizados, deve-se fazer uma análise profunda com o objetivo de apurar/determinar a real fonte e as causas de geração das correntes de resíduos, de emissões e contaminantes, de perdas (de matéria e/ou energia) e de água. Nessa etapa, deve-se conhecer o porquê, como, quando e onde foram geradas cada uma dessas correntes.

É importante mencionar que a geração de opções de P+L pode ser limitada, uma vez que os esforços podem estar concentrados em apenas um equipamento que emite a corrente em avaliação (pode ser corrente de resíduos, de contaminantes, de emissões, de perdas e de água). Entretanto, esse equipamento pode ser responsável por produzir apenas uma parte dessa corrente. Dessa forma, dependendo dos resultados da avaliação inicial, a equipe pode ver a necessidade de saber mais detalhes específicos da geração dessas correntes, o que pode ser feito por meio da realização de uma auditoria detalhada.

Como a P+L é uma estratégia proativa focada nas fontes geradoras, deve-se investigar os problemas e as oportunidades previamente elencados para identificar as causas desses problemas e encontrar possíveis oportunidades. Para isso, pode-se recorrer a algumas ferramentas comumente utilizadas em Gestão da Qualidade, destacando-se principalmente o Diagrama de Causa-Efeito, também conhecido como Diagrama de Ishikawa, ou então o Diagrama de Árvore, ou ainda, Diagrama de Espinha de peixe, que é ilustrado pela Figura 9.

Figura 9 • Diagrama de Ishikawa

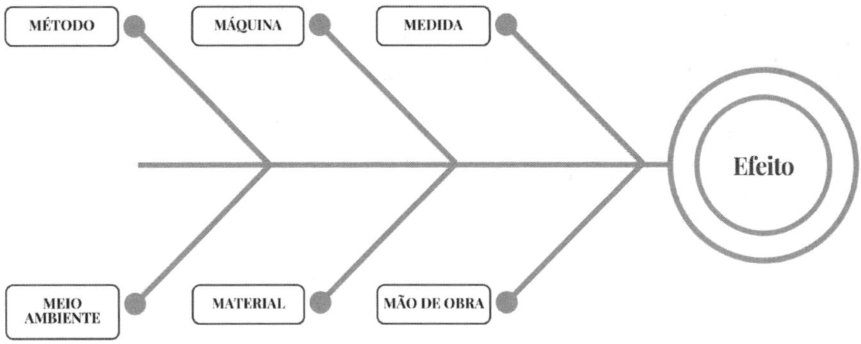

Fonte: Autores.

O Diagrama de Causa-Efeito, apresentado pela Figura 9, possibilita conhecer as causas dos respectivos efeitos (problemas e/ou oportunidades) que estão relacionadas ao método, à máquina, à medida, ao meio ambiente circundante, ao material ou à mão de obra. Estes seis grupos são referentes ao processo, para a implementação da P+L. As causas podem ocorrer em um ou mais grupos. Este diagrama auxilia muito na identificação de causas que levam ao efeito o processo que acarreta aspectos e, posteriormente, impactos ambientais, reduzindo-se tempo e custos de projeto, bem como possibilitando maior eficácia e eficiência das práticas de P+L.

No entanto, há ainda uma necessidade de se identificar a(s) causa(s) raiz(es), ou seja, qual é a causa fundamental que por sua vez gera o efeito. Para isso, deve-se empregar o Diagrama de Árvore, conforme ilustra a Figura 10.

Figura 10 • Diagrama de Árvore

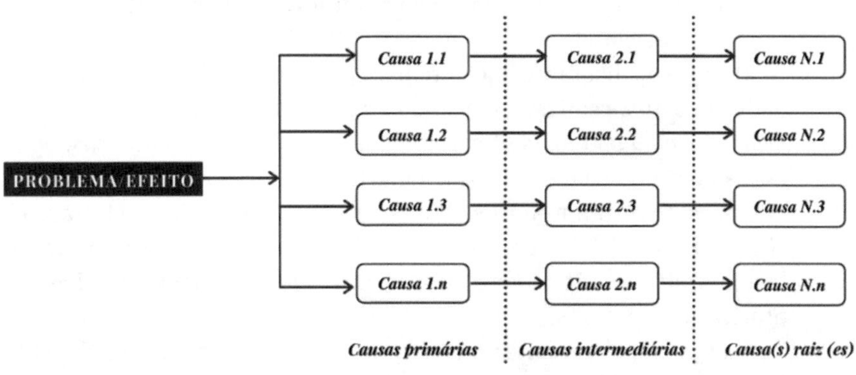

Fonte: Autores.

Para o uso do Diagrama de Árvore, apresentado na Figura 10, deve-se partir do efeito e abrir as possíveis causas em *n* níveis no sentido vertical de causas primárias e também aprofundando-se no sentido horizontal em *N* níveis até que se encontre uma ou algumas causas raízes do problema estudado. É exatamente este grupo ou esta causa fundamental que deve ser combatida para que o(s) aspecto(s) ambiental(is) seja(m) eliminado(s) e seu(s) impacto(s) ambiental(is) prevenido(s). Essa estratificação das causas raízes deve ser realizada pela Equipe de P+L.

III. **Identificação de oportunidades de P+L**

Conhecendo as características do processo, as fontes e as causas dos resíduos e emissões contaminantes, a P+L entra na fase criativa. Com base no mapeamento do processo e no balanço de massa e/ou energia, poderá ser escolhida a unidade de operação, o material, os resíduos ou as emissões, ou seja, por onde se pretende iniciar a implementação da P+L. Dessa forma, esta etapa consiste em identificar oportunidades para melhorar a performance ambiental desse processo e traçar as formas de geração de opções de P+L. A geração de oportunidades P+L é feita por meio do rastreamento das cinco características que influenciam o processo e que podem servir como pontos de foco. Estas características são: (1) materiais de entrada; (2) tecnologia; (3) execução do processo; (4) produtos; e (5) resíduos e emissões. Com base nessas cinco características, os pontos de ação correspondentes podem ser usados para melhorar o desempenho ambiental do processo:

1. Alterações no material de entrada ou substituição de insumos de entrada.
2. Mudanças tecnológicas ou modificações tecnológicas.
3. Boa manutenção e/ou boas práticas operacionais.
4. Alterações do produto ou modificações do produto.
5. Reciclando.

Uma forma bastante eficiente para produzir as ideias para oportunidades de P+L é realizar uma sessão de *brainstorming*. Essas sessões de *brainstorming* são mais eficazes quando gerentes, engenheiros, operadores de processo e outros funcionários, bem como alguns consultores externos, trabalham juntos sem restrições hierárquicas. Muitas soluções P+L são obtidas analisando cuidadosamente a causa de um problema. Outra forma de gerar ideias para oportunidades de P+L é focar práticas preventivas.

É importante ressaltar que deve ser dada prioridade a medidas que busquem eliminar ou minimizar resíduos, efluentes e emissões no processo produtivo onde são gerados. A principal meta é encontrar medidas que evitem a geração de resíduos na fonte. Essas medidas podem incluir modificações, tanto no processo de produção quanto no próprio produto.

IV. **Seleção das oportunidades de P+L**
Uma vez que várias oportunidades de P+L tenham sido sugeridas, geradas e registradas, elas devem ser classificadas entre aquelas que podem ser implementadas diretamente e aquelas que requerem investigação adicional. É útil seguir as etapas:
   1. Organize as opções de acordo com as operações da unidade ou áreas de processo, ou de acordo com as categorias de entradas/saídas (por exemplo, problemas que causam alto consumo de água, problemas que causam alto consumo de energia, problemas que emitem grande quantidade de resíduos, dentre outros).
   2. Identifique quaisquer opções de interferência mútua, pois a implementação de uma opção pode afetar a outra.
   3. Oportunidades que são gratuitas ou de baixo custo, que não exigem um extenso estudo de viabilidade, ou que são relativamente fáceis de implementar, devem ser implementadas imediatamente.
   4. Oportunidades que são inviáveis, ou que não podem ser implementadas, devem ser eliminadas da lista de opções para um estudo mais aprofundado.

2.2.4 *Análise da viabilidade*

Depois de identificadas e selecionadas as oportunidades de P+L, a próxima fase é a análise de viabilidade (Etapa 4, Figura 2) de cada uma das opções identificadas. O objetivo dessa fase de avaliação e estudo de viabilidade é avaliar as oportunidades propostas de P+L e selecionar aquelas opções adequadas para implementação. As oportunidades selecionadas durante a fase de avaliação devem ser avaliadas de acordo com seus méritos técnicos, econômicos e ambientais. Assim, a etapa de Viabilidade é composta das seguintes fases:

I. Avaliação técnica.
II. Avaliação econômica.
III. Avaliação ambiental.
IV. Seleção das oportunidades de P+L.

Essas cinco fases que compõem a análise de viabilidade estão detalhadas a seguir:

I. **Avaliação técnica**

Na avaliação técnica, são consideradas as propriedades e requisitos que as matérias-primas, além de outros materiais, devem apresentar para o produto que se deseja fabricar, de maneira que se possa sugerir modificações. Na avaliação técnica é importante considerar os possíveis impactos da medida proposta sobre os produtos, processos, produtividade, segurança, qualidade etc. Além disso, testes de laboratório ou ensaios podem ser necessários quando as opções alteram significativamente o processo existente. É interessante também levar em consideração as experiências de outras companhias com a opção que está sendo estudada (isto é, realizar um *benchmarking* competitivo). Uma avaliação técnica também determinará se a oportunidade requer mudanças de pessoal, treinamento ou manutenção adicional ao processo. Sendo possível tecnicamente implementar-se a opção, procede-se à avaliação econômica.

II. **Avaliação econômica**

O objetivo desta etapa é avaliar a relação custo-benefício das oportunidades de P+L. Esta etapa visa quantificar em moeda corrente os ganhos e o retorno sobre o investimento por meio da quantificação financeira dos elementos identificados no levantamento de dados. A avaliação econômica permite constatar se ocorreram ganhos econômicos para a empresa e avaliar o retorno sobre o investimento. Assim, a viabilidade econômica é frequentemente o parâmetro-chave que determina se uma oportunidade de P+L será ou não implementada.

Na avaliação econômica, é importante considerar: os investimentos necessários; os custos operacionais e receitas do processo existente, como também os custos operacionais e receitas projetadas das ações a serem implantadas; e a economia da empresa com a redução/eliminação de multas. Algumas das técnicas de análise econômica, que podem ser empregadas, incluem o período de recuperação do investimento (*payback*), o Valor Presente Líquido (VPL) e a Taxa Interna de Retorno (TIR).

O *payback* pode ser simples ou descontado. O método simples considera o tempo corrente para que o Fluxo de Caixa (FC) do projeto de P+L tenha seu valor de investimento recuperado, ou seja, quando FC = 0. Já o método do *payback* descontado considera também a depreciação do capital investido em função de perdas financeiras, podendo ser destacadas como exemplos, a taxa de inflação, o custo de oportunidade de não investir este valor em outro projeto e/ou investimento etc. Assim, o que se insere no cálculo do método de *payback* descontado são os Fluxos de Caixa Descontados (FCD) em função dessas depreciações do capital investido no projeto de P+L. A Equação 13 ilustra o cálculo do *payback* descontado,

$$FCD = \frac{FC}{(1+i)^n} \tag{13}$$

onde i é a TMA ou a taxa de desconto e *n* é a duração do projeto.

Outras ferramentas como o VPL e a TIR também podem ser aplicadas nesta etapa. Sugere-se a consulta de Assaf Neto e Lima (2014) para mais detalhes sobre o assunto.

III. **Avaliação ambiental**

O objetivo da avaliação ambiental é determinar os impactos ambientais positivos e negativos da opção de P+L proposta. Em muitos casos, as vantagens ambientais são óbvias: uma redução na toxicidade e/ou quantidade de resíduos ou emissões. Em outros casos, pode ser necessário avaliar se um aumento no consumo de eletricidade, por exemplo, superaria as vantagens ambientais da redução do consumo de materiais.

Na avaliação ambiental, é importante considerar:

a. A quantidade de resíduos, efluentes e emissões que será reduzida.
b. A qualidade dos resíduos, efluentes e emissões que tenham sido eliminados — verificar se estes contêm menos substâncias tóxicas e componentes reutilizáveis como também verificar se houve mudança na degradabilidade deles.
c. A redução na utilização de recursos naturais.
d. A redução no consumo de insumos, matérias-primas, água e energia.
e. Mudanças na degradabilidade dos resíduos ou emissões.

Em muitos casos, será impossível coletar todos os dados necessários para uma boa avaliação ambiental. Nesses casos, uma avaliação qualificada terá que ser feita com base nas informações existentes. Dada a ampla gama de questões ambientais, provavelmente será necessário priorizar as questões de maior preocupação, uma vez que, dependendo da política ambiental do país ou da empresa, algumas questões podem ter uma prioridade maior do que outras.

Além disso, estudos recentes têm se aprofundado na aplicação da Avaliação do Ciclo de Vida (ACV) para a geração de cenários visando melhorias no processo produtivo. Estes cenários podem ser gerados em caráter de simulação, permitindo assim identificar a viabilidade ambiental das propostas de P+L antes de sua implementação.

IV. **Seleção das oportunidades de P+L**
Os resultados encontrados durante a avaliação técnica, econômica e ambiental possibilitam a seleção das medidas de oportunidades de P+L viáveis de acordo com os critérios que foram estabelecidos. Assim, as opções mais promissoras devem ser selecionadas em estreita colaboração com a administração da empresa.

2.2.5 *Implementação e monitoramento*

A implementação (Etapa 5, Figura 2) das práticas de P+L deve ser sistemática e contínua, de forma a se integrar com os sistemas de gestão e estratégias e ferramentas das empresas. A prática isolada de projetos de P+L sem essa integração gera ineficiência e resultados insatisfatórios para as organizações. A implementação e o monitoramento da P+L ocorrem basicamente seguindo o Ciclo de Melhoria Contínua, também conhecido como Ciclo de Deming ou ciclo PDCA composto das fases *Plan* (Planejar); *Do* (Executar), *Check* (Verificar) e *Act* (Agir). A Figura 11 apresenta um PDCA projetado para a P+L se transformar num programa de melhoria contínua nas empresas.

Figura 11 • PDCA aplicação à P+L

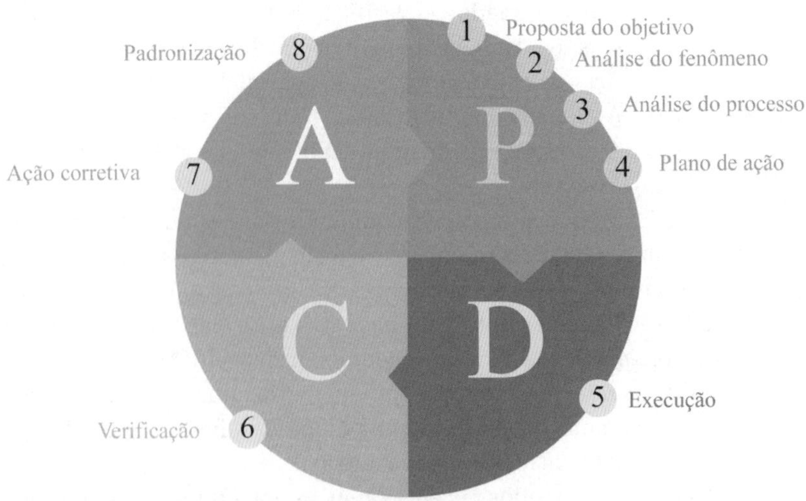

Fonte: Autores.

Sobre o monitoramento das ações de melhoria, vale ressaltar a importância de se monitorar a ecoeficiência a posteriori da implantação dos projetos de P+L. Assim, torna-se possível mensurar a eficácia dos projetos e concluir sobre a maior agregação de valor ao menor impacto sobre o meio ambiente para a empresa. O uso de indicadores de desempenho é fundamental para o cumprimento desta etapa. Para mais detalhes, consultar o Capítulo 11.

2.3 Estudos de Caso em Produção mais Limpa

A Companhia Ambiental do Estado de São Paulo (CETESB) é uma agência do Governo do Estado responsável pelo monitoramento e verificação de atividades geradoras de poluição, com a principal motivação de preservação da qualidade das águas, do ar e do solo. Essa agência é responsável ainda por promover estudos e divulgar casos de sucesso da adoção de medidas e P+L e de Produção e Consumo Sustentáveis no Estado de São Paulo. Dessa maneira, vamos discutir alguns casos de sucesso de implementação de medidas de P+L em empresas de diferentes áreas de atuação e de diversos portes, evidenciando que a aplicação das práticas P+L independem de tais fatores.

Estudo de caso 1:
Redução do uso de cianeto de sódio no banho desengraxante.

Caracterização da oportunidade: A empresa atua no ramo de fabricação de bijuterias para uso pessoal, chamaremos, neste caso, de Empresa A. A Empresa A, de pequeno porte, participou de um Projeto Piloto de Prevenção à Poluição promovido pela própria CETESB. Dessa maneira, a implementação e aplicação das práticas P+L se deu em conjunto com a equipe do órgão ambiental, com a identificação e oportunidades de redução dos aspectos ambientais englobados pela empresa. O processo original, executado pela empresa, utilizava um banho desengraxante à base de cianeto de sódio, apresentando alto grau de toxicidade, que pode causar problemas ambientais graves se lançado diretamente no meio ambiente. Assim, mensalmente, um volume de 270 litros e com concentração de 75g/L era enviado ao sistema de tratamento de efluentes da empresa. Como medida preventiva e de garantia de qualidade do produto, era encaminhado mesmo não sabendo se havia esgotado ou não sua função desengraxante, representando um custo elevado à empresa.

Medidas adotadas pela Empresa A: Evidenciando o custo com o tratamento e o impacto ambiental associado, a empresa identificou no Projeto da CETESB a oportunidade de melhoria de seus processos. O descarte, anteriormente feito mensalmente, passou a ser estudado para um tratamento contínuo. A alternativa adotada foi a inclusão de um processo de filtragem para limpeza do efluente, além de uso de correção dos parâmetros utilizando produtos químicos necessários. A empresa passou a adotar tais procedimentos nos casos em que a solução não apresentava mais características satisfatórias em termos de tempo e resultados no desengraxe das peças tratadas. Identificou-se ainda a redução da concentração da solução de cianeto, sem qualquer comprometimento no resultado final do processo.

Não houve qualquer investimento por parte da empresa, apenas readequações em seus processos.

Resultados: A Empresa A apresentou redução de 80% no uso de cianeto de sódio, já que as soluções passaram de 75 g/l para 15 g/l, economizando cerca de R$1.620/ano na compra de sais de cianeto. Houve uma redução no uso de reagentes químicos utilizados pela empresa, além de outros ganhos não quantificados referentes à redução de custos na gestão dos efluentes e resíduos.

Como características de melhoria contínua, a empresa tem buscado otimização constante de seus processos, visando tanto os aspectos ambientais quanto econômicos em suas práticas produtivas (FONTE: CETESB, 2019).

Estudo de caso 2:

Caso de sucesso de adoção de medidas de Produção mais Limpa na utilização de garrafas PET recicladas na fabricação de esmaltes e vernizes sintéticos.

Caracterização da oportunidade: A empresa de grande porte, aqui ilustrativamente chamada de Empresa B, que atua no ramo da fabricação de tintas e vernizes, fabrica resinas que são aplicadas na formulação de esmaltes e vernizes da sua linha imobiliária de tintas. A constituição de tais resinas é alquídica, por reação entre um poliácido, um poliálcool e um óleo vegetal.

Sendo o PET (polietileno tereftalato) com propriedades semelhantes (poliácido + poliálcool), e considerando a grande oferta de garrafas PET no ambiente, cujo descarte incorreto tem grande impacto ambiental, a empresa identificou o potencial de uso das garrafas para a formulação das resinas, com consequente redução de custo na fabricação dos esmaltes e vernizes.

Medidas adotadas pela Empresa B: A empresa precisou adequar seus processos para atender a alguns problemas operacionais, como dificuldade de filtragem de resinas, além de suprimento contínuo de matéria-prima. Após estruturação, a medida de produtividade é de cerca de 6 garrafas PET de 2 litros para cada galão de verniz/esmalte sintético, com 3,6 litros.

Os investimentos por parte da Empresa B foram adaptações de infraestrutura e treinamento específico para mão de obra e operação. Trata-se de investimentos comuns a qualquer tipo de alteração em uma linha de produção; portanto, não foram investimentos financeiros significativos quanto aos custos para a empresa.

Resultados: Como contribuições ambientais, a empresa passou a reintegrar no ciclo de vida de seus produtos as garrafas PET, que são de difícil destinação e têm um grande impacto ambiental. A BASF, como maior contribuinte no processo de reciclagem, consome 3% do total de PET geradas no Brasil. Trata-se de cerca de 50 a 60 milhões de garrafas que deixam de ser destinadas inadequadamente em aterros sanitários ou em rios e esgotos. Houve ainda uma redução no volume de efluentes da empresa (cerca de 40%), água que era gerada na reação de esterificação. A redução de matérias-primas de fontes não renováveis, como a nafta do petróleo, foi de aproximadamente 3 mil toneladas/ano.

No que se refere a resultados econômicos, a empresa ganhou cerca de R$3 milhões/ano com a redução de custos de produção pela substituição da matéria-prima. O aumento de produtividade foi de 13%, no que se refere à redução de tempo de filtração e dispersão de pigmentos. Identificaram-se ainda melhorias na qualidade do produto, nos quesitos: resistência aos raios ultravioleta (UV), ao amarelecimento e no brilho.

Vale destacar também o impacto social positivo com a geração de aproximadamente 550 novos empregos na cadeia de reciclagem de PET.

As perspectivas de implementações futuras por parte da empresa estão voltadas para a maior redução de água nas reações, assim como promover o seu reúso no processo (FONTE: CETESB, 2019).

Percebam, nesses dois casos, que não foi possível medir ou avaliar os impactos ambientais evitados pelas práticas de P+L. O que se observou foi a prevenção dos aspectos ambientais, que por sua vez geravam impactos ambientais adversos. Fazem-se necessários cálculos e aplicação de técnicas para a identificação e quantificação desses impactos ambientais evitados, como, por exemplo, pelo uso da ACV, conforme será trabalhado ao longo dos Capítulos 3, 4, 5 e 6.

Mesmo assim, observa-se um impacto positivo no desempenho ambiental dos processos produtivos descritos nesses casos de sucesso da CETESB.

2.4 Exercícios Propostos

Questão 1. Qual a importância dos fluxogramas qualitativos e quantitativos para as práticas de P+L?

Questão 2. Quais as etapas de implementação de P+L?

Questão 3. Por que é importante uma equipe constituída por profissionais de diferentes setores da empresa para a implantação de práticas de P+L?

Questão 4. Estudo de caso para aplicação de práticas de Produção mais Limpa.

O presente estudo de caso foi retirado do artigo "Avaliação econômica da aplicação da Produção mais Limpa em uma estação de tratamento de efluentes: estudo de caso em uma empresa metal mecânica", escrito por Leite e Neto (2018). Após a descrição do caso prático, serão apresentados alguns exercícios para desenvolvimento e análise.

> *Muitos estudos e análises apontam para a grande quantidade de água utilizada pelas indústrias metalúrgicas em seus processos produtivos, o que consequentemente gera vários tipos de resíduos que podem levar à contaminação do meio ambiente. A descrição feita a seguir é de uma empresa, localizada na cidade de São Paulo, na qual chamaremos aqui ilustrativamente de Empresa C.*
>
> *A Empresa C pode ser caracterizada como porte médio, atuando principalmente no setor secundário, na fabricação de elementos de fixação pelo processo de conformação a frio, utilizando materiais como aço carbono e alumínio.*
>
> *A produção tem início com a etapa de fabricação de corpos e mandris de aço e alumínio; os corpos seguem sequencialmente para o desengraxe, lavagem, tratamento térmico e polimento. Em seguida, tanto os corpos quanto os pinos seguem para a montagem, a fim de se fazer a união utilizando prensas, onde são testadas por amostragem. Nos processos subsequentes, os produtos são embalados e encaminhados para estoque e posterior expedição.*
>
> *A Empresa C faz uso de vários produtos químicos no processo descrito, utilizando, por exemplo: desenxaguantes, abrilhantadores e óleos. Evidencia-se que as principais etapas relacionadas à geração de resíduos líquidos são: fabricação de corpos e mandril, tratamento térmico, polimento, lavagem e desengraxe, descartados na rede pública. A legislação prevê que, em caso de descarte na rede pública, as concentrações devem atender a padrões mínimos e, portanto, a empresa deve implantar uma ETE (Estação de Tratamento de Efluentes).*
>
> *O processo de tratamento dos resíduos líquidos tem início com o direcionamento da água utilizada no processo de produção, que é realocada para caixa de gradeamento separadora de óleo insolúvel e água. O próximo passo, com a água isenta de óleos, é feito o ajuste de pH e transparência com agitação por ar, na qual são adicionados os reagentes químicos e soluções (ácido, base e floculantes). O próximo passo é a passagem pelo filtro misto de areia e carvão ativado para eliminação de possíveis solventes. Esse líquido é então bombeado para o tanque decantador com fundo cônico, onde ocorre a precipitação de metais e sólidos suspensos, direcionando a borra para tambores de descarte e a água tratada para a rede pública, atendendo, conforme CETESB (2017), à legislação ambiental para lançamentos.*

a. O fluxograma permite uma representação gráfica de todas as etapas de um processo e de como elas se inter-relacionam. Esboce um fluxograma dos processos descritos no estudo de caso.

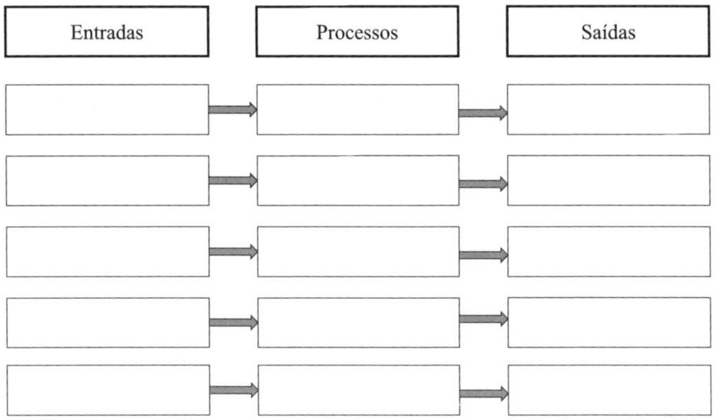

Fonte: Autores.

b. Para a implantação da P+L em seu processo produtivo, quais são as oportunidades de implementação de P+L na Empresa C? Justifique.

Questão 5. São processados em uma coluna de destilação 50.000 kg/h de uma mistura (A) composta de 50% em peso de benzeno e tolueno. O produto de topo (T) da coluna, também denominado de destilado, é composto de 92% em peso de benzeno. O produto de fundo (F) da coluna é composto de 8% em peso de benzeno. Determine:

a. A vazão mássica da corrente de topo (T) e a vazão mássica da corrente de fundo (F) da coluna.
b. A porcentagem de recuperação do benzeno na corrente de destilado.

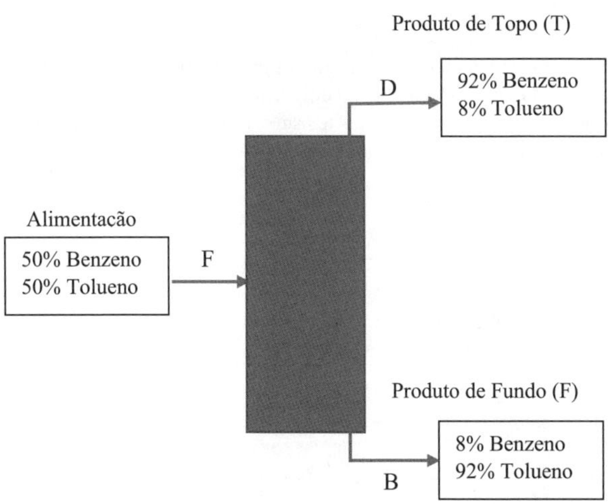

Fonte: Autores.

Questão 6. Suponha que as amoras contêm 15% de sólidos e 85% de água em massa. Para fabricar industrialmente a geleia dessa fruta, o seguinte processo ocorre: (1º) Misturar as amoras amassadas e o açúcar na proporção 40:60% em massa (40 partes de amoras e 60 partes de açúcar); (2º) Aquecer a mistura obtida no primeiro passo para evaporar a água até que a mistura atinja uma concentração de sólidos igual a 70% em massa. Considerando-se que o açúcar é constituído por 100% de sólidos, pede-se:

a. Desenhe um fluxograma do processo.
b. Determine a massa de amora necessária para produzir 1 kg de geleia.

Obs.: Assuma que a evaporação se processa sem arraste de sólidos.

GABARITO

Questão 1.

Resposta: O fluxograma permite a visualização de todos os fluxos de materiais e dos produtos presentes no processo avaliado. Por meio dele, também é possível visualizar o fluxo de informação e o caminho percorrido nos diversos processos. Para a elaboração desse fluxograma, são utilizados dados operacionais já existentes, como relatórios de produção, relatórios de auditoria e plantas do local. Para a implantação de práticas de P+L, torna-se fundamental a visualização pela equipe dos possíveis pontos de implementação e otimização das práticas.

Questão 2.

Resposta: A implantação das práticas de P+L pode ser dividida em cinco etapas, sendo elas: 1. Planejamento e organização; 2. Diagnóstico; 3. Avaliação; 4. Viabilidade; e 5. Implementação e Monitoramento.

Questão 3.

Resposta: A variabilidade em relação aos componentes da equipe se deve principalmente às suas diferentes visões, dada sua área de atuação na empresa. Tem-se o intuito de formar um grupo multidisciplinar composto de representantes dos setores Financeiro, Manutenção, Engenharia e Pesquisa e Desenvolvimento, que são fundamentais para identificação de pontos de melhoria do sistema.

Questão 4.

Resposta:

a. Os processos mencionados no estudo de caso podem ser descritos na forma do seguinte fluxograma:

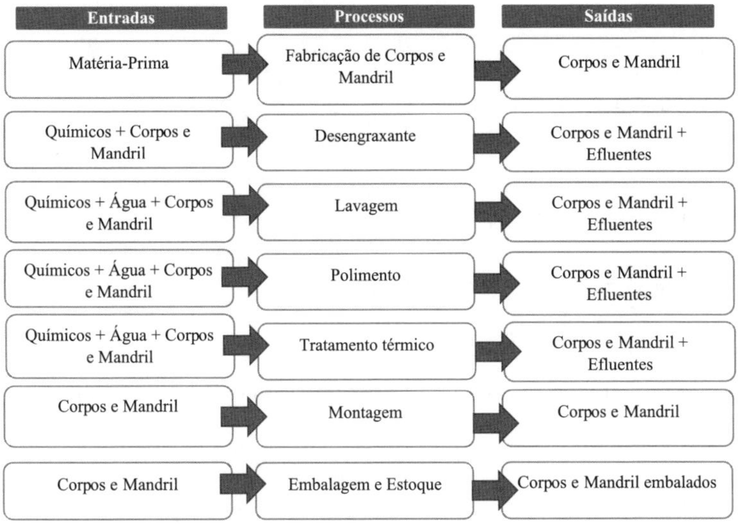

Fonte: Autores.

b. Reúso de seus efluentes no processo produtivo da Empresa C, com implementação de um sistema de tratamento para melhorar a qualidade da água com o uso, por exemplo, de um sistema de filtração mais eficiente. Outros aspectos de otimizações também seriam o estudo das concentrações das soluções utilizadas em cada etapa dos processos. Aqui vale ressaltar que as técnicas de P+L vão além daquelas asseguradas por lei, ou seja, dos requisitos mínimos quanto aos tratamentos mínimos dos efluentes.

Questão 5.

Resposta:

a. A vazão mássica da corrente de topo (T) e da corrente de fundo (F).

Balanço de Massa Total:

$$A = T + F$$
$$50000\frac{kg}{h} = T + F \tag{5.1}$$
$$F = 50000\frac{kg}{h} - T$$

Balanço de Massa para os componentes:

» Benzeno:

$$0{,}5 \cdot A = 0{,}92 \cdot T + 0{,}08 \cdot F$$
$$0{,}5 \cdot 50000\frac{kg}{h} = 0{,}92 \cdot T + 0{,}08 \cdot F \tag{5.2}$$

» Tolueno:

$$\begin{aligned} 0{,}5 \cdot A &= 0{,}08 \cdot T + 0{,}92 \cdot F \\ 0{,}5 \cdot 50000\frac{kg}{h} &= 0{,}08 \cdot T + 0{,}92 \cdot F \end{aligned} \tag{5.3}$$

Substituindo (5.2) em (5.1), temos:

$$\begin{aligned} 0{,}5 \cdot 50000\frac{kg}{h} &= 0{,}92 \cdot T + 0{,}08 \cdot \left(50000\frac{kg}{h} - T\right) \\ 25000\frac{kg}{h} &= 0{,}92T + 4000\frac{kg}{h} - 0{,}08T \\ T &= 25000\frac{kg}{h} \end{aligned} \tag{5.4}$$

Logo, substituindo (5.4) em (5.1), encontramos o valor da vazão mássica da corrente de fundo (F):

$$F = 25000\frac{kg}{h} \tag{5.5}$$

b. A porcentagem de recuperação do benzeno no destilado.

O balanço de massa para o benzeno é dado por:

$$\underbrace{0{,}5}_{a} \cdot A = \underbrace{0{,}92}_{b} \cdot T + \underbrace{0{,}08}_{c} \cdot F$$

Onde **a** representa a massa de benzeno presente na alimentação, **b** representa a massa de benzeno na corrente de topo e **c** representa a massa de benzeno na corrente de fundo. O percentual de recuperação do benzeno no destilado é dado por:

$$\%\,recuperação\ do\ benzeno\ no\ destilado = \frac{massa\ benzeno\ recuperado}{massa\ benzeno\ alimentado}$$

Dessa forma, 92% de todo o benzeno alimentado é recuperado na corrente de topo (T). O restante sai na corrente de fundo (F).

Questão 6.

Resposta:

a. Desenhe o diagrama do processo.

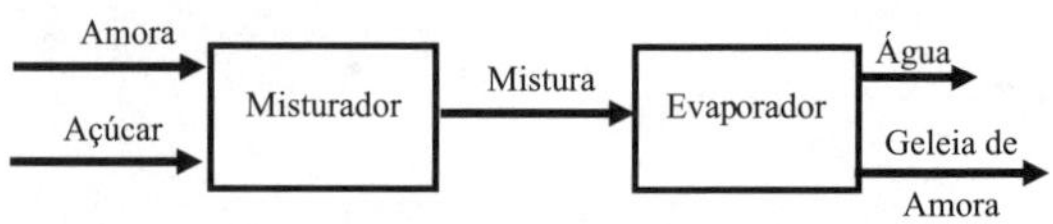

Fonte: Autores.

b. Determine a massa de amora necessária para produzir 1 kg de geleia.

Vamos resolver esse exemplo utilizando as orientações gerais para cálculos de balanços materiais. A primeira e a segunda etapa, que consistem em desenhar o diagrama de blocos e numerar ou nomear cada corrente, foram feitas na letra (a) deste exercício. O terceiro passo consiste em indicar as variáveis conhecidas e desconhecidas no diagrama de blocos (ou em uma tabela), seguida pela etapa de escrever os valores e unidades de todas as variáveis conhecidas no seu diagrama de blocos (ou em uma tabela).

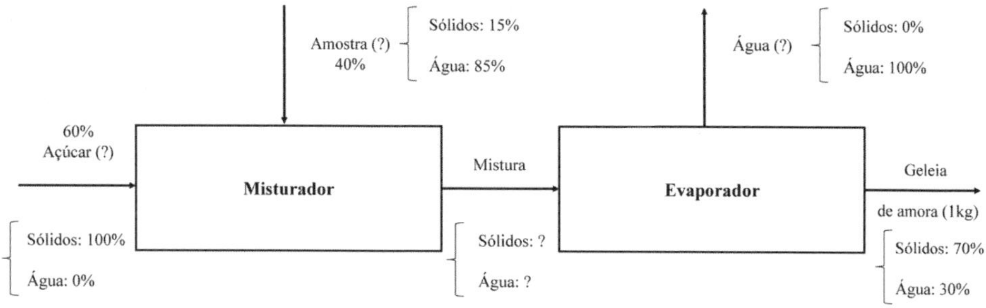

Fonte: Autores.

Em todos os pontos em que aparecem (?), são os locais onde as quantidades são desconhecidas. É importante ressaltar que a afirmação "assume que a evaporação processa sem arraste de sólidos" significa que sai água pura do evaporador e todo o sólido permanece na geleia.

O quinto passo é converter as variáveis para uma mesma dimensão que seja apropriada. Neste caso, todas as variáveis já estão na mesma dimensão. Como último passo, escrevem-se então as equações de balanço de massa total e para os componentes das correntes do processo.

Considerando como volume de controle (VC) apenas o misturador, podemos encontrar a composição de sólidos e de água do material que deixa o misturador, que é o mesmo que entra no evaporador. Lembrando que não há acúmulo e o regime é estacionário, logo: entra = sai.

$$açúcar + amora = mistura$$

Assim, a quantidade de sólidos da mistura é dada por:

$$\%sólidos_{açúcar} \cdot proporção_{açúcar} + \%sólidos_{amora} \cdot proporção_{amora} \\ = \%sólidos_{mistura} \cdot proporção_{mistura}$$

$$100\% \cdot 0{,}6 + 15\% \cdot 0{,}4 = 66\% \cdot 1{,}0$$

Como 66% da mistura formada no misturador é de sólidos, 34% da mistura é água. Considerando agora como VC apenas o evaporador, temos:

$$mistura = água + geleia$$

$$mistura = água + 1\ kg$$

O balanço por componente (componente sólidos) fornece:

$$\%sólidos_{mistura} \cdot massa_{mistura} \\ = \%sólidos_{água} \cdot massa_{água} + \%sólidos_{geleia} \cdot massa_{geleia}$$

$$66\% \cdot massa_{mistura} = 0\% \cdot massa_{água} + 70\% \cdot massa_{geleia}$$

$$66\% \cdot massa_{mistura} = 0 + 70\% \cdot 1\ kg$$

$$massa_{mistura} = \frac{70\% \cdot 1kg}{66\%} = 1{,}06\ kg$$

Assim, encontramos que para produzir 1 kg de geleia, a mistura (açúcar e amora) deve pesar 1,06 kg.

Sabendo que:

$$mistura = água + 1\ kg$$

$$1{,}06\ kg = água + 1\ kg$$

Temos então que a água evaporada total corresponde a 0,06 kg.

O balanço de massa global total do processo como um todo fica:

$$amora + açúcar = água +$$

$$amora + açúcar = 0{,}06\ kg + 1{,}0 kg$$

$$amora + açúcar = 1{,}06\ kg$$

Em que, de acordo com o enunciado, 40% que entra é amora e 60% é açúcar.

Logo, a quantidade de amora necessária para produzir 1 kg de geleia é:

0,424 kg (1,06 kg · 0,4).

Referências

ASSAF NETO, A.; LIMA, F. G. *Curso de Administração Financeira*. 3. ed. São Paulo: Atlas, 2014.

BADINO JUNIOR, A. C.; CRUZ, A. J. G. *Fundamentos de Balanços de Massa e Energia*. 2. ed. São Carlos: Edufscar, 2013.

COMPANHIA DE TECNOLOGIA DE SANEAMENTO BÁSICO (CETESB). Produção mais Limpa. Casos de Sucesso. *Projeto PET – utilização de garrafas de pet recicladas na fabricação de esmaltes e vernizes sintéticos.* Disponível em: https://cetesb.sp.gov.br/consumosustentavel/wpcontent/uploads/sites/20/2015/01/caso34.pdf. Acesso em: 15 out. 2019.

Companhia de Tecnologia de Saneamento Básico – CETESB – Produção mais Limpa. Casos de Sucesso. *Redução de químicos e eliminação de descarte de banhos de ativação.* Disponível em: https://cetesb.sp.gov.br/consumosustentavel/wp-content/uploads/sites/20/2015/01/caso43.pdf. Acesso em: 15 out. 2019.

LEITE, R. R.; OLIVEIRA NETO, G. C. de. *Avaliação Econômica da Aplicação da Produção mais Limpa em uma Estação de Tratamento de Efluentes:* Estudo de caso em uma Empresa Metal Mecânico. *Produção Online Revista Científica Eletrônica de Engenharia de Produção*, Florianópolis, v. 18, p. 1445-1469, 2018.

NILSON, L.; PERSSON, P. O.; RAYDEN, LArs; DAROZHKA, Slarhel; ZALIAUSKLENE, Audrone. Cleaner production: technologies and tools for resource efficient production. *Book 2 in a series on Environmental Management book series.* The Baltic University Press, 2007.

Peters, M.; Timmerhaus, K. *Plant design and economics for chemical engineers*, 4th Ed. New York: McGraw-Hill, 1991

SENAI. RS. *Cinco fases da implantação de técnicas de produção mais limpa.* Porto Alegre, UNIDO, UNEP, Centro Nacional de Tecnologias Limpas SENAI, 2003. 103p. il. (Série Manuais de Produção mais Limpa).

CAPÍTULO

3

Avaliação do Ciclo de Vida (ACV) – Definição de Objetivo e Escopo

Prof. Dr. Diogo Aparecido Lopes Silva

Universidade Federal de São Carlos - UFSCar
Departamento de Engenharia de Produção
Campus Sorocaba. Rodovia João Leme dos Santos, km 116
18052-780, Sorocaba-SP/Brasil

3 Avaliação do Ciclo de Vida (ACV) – Definição de Objetivo e Escopo

3.1 Introdução à Avaliação do Ciclo de Vida (ACV)

Até meados da década de 1990, pouco se falava sobre a Avaliação do Ciclo de Vida (ACV). Contudo, isso mudou graças à ascensão da temática de EGCV nos últimos anos, conforme discutido no Capítulo 1. Impulsionada por questões como a escassez de recursos (materiais e energia) e a poluição gerada devido às atividades humanas não apenas no processo de fabricação, mas, sim, onde esses impactos são verdadeiramente significativos, atualmente a ACV é tida como a principal técnica da EGCV para a quantificação dos aspectos e impactos ambientais do ciclo de vida dos produtos. Mais recentemente, a ACV também tem sido desenvolvida para a inclusão e mensuração de aspectos e impactos sociais e econômicos, permitindo assim uma avaliação integrada e com foco na sustentabilidade do ciclo de vida dos produtos.

Especificamente sobre o desenvolvimento da metodologia de ACV na esfera ambiental, seu uso evoluiu ao longo do tempo, tendo o seu início em 1969, quando foi realizado um estudo designado por *Resourse and Environmental Profile Analysis* (REPA), visando analisar e comparar os efeitos sobre o meio ambiente da utilização de diferentes tipos de embalagens de bebidas. Esse trabalho foi conduzido nos Estados Unidos para a Companhia Coca-Cola, quantificando o consumo de recursos e emissões na produção das embalagens. Mais tarde, conforme Ferreira (2004), os estudos REPA continuaram sendo desenvolvidos, sendo que, em 1974, outro estudo foi encomendado pela *U.S. Environmental Protection Agency* (USEPA) visando comparar diferentes embalagens de cervejas. Essa foi considerada a mais ambiciosa REPA já feita até então, pois foram levados em conta não somente o processo de fabricação das embalagens, mas também os processos logísticos de distribuição e o uso do produto, além da inclusão de dados sobre a cadeia produtiva de vários materiais como o vidro, o alumínio e o plástico.

Segundo Hunt e Franklin (1996), a sigla ACV, entretanto, só foi utilizada pela primeira vez no início da década de 1990, nos Estados Unidos, pelo termo em inglês *Life Cycle Assessment* (LCA). Conforme Guinée *et al.* (2011), a década de 1990 foi um período de grande desenvolvimento da ACV no mundo todo, e isso se deve, principalmente, pelo desenvolvimento das normas da *International Organization for Standardization* (ISO) no período. Em 1992, com o objetivo de normalizar a metodologia da ACV como técnica de gestão ambiental, a ISO criou o Comitê Técnico TC 207/SC 5 (TIBOR; FELDMAN, 1996), sendo que esse comitê se dividiu em cinco grupos para a criação das seguintes normas: grupo 1 — ISO 14040:1997 (*Environmental management — Life cycle assessment — Principles and framework*); grupo 2 e grupo 3 — ISO 14041:1998 (*Environmental management — Life cycle assessment — Goal and scope definition and inventory analysis*); grupo 4 — ISO 14042:2000 (*Environmental management — Life cycle assessment — Life cycle impact assessment*); e grupo 5: ISO 14043:2000 (*Environmental management — Life cycle assessment — Life cycle interpretation*).

Essas normas tiveram validade até 2005, sendo substituídas posteriormente pelas ISO 14040:2006 (*Environmental management — Life cycle assessment — Principles and framework*) e ISO 14044:2006 (*Environmental management — Life cycle assessment — Requirements and guidelines*). A transcrição das normas internacionais para o Brasil foi feita pela Associação Brasileira de Normas Técnicas (ABNT), com a criação das normas NBR ISO 14040:2009 (Gestão ambiental — Avaliação do ciclo de vida — Princípios e estrutura) e NBR ISO 14044:2009 (Gestão ambiental — Avaliação do ciclo de vida — Requisitos e orientações), conforme a ABNT (2009a,b).

Desse modo, ao longo desses cinquenta anos de desenvolvimento da ACV, uma empresa hoje já pode utilizar essa técnica em diversas aplicações. Hoje, já é possível calcular, por meio da ACV, qual será o impacto ambiental de um novo produto durante sua fase de uso ou de pós-uso, por exemplo, quanto aos impactos para as mudanças climáticas, ou em relação aos impactos sobre a saúde humana. Tal estimativa de impactos do ciclo de vida durante o projeto de novos produtos é atualmente desenvolvida em estudos sobre Ecodesign de produtos, conforme será abordado no Capítulo 8. Outras aplicações da ACV (ver Figura 1) envolvem também o planejamento de novos modelos de negócio sustentáveis, por exemplo, visando a ecoinovação, como será abordado no Capítulo 10, ou o uso da ACV no desenvolvimento de declarações ambientais de produto para questões de marketing, conforme detalhado no Capítulo 13.

Por fim, vale ressaltar que a ACV segue as fases da Figura 1, as quais serão cada uma delas detalhadamente abordadas ao longo deste capítulo. Percebe-se que a ACV é iterativa, isto é, à medida que se avança em suas fases, novas informações e dados são obtidos, e isso pode levar a alterações no processo de modelagem da ACV. Afinal, conforme se avança nessas etapas, maior conhecimento é obtido sobre o produto em estudo e, assim, as definições de escopo inicial normalmente precisam ser refinadas ou revisadas.

Figura 1 • Fases típicas para a condução de uma ACV

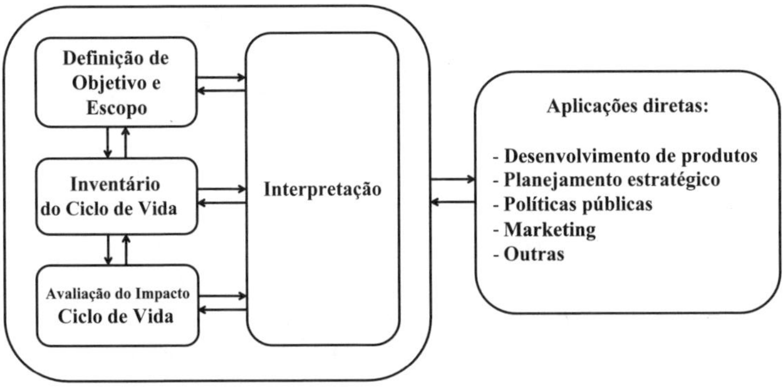

Fonte: ISO (2006) e ABNT (2009a).

Segundo as normas ABNT (2009a,b), a ACV é definida como técnica para a *"compilação e avaliação das entradas, das saídas e dos impactos ambientais potenciais de um sistema de produto ao longo de seu ciclo de vida"*. As entradas incluem a mensuração do consumo de materiais e energia, e as saídas, os fluxos de produtos e coprodutos e as emissões ao ar, água e solo, entre outros fluxos, os quais irão compor o Inventário do Ciclo de Vida (ICV) do produto estudado. Tendo consolidado o inventário, são calculados então os impactos ambientais por meio da Avaliação de Impacto do Ciclo de Vida (AICV) do produto, e os *hotspots* ambientais (pontos críticos) são identificados, visando a posterior interpretação de resultados conforme os objetivos da ACV.

3.2 Definição de Objetivo e Escopo

Neste capítulo será abordada a primeira fase da ACV, a Definição de Objetivo e Escopo. O propósito aqui é realizar um planejamento do estudo de ACV para que todos os elementos essenciais sejam adequadamente estabelecidos e, assim, evitar-se erros e retrabalhos na ACV. Dois elementos são essenciais nesta etapa: i) definição do objetivo; e ii) definição do escopo.

3.2.1 Tipologia da ACV

A definição do objetivo visa declarar a aplicação pretendida, as razões para a realização do estudo e o público-alvo (ABNT, 2009a). Para o *Joint Research Centre of the European Commission* (EC-JRC, 2010), no manual *International Reference Life Cycle Database System* (ILCD), a definição do objetivo é essencial, pois ele orienta a definição de todos os aspectos que irão compor o escopo da ACV. Para tanto, o manual ILCD recomenda que primeiro seja definido o caráter descritivo do estudo e sugere três situações-alvo:

- **Situação A**: visa fornecer informações para **apoio decisório em nível micro**, isto é, fornecer informações em nível de processo e produto abrangendo aplicações tais como: Ecodesign, comparação de produtos, análise de pontos fracos de um produto/processo, seleção de indicadores ambientais, desenvolvimento de critérios de rotulagem ambiental, comparações de produto no nível micro etc. Neste caso, as decisões a partir da ACV não devem gerar nenhuma mudança, ou apenas as de pequena escala em outros sistemas da economia, os quais não mudariam sua estrutura de maneira direta ou indireta. Veja exemplos de objetivos de ACV do tipo situação A no Quadro 1.
- **Situação B**: a situação-alvo do tipo B abrange o **apoio decisório em nível meso, macro e estratégico**, isto é, visa a seleção de estratégias com consequências em ampla escala que podem afetar não só o sistema de produto estudado, mas também outros setores externos. A situação B envolve aplicações mais globais, do tipo desenvolvimento de políticas públicas e, assim, com impactos em larga escala na economia. No Quadro 1, são fornecidos exemplos de objetivos de ACV enquadrados no arquétipo da situação B.
- **Situação C**: por último, a situação C é tida como uma "contabilização", sendo o foco a realização de um monitoramento ou quantificação dos aspectos e dos impactos do ciclo de vida dos produtos, **sem haver interesse em abordar a tomada de decisões em nível micro ou macro**. A situação C envolve aplicações do tipo monitoramento de impactos ambientais de uma nação, região, setor industrial, produto ou grupo de produtos, geração de documentos sobre o consumo de recursos e sobre a geração de resíduos e emissões, entre outras aplicações, tais como as apresentadas no Quadro 1.

Quadro 1 • Exemplos de objetivos em estudos de ACV

Objetivos típicos	Exemplos práticos	Situação-alvo
Identificar oportunidades de melhoria no desempenho ambiental de produtos.	» Substituir o material X por um material alternativo Y, ambientalmente mais adequado ao longo do ciclo de vida do produto de uma empresa.	A
	» Estabelecer cenários na decisão de compra e escolher entre os modelos pré-selecionados aquele com menor impacto ambiental ao longo do ciclo de vida.	A
Reduzir custos pela substituição e/ou otimização no uso de materiais.	» Reduzir custos no consumo do material X pela otimização do seu consumo ao longo do ciclo de vida do produto de uma empresa.	A
	» Reduzir custos com o transporte de materiais X e Y, pela alteração de modais e a escolha de rotas alternativas.	A
Auxiliar no desenvolvimento do Ecodesign.	» Desenvolver um novo produto, substituindo o material A pelo material B ambientalmente mais adequado, comparativamente aos seus concorrentes no mercado.	A
	» Desenvolver um material A para substituir o material B e, assim, reduzir impactos ambientais durante as fases de uso e pós-uso do produto final.	A
Fornecer detalhado nível de informações aos tomadores de decisão na indústria, nas organizações governamentais e não governamentais, tendo em vista o planejamento estratégico, a definição de metas e prioridades e a adequação à legislação ambiental.	» Criar política pública que proíba ou que incentive o desuso de materiais ambientalmente danosos ao meio ambiente e à saúde humana.	B
	» Criar mecanismos de incentivo fiscal às empresas e aos consumidores finais para promover o consumo sustentável de produtos.	B
	» Identificar grupos de produtos com maior potencial de melhoria ambiental e/ou para a proibição da sua produção e consumo.	B

▷

Objetivos típicos	Exemplos práticos	Situação-alvo
Selecionar indicadores relevantes de desempenho ambiental.	» Monitorar impactos em vez de aspectos ambientais. Exemplo: monitorar o potencial de eutrofização da água doce em vez de monitorar apenas o consumo de água no processo produtivo.	C
	» Monitorar o potencial de ecotoxicidade e de toxicidade humana no ciclo de vida do produto, em vez de monitorar apenas a geração de resíduo tóxico no processo.	C
	» Gerar relatórios ambientais corporativos ou locais.	C
Obter uma rotulagem ambiental, ou elaborar uma declaração ambiental de produto.	» Criar rótulo que informe ao consumidor a Pegada de Carbono do produto comprado e consumido.	A

Fonte: Autor.

No Quadro 1, é importante mencionar que as situações-alvo A e C, em geral, quando escolhidas, a ACV deverá ser do tipo atribucional. Já a situação-alvo B normalmente requer que a ACV seja do tipo consequencial. Sobre as diferenças entre a ACV atribucional e consequencial, o manual do ILCD (EC-JRC, 2010) define:

- **Modelagem consequencial:** princípio de modelagem do inventário do ciclo de vida do produto que identifica e modela todos os processos no sistema de segundo plano do sistema de produto em decorrência de decisões tomadas no sistema de primeiro plano. O sistema de produto inclui um sistema de primeiro plano e um de segundo plano, sendo que a modelagem faz uso de dados marginais para o inventário do ciclo de vida, baseados em uma cadeia de abastecimento genérica, com o intuito de analisar as consequências que uma decisão no sistema de produto analisado pode acarretar outros processos e sistemas da economia. Nesta modelagem, analisa-se como alterações diretas e indiretas na oferta e demanda do produto estudado podem causar alterações na demanda e oferta de outros produtos.
- **Modelagem atribucional:** trata-se da contabilização descritiva dos fluxos de entrada e saída de todos os processos de um sistema de produto à medida que eles ocorrem, a fim de avaliar o desempenho ambiental do sistema, sem analisar decisões em nível meso/macro ou estratégico para a economia. O sistema de produto modelado é menos dinâmico do que na modelagem consequencial, sendo que a modelagem faz uso de dados históricos, mensuráveis e baseados em fatos. Portanto, o sistema de produto é modelado como ele é ou era (ou como se prevê que será).

Vale ressaltar que, ao longo deste livro, a abordagem mais adotada para os exemplos e exercícios propostos envolverá apenas a ACV do tipo atribucional. A Figura 2 ilustra como é a diferença entre as duas abordagens atribucional × consequencial na ACV.

Figura 2 • Fronteiras dos sistemas de produto sob a abordagem atribucional e consequencial

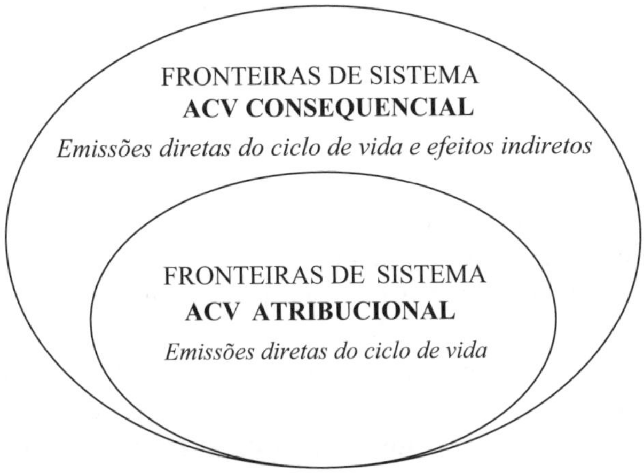

Fonte: Adaptado de Brander *et al.* (2009).

A grande diferença entre as duas abordagens está no objeto da avaliação. Enquanto a ACV atribucional se aplica ao sistema de produto, a ACV consequencial está focada nas mudanças que o sistema de produto causa. Brander *et al.* (2009) destacam que a abordagem consequencial foca as mudanças tanto dentro quanto fora do ciclo de vida do sistema de produto sob avaliação. De maneira simplificada, pode-se entender que a primeira avalia o sistema de modo estático, como um retrato; a segunda considera o sistema de produto como algo dinâmico, influenciado por fatores e influenciando fatores como o mercado (importante agente de mudanças nos ciclos de vida de produtos). Por estas condições, há limitações nas duas abordagens: para a ACV atribucional, os sistemas de produto são subjetivos em função de fatores como multifuncionalidade e fronteiras geográficas; já para a consequencial, há muita incerteza e instabilidade relativas às mudanças.

A partir do objetivo traçado para a ACV, a definição do escopo envolverá o detalhamento de diversos itens, desde a definição do sistema de produto, o contexto geopolítico, temporal e tecnológico da ACV, a qualidade dos dados que integrarão o inventário do ciclo de vida do produto, a definição dos métodos e das categorias de impacto para a avaliação do impacto ambiental do ciclo de vida do produto e a definição de critérios para a interpretação dos resultados da ACV. Assim, esses elementos obrigatórios da definição de escopo, segundo a ABNT (2009a,b), são:

- O sistema de produto a ser estudado.
- As funções do sistema de produto, ou, para estudos comparativos, dos sistemas.
- Unidade funcional.
- Fronteira do sistema.
- Procedimentos de alocação.
- Metodologia de AICV e tipos de impactos.
- Interpretação a ser utilizada.
- Requisitos dos dados.
- Pressupostos.
- Escolha de valores e elementos opcionais.
- Limitações.
- Requisitos de qualidade dos dados.
- Tipo de revisão crítica, se aplicável.
- Tipo e formato do relatório requerido para o estudo.

Apesar das diretrizes normativas da ISO 14040 e ISO 14044 trazerem os principais requisitos da definição de escopo, elas não fornecem recomendações tecnicamente detalhadas a respeito. Em EC-JRC (2010) é fornecido este detalhamento por meio da publicação de um manual técnico sobre a utilização da ACV na prática — o manual ILCD publicado por EC-JRC (2010). Além disso, este livro fornece exemplos para a formatação adequada da definição de escopo da ACV ao longo das próximas seções, com exercícios e exemplos práticos.

3.2.2 *Definição da função, da unidade funcional e do fluxo de referência*

Para a definição da função do sistema de produto, a ABNT (2009a) cita que se deve levar em conta a finalidade para a qual o produto se destina por meio do levantamento de suas características de desempenho durante a fase de uso.

Assim, a unidade funcional deve ser definida com base na função que o produto se propõe a cumprir. Ela é estabelecida para fornecer uma base de referência em relação à qual os dados de entrada e saída inventariados para cada processo elementar serão normalizados num sentido matemático, sendo essencial que ela seja mensurável. Em outras palavras, a **unidade funcional quantifica e qualifica a função definida para o sistema de produto**, sendo necessário, para tanto, o conhecimento sobre aspectos técnicos do produto.

Deve ser também estabelecido um fluxo de referência que **mede a quantidade de produto necessária para cumprir a função** expressa pela unidade funcional. O Quadro 2 mostra exemplos diversos de função, unidade funcional e de fluxo de referência em ACV.

Quadro 2 • Exemplos típicos de função, unidade funcional e fluxo de referência em estudos de ACV

Produto	Função	Unidade funcional	Fluxo de referência	Autores
Álcool combustível	Servir de combustível em veículos para transporte.	Percurso de 10.000 km	1 t de álcool combustível	Ometto, Hauschild e Roma (2009)
Fertilizante nitrogenado – ureia	Fornecer uma quantidade de nitrogênio para fertilização do solo.	1 t do nutriente nitrogênio	2,17 t de ureia	Ribeiro (2009)
Pisos cerâmicos	Fornecer a correta cobertura do chão de um edifício.	Cobertura de 1 m^2 com piso durante um período de 40 anos	Piso com peso de 18 kg/m^2	Nicoletti, Notarnicola e Tassielli (2002)
Painel de madeira aglomerada	Produto intermediário, base para produção de móveis de madeira.	1 m^3 de painel	1 m^3 de painel	Silva *et al.* (2013)

Fonte: Autor.

Comparações entre produtos na ACV só podem ser feitas para sistemas de produto definidos com base nas mesmas condições iniciais, ou seja, mesma função, quantificada por uma mesma unidade funcional. Todavia, diferentes fluxos de referência podem ser adotados em estudos de ACV comparativos. Por exemplo, Ribeiro (2009) avaliou a produção de fertilizantes nitrogenados no Brasil, sendo que para a unidade funcional de 1 t de nitrogênio, o fluxo de referência do fertilizante ureia foi de 2,17 t, enquanto o fluxo de referência do fertilizante sulfato de amônio foi de 4,72 t.

No Quadro 1, o último caso apresentado trata-se de uma ACV para um produto intermediário e não produto final, logo, a unidade funcional foi igual ao próprio fluxo de referência. Isso se deve ao fato de a etapa de uso do painel de madeira não ter sido incluída no sistema de produto avaliado por Silva *et al.* (2013), logo, a função do produto não pôde ser analisada. Portanto, **a inclusão ou não da etapa de uso do produto dentro do sistema de produto gera alterações na definição da unidade funcional.**

3.2.3 *Definição das fronteiras do sistema de produto*

Um sistema de produto se trata do conjunto de processos elementares, com todos os seus fluxos de entrada e de saída, que desempenha uma ou mais funções definidas, e que modela o ciclo de vida de um produto (ABNT, 2009b). Mas, o que vem a ser um processo elementar? Um processo elementar é compreendido como a menor porção do sistema de produto (ABNT, 2009b), o qual facilita a visualização e a gestão de todos os fluxos.

Os fluxos de entrada, de saída e os fluxos intermediários na Figura 3 podem compreender fluxos elementares, matérias-primas, energia, entradas auxiliares, produtos, produtos intermediários, perdas de energia e emissões ao ar, água e solo.

Figura 3 • Conjunto de processos elementares que compõem um sistema de produto

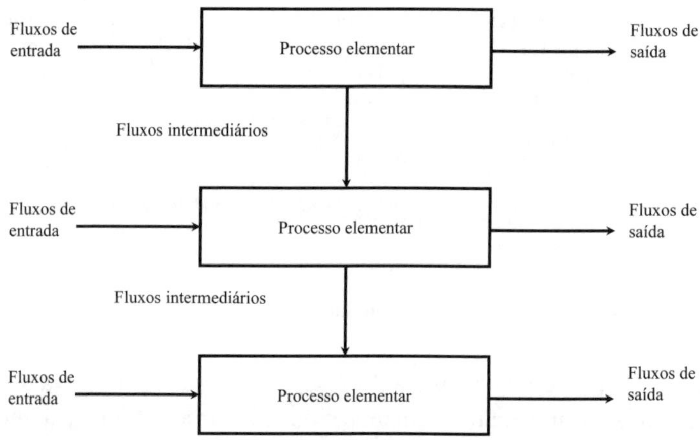

Fonte: ABNT (2009b).

Para a ABNT (2009b), um fluxo intermediário pode ser um coproduto ou um produto intermediário. Um produto intermediário pode ser entendido como uma saída de um processo elementar que se constitui de entrada para outro processo elementar, e que requer a transformação adicional dentro do sistema de produto, como exemplo, os coprodutos. Entre os fluxos de entrada e saída estão os fluxos elementares, que são materiais, ou energia, que entram ou que saem do sistema de produto sem sofrer a transformação prévia por interferência humana, como exemplos, a extração do petróleo bruto, radiação solar, emissões para o ar, água e solo. E as entradas auxiliares são os materiais utilizados nos processos elementares, mas que não constituem parte do produto, como, por exemplo, embalagens de insumos e catalisadores.

A construção de um sistema de produto na ACV deve se basear num Diagrama de Fluxo de Processo (ou fluxograma de processos). Para tanto, primeiramente é necessário que seja realizado um mapeamento de processos para o produto em estudo. Assim, mapear um processo é desenhá-lo de uma maneira lógica para que outras pessoas possam observar e entender o processo também. O fluxograma obtido será a espinha dorsal do sistema de produto, em geral, designado na literatura pelo termo *foreground system* (ou sistema de primeiro plano). O *foreground system* será aquele sistema de processos elementares que apresentarão dados de inventário (entradas e saídas) fundamentalmente de origem primária, ou seja, obtidos in loco. Um exemplo de sistema de produto será dado na Figura 1 do Capítulo 4.

Para a ABNT (2009a), a fronteira estabelecida deve ser condizente com o objetivo do estudo, e os critérios adotados na sua determinação devem ser identificados e explicados. A exclusão de estágios do ciclo de vida, processos, fluxos de entradas e saídas devem ser registrados de forma clara, e as razões e implicações de tais limitações justificadas, conforme será enaltecido na Seção 3.2.5.

Um sistema de produto pode ser do tipo:

- ***Cradle-to-grave:*** abordagem do tipo "do berço ao túmulo", que indica que o estudo será completo em termos de sua abrangência frente às etapas do ciclo de vida do produto, pois o sistema levará em conta processos elementares que representarão todas as etapas mostradas na Figura 4. Há também a variante *cradle-to-cradle* (ou *closed loop production*), que assume a reciclagem, o reúso ou a remanufatura do produto como estratégias de fim de vida em vez da disposição final.
- ***Cradle-to-gate:*** equivale ao termo "do berço ao portão da fábrica", pois considera processos elementares desde as etapas de extração e beneficiamento de recursos naturais até a manufatura dos produtos intermediários e/ou do produto final. A inclusão do *background system* ocorre apenas para as etapas a montante da modelagem, em exclusão das etapas a jusante do portão da fábrica.
- ***Gate-to-gate:*** significa "do portão ao portão da fábrica", pois considera somente a etapa de manufatura do(s) produto(s) no estudo de ACV.
- ***Gate-to-grave:*** assume a abordagem "do portão da fábrica ao túmulo", pois somente assume processos elementares que irão representar as etapas de distribuição, uso e o fim de vida do produto (disposição em aterro, incineração, reciclagem, remanufatura etc.). Neste caso, a inclusão do *background system* ocorre apenas para as etapas a jusante do portão da fábrica, conforme esquematicamente ilustrado na Figura 4.

Figura 4 • Tipos de sistemas de produto na ACV

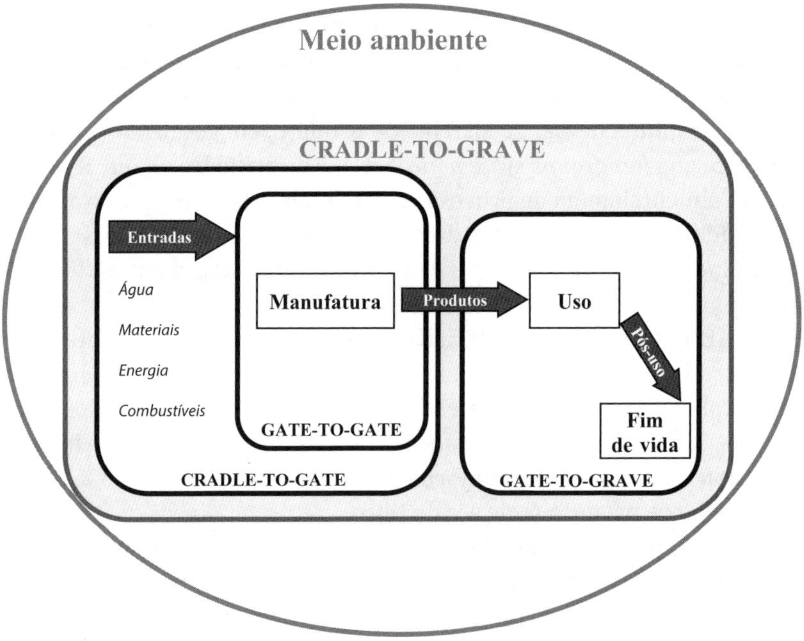

Fonte: Autor.

Thorn, Kraus, Parker (2011) explicam que esta diversidade nas fronteiras do sistema de produto se deve à complexidade e ao grande dispêndio de recursos (financeiro, de tempo, de mão de obra) para se realizar um estudo de ACV completo, do tipo *cradle-to-grave*. Além disso, acrescentam que, ao se estudar produtos intermediários, em geral, os estudos tendem a ser do tipo *cradle-to-gate* ou *gate-to-gate*. Já os estudos que se preocupam mais com as estratégias de fim de vida dos produtos podem ser focados somente na perspectiva *gate-to-grave* da Figura 4. Por exemplo, um estudo de ACV *gate-to-grave* poderia ser a avaliação das estratégias de fim de vida para o resíduo de painel aglomerado, incluindo desde a disposição em aterro sanitário até a reciclagem do material para a fabricação de novos painéis de madeira.

Para EC-JRC (2010), as **fronteiras de um sistema de produto devem ser definidas tomando-se aspectos como a fronteira geográfica, tecnológica, temporal e o emprego de critérios de corte**. Assim, para se definir adequadamente a fronteira de um sistema de produto, precisa-se levar em conta diversas dimensões. Curran (2017) enaltece as seguintes dimensões:

- **Fronteiras em relação ao sistema natural:** são os limites que indicam o início e o fim do ciclo de vida de um produto, ou seja, estabelece se o estudo é de abrangência *cradle-to-grave*, *cradle-to-gate*, *gate-to-gate* etc.
- **Fronteira em relação a outros sistemas:** um sistema de produto está associado com uma rede de outros sistemas, desde a extração de matérias-primas, matriz energética, subprodutos gerados, processos de reciclagem etc. Por este motivo, deve-se delimitar dentro dessa rede quais sistemas devem ou não ser acrescentados ao sistema de produto. Em suma, deve-se estabelecer os sistemas secundários do sistema de produto.
- **Fronteira em relação a bens de capital e pessoal:** esta fronteira é aplicada para determinar a inclusão ou não da infraestrutura relacionada ao sistema em estudo, como os edifícios das unidades industriais, estradas, maquinário industrial etc. Já os bens pessoais incluem a alimentação, transporte dos funcionários, bens de consumo administrativo (papel, equipamentos, embalagens etc.).
- **Fronteira geográfica:** a importância da geografia nos estudos de ciclo de vida é relevante, pois realidades físicas, como clima, relevo etc., podem afetar os resultados de uma ACV. Assim, é importante que seja registrada a abrangência geográfica do estudo, enfatizando se ele é de nível local, regional, nacional, continental ou mundial. Por exemplo, no estudo da ACV dos painéis aglomerados de Silva (2012), a fronteira geográfica se baseou em visitas técnicas a três grandes empresas do setor, localizadas nos estados de São Paulo e Minas Gerais, correspondendo na época a 57% da produção nacional do produto.
- **Fronteira temporal:** também é necessário enquadrar um estudo de ACV dentro de um escopo temporal, pois as práticas industriais, o perfil dos consumidores e aspectos de regulamentações e legislação variam com o passar do tempo. O tempo de vida do produto deve ser declarado, assim como o prazo de validade para os dados que integram os inventários de cada processo elementar do sistema de produto. Para isso, deve-se determinar um prazo de validade para os resultados, conclusões e recomendações da ACV e, para isso, tomam-se os aspectos voltados ao desenvolvimento tecnológico, econômico, de novas legislações. Para o estudo de caso envolvendo os painéis aglomerados, Silva (2012) destaca um prazo de validade de oito anos para os resultados da ACV, tendo em vista as mudanças tecnológicas previstas na época e que afetariam as fronteiras do sistema de produto estudado e, assim, também alterariam significativamente a validade dos resultados da ACV conduzida.

- **Fronteira tecnológica:** trata-se de caracterizar o sistema de produto dentro do contexto tecnológico em que ele está inserido. É preciso aqui detalhar cada processo elementar modelado no sistema de produto, desde os processos de primeiro plano até os de segundo plano. Para os processos de primeiro plano, um maior nível de detalhamento pode ser fornecido, visto que, em geral, trata-se de processos mapeados com informações coletadas in loco em empresas. Já a fronteira tecnológica, relativa aos processos do sistema de segundo plano, deve ter destacada as fontes bibliográficas consultadas, visto que, em geral, os processos de segundo plano são modelados a partir de dados coletados na literatura e em bases de dados de ACV. Sobre as bases de dados em ACV, no Capítulo 4, serão apresentados diversos exemplos das principais bases de dados existentes na atualidade.

Por fim, o critério de corte pode ser utilizado para auxiliar na definição das fronteiras do sistema. A ABNT (2009a) cita que a função do critério de corte está em auxiliar na decisão sobre quais entradas serão incluídas na modelagem do sistema de produto, ou seja, o critério de corte auxilia na definição da fronteira em relação à inclusão de sistemas de segundo plano. Existem diversos tipos de critérios, sendo os principais: o critério de massa, o de energia e o de relevância ambiental. Para a aplicação do critério de massa (ou de energia), em geral, pode-se utilizar o Gráfico de Pareto, conforme o exemplo do Quadro 3.

No Quadro 3, são mostrados exemplos de processos elementares que integram o *foreground system*, com os seus respectivos fluxos de entrada e quantidades consumidas por unidade funcional. Aqui, os dados foram obtidos e adaptados de Silva (2012) para a produção de painéis aglomerados, utilizando-se 1 m^3 de painéis como unidade funcional.

As entradas destacadas em negrito no Quadro 3 somam 97,29% do total de fluxos de entrada. Portanto, para esses fluxos destacados, é necessário incluir a cadeia de produção desses materiais e energia para a consolidação das fronteiras do sistema de produto, isto é, para esses fluxos, é necessário incluir o *background system*. Neste exemplo, foi adotado como referência, os fluxos de entrada com participação relativa maior que 1% do total de insumos consumidos.

Quadro 3 • Exemplo de definição de critério de corte com base na massa do total de recursos que entram num sistema de produto — o caso dos painéis de madeira aglomerada

Processos elementares	Fluxos de entrada	Fluxos de entrada por unidade funcional (kg / m^3)	Percentual (%)	Percentual acumulado (%)
Produção de mudas	Diesel	6,69E-02 kg	0,06%	-
	Herbicidas	1,42E-04 kg	0,00%	-
Preparo do solo	Diesel	6,00E-01 kg	0,53%	-
	Herbicidas	2,17E-02 kg	0,02%	-
	Calcário	**1,20E+01 kg**	**10,69%**	**10,69%**
	Cloreto de potássio	2,50E-01 kg	0,22%	-
	Ureia	1,00E-01 kg	0,09%	-
	Superfosfato simples	**2,75E+00 kg**	**2,45%**	**13,14%**
Plantio das mudas	Diesel	13,20E-02 kg	0,12%	-
	Lubrificantes	1,00E-04 kg	0,00%	-
Manutenção da floresta	Diesel	10,39E-01 kg	0,93%	-
	Herbicidas	1,33E-01 kg	0,12%	-
	Calcário	**8,00E+00 kg**	**7,12%**	**20,26%**
	Cloreto de potássio	**2,50E+00 kg**	**2,23%**	**22,49%**
	Sulfato de amônio	4,00E-01 kg	0,36%	-
	Superfosfato simples	**3,02E+00 kg**	**2,69%**	**25,18%**
Colheita e transporte da madeira	**Diesel**	**2,47E+00 kg**	**2,20%**	**27,38%**
	Lubrificantes	3,75E-04 kg	0,00%	-
Produção industrial	Diesel	2,85E-01 kg	0,25%	-
	Resina ureia formaldeído	**71,65 kg**	**63,81%**	**91,19%**
	Sulfato de amônio	**1,38E+00 kg**	**1,23%**	**92,42%**
	Parafina	**5,47E+00 kg**	**4,87%**	**97,29%**
	Lubrificantes	1,80E-02 kg	0,02%	-
TOTAL		1,12E+02 kg	100%	97,29%

Fonte: Adaptado de Silva (2012).

Já em relação ao critério de significância ambiental, para sua adoção em estudos de ACV, é necessário conhecer previamente problemas ambientais tipicamente comuns associados ao uso de certos recursos de entrada em cada processo elementar (exemplo: materiais ou energia tóxicos ou com risco de escassez em médio e em curto prazo), os quais, quando consumidos por um sistema produtivo, poderão causar sérios danos ao meio ambiente, independentemente da quantidade consumida e da sua representatividade. No caso do Quadro 3, os insumos herbicidas, diesel e os fertilizantes ureia e sulfato de amônio, apresentaram baixa representatividade mássica, todavia, foi considerado que os mesmos apresentam significância ambiental alta e, portanto, foram incluídos nas fronteiras do sistema de produto.

Por fim, é importante saber que pelo fato de o sistema de produto ser um modelo utilizado para representar o ciclo de vida de um produto, tal modelagem será tão representativa quanto melhor for o nível de detalhes acrescido ao sistema. Em contrapartida, à medida que detalhes em número maior são postos na modelagem do ciclo de vida, pelo fato do sistema de produto se tornar mais extenso, o nível de complexidade dos trabalhos também aumenta, assim como o tempo para a conclusão dos trabalhos e a necessidade de recursos para a conclusão do estudo.

3.2.4 Multifuncionalidade e os procedimentos de alocação

Segundo a ABNT (2009b), deve-se tratar a multifuncionalidade dos sistemas de produto de modo a evitar o uso de procedimentos de alocação. Mas o que isso significa na prática? Bem, primeiramente, antes de entender o que é alocação, é necessário compreender o que é a multifuncionalidade com base no esquema da Figura 5, extraído de EC-JRC (2010).

A Figura 5 mostra um processo elementar multifuncional, isto é, um processo que fornece mais de uma função — ou seja, fornece vários produtos. Quando existe um processo multifuncional, diz-se que ele apresenta diversos coprodutos, tais como *Produto A* e *Produto B*. EC-JRC (2010) cita diversos exemplos de processos multifuncionais, tais como:

- A incineração de resíduos que resulta na produção de eletricidade (*Produto A*) e vapor (*Produto B*) como coprodutos.
- A eletrólise de uma solução de cloreto de sódio, que fornece diversos coprodutos como a solução de hidróxido de sódio, gás cloro e gás hidrogênio.
- A produção de produtos multifuncionais, tais como um smartphone — que pode ser utilizado para fazer telefonemas, ouvir música, assistir a vídeos etc. Neste caso, a diferença para os dois exemplos anteriores é que a multifuncionalidade não está no processo, mas sim no produto.

Figura 5 • Exemplo de processo elementar multifuncional

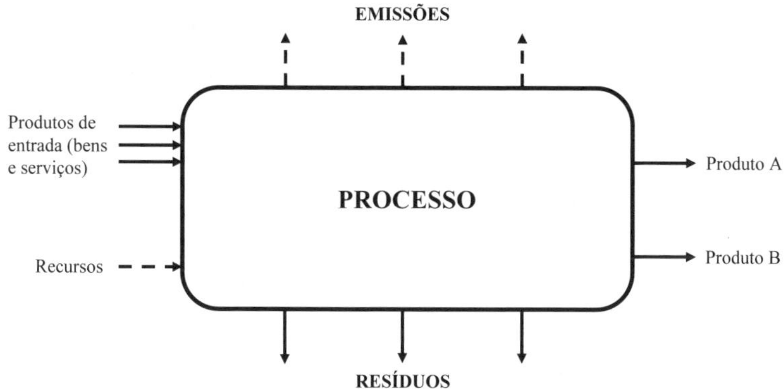

Fonte: EC-JRC (2010).

Contudo, em geral, os estudos de ACV têm interesse apenas em um dos coprodutos e não nos dois (por exemplo, somente a produção do produto A ou somente a produção do produto B). Assim, para lidar com a multifuncionalidade, a ABNT (2009b) sugere três passos:

- **Passo 1**: convém que a alocação seja evitada, sempre que possível, por meio de:
  - Subdivisão dos processos multifuncionais; ou
  - Expansão do sistema (incluindo substituição das multifunções).
- **Passo 2**: quando a alocação não puder ser evitada, convém que as entradas e saídas do sistema sejam subdivididas entre seus diferentes produtos de maneira a refletir as relações físicas subjacentes entre eles (alocação com base na massa/energia).
- **Passo 3**: quando uma relação física por si só não pode ser estabelecida ou usada como base para a alocação, convém que as entradas sejam alocadas entre os produtos de uma maneira que reflita outras relações entre eles (valor econômico/valor de mercado).

Sobre o passo 1, a subdivisão deve ser a primeira abordagem adotada para se tentar tratar a multifuncionalidade no estudo de ACV.

A **subdivisão significa dividir os processos elementares a serem alocados em dois ou mais subprocessos** (subdivisão) e coletar as entradas e saídas relacionadas a esses subprocessos em separado, conforme esquema da Figura 6. Em suma, a subdivisão visa converter processos multifuncionais em processos monofuncionais.

Figura 6 • Abordagem da subdivisão para o tratamento de processos multifuncionais

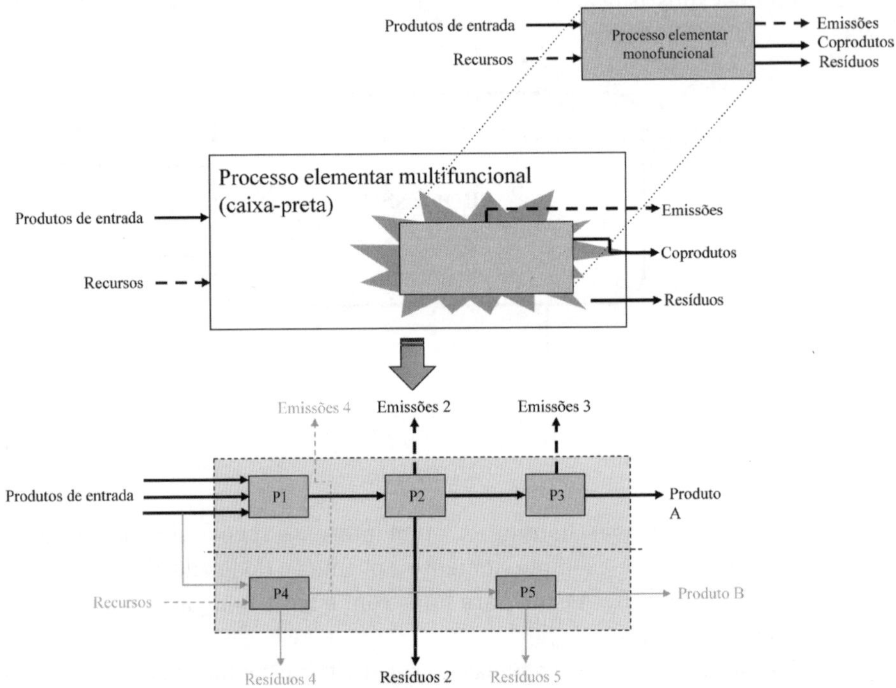

Fonte: Adaptado de EC-JRC (2010).

Na parte superior da Figura 6, percebe-se que o processo inicialmente era do tipo *black-box* (caixa-preta), produzindo diversos coprodutos. Assim, por meio da subdivisão, é possível separar o consumo de recursos, produtos, e a geração de resíduos e emissões por cada processo agora monofuncional e não mais multifuncional. Assim, na parte inferior da Figura 6, existem os processos monofuncionais *P1* a *P5*, sendo que os processos *P1* a *P3* se referem à produção do *Produto A*, enquanto *P4* e *P5* realizam a produção do *Produto B*. Com a subdivisão, os processos efetivamente necessários são liberados e o problema de multifuncionalidade é resolvido, visto que a subdivisão permite a produção exclusiva da cadeia de processo dos processos elementares "P1" a "P3", que resultam no *Produto A* analisado (EC-JRC, 2010).

Contudo, a subdivisão não pode ser empregada quando os processos elementares forem de operação única, ou seja, não forem *black-box*. Por fim, vale ressaltar que a subdivisão é tida como a melhor maneira para se evitar a alocação em ACV do tipo atribucional para EC-JRC (2010) e Curran (2017).

Sobre a expansão do sistema, segunda opção para evitar a necessidade de alocação, ela significa **expandir o sistema de produto para incluir as funções**

adicionais relacionadas aos coprodutos (produtos alternativos). A expansão é feita incluindo a substituição das multifunções do processo multifuncional, conforme ilustrado pela Figura 7.

Figura 7 • Abordagem da expansão do sistema incluindo a substituição para o tratamento de processos multifuncionais

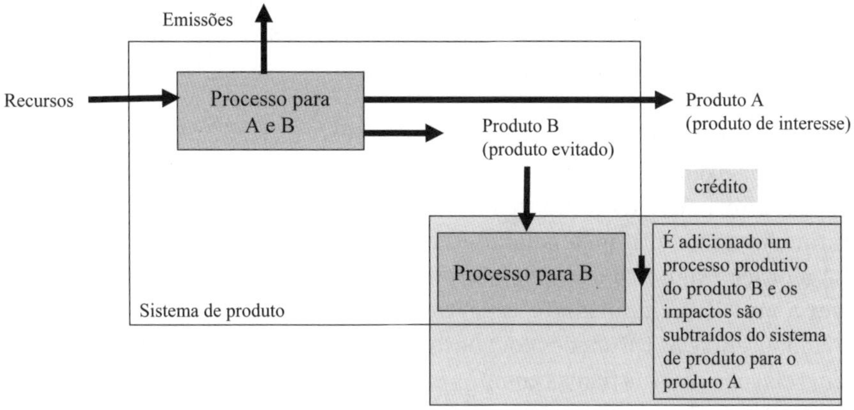

Fonte: Adaptado de EC-JRC (2010).

A expansão do sistema faz a inclusão de outra função não fornecida pelo processo multifuncional (*Processo para A e B*), expandindo assim as fronteiras do sistema em virtude da adição do processo alternativo *Processo para B*. Então, subtrai-se do sistema expandido a função não necessária por uma maneira alternativa de fornecê-la, ou seja, faz-se a substituição por expansão do sistema, conforme esquematicamente representado na Figura 8.

Figura 8 • Solução do problema de multifuncionalidade via substituição por expansão do sistema

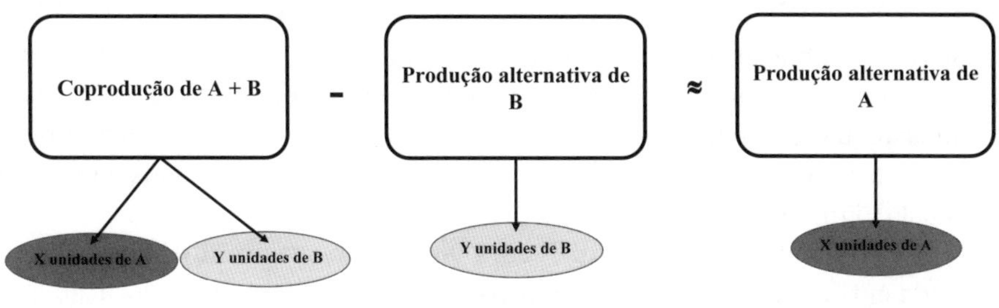

Fonte: Adaptado de EC-JRC (2010).

Um exemplo prático de substituição por expansão do sistema utilizando a solução da Figura 8 pode ser visto na fabricação de aço em alto forno. Segundo

EC-JRC (2010), a escória de alto forno é um coproduto conjunto da fabricação do aço, e é usada normalmente na produção de cimento (substituindo o cimento Portland) ou na pavimentação de vias. Assim, para tratar a multifuncionalidade da coprodução do aço e da escória, deverá ser eliminada do inventário do ciclo de vida a cofunção de escória. Assim, poderia ser obtido um conjunto de dados de inventário exclusivamente da produção do aço. Na prática, a substituição significa subtrair o inventário de outro sistema (produção de produto B) do sistema analisado (coprodução de A+B), sendo que tal procedimento geralmente resulta em fluxos negativos no inventário, caso a quantidade de *Y unidades de B* seja superior às *X unidades de A*.

Contudo, nem sempre é possível empregar a substituição por expansão do sistema. Por exemplo, pode não haver outra forma/tecnologia existente para a produção alternativa da cofunção não desejada. Assim, como último recurso para o tratamento da multifuncionalidade, restam os procedimentos de alocação.

A alocação significa o **particionamento dos fluxos de inventário para resolver a multifuncionalidade**, repartindo as quantidades das entradas e saídas individuais entre as cofunções com base em algum critério, de preferência baseado em relações causais físicas comuns entre as cofunções, tais como:

- Alocação pela **massa**, na qual os impactos durante a AICV serão calculados conforme a participação mássica.
- Alocação pelo **poder calorífico**, na qual os impactos durante a AICV serão calculados conforme a participação energética.
- Na ausência ou inviabilidade de adoção de critérios baseados em relações físicas, outros tipos de relações entre as cofunções podem ser adotados.
- Alocação pelo valor de mercado (**econômico**), na qual os impactos durante a AICV serão calculados conforme a participação econômica.
- Alocação por outras regras, tais como: exergia, emergia, composição química etc.

Se voltarmos ao exemplo da produção de painéis de madeira e considerarmos, por exemplo, que além da produção de painéis aglomerados existe a produção de resíduos de madeira para cogeração (produção de eletricidade), o procedimento de alocação do processo multifuncional de produção dos painéis poderia ser ilustrado pela Figura 9.

O procedimento de alocação da Figura 9 mostra os valores de inventário dos fluxos de entrada para o processo multifuncional considerando a alocação mássica e alocação econômica. Neste caso, a alocação econômica se mostrou mais relevante, visto que uma maior parcela dos fluxos de inventário seria alocada ao produto de interesse. No caso da escolha pela alocação, será necessário contabilizar os fluxos de inventário do(s) processo(s) multifuncional de interesse, logo, obrigatoriamente serão necessários dados quantitativos que serão obtidos na segunda fase da ACV, a fase de ICV.

Figura 9 • Solução do problema de multifuncionalidade via alocação para o caso da produção de painéis aglomerados e da produção de biomassa para cogeração

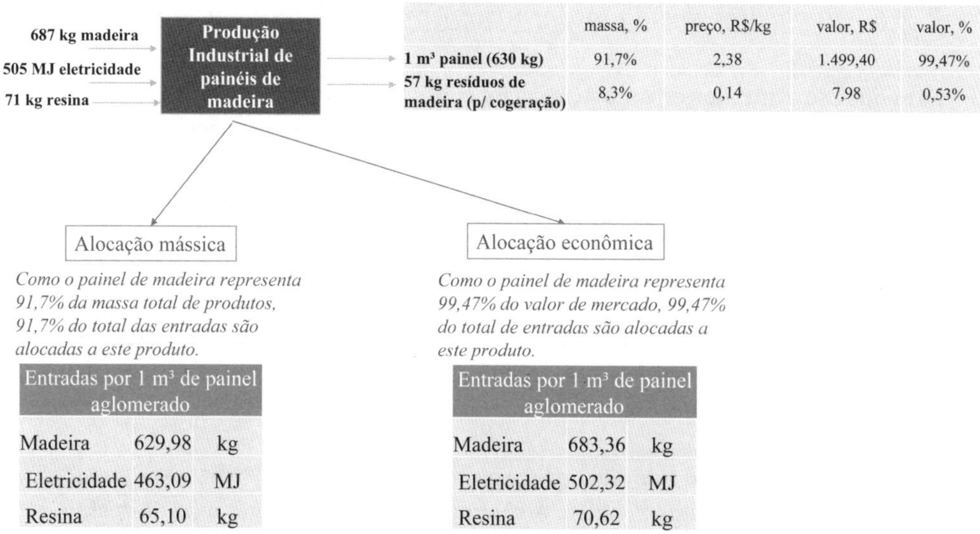

Fonte: Autor.

3.2.5 Metodologia de AICV e tipos de impactos

Aqui deve(m) ser abordado(s) o(s) método(s) de Avaliação do Impacto do Ciclo de Vida (AICV) escolhido(s) para o estudo de ACV, e deve ser definida a inclusão ou não dos elementos opcionais de uma AICV, tais como: normalização, agrupamento e ponderação.

Um detalhamento sobre todo o processo de AICV será dado no Capítulo 5. Contudo, para a definição do escopo da ACV, deve ser ao menos justificada a escolha das categorias de impacto e do(s) método(s) de AICV, sendo que tal decisão deve estar embasada no perfil ambiental do sistema de produto definido. Questões ambientais selecionadas para a definição do critério de corte de **relevância ambiental** das fronteiras do sistema (rever Seção 3.2.3) podem servir também aqui de base para se escolher as categorias de impacto da AICV. Em outras palavras, durante a definição de objetivo e escopo, é desejável que os **principais problemas ambientais associados ao sistema de produto estudado sejam conhecidos** para facilitar o processo de escolha das categorias e do(s) método(s) de AICV mais apropriado(s). Para a identificação de problemas ambientais relevantes, normas e leis ambientais, assim como a revisão da literatura pertinente ao tema, servem como fontes indicadas para se iniciar o levantamento dessas informações.

3.2.6 Requisitos dos dados, pressupostos e as limitações da ACV

Para que os resultados de uma ACV sejam confiáveis, é imprescindível a obtenção de dados de alta qualidade. Para tanto, os dados inventariados relacionados com as entradas e saídas para o sistema de produto definido devem ser coletados prioritariamente em fontes primárias. E informações de fontes secundárias também podem ser utilizadas quando as respectivas fontes primárias não se mostrarem disponíveis.

Os dados primários, em geral, são obtidos em estudos de ACV a partir de visitas técnicas realizadas em empresas. Procedimentos comuns de coleta de dados envolvem as atividades a seguir, as quais serão detalhadas posteriormente no Capítulo 4 sobre o desenvolvimento da fase de inventário do ciclo de vida de produtos:

- Amostra direta de cada processo analisado.
- Consulta a registros de consumo de recursos e de geração de resíduos e emissões.
- Consulta de especificações técnicas de insumos.
- Cálculo direto mediante conversões de dados.

Para os dados secundários, estes são extraídos conforme os critérios:

- Revisão da literatura pertinente.
- Utilização de banco de dados de ACV.

O estabelecimento de requisitos de qualidade serve para especificar as características dos dados necessários ao estudo de ACV, devendo abranger, segundo a ABNT (2009a):

- **Cobertura temporal:** idade dos dados e período mínimo para que ocorra a coleta. Por exemplo, para o caso da produção de painéis aglomerados, Silva (2012) cita que o período de coleta foi de 1 ano, entre 2011 e 2012, e que as informações referentes aos dados secundários foram retiradas da literatura e de bases de dados de ACV, datando entre 2002 e 2009. Já o tempo de vida do painel aglomerado foi estimado em 7 anos: 3 meses para produção de mudas; 6,5 anos para cultivo e colheita da madeira; e 3 meses contando da colheita no campo, o armazenamento/secagem das toras no campo e a manufatura do produto na indústria até a expedição. A idade do produto é um aspecto importante, afinal, os impactos potenciais calculados pela ACV estão diretamente associados ao tempo de vida do produto dentro do sistema de produção em questão.

- **Cobertura geográfica:** área a partir da qual os dados devem ser coletados para cumprir com o objetivo do estudo. Deve ser condizente com a fronteira geográfica definida.
- **Cobertura tecnológica:** tecnologia específica ou conjunto de tecnologias. Por exemplo: se o estudo se baseia no mix tecnológico empregado para o ciclo de vida estudado, ou se considerada a melhor tecnologia disponível, ou se a tecnologia convencional, ou se tecnologia mista, experimentação em laboratório, uso de simulação de processos etc.
- **Outros:** conforme o nível de detalhes requerido ao estudo, podem ainda ser contemplados itens como a precisão, a completeza, a representatividade dos dados, a consistência, a reprodutibilidade, as fontes dos dados e as incertezas dos dados. Tais requisitos estão associados no Capítulo 6, sobre a interpretação dos resultados da ACV.

A coleta de dados de inventário com alta qualidade é essencial para subsidiar uma adequada interpretação dos resultados da ACV. Por exemplo, em estudos de ACV, a **Análise de Incertezas** pode ser um instrumento a ser empregado na etapa de Interpretação para analisar a qualidade dos dados de inventário tanto de primeiro plano (*foreground*) quanto dos dados de segundo plano (*background*), conforme exemplos que serão demonstrados pelo Capítulo 6. Assim, é importante que todos os dados de primeiro e segundo plano usados em um estudo de ACV estejam metodologicamente consistentes.

Outros elementos importantes na definição do escopo são os pressupostos e as limitações do estudo de ACV, pois isso afeta diretamente a qualidade dos dados de inventário.

Os pressupostos da ACV envolvem todas as suposições/considerações tomadas para o estudo de ACV. Conforme EC-JRC (2010), os pressupostos são tomados baseando-se nas limitações do estudo, como ausência de bases de dados, estabelecimento de cenários, entre outros, tais como os exemplos do Quadro 4. Contudo, é importante que cada pressuposto esteja embasado em alguma justificativa técnico-científica adequada.

Já as limitações da ACV é a etapa na qual são esclarecidas todas as limitações/ restrições do estudo de ACV, baseando-se, por exemplo, na falta de dados, utilização de métodos de impacto estrangeiros não condizentes ao contexto geopolítico local, restrições devido ao estabelecimento das fronteiras do sistema de produto, entre outros exemplos típicos dos apresentados no Quadro 4.

Quadro 4 • Exemplos típicos de pressupostos e limitações em estudos de ACV

Exemplos de pressupostos	Exemplos de limitações
» Utilização de fatores de conversão ou de fatores de escala para a consolidação dos fluxos de inventário frente à unidade funcional. Ex.: *uso de indicadores como produtividade, critérios de corte, composição química de materiais, lista de proporção de consumo de materiais, taxa de consumo de materiais, taxa de geração de resíduos, entre outros.*	» Informações sobre a ausência de dados de inventário. Ex.: *não foram consideradas as emissões atmosféricas de compostos orgânicos voláteis do processo X, devido à falta de dados para o processo estudado.*
» Definição de distâncias de transporte e da tipologia de modais para operações logísticas. Ex.: *foi considerado para o transporte da matéria-prima X a utilização de caminhão tipo baú com 7,5 t de carga útil para o transporte por 100 km até o local de destino.*	» Utilização de dados estrangeiros para a consolidação do inventário. Ex.: *para o processo X, dados de segundo plano foram extraídos a partir do banco de dados de ACV ecoinvent, porém, para o contexto europeu devido à ausência de dados nacionais.*
» Considerações sobre as fontes dos dados de inventário. Ex.: *os dados do fornecimento de eletricidade foram retirados da base de dados de ACV ecoinvent, e tomando em conta as condições brasileiras.*	» Informações sobre a exclusão de etapas do ciclo de vida e/ou de processos elementares específicos. Ex.: *a etapa de uso do produto foi desconsiderada do estudo devido à vasta gama de aplicações do produto, o que dificultou a modelagem de um uso específico para o produto no estudo.*
» Considerações sobre os métodos e as categorias de impacto da AICV. Ex.: *para a categoria de impacto de mudanças climáticas, foi utilizado o método de AICV ReCiPe (2008) tipo midpoint e para cem anos de dano.*	» Informações sobre a simplificação na modelagem de processos do sistema de produto. Ex.: *A etapa de produção industrial foi modelada como um* black-box, *por conta da dificuldade em se estratificar o processo produtivo em processos elementares individuais.*

Fonte: Autor.

3.2.7 *Interpretação a ser utilizada*

A última fase da ACV é a Interpretação, na qual é feita a identificação e análise dos resultados obtidos durante o ICV e AICV de acordo com o objetivo e o escopo traçados (EC-JRC, 2010). São tomadas as conclusões, recomendações e limitações do estudo, devendo ser desenvolvidas prioridades e feitas avaliações para a identificação de oportunidades para a redução do ônus ambiental (GUINÉE *et al.*, 2011; THORN; KRAUS; PARKER, 2011).

Os elementos que integram a interpretação dos resultados de um estudo de ACV devem estar claramente definidos, ainda na fase de definição de escopo. No Capítulo 6, mais detalhes sobre o assunto serão fornecidos. Por ora, é importante apenas conhecer e escolher quais das estratégias elencadas a seguir serão incluídas no estudo de ACV para a fase de interpretação:

- **Identificação de questões significativas**: com base nos resultados do ICV e da AICV, os *hotspots* (pontos críticos) devem ser elencados e destacados. Os *hotspots* envolvem a identificação das etapas do ciclo de vida e dos respectivos processos elementares, aspectos ambientais e categorias de impacto que apresentam os maiores impactos potenciais no ciclo de vida do produto estudado. Por exemplo, em um estudo de ACV, foi verificado que o processo de transporte da matéria-prima (etapa do ciclo de vida) foi um *hotspot* devido ao uso de diesel (aspecto ambiental) no percurso definido, com destaque para os impactos nas categorias de potencial de acidificação e potencial de mudanças climáticas (impactos ambientais). Em geral, a análise de pontos críticos deve ser feita por categoria de impacto ambiental estudada, podendo também incluir um agrupamento de resultados, a partir dos impactos potenciais normalizados e/ou ponderados (se aplicável).

Elementos para a avaliação:

- **Verificação de completeza**: objetiva assegurar que todas as informações relevantes para a interpretação dos resultados da ACV estejam completas e disponíveis. Informações eventualmente faltantes devem ser reportadas no relatório da ACV, e considerada a necessidade de tal informação para satisfazer o objetivo e escopo da ACV (ABNT, 2009b).
- **Verificação de sensibilidade**: também conhecida por análise de sensibilidade, aqui se busca determinar a influência de variações nos pressupostos, métodos de AICV e dados de ICV sobre os resultados da ACV. Podem ser realizadas diversas modificações no sistema de produto inicialmente definido, criando-se **cenários alternativos** a partir de modificações, por exemplo, em regras para a solução da multifuncionalidade, critérios de corte, estabelecimento da fronteira do sistema de produto (inclusão/exclusão de processos), alterações nas categorias de impacto (inclusão de mais categorias), troca do método de AICV por algum alternativo etc.
- **Verificação de consistência**: segundo a ABNT (2009b), visa "*determinar se os pressupostos, métodos, modelos e dados são consistentes ao longo do ciclo de vida de um produto ou entre diversas opções*". A análise de consistência deve observar se existem diferenças significativas nas fontes de dados, exatidão dos dados, idade dos dados, abrangência tecnológica,

abrangência temporal e abrangência geográfica do estudo de ACV. Em suma, a análise de consistência busca revisar se a qualidade dos dados da ACV está coerente com o objetivo e escopo do estudo.

- **Outras verificações**: ABNT (2009b) cita que convém que a análise de incertezas e a análise da qualidade dos dados suplementem essas três verificações de avaliação na ACV. O Capítulo 6 dará exemplos de análise de incertezas em ACV.

3.2.8 *Demais elementos da definição de escopo da ACV*

Outros elementos relativos à definição de escopo são: tipo de revisão crítica e tipo e formato do relatório requerido para o estudo.

A revisão crítica é definida pela ABNT (2009b) como sendo o "*processo que visa assegurar a consistência entre uma avaliação do ciclo de vida e os princípios e requisitos das Normas Brasileiras sobre avaliação do ciclo de vida*". A ABNT (2009b) torna obrigatória a revisão crítica nos casos em que se objetiva elaborar afirmações comparativas entre produtos que sejam divulgadas ao público. Por exemplo, imagine que foi realizado um estudo comparando a ACV do álcool combustível versus gasolina, ou uma ACV comparativa entre utilizar sacolas plásticas versus sacolas retornáveis, ou a ACV entre o copo plástico descartável versus copo de vidro, ou ainda, a ACV deste livro de papel que você está lendo versus a sua versão em e-book. Para responder a tais questões, é requerida a etapa de revisão crítica da ACV, a qual é elaborada por um painel de especialistas. No âmbito acadêmico, em geral, essas revisões críticas são realizadas por bancas examinadoras de trabalhos científicos. Já no caso de estudos realizados para empresas privadas, consultorias e assessorias externas e especializadas em ACV devem ser contratadas pela entidade interessada na publicação do estudo.

Por fim, sobre o item de formato do relatório para os estudos de ACV, a ABNT (2009b) ressalta que os resultados e conclusões da ACV devem ser reportados ao público-alvo de forma completa, precisa e imparcial, levando-se em consideração todos os elementos da Definição de Objetivo e Escopo, ICV, AICV e Interpretação. O relatório do estudo deve ser transparente, imparcial e consistente.

3.3 Considerações Finais

Neste capítulo, foram apresentados os elementos principais que compõem a primeira fase da ACV — a Definição de Objetivo e Escopo, suas características e procedimentos metodológicos. Uma vez que se refere ao planejamento global da

ACV, os resultados desta fase são essenciais para fundamentar e guiar as demais fases da ACV, isto é, a Análise de Inventário do Ciclo de Vida (ICV), a Avaliação do Impacto do Ciclo de Vida (AICV) e a fase de Interpretação dos resultados da ACV como um todo.

Os dois principais elementos desta fase inicial da ACV são: a definição da função, da unidade funcional e do fluxo de referência (rever Seção 3.2.2); e a definição das fronteiras do sistema de produto (rever Seção 3.2.3). Todas as demais atividades relativas à definição de escopo dependem diretamente desses dois elementos principais estarem claramente estabelecidos.

Por fim, a seguir, são propostos exercícios relativos a esta etapa de condução de uma ACV. E, em seguida, será dada continuidade ao assunto mediante o capítulo sobre Inventário do Ciclo de Vida (ICV) de produtos.

3.4 Exercícios

Questão 1. Qual é o propósito da fase de Definição de Objetivo e Escopo da ACV?

Questão 2. O que é unidade funcional e fluxo de referência? Diference-os.

Questão 3. Dê dois exemplos de produtos e complete a tabela a seguir com definições corretas para função, unidade funcional e fluxo de referência.

Produto	Função	Unidade funcional	Fluxo de referência

Fonte: Autor.

Questão 4. O que é multifuncionalidade? Como se deve tratar a multifuncionalidade de um processo para se evitar a alocação de acordo com as normativas ISO 14040 e 14044?

Questão 5. No processo químico de cloro-álcali, a solução de cloreto de sódio é eletrolisada para se produzir gás cloro, gás hidrogênio e hidróxido de sódio conforme a seguinte reação:

$$2NaCl_{(aq)} + 2H_2O_{(l)} \rightarrow H_{2(g)} + Cl_{2(g)} + 2NaOH_{(aq)}$$

Faça a alocação mássica e a alocação econômica do processo cloro-álcali para o produto gás cloro (Cl_2), segundo os dados da figura a seguir:

massa, %	preço, $/t
47%	90
52%	238
1%	353

Fonte: Autor.

GABARITO

Questão 1.

Resposta: Realizar um planejamento inicial do estudo de ACV com todos os elementos necessários para subsidiar de forma transparente e consistente a condução das etapas posteriores do estudo de ACV.

Questão 2.

Resposta: A unidade funcional expressa matematicamente a função de um produto, já o fluxo de referência estabelece uma quantidade de produto necessária para se atingir a unidade funcional.

Questão 3.

Resposta:

Produto	Função	Unidade funcional	Fluxo de referência
Gasolina	Servir de combustível em veículos para transporte.	Percurso de 10.000 km utilizando um veículo de quatro rodas ao consumo médio de 10 km/l.	750 kg de gasolina (densidade 0,75 = g/cm^3)
Ar-condicionado	Condicionar um ambiente a certa temperatura e por um determinado tempo.	Refrigerar uma sala (10 x 10) m^2 de área a uma temperatura de 25 °C operando 8 horas por dia.	A produção de 1 ar-condicionado com 10.000 BTUs

Fonte: Autor.

Questão 4.

Resposta: Um processo é dito como multifuncional quando ele fornece mais de uma função — ou seja, fornece vários produtos. Nesses casos, para tratar a multifuncionalidade e se evitar a alocação, pode-se empregar duas abordagens distintas: subdivisão dos processos multifuncionais ou expansão do sistema (incluindo a substituição das multifunções).

Questão 5.

Resposta: A alocação mássica e a alocação econômica para o produto gás cloro será, respectivamente, de 47% e 25%, conforme os dados da figura a seguir.

	massa, %	preço, $/kg	valor, $	valor, %
1 t Cl_2	47%	90	90	25%
1.1 t NaOH	52%	238	262	72%
28 kg H_2	1%	353	10	3%

Fonte: Autor.

Referências

ABNT – Associação Brasileira de Normas Técnicas. ABNT NBR ISO 14040: Gestão Ambiental - Avaliação do Ciclo de Vida – Princípios e Estrutura. Rio de Janeiro: ABNT, 2009a.

ABNT – Associação Brasileira de Normas Técnicas. ABNT NBR ISO 14044: Gestão Ambiental - Avaliação do Ciclo de Vida – Requisitos e Orientações. Rio de Janeiro: ABNT, 2009b.

BRANDER, M. *et al.* Consequential and Attributional Approaches to LCA: a Guide to Policy Makers with Specific Reference to Greenhouse Gas LCA of Biofuels. *Ecometrica Press*: Edinburgh, UK. Technical paper, April, 2009. 15 p. Disponível em: https://ecometrica.com/white-papers/consequential-and-attributional-approaches-to-lca-a-guide-to-policy-makers-with-specific-reference-to-greenhouse-gas-lca-of-biofuels

CURRAN, M. A. Overview of goal and scope definition in life cycle assessment. *In:* KLÖPLER, W.; CURRAN, M.A. *LCA compendium – the complete world of life cycle assessment.* Berkeley: Springer, 2017.

FERREIRA, J. V. R. *Análise do ciclo de vida dos produtos.* Gestão Ambiental. Instituto Politécnico de Viseu.

HUNT, R.; FRANKLIN, E. LCA – How it came about. Personal reflections on the origin and the development of LCA in the USA. *International Journal of Life Cycle Assessment*, v. 1, n. 1, p. 4-7, 1996.

INTERNATIONAL ORGANIZATION OF STANDARDIZATION. ISO 14040: Environmental management – life cycle assessment- principles and framework. Geneva, 2006.

GUINÉE, J. B. *et al.* Life cycle assessment: past, present, and future. *Environmental Science & Technology*, v. 45, n. 1, p. 90-96, 2011.

JOINT RESEARCH CENTRE OF THE EUROPEAN COMMISSION (EC-JRC). *International reference life cycle data system (ILCD) Handbook.* ILCD Handbook International Reference Life Cycle Data System, European Union, 2010.

NICOLETTI, G. M.; NOTARNICOLA, B.; TASSIELI, G. Comparative Life Cycle Assessment of flooring materials: ceramic versus marble tiles. *Journal of Cleaner Production*, n. 10, p. 283-296, 2002.

OMETTO, A. R. *et al.* Lifecycle assessment of fuel ethanol from sugarcane in Brazil. *International Journal of Life Cycle Assessment*, v. 14, n. 3, p. 236-247, 2009.

RIBEIRO, P. H. *Contribuição ao banco de dados brasileiro para apoio à avaliação do ciclo de vida*: fertilizantes nitrogenados. 2009. 343 f. Tese (Doutorado) – Departamento de Engenharia Química, Universidade de São Paulo – Escola Politécnica, São Paulo, 2009.

SILVA, D. A. L. *Avaliação do ciclo de vida da produção do painel de madeira MDP no Brasil.* 2012. 207 p. Dissertação (Mestrado) – Escola de Engenharia de São Carlos, Universidade de São Paulo, São Carlos, 2012.

SILVA, D. A. L *et al.* Life cycle assessment of medium density particleboard (MDP) produced in Brazil. *International Journal of Life Cycle Assessment*, v. 18, n. 7, p. 1404-1411, 2013.

THORN, M. J.; KRAUS, J. L.; PARKER, D. R. Life-cycle assessment as a sustainability management tool: strengths, weaknesses, and other considerations. *Environmental Quality Management*, v. 20, n. 3, p. 1–10, 2011.

TIBOR, T.; FELDMAN, I. ISO 14000: a guide to the new environmental management standards. USA: Times Mirror Higher Education Group, 1996.

UNITED NATIONS ENVIRONMENT PROGRAMME. *Life cycle management* – a business guide to sustainability. Paris: UNEP/SETAC Life Cycle Initiative, 2007.

CAPÍTULO

4

ACV – Análise de Inventário do Ciclo de Vida e Bancos de Dados

Dr. Thiago Oliveira Rodrigues

Instituto Brasileiro de Informação em Ciência e Tecnologia - IBICT
Ministério da Ciência, Tecnologia, Inovações e Comunicações - MCTIC
SAUS - Quadra 5 - Lote 6 - Bloco H, 6º andar, Sala 604 - Asa Sul
70910-900, Brasília-DF/Brasil

Dra. Fernanda Belizário Silva

Instituto de Pesquisas Tecnológicas - IPT
Av. Prof. Almeida Prado 532 - Cidade Universitária - Butantã
05508-901, São Paulo-SP/Brasil

Dr. Tiago Emmanuel Nunes Braga

Instituto Brasileiro de Informação em Ciência e Tecnologia - IBICT
Ministério da Ciência, Tecnologia, Inovações e Comunicações - MCTIC
SAUS - Quadra 5 - Lote 6 - Bloco H, 6º andar, Sala 604 - Asa Sul
70910-900, Brasília-DF/Brasil

Dr. Marília Ieda da Silveira Folegatti Matsuura

Empresa Brasileira de Pesquisa Agropecuária - EMBRAPA Meio Ambiente
Rodovia SP-340, km 127,5 - Tanquinho Velho
13918-110, Jaguariúna-SP/Brasil

4 ACV – Análise de Inventário do Ciclo de Vida e bancos de dados

4.1 Introdução

A análise de Inventário do Ciclo de Vida (ICV) consiste em coletar, compilar e validar os dados referentes ao que entra e sai ao longo do ciclo de vida de um produto. Os dados a serem levantados referem-se aos insumos, às matérias-primas, ao produto em si, aos coprodutos, aos subprodutos, aos resíduos sólidos, aos efluentes líquidos e às emissões gasosas.

O ICV está amparado pelas definições da etapa anterior, abordadas no Capítulo 3. Assim, embora o procedimento de coleta dos dados seja realizado de diversas maneiras (entrevistas, medições, cálculos estequiométricos etc.), a compilação deles deve atender às definições acordadas na primeira etapa, alinhados à função do sistema de produto e à respectiva unidade funcional.

O foco do ICV está na quantificação dos fluxos que entram e saem dos processos que compõem um sistema de produto. Tudo que se possa medir a massa ou o conteúdo energético e faça parte de algum processo dentro das fronteiras do estudo deve ser levantado.

A seguir, serão apresentados os principais componentes do ICV de produtos e serviços. É importante salientar que a estrutura de ICV discutida neste texto não está orientada à ACV Organizacional (ACV-O), à ACV Social (ACV-S) ou à ACV consequencial. A abordagem atribucional é conhecida como o caminho tradicional para um ICV, sendo ainda a abordagem mais utilizada (WEIDEMA; EKVALL, 2009). A abordagem consequencial foi discutida no Capítulo 3 e foca as mudanças tanto dentro quanto fora do ciclo de vida do sistema de produto sob avaliação (BRANDER *et al.*, 2009).

4.1.1 *Fluxograma*

A base para a elaboração de um ICV consistente é o adequado mapeamento do sistema de produto em questão, o que inclui:

- A identificação dos processos existentes no âmbito da fronteira analisada, por exemplo: processos de transformação de matérias-primas, operações de transporte, processos de tratamento de resíduos, uso do produto, entre outros. É importante ressaltar que esses processos não se resumem às atividades que ocorrem dentro das instalações que produzem o produto final (por exemplo, uma fábrica), sendo necessário identificar também os processos que ocorrem à montante (necessários para fornecimento dos insumos para a produção) e à jusante (por exemplo, cenários de uso e de disposição de resíduos).
- A identificação dos fluxos de massa e energia envolvidos nos processos mapeados, ou seja, todas as entradas e saídas destes processos.
- A compreensão das relações entre os processos e fluxos identificados.

A realização deste mapeamento exige uma ampla compreensão do sistema de produto estudado. Para isso, é recomendada a consulta a profissionais que estejam envolvidos no dia a dia da produção, a especialistas nos processos em questão e à literatura, bem como a realização de visitas às instalações onde ocorrem os processos, pois a visualização dos processos, sob a perspectiva da ACV, é de grande ajuda na elaboração de um mapeamento adequado. Além disso, visitas permitem compreender de quais informações se dispõe para cada um dos processos (por exemplo, como são feitos os controles de produção de uma fábrica), o que subsidia o planejamento da coleta de dados para a construção do inventário do ciclo de vida do produto.

Este mapeamento define os tipos de dados a serem coletados com relação à origem: **dados primários**, que são coletados diretamente nas instalações do sistema de produto; **dados secundários**, que são coletados por meio de bancos de dados, literatura, cálculos estequiométricos e consultas a especialistas.

A representação deste mapeamento de processos é feita, usualmente, por meio de um fluxograma. A Figura 1 ilustra um exemplo de fluxograma genérico. Neste exemplo, distinguem-se os processos que estão diretamente relacionados ao produto analisado (produção de suas principais matérias-primas, fabricação, transportes, uso e descarte após o fim de sua vida útil), que são ditos pertencentes ao "**primeiro plano**" (*foreground system*), de processos que não são diretamente relacionados ao produto ou que são comuns a vários outros processos (exemplo: produção de energia elétrica, necessária em muitas atividades simultâneas), mas que ainda pertencem ao sistema de produto estudado, o que é denominado como "**segundo plano**" (*background system*) (EU, 2014). Embora a ligação entre os processos de primeiro plano e de segundo plano tenha sido representada de forma simplificada, é necessário mapear as entradas e saídas de cada um dos processos pertencentes ao sistema de produto para elaborar seu inventário de ciclo de vida corretamente (na figura, optou-se pela representação simplificada para evitar o cruzamento das setas que representam os fluxos).

Uma premissa importante a ser observada no mapeamento de processos é que, para a elaboração do inventário, é necessário que a fronteira do sistema de produto comece e termine na natureza, ou seja, todas as atividades devem ser modeladas até que se atinja a fronteira com a natureza (ABNT, 2009a). Por exemplo, se há a destinação de algum resíduo para tratamento, deve-se identificar o tipo de tratamento aplicável (por exemplo, aterro sanitário) e modelar a atividade de tratamento, identificando as saídas para a natureza (por exemplo, emissão de metano para a atmosfera e de substâncias lixiviadas para o solo).

Figura 1 • Exemplo de fluxograma para mapeamento de um sistema de produto genérico, com a fronteira do sistema do berço ao túmulo

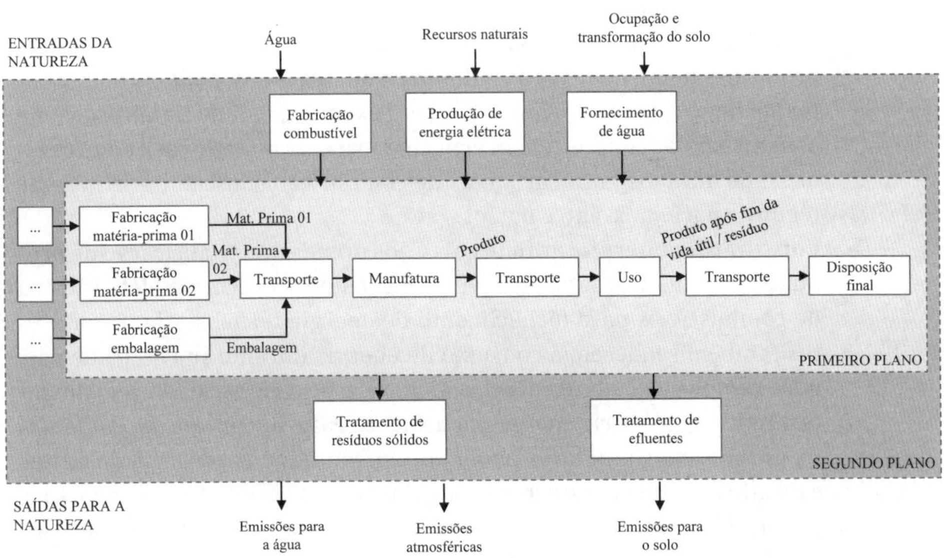

Fonte: Autores.

4.1.2 *Dados e metadados*

Uma vez elaborado o mapeamento de processo e compreendido o sistema de produto estudado, o que inclui a definição da função do produto e a caracterização da unidade funcional em relação à qual serão expressos os resultados quantitativos da ACV, deve-se planejar a coleta de dados para construção do inventário do ciclo de vida.

Para isso, recomenda-se a elaboração de uma planilha, em que constem todas as etapas do ciclo de vida do produto, os respectivos processos e, para cada processo, os fluxos de entrada e de saída. Nos casos em que seja necessário um questionário de coleta de dados, a ser respondido pelos agentes diretamente envolvidos nos processos (por exemplo, supervisores de uma fábrica), recomenda-se solicitar as informações no formato mais próximo possível ao qual as informações estão usualmente disponíveis. Por exemplo, em vez de solicitar o consumo unitário de energia (kWh/kg de produto), solicitar a conta de energia elétrica (kWh/mês) e a produção mensal correspondente (kg de produto/mês), para evitar erros em cálculos intermediários, facilitar o processo de coleta dos dados e também possibilitar sua verificação. Não há um padrão definido para os formulários de coleta de dados para os inventários, mas o anexo A da norma 14044 traz alguns exemplos de formulários.

Entre os dados que podem ser necessários para a elaboração do inventário de ciclo de vida de um produto, destacam-se os seguintes:

- **Composição do produto**: a composição, em conjunto com o rendimento/índice de perdas, revela a quantidade de cada matéria-prima necessária à fabricação do produto. Em alguns casos, a composição exata do produto é objeto de segredo industrial; nesses casos, pode-se tentar obter ao menos parte da composição (por exemplo, teor de cimento de uma composição de concreto, sem especificação das quantidades de agregados e de aditivos), utilizar faixas de composição constantes de normas técnicas nacionais, entre outros.
- **Consumo de energia**: grande parte dos processos de fabricação de produtos, em diversos setores, envolve o consumo de energia elétrica e/ou de combustíveis para fornecimento de energia térmica. Alguns produtos também requerem o consumo de energia durante sua etapa de uso, por exemplo, veículos e edifícios. Com relação à eletricidade, usualmente admite-se a matriz energética nacional para sua produção; entretanto, grandes consumidores podem optar por adquirir energia de fontes específicas, o que pode ser relevante para seus resultados de impacto e, portanto, deve ser levado em consideração se for o caso. No caso de combustíveis, além da quantidade consumida, recomenda-se registrar seu poder calorífico, para possibilitar o balanço de energia para posterior validação dos dados. Outra forma de estimar o consumo energético é registrar a potência dos equipamentos e seu tempo de uso, considerando-se o rendimento da máquina, ou com base em dados de literatura que sejam representativos.
- **Consumo de água**: o consumo de água pode ser obtido por meio da conta de água, no caso de água de rede; da medição de hidrômetros, no caso de captação direta de água de rio, lago ou poço; ou por estimativas indiretas nos casos em que não há medição, como por meio de valores de

teor de umidade do produto. O consumo de água deve ser discriminado por fonte, pois isso faz diferença nos métodos de avaliação de impacto relativos à água, bem como se deve identificar sua origem (exemplo: bacia hidrográfica), pois também se trata de um dado relevante na fase de avaliação de impacto (ISO, 2014).

- **Consumo de materiais auxiliares**: dependendo das características do sistema de produto estudado, podem ser necessárias informações relativas a materiais utilizados como auxiliadores de processo, embalagens, materiais para manutenção dos equipamentos (por exemplo, reposição de moldes e peças, óleo lubrificante etc.). É necessário estimar o consumo unitário destes materiais; por exemplo, solicitando-se o tempo de troca de uma determinada peça e a produção correspondente a este período.
- **Transportes**: ao longo do ciclo de vida de um produto, é comum que se tenha diversas operações de transporte. Para sua consideração no inventário do ciclo de vida são necessárias informações sobre o tipo de veículo, sua capacidade de carga, a carga efetivamente transportada, padrão de emissão de poluentes, no caso de caminhões, conforme PROCONVE (CNT, 2012), fatores de consumo e/ou emissão de poluentes conforme a carga, e distância percorrida (caso o veículo retorne à sua origem vazio, a distância de retorno também deve ser contabilizada).
- **Emissões para a água, ar e solo**: alguns processos geram saídas diretamente para a natureza, como emissão de poluentes para o ar pelos processos de combustão, emissão de particulados de operações de desmonte de rocha, emissões para a água de determinados processos químicos, entre outros. No caso de dados provenientes de empresas, recomenda-se solicitar os dados de monitoramento ambiental, os quais normalmente registram a concentração dos poluentes (por exemplo, kg/m^{3}ar), bem como outras informações necessárias para conversão dessas concentrações em fluxos unitários (por exemplo, vazão de ar na chaminé do forno, em m^{3}ar/h e produção horária, em kg de produto/h). Caso estas informações não estejam disponíveis, pode-se utilizar como estimativa conservadora os limites vigentes na legislação ambiental pertinente.
- **Geração de resíduos**: a quantidade de resíduos pode ser obtida de maneira direta, por exemplo, por meio de certificados de transporte de resíduos que declaram a quantidade e a destinação; ou indireta, por meio de índices de perdas informados pelo fabricante ou estimados com base em literatura. Além da quantidade, é importante registrar o tipo de destinação dada ao resíduo.

Recomenda-se que os dados cubram um período suficiente para contemplar eventuais sazonalidades relativas ao sistema de produto. Além disso, os inventários devem se basear em amostras representativas do sistema de produto que se pretende retratar: por exemplo, no caso de inventários que visam representar uma determinada tecnologia ou mesmo uma determinada região (por exemplo, inventários com validade nacional), devem ser obtidas informações de fabricantes suficientes, para que não se depreendam conclusões gerais a partir de casos muito específicos.

Observa-se que, dependendo do tipo de estudo de ACV, algumas etapas do ciclo de vida do produto necessitam ser modeladas com base em cenários e suposições: é o caso, por exemplo, da previsão das condições de operação de produtos de longa vida útil, como edifícios e infraestruturas, as quais são dependentes do comportamento do usuário e de cenários futuros de tecnologias que não são totalmente delineáveis à época da elaboração do inventário do ciclo de vida.

Nem todos os fluxos e processos precisam necessariamente constar do inventário do ciclo de vida. Em estudos de ACV comparativos, por exemplo, processos comuns aos dois sistemas de produto comparados podem ser excluídos do inventário, uma vez que não influenciarão a comparação, desde que sejam efetivamente iguais. Além disso, a ABNT NBR ISO 14040 (ABNT, 2009a) admite a aplicação de **critérios de corte**, que considerem simultaneamente a contribuição dos fluxos em massa, energia e em significância ambiental, ou seja, em termos da sua contribuição para o impacto ambiental total do produto. Por exemplo, a norma europeia de Declarações Ambientais de Produto para construção civil, EN 15804 (DIN, 2014), admite que sejam desconsiderados itens que contribuam individualmente com menos de 1% da massa, energia ou impacto ambiental do produto, desde que a soma dos itens desconsiderados não ultrapasse 5% da massa, energia e impacto total. Para efetuar esta avaliação, é necessário realizar cálculos prévios com dados existentes, como os apresentados no Quadro 3 do Capítulo 3, e recorrer a opiniões de especialistas.

Outra questão bastante importante para o planejamento da coleta de dados de inventário de ciclo de vida é o método de Avaliação do Impacto de Ciclo de Vida que se pretende utilizar, o qual é estabelecido na etapa de definição do objetivo e do escopo do estudo de ACV (ABNT, 2009b). Por exemplo, caso o estudo enfoque apenas o potencial de aquecimento global, é necessário coletar apenas dados de emissões atmosféricas de gases de efeito estufa; já se houver a intenção de avaliar também outras categorias de impacto, como acidificação e potencial de formação fotoquímica de ozônio, outros poluentes emitidos para a atmosfera também precisarão ser inventariados.

Conforme exposto no mapeamento do sistema de produto, existem processos que pertencem ao primeiro plano e processos que pertencem ao segundo. Recomenda-se que os processos de primeiro plano sejam modelados com informações primárias, coletadas junto aos agentes envolvidos nestes processos. Para aqueles de segundo plano, é comum recorrer a fontes de informações secundárias, tais como bancos de dados de inventários de ciclo de vida, literatura, entre outros, de modo a contemplar toda a fronteira do sistema de produto em questão (IBICT, 2014). É fundamental que se observe a aplicabilidade das informações originárias de fontes secundárias para o estudo de ACV, ou seja, se tais informações podem ser consideradas representativas do contexto estudado, especialmente nos casos em que os processos de segundo plano têm grande influência nos resultados de impacto ambiental do produto em questão.

Além das informações quantitativas necessárias à compilação do inventário de ciclo de vida do produto, são necessárias informações que permitam descrever adequadamente as informações constantes do inventário, ou seja: período a que os dados se referem, condições de contorno/limitações do inventário, representatividade frente ao contexto estudado, eventuais suposições que tenham sido feitas para cálculo dos fluxos, referências bibliográficas utilizadas, entre outros. Estas informações são denominadas **"metadados"** (RODRIGUES *et al.*, 2016) e são tão importantes para compreensão e uso do inventário do ciclo de vida quanto as informações quantitativas dos fluxos propriamente ditas. Recomenda-se que, durante a elaboração do inventário, seja feito o registro de tais informações (por exemplo, em um relatório), para que o campo de aplicação do inventário resultante fique bem definido.

4.1.3 *Fluxos*

Todo dado levantado para o ICV de um produto remete a um fluxo. Os dados se referem a fluxos de matéria ou energia que estão em movimento entre sistemas.

Em estudos de ACV há três tipos básicos de fluxos a serem levantados:

- **Elementares**: matéria ou energia que sai da natureza (ecosfera) para o sistema de produto (tecnosfera) ou que sai da tecnosfera diretamente para a ecosfera, sem interferências humanas. Ex.: CO_2 capturado por uma árvore (elementar de entrada) e CO_2 emitido pela queima de carvão (elementar de saída).
- **Intermediários**: fluxos tecnológicos, gerados por algum processo artificial, que ocorre dentro de um sistema de produto, nunca extrapolando as fronteiras com a ecosfera. Ex.: cavacos de madeira saindo da moagem e entrando no cozimento para a produção de pasta celulósica.
- **Produtos**: fluxos também tecnológicos, referem-se ao produto sob avaliação em um sistema de produto, saem da fronteira da tecnosfera para entrar em outro sistema de produto. Ex.: pasta celulósica que sai do sistema de produto de celulose e entra como matéria-prima no sistema de produto de papel.

Há ainda o **fluxo de referência**, que é equivalente a um fluxo de produto e remete à quantidade necessária à realização da função de um produto definida pela unidade funcional (ONTOLOGIA, 2019). A unidade funcional já foi devidamente discutida no Capítulo 3.

4.1.4 *Processos*

Processo em um sistema de produto é uma atividade que beneficia fluxos de entrada (representados por insumos e matérias-primas) em fluxos de saídas que atendem condições para um beneficiamento posterior. Todo e qualquer processo tem entrada e saída de um ou mais fluxos.

Um sistema de produto é sempre formado por **processos elementares**. Eles são as unidades básicas dos sistemas, o menor elemento de um sistema que não pode ser dividido em processos menores e para o qual se coletam dados.

Os processos elementares também podem ser classificados como **primários** ou **secundários**, a depender do nível em que se encontram. Os primários estão no primeiro plano (Figura 1) dentro da tecnosfera, representada pela abrangência do portão-ao-portão (*Gate to Gate,* G2G), do qual, em geral, é possível coletar os dados diretamente por meio de medições e cálculos. Já os secundários estão no segundo plano, exterior ao G2G e representados por processos que alimentam o primeiro plano, nos quais os dados são coletados principalmente de bases de dados.

4.1.5 *Agregação*

Apesar dos sistemas de produto serem compostos de processos elementares, por diversos motivos, muitos são apresentados de forma agregada. Isso quer dizer que não é possível visualizar os processos elementares, pois estes são agrupados de modo que não se pode distinguir as origens e destinos de fluxos. Todos entram e saem de uma (e em uma) "caixa-preta" (*black-box*) que agrupa vários processos elementares: um **processo agregado**.

Entre os objetivos para agregação, Broadbent e colaboradores (2011) destacam: confidencialidade, proteção de propriedade de dados, aumento da eficiência da computação dos dados, garantia de eficiência da análise, relevância apropriada, preservação da integridade dos dados, proteção de modelo de negócio, incremento da facilidade de uso e até o acobertamento de processos com significativa carga ambiental. Os motivos, comerciais ou computacionais, devem sempre ser justificados e evidenciados para promover a confiabilidade e explicar a falta de transparência, ponto-chave da ACV.

A **agregação** de processos pode ser de duas formas: **completa** ou **parcial**. Na completa, só é possível observar os fluxos elementares e de produto entrando e saindo das fronteiras do sistema agregado. Já a parcial permite a identificação de alguns fluxos intermediários (fluxos de produto de massa ou energia que ocorre entre processos elementares). O nível de agregação parcial varia em função dos objetivos, podendo ser composto minimamente de dois processos, sendo que deve haver necessariamente um fluxo intermediário entre eles e ao menos um deles deve ser agregado.

A Figura 2 exemplifica de forma genérica a relação entre os processos elementares primários e secundários, processos agregados, fluxos elementares, intermediários e de produtos.

Figura 2 • Relações entre sistemas (Tecnosfera e Ecosfera), processos e fluxos

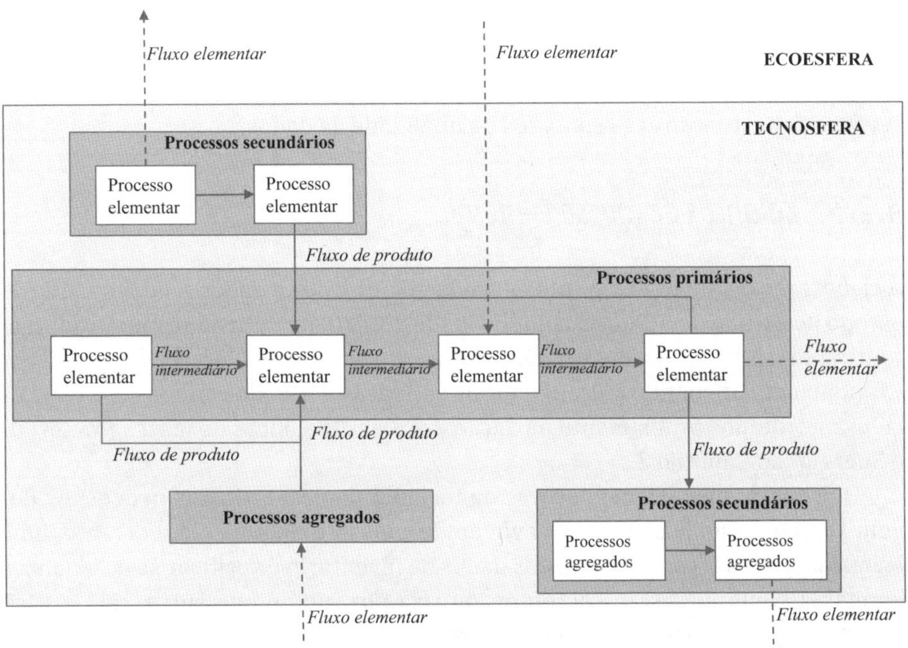

Fonte: Autores.

Na Figura 2, os processos e fluxos inclusos dentro do retângulo cinza-escuro maior e central compõem o primeiro plano do sistema de produto, conhecido como processos *foreground*. Entre cada processo elementar deste plano, há fluxos intermediários ou tecnológicos que são insumos para os processos consecutivos, até se chegar ao processo "final", no qual a saída é um fluxo de produto, que segue para outras etapas como o consumo direto ou como insumo para outro sistema de produto. Neste plano também ocorrem fluxos elementares, que podem ser entrada e saída de um processo elementar. Os outros retângulos cinza-escuros menores representam sistemas de produto que fornecem fluxos de produto para o primeiro plano. Estes são os sistemas de *background*, compostos dos processos de segundo plano. Para os estudos de ACV, em geral, os dados dos processos dos sistemas de *background* são coletados em bases de dados especializadas de ACV.

4.2 Validação dos Dados

Após o trabalhoso processo de coleta dos dados, algumas verificações são necessárias para garantir a credibilidade e relevância deles. Os dados coletados devem ser representativos do sistema de produto em questão, de modo a garantir que o perfil ambiental do produto seja fiel à realidade, não negligencie fluxos ou processos, tenha equilíbrio entre o que entra e o que sai do sistema e atenda a um padrão de qualidade definido.

A validação dos dados deve ser conduzida durante o processo de coleta deles (item 4.3.3.2 da norma ISO 14044). A norma propõe a realização de balanços de massa e energia que atestarão a validade da descrição de um processo unitário. Portanto, caso a validação aponte falhas na coleta dos dados, estes devem ser revistos com atenção aos requisitos de qualidade de dados.

4.2.1 *Balanços de massa e energia*

A elaboração de um ICV exige uma grande quantidade de dados e, dependendo do escopo do estudo de ACV e da complexidade do sistema de produto analisado, garantir a consistência dos fluxos pode ser uma tarefa desafiadora. Por este motivo, é fundamental dispor de mecanismos de validação dos dados. Ambos os balanços já foram tratados previamente na Seção 2.2.3 em "Balanços de Massa (Material) e Energia" do Capítulo 2.

O primeiro mecanismo decorre da termodinâmica: **todos os processos devem respeitar as leis de conservação de massa e de energia**. Portanto, uma forma de avaliar a consistência dos dados de inventário é verificar se os balanços de massa e energia estão coerentes, ou seja, "se tudo o que entra, sai" (ABNT, 2009b). Tais balanços devem considerar inclusive perdas que ocorrem no sistema de produto (por exemplo, dissipação de calor em processos térmicos). Recomenda-se que a verificação destes balanços seja feita com os fluxos já unitarizados, ou seja, já expressos em função dos valores de fluxo que resultarão na unidade funcional escolhida para o produto; desse modo, é possível identificar eventuais erros na etapa de cálculo dos fluxos unitários.

Uma subcategoria dos balanços de massa é o balanço de água. Recomenda-se que o balanço de água de cada processo seja verificado, considerando-se inclusive as situações em que a água é consumida em reações químicas e incorporada ao produto (por exemplo, no caso da fabricação de concreto). Tais balanços podem ser úteis inclusive como ferramenta de estimativa de determinados fluxos; por exemplo, para estimar a quantidade de água evaporada em um processo, fluxo que normalmente não é "medido".

Recomenda-se uma especial atenção às unidades adotadas no estudo e à consistência das variáveis (por exemplo, poder calorífico dos combustíveis). No caso de uso de bases de dados de inventários de ciclo de vida para representação de determinados processos, deve-se atentar para que as unidades calculadas sejam coerentes com as unidades em que os processos são descritos nesta base.

Para calcular o balanço de massa, energia ou de água, o princípio é o mesmo: avaliar a diferença entre o que entra no sistema de produto (inputs) e o que sai do sistema (outputs). As especificidades são as unidades e os tipos de entradas e saídas que se diferenciam para um balanço de massa, de energia ou de água. Um exemplo de balanço de água é o de cultivo agrícola. A água que entra é proveniente de irrigação e precipitação. Parte da água é incorporada à planta, parte percola pelo solo, parte evapora. Então a água de saída está contida na planta. Para "fechar" o balanço, é necessário contabilizar tudo, mas esta é uma tarefa complicada, saber de fato quanta água entrou no sistema de produto. Em geral, os balanços não são fechados 100% (de massa, de água ou de energia), mas é importante indicar o máximo que se consegue.

Exemplos práticos sobre balanços de massa e energia podem ser revistos no Capítulo 2. Os mesmos procedimentos lá apresentados também são válidos aqui durante a validação dos dados de um ICV.

Além dos balanços de matéria, a análise dos requisitos de qualidade dos dados de inventário também é um aspecto relevante durante a validação dos dados, conforme será discutido na seção a seguir.

4.2.2 *Requisitos de qualidade dos dados*

Não há uma regra definida para a realização de um ICV devido à enorme variedade de sistemas de produto, que podem ser abordados de vários modos distintos. Assim, os dados se apresentam das mais diversas formas.

A norma que rege as diretrizes de um estudo de ACV — ISO 14044:2006 — ressalta que os dados de um inventário formam uma mistura de informações medidas, calculadas ou estimadas (ISO, 2006). Portanto, faz-se necessária a validação dos dados para determinar o grau de interferência que um dado possa ter nos resultados de um estudo de ACV e, assim, definir se há a necessidade de novo levantamento daquela informação.

A norma elenca **Requisitos de Qualidade de Dados** (RQD) que devem ser atendidos no levantamento dos dados. O atendimento aos RQDs promove a transparência na construção dos inventários e o cumprimento dos Objetivos e Escopo do estudo ACV. Os requisitos são apresentados com foco na sua utilização prática durante o ICV:

- **Cobertura temporal**: período durante o qual os dados foram coletados.
- **Cobertura geográfica**: área geográfica onde a coleta de dados foi realizada para processos elementares que satisfaçam os objetivos do estudo.

- **Cobertura tecnológica**: determinação das tecnologias específicas ou de um mix tecnológico utilizado no sistema avaliado.
- **Precisão**: medida da variabilidade dos valores dos dados por meio de métodos estatísticos como variância, desvio-padrão etc.
- **Completude**: porcentagem dos dados de fato coletados.
- Representatividade: grau de significância do dado com a população de interesse, relativo às coberturas geográfica, temporal e tecnológica (qualitativo).
- **Consistência**: grau de uniformidade da aplicação da metodologia nos vários componentes do estudo (qualitativo).
- **Reprodutibilidade**: grau de facilidade em realizar um estudo utilizando os dados levantados (qualitativo).
- **Fontes dos dados**: origem da informação coletada (medidos, calculados, literatura ou estimativas).
- **Incerteza**.

A determinação de quais RQD's são importantes na validação de dados de ICV está descrita na norma, mas não especifica como medi-los. Para tanto, alguns guias metodológicos foram desenvolvidos para orientar pesquisadores quanto às melhores práticas na execução de estudos ACV, incluída a avaliação da qualidade dos dados. Um exemplo é o *Handbook do International Reference Life-Cycle Data System,* específico para Inventários do Ciclo de Vida (EC, 2010). Segundo o *handbook*, a qualidade dos dados de um ICV deve ser medida pela representatividade (tecnológica, temporal e geográfica), adequação e consistência metodológica, completude e precisão/incerteza.

4.2.3 *Incertezas*

Assim como qualquer situação do mundo real, as informações necessárias à elaboração de inventários de ciclo de vida possuem um determinado nível de incerteza associado a elas. Existem diversas fontes de incerteza que podem influenciar os fluxos de inventário, podendo-se dividi-las em dois grandes grupos:

- **Variabilidade associada ao processo**: por exemplo, variação da quantidade de água a ser adicionada a um processo em função do nível de umidade da matéria-prima, que depende da chuva (variação entre estação seca e chuvosa); variação do tempo de crescimento de uma árvore na atividade de silvicultura em função de condições ambientais; variação do impacto incorporado de uma matéria-prima entre fabricantes (quando não se sabe exatamente qual fabricante será o fornecedor da matéria-prima), entre outros. Esse tipo de incerteza pode ser descrito matematicamente.

- **Incerteza relativa à qualidade dos dados**: ocorre, por exemplo, no caso em que determinados fluxos são extrapolados de outros processos (por exemplo, outro fabricante, outra tecnologia ou até mesmo outra localidade) para cobrir dados faltantes; quando se utilizam informações antigas para modelagem do inventário, sem saber se elas permanecem válidas; quando se dispõe de uma amostra não representativa do contexto que se pretende retratar (por exemplo, uso de apenas uma instalação para representar um contexto que conta com dezenas de instalações semelhantes, devido à dificuldade de acessar uma amostra estatisticamente representativa ou mesmo a população completa); entre outros. Esse tipo de incerteza não pode ser descrito matematicamente (ao menos não de forma direta).

Em geral, deve-se buscar minimizar as fontes de incerteza de um estudo de ACV e, para a incerteza remanescente (uma vez que não existem processos exatos), é necessário descrevê-la de forma adequada. Para a parcela relativa à variabilidade, recomenda-se calcular os parâmetros de variação dos fluxos (valores mínimos e máximos, desvio-padrão, entre outros) e realizar a propagação desta variabilidade ao longo do ciclo de vida do produto (por exemplo, por soma de mínimos e máximos, análise de variância, simulação de Monte Carlo, entre outros). Para a parcela de incerteza devido a deficiências na qualidade dos dados, pode-se descrever as condições de contorno/limitações do estudo por meio dos metadados do inventário, ou adotar determinados "fatores de segurança" para os fluxos de inventário e/ou resultados de impacto ambiental, de modo a obter uma estimativa conservadora (IBICT, 2014).

A Matriz de Pedigree (WEIDEMA; WESNAES, 1996) é frequentemente adotada para a descrição da qualidade dos dados por meio de notas referentes a determinados requisitos de qualidade (confiabilidade, abrangência, correlação temporal, correlação geográfica e correlação tecnológica). Entretanto, ressalta-se a importância de que os critérios para atribuição dessas notas sejam desenvolvidos setor a setor, ou até mesmo produto a produto. Por exemplo, um dado de ACV com 5 anos de idade pode ser considerado razoavelmente atual para determinados processos industriais da construção civil, mas certamente não é adequado para o setor de eletroeletrônicos. Além disso, não se recomenda a associação das notas de qualidade dos dados da matriz de Pedigree aos parâmetros de variabilidade da amostra (como uma "incerteza adicional"), pois, segundo Ciroth *et al.* (2013), tal abordagem carece de embasamento empírico.

Embora muitos estudos de ACV não declarem a incerteza associada aos seus resultados, seja de forma quantitativa, seja de forma qualitativa (LLOYD; RIES, 2007), considera-se de extrema importância que a avaliação de incertezas se torne parte integrante dos estudos de ACV. Esse aspecto é particularmente importante em estudos de ACV comparativos, como ilustra a Figura 3, uma vez que decisões baseadas apenas em valores pontuais (que não necessariamente correspondem a valores médios, uma vez que para o cálculo da média é necessário dispor de uma amostra representativa da população) podem levar a conclusões equivocadas.

Figura 3 • Comparação hipotética entre duas alternativas, com base nos resultados de potencial de impacto de um estudo de ACV

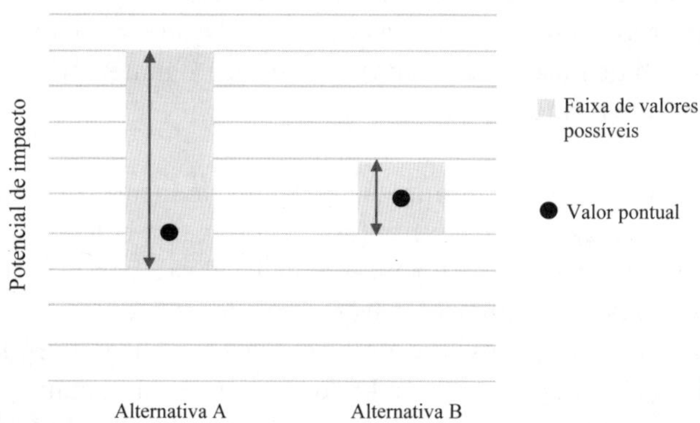

Fonte: Autores.

A decisão baseada em um valor pontual pode levar à conclusão de que a alternativa A é melhor do que a alternativa B, pois possui um impacto ambiental menor. Entretanto, o valor máximo que A pode assumir é bem superior ao valor máximo que B pode assumir; portanto, dependendo das condições, a alternativa A pode apresentar um impacto muito maior do que a alternativa B.

4.3 Bancos de Dados de ACV

Bancos de dados (BD) são conjuntos de dados organizados de modo a gerar informação e permitir uma série de ações, como, por exemplo, o estabelecimento de conexões entre conjuntos de dados distintos. Eles estruturam dados temáticos e melhoram sobremaneira a eficiência de uso da informação. Na ACV, não é diferente: para cada tipo de produto, há um potencial ICV que agrega uma infinidade de dados e metadados sobre o seu perfil ambiental. Os ICVs são organizados como conjuntos de dados compostos principalmente de dados de fluxos referentes às entradas e saídas de matéria e energia que compõem um produto. Portanto, são valores numéricos que se referem aos insumos, matérias-primas, ao produto ou processo em si, emissões para o ar, efluentes para a água e resíduos sólidos.

E cada fluxo é um conjunto de dados em si; logo, há a possibilidade de se estabelecer relações entre os conjuntos de dados depositados em um banco de dados de ACV. Qualquer ICV é potencialmente um fluxo de outro ICV. Por exemplo: um inventário do alumínio é um fluxo de um inventário de uma bicicleta.

Há BDs de ACV em vários países do mundo. Em geral, são bancos que procuram representar os sistemas produtivos nacionais ao agregarem inventários de produtos produzidos no país de origem. Mas diante da óbvia globalização dos sistemas produtivos, muitos bancos de dados trazem consigo fluxos que se originam em outros países. Se um inventário de um produto nacional não traz consigo as cargas ambientais de fluxos oriundos de outros países do planeta, ele automaticamente impede que um estudo ACV demonstre com exatidão os potenciais impactos ambientais. Há uma perda inerente de confiabilidade e transparência. Sem o mapeamento da cadeia de fluxos, a ACV não contemplará todos os pontos críticos ao longo do ciclo de vida de produtos, processos ou serviços. Portanto, é desejável que bancos de diferentes países "conversem" entre si, permitindo o acesso aos distintos fluxos.

Um desafio para a conexão entre diferentes bancos de dados de ACV está relacionado ao formato de armazenamento dos inventários. Os ICVs podem ser construídos de várias formas, inclusive com fichas em papel sendo preenchidas manualmente. Mas para que se tornem úteis em estudos de ACV, os dados coletados devem estar compilados em arquivos digitais. Estes arquivos podem ser planilhas de editores eletrônicos ou de softwares específicos para estudos de ciclo de vida. Pela quantidade de dados e metadados que são coletados em um ICV, os arquivos são razoavelmente complexos. Em alguns casos, há arquivos em formatos exclusivos para um software. A não disponibilização destes dados em formatos abertos pode afetar a utilidade da informação dos ICVs, pois restringe o uso a quem domina e tem acesso ao software.

Na atualidade, dois formatos se configuraram como os principais: ecoSpold e ILCD. O formato **ecoSpold** é o utilizado pelo maior banco de dados de ACV do mundo, o Ecoinvent, e, embora seja gratuito, é proprietário. Está atualmente na segunda versão (ECOINVENT, 2019). Já o **ILCD** é um formato aberto desenvolvido inicialmente para a base de dados da União Europeia e posteriormente transformado em internacional. Sua criação objetivou incrementar a interoperabilidade de dados em ACV (WOLF *et al.*, 2011) e por suas características foi adotado como o formato padrão para o Brasil em 2009 (BRAGA, 2018). Existem ainda diversos outros formatos menos conhecidos, bem como os formatos internos utilizados pelos próprios softwares de ACV. Um dos grandes desafios existentes na gestão de dados de ACV está relacionado à interoperabilidade de dados de ACV entre estes diversos formatos.

Silva e Masoni (2016) realizaram um extenso estudo sobre bancos de dados nacionais de ICV de produtos a fim de identificar semelhanças e diferenças na gestão, manutenção e uso destes no mundo. O estudo identificou quinze

BDs relevantes, sendo sete europeus, quatro asiáticos, três americanos e um da Oceania.

Segundo os pesquisadores, em geral, todos os BDs se propõem a apoiar estudos de ACV acadêmicos e empresariais. Os BDs costumam cobrir a maior parte dos setores da economia, com exceção de alguns bancos monotemáticos, como alguns dedicados a setores específicos, por exemplo, o da construção civil. Os inventários disponibilizados nesses bancos de dados abrangem, em sua maioria, uma abordagem do berço ao portão, mas existem também alguns ICVs que compreendem do portão ao portão. Não há uma representatividade maior de dados primários relacionados aos secundários, embora a recomendação para construção de ICVs é que seja feita a opção por dados primários. A cobertura temporal costuma variar bastante, com casos de ICVs datados com mais de 20 anos. Os inventários são normalmente de âmbito nacional, mas há alguns casos regionais, principalmente quando são oriundos de BDs de países com dimensões continentais. A grande maioria dos bancos de dados é de acesso gratuito e é suportada pelos governos nacionais, e há alguns BDs privados que vendem licenças de uso. Quase todos os BDs contemplam ICVs com abordagem atribucional nos formatos ecoSpold ou ILCD.

Os BDs mais representativos em termos de quantidade de inventários e abrangência geográfica dentre os analisados são o ELCD e o Ecoinvent. O **ELCD**, sigla para *European Reference Life-Cycle Database*, contém ICVs de produtos europeus, com foco em energia, gestão de resíduos, materiais de base (commodities) e transporte. São cerca de 2.360 inventários no formato ILCD com acesso gratuito. O ELCD foi descontinuado em junho de 2018[1], mas possui seus ICVs acessíveis na Rede de Dados de Ciclo de Vida ou *Life-Cycle Data Network* (LCDN).

O **Ecoinvent** é uma base de dados Suíça que foi inicialmente desenvolvida com suporte do governo daquele país. Atualmente, ela é uma organização sem fins lucrativos que comercializa a licença de acesso ao seu conteúdo. O BD da Ecoinvent é hoje a base de ICVs mais abrangente do mundo. A versão 3.6 agrega mais de 10 mil inventários de toda sorte de produtos oriundos de várias partes do planeta. Os inventários estão no formato ecoSpold, com exemplos nas abordagens atribucional e consequencial (ECOINVENT, 2019).

4.3.1 *SICV Brasil*

O Brasil está entre os poucos países do mundo que possuem um banco de dados especializado na gestão de dados de ACV. O Banco Nacional de Inventários do Ciclo de Vida — **SICV Brasil** — é um sistema gerenciador de bases de dados que

1 https://eplca.jrc.ec.europa.eu/ELCD3/

podem ser criadas dentro do banco (SICV BRASIL). Essas bases podem ser temáticas ou institucionais.

O SICV Brasil é público, de acesso gratuito e possui dados representativos da realidade do agronegócio e indústria brasileira (BRAGA, 2018), mediante o cadastramento do usuário. O BD é suportado pelo Programa Brasileiro de Avaliação do Ciclo de Vida (PBACV), e sua gestão fica a cargo do Instituto Brasileiro de Informação em Ciência e Tecnologia (IBICT). A proposta do SICV Brasil é organizar a produção de ICVs de produtos brasileiros de modo a promover a competitividade da indústria nacional nos mercados internacionais (CONMETRO, 2010).

Os inventários contidos atualmente no SICV Brasil são disponibilizados no formato ILCD. Os conjuntos de dados são gerados por pesquisadores, integrantes da academia ou por profissionais de empresas, que os submetem ao banco de dados. A Figura 4 ilustra o caminho entre a submissão e a publicação do inventário no banco brasileiro. Assim que um inventário é submetido, ele passa pela verificação dos requisitos mínimos definidos no guia **Qualidata** (RODRIGUES *et al.*, 2016). O guia avalia 42 requisitos que auxiliam na determinação se um ICV é elegível ao SICV Brasil ou não. São requisitos sobre dados gerais de um inventário, de métodos e processos, sobre fluxos e sobre revisão. Trinta são obrigatórios, dez são recomendados e dois são opcionais.

Passada a análise de requisitos, os inventários são revisados tecnicamente por especialistas nas tecnologias que eles representam. O especialista também valida aspectos metodológicos de aplicação das normas de ACV. Caso seja necessário, o ICV é reenviado ao autor para ajustes. Após esse processo e readequações pelos autores, o inventário é disponibilizado ao público na plataforma do SICV Brasil.

Figura 4 • Processo para publicação de inventários no SICV Brasil

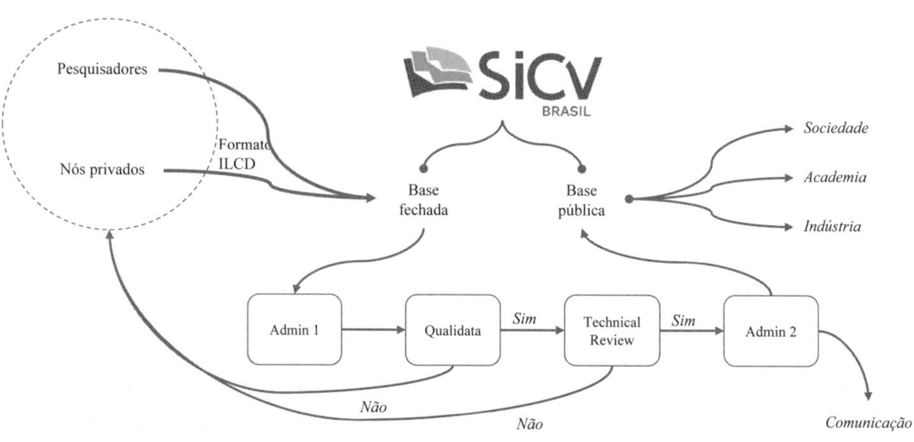

Fonte: SICV (2019).

4.3.2 GLAD

Com o aumento no número de bancos de dados internacionais de ACV, o desafio de se construir mecanismos de interoperabilidade entre conjuntos de dados produzidos e disponibilizados em diferentes formatos se tornou ainda mais urgente. Os estudos de ACV são invariavelmente globais, no sentido de que terão ao menos um fluxo de produto que se origina em outro país. Portanto, é fundamental a criação de um mecanismo de disponibilização desses conjuntos de dados provenientes de todo o mundo.

Neste contexto é que surgiu a Rede Global de Acesso a Dados de ACV (*Global LCA Data Access*, GLAD em inglês), em uma iniciativa liderada pela ONU Meio Ambiente e assumida por diversos outros países, dentre eles o Brasil (GLAD, 2019). A GLAD pretende melhorar a acessibilidade e interoperabilidade de BDs de ACV ao redor do mundo. Para tanto, ela dispõe uma plataforma na qual podem ser feitas, a partir de um ponto central, buscas pelos inventários de produtos de interesse. A busca é realizada em toda a rede de bancos de dados conectados e, embora seja uma plataforma de acesso aberto, a disponibilidade do ICV selecionado depende do BD de origem. Na plataforma, é possível acessar os metadados de cada inventário, com a descrição do sistema de produto e da tecnologia. Cada banco de dados que se conecta à GLAD é denominado nó.

A GLAD é secretariada pela Organização das Nações Unidas para o Meio Ambiente (ONU Meio Ambiente) e foi desenvolvida por um grupo de instituições governamentais de 14 países. O Ibict é um dos principais atores na concepção e manutenção da GLAD, e o SICV Brasil é um dos nós da rede. Atualmente, a GLAD conta com oito nós, BDs de ACV dos EUA (3), Alemanha, Japão, União Europeia e Brasil. Com o desenvolvimento pela GLAD de um conversor universal entre formatos de ACV, a rede tende a se fortalecer e se tornar referência na busca e disponibilização de ICVs.

4.4 Inventário de Processo Agregado

A seguir, o Quadro 2 compila os resultados de um inventário de processo agregado para a produção de um metro cúbico de painel de madeira aglomerada. Trata-se de um produto bastante empregado na indústria moveleira em substituição à madeira sólida.

Neste caso, o inventário é de processo e não do ciclo de vida porque ele não contempla as fases após o portão da fábrica: distribuição, uso e descarte. E é agregado porque não há como distinguir os processos elementares. Portanto, os fluxos de entrada são em sua maioria de produto, com exceção da água para resfriamento que é obtida sem qualquer interferência tecnológica e diretamente da ecosfera. Por sua vez, os fluxos de saída são todos elementares, excetuando-se o fluxo de produto painel de madeira aglomerada, que é o fluxo de referência do processo.

O Quadro 2 apresenta cinco colunas que detalham informações sobre cada fluxo. A primeira coluna traz os nomes dos fluxos. A nomenclatura de fluxos é um ponto crítico para os estudos de ACV. A interoperabilidade promovida pela GLAD pode ficar bastante comprometida por nomes diferentes para um mesmo fluxo. O usuário consegue acessar um inventário por meio da GLAD, mas pode ter problemas no seu uso, pois o sistema pode não reconhecer os fluxos pela diferença de nomenclatura. Essa situação não costuma ser problema para os fluxos elementares, que quase sempre são nomeados da mesma forma em respeito à nomenclatura desenvolvida pela União Internacional de Química Pura e Aplicada (IUPAC, sigla em inglês). Isso vale para alguns fluxos de produto quase onipresentes nos sistemas de produto, como diesel ou eletricidade.

Quadro 2 • Inventário de processo agregado da produção de um metro cúbico de painel de madeira aglomerada

	Fluxo	Compartimentos	Propriedade de fluxo	Unidade	Quantidade
ENTRADA	Sulfato de amônia	Fluxo de produto	Massa	kg	1,38
	Diesel	Fluxo de produto	Massa	kg	1,72
	Eletricidade, voltagem média	Fluxo de produto	Energia	kWh	140,83
	Óleo combustível pesado	Fluxo de produto	Massa	kg	13,7
	Óleo lubrificante	Fluxo de produto	Massa	kg	0,02
	Parafina	Fluxo de produto	Massa	kg	5,47
	Tora de madeira, *Eucalyptus spp.*, de manejo florestal sustentável, com casca	Fluxo de produto	Volume	m^3	1,42
	Resina de ureia-formaldeído		Massa	kg	71,7
	Água, resfriamento, origem não especificada	Fluxo elementar/recurso/água	Volume	m^3	0,09
	Combustível de madeira, conífera, úmida, medida como madeira sólida com casca	Fluxo de produto	Volume	m^3	0,11

	Fluxo	Compartimentos	Propriedade de fluxo	Unidade	Quantidade
SAÍDAS	Dióxido de carbono, biogênico	Fluxo elementar/ emissões para o ar/ não especificado	Massa	kg	23,92
	Dióxido de carbono, fóssil	Fluxo elementar/ emissões para o ar/ não especificado	Massa	kg	48,09
	Monóxido de carbono, biogênico	Fluxo elementar/ emissões para o ar/ não especificado	Massa	kg	0,31
	Monóxido de carbono, fóssil	Fluxo elementar/ emissões para o ar/ não especificado	Massa	kg	0,01
	Formaldeído	Fluxo elementar/ emissões para a água/não especificado	Massa	kg	7,3E-5
	Formaldeído	Fluxo elementar/ emissões para o ar/ não especificado	Massa	kg	0,15
	Hidrocarbonetos, alifático, alcanos, não especificados	Fluxo elementar/ emissões para o ar/ não especificado	Massa	kg	1,64E-3
	Metano, fóssil	Fluxo elementar/ emissões para o ar/alta densidade populacional	Massa	kg	1,69E-3
	Óxidos de nitrogênio	Fluxo elementar/ emissões para o ar/ não especificado	Massa	kg	0,18
	Compostos orgânicos voláteis não metânicos, origem não especificada	Fluxo elementar/ emissões para o ar/ não especificado	Massa	kg	0,36
	Óleos, não especificados	Fluxo elementar/ emissões para o solo/industrial	Massa	kg	0,02
	Painel de madeira aglomerada, uso interno	Fluxo de produto	Volume	m^3	1
	Materiais particulados < 2,5 µm	Fluxo elementar/ emissões para o ar/ não especificado	Massa	kg	0,02
	Materiais particulados > 10 µm	Fluxo elementar/ emissões para o ar/ não especificado	Massa	kg	0,08

▷

	Fluxo	Compartimentos	Propriedade de fluxo	Unidade	Quantidade
SAÍDAS	Materiais particulados > 2,5 µm e < 10 µm	Fluxo elementar/ emissões para o ar/ não especificado	Massa	kg	0,08
	Dióxido de enxofre	Fluxo elementar/ emissões para o ar/alta densidade populacional	Massa	kg	1,31
	Trióxido de enxofre	Fluxo elementar/ emissões para o ar/ não especificado	Massa	kg	0,02
	Sólidos suspensos, não especificados	Fluxo elementar/ emissões para a água/não especificado	Massa	kg	0,02
	Resíduos de madeira, sem tratamento		Massa	kg	97,2
	Água residual da produção de painel de madeira aglomerada		Volume	m^3	6E-3
	Água	Fluxo elementar/ emissões para o ar/ não especificado	Massa	kg	0,33
	Água/m^3	Fluxo elementar/ emissões para a água/não especificado	Volume	m^3	0,049
	Mistura de pó de serra, puro	Fluxo elementar/ emissões para a água/não especificado	Massa	kg	0,39

Fonte: SICV Brasil (2019).

Mas para alguns fluxos criados em sistemas de produto muito específicos, o software pode não os reconhecer, não sendo possível o envio à base de dados que fará a relação deles com seus respectivos impactos ambientais. Assim, para o software, esse fluxo não teria influência no perfil ambiental do produto. Por exemplo, se o fluxo de entrada parafina não for reconhecido por um software de ACV, este não conseguirá conectá-lo com a base de dados e não trará os impactos causados pela parafina (produção e uso). Uma tentativa de harmonizar sistemas de nomenclatura foi proposta pelo Instituto para o Meio Ambiente e Sustentabilidade da Comissão Europeia (IES/EC) pela publicação de um manual com procedimentos para criar nomes de fluxos (ECb, 2010).

A segunda coluna apresenta os compartimentos e subcompartimentos dos quais os fluxos são oriundos e para os quais se destinam. Eles definem da maneira mais precisa (quanto possível) onde o fluxo tem influência direta. Em alguns casos, pode haver influência em mais de um compartimento, como é o caso do formaldeído: emissão para a água e para o ar. O manual ILCD (ECb, 2010) também traz orientações para a compartimentalização dos fluxos e processos. Os tipos de fluxos (elementar ou de produto) também são apresentados nessa coluna, pois o tipo também indica a origem ou o destino de maneira mais ampla: um fluxo de produto vem de ou vai para um sistema de produto e um fluxo elementar virá de ou irá para a ecosfera.

A terceira e quarta colunas trazem informações sobre as unidades dos fluxos. Em geral, os fluxos são apresentados em massa e energia. Para alguns casos, há fluxos que são apresentados em volume ou em área. Apesar de ser habitual para determinados produtos, como a tora de madeira e a água em metros cúbicos, é necessário ter as informações em quilogramas para ser possível fazer o balanço de massa.

A última coluna remete aos valores de entrada e saída de cada fluxo. Tais valores são relativos às quantidades demandadas pelo fluxo de referência do produto principal do inventário. No caso do Quadro 2, são as quantidades de matéria e energia necessárias à produção de um metro cúbico de painel de madeira aglomerada.

É importante salientar que o Quadro 2 não é exaustivo para as informações pertinentes a um inventário. Cada um dos fluxos pode trazer mais informações sobre incerteza (exemplo: desvio-padrão), sobre forma de coleta (medido, calculado, literatura ou estimativa), sobre parâmetros matemáticos (exemplo: fluxo $a = 0{,}2 \times$ fluxo b) e até mesmo comentários que tragam mais transparência sobre como o fluxo foi obtido. E para o conjunto de dados que o inventário é, ainda há uma série de metadados relevantes, conforme discutido na Seção 4.1.2 deste capítulo. Tais metadados não constarão da tabela de fluxos, mas deverão estar disponíveis para completar o inventário. Exemplos de metadados indispensáveis são o ano ou conjunto de anos ao qual o processo de produção de painel de madeira aglomerada se refere, a descrição tecnológica do processo, a representatividade geográfica, os critérios de corte, o tipo de alocação, os contatos dos responsáveis, entre outros.

4.5 Considerações Finais

O presente capítulo destacou as principais etapas na fase de Análise de Inventário do Ciclo de Vida e o importante suporte de Bancos de Dados. O ICV é a etapa mais laboriosa de um estudo de ACV, dependente das definições do Objetivo e Escopo (Capítulo 3) e é subsídio para a Avaliação dos Impactos do Ciclo de Vida (AICV), que será abordada no Capítulo 5.

O ICV é uma etapa bastante crítica do estudo, pois, diferente das outras fases, depende muito dos detentores dos dados. Os dados de primeiro plano ou *foreground* só são acessíveis mediante a conscientização dos vários atores envolvidos na tecnosfera. Se a importância do estudo e a metodologia do ICV não estiverem claras para todos, a coleta de dados pode ficar comprometida e afetar a credibilidade da ACV.

As normas e os guias metodológicos regem o processo de coleta de dados, mas não há um método comum para todos os possíveis sistemas de produto. O que não foge à regra é que todo sistema de produto segue a lei de conservação das massas, portanto, toda matéria e energia que entra tem que sair de alguma forma.

O ICV por si só traz muita informação do perfil ambiental de um produto sobre aspectos como: consumo de energia renovável e não renovável, consumo de materiais de origem renovável ou não, consumo de água, emissões para o ar, efluentes para a água, resíduos sólidos inertes e perigosos etc. Assim, os resultados do inventário já servem de apoio à tomada de decisão.

Um inventário bem conduzido certamente trará transparência e confiabilidade sobre o desempenho ambiental de um produto ou serviço. A etapa de AICV só será capaz de apontar os impactos ambientais de um sistema de produto a partir de um inventário alinhado aos requisitos das normas ISO, orientado a completude, a um padrão de qualidade dos dados, atento às incertezas inerentes ao processo e amparado por bases de dados robustas.

4.6 Exercícios e Estudos de Caso

Questão 1: Os dados coletados em um inventário passam por alguns processos de validação para garantir a representatividade e adequação ao propósito. A norma ISO 14044 elenca Requisitos de Qualidade de Dados (RQDs) que devem ser considerados. Liste e defina os RQDs presentes na norma.

Questão 2: No fluxograma abaixo, identifique os tipos de fluxos enumerados, isto é, fluxo elementar, fluxo de produto, ou fluxo intermediário.

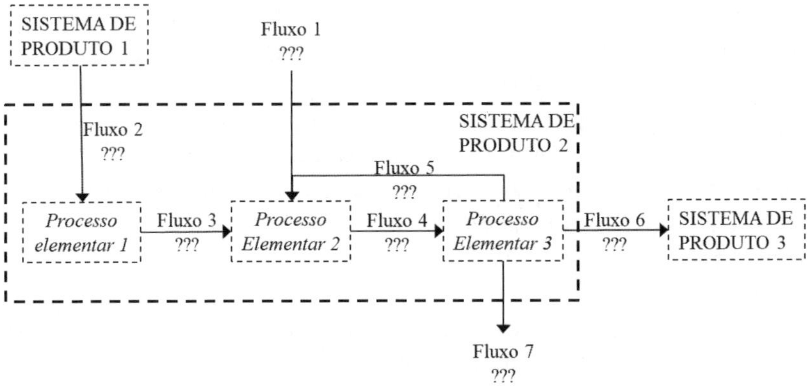

Fonte: Autores.

Questão 3: Qual é a importância dos Bancos de Dados de Inventários do Ciclo de Vida para estudos de ACV?

GABARITO

Questão 1.

Resposta: ***Fluxo 1*** – elementar / ***Fluxo 2*** – de produto / ***Fluxo 3*** – intermediário / ***Fluxo 4*** – intermediário / ***Fluxo 5*** – intermediário / ***Fluxo 6*** – de produto / ***Fluxo 7*** – elementar.

Questão 2.

Resposta: Cobertura temporal, cobertura geográfica, cobertura tecnológica, representatividade, precisão, incerteza, completude, reprodutibilidade, consistência e fontes de dados.

Questão 3.

Resposta: Bancos de Dados (BDs) de ICVs são importantes porque disponibilizam dados de processos de *background* (ou de segundo plano), dos quais a coleta de dados primários é praticamente impossível (tempo, recurso). Assim, os BDs reduzem significativamente os custos de um estudo de ACV.

Referências

ABNT – Associação Brasileira de Normas Técnicas. ABNT NBR ISO 14040: Gestão ambiental – Avaliação do ciclo de vida – Princípios e estrutura. Rio de Janeiro: ABNT, 2009a. 21 p.

ABNT – Associação Brasileira de Normas Técnicas. ABNT NBR ISO 14044: Gestão ambiental – Avaliação do ciclo de vida – Requisitos e orientações. Rio de Janeiro: ABNT, 2009b. 46 p.

BRAGA, T. E. N. *Modelo conceitual para gestão da informação tecnológica no Programa Brasileiro de Avaliação do Ciclo de Vida.* 2018. 219 f. Tese (Doutorado em Ciência da Informação), Faculdade de Ciência da Informação, Universidade de Brasília, Brasília, 2018. Disponível em: http://repositorio.unb.br/handle/10482/34223. Acesso em: 10 abr. 2019.

BRANDER, M. *et al.* Consequential and Attributional Approaches to LCA: a Guide to Policy Makers with Specific Reference to Greenhouse Gas LCA of Biofuels. *Ecometrica Press:* Edinburgh, UK. Technical paper, April 2009. 15 p. Disponível em: https://ecometrica.com/white-papers/consequential-and-attributional-approaches-to-lca-a-guide-to-policy-makers-with-specific-reference-to-greenhouse-gas-lca-of-biofuels. Acesso em: 03 fev. 2023.

CIROTH, A. *et al. Empirically based uncertainty factors for the pedigree matrix in ecoinvent. International Journal of Life-Cycle Assessment*, 2013, p. 1-11. Acesso em: 03 fev. 2023.

Confederação Nacional do Transporte – CNT. *A fase p7 do Proconve e o impacto no setor de transporte.* Brasília: CNT – SEST/SENAT. 2012. 20 p. Disponível em: https://cnt.org.br/fase-p7-do-proconve-e-o-impacto-no-setor-de-transporte. Acesso em: 03 jan. 2023.

Conselho Nacional de Metrologia, Normalização e Qualidade Industrial – CONMETRO. Resolução no 04, de 15 de dezembro de 2010. [s.l]:[s.n.], 2010. Disponível em: http://www.inmetro.gov.br/legislacao/resc/pdf/RESC000236.pdf. Acesso em: 28 abr. 2016.

DIN EN 15804 – *Sustainability of construction works* – Environmental Product Declarations – Core rules for the product category of construction products, 2014.

European Commission – EC. *General guide for Life-Cycle Assessment* – Detailed guidance. EC-JRC-IES: Ispra, Italy, 2010. 417 p. Disponível em: https://eplca.jrc.ec.europa.eu/uploads/ILCD-Handbook-General-guide-for-LCA-DETAILED-GUIDANCE-12March2010-ISBN-fin-v1.0-EN.pdf. Acesso em: 10 jan. 2023.

European Commission – *Specific guide for Life-Cycle Inventory data sets.* EC-JRC-IES: Ispra, Italy, 2010. 142 p. Disponível em: http://publications.jrc.ec.europa.eu/repository/handle/JRC48182. Acesso em: 10 jan. 2019.

Ecoinvent. Data provider toolkit – ecoSpold2. Disponível em: https://ecoinvent.org/the-ecoinvent-database/data-formats/ecospold2/. Acesso em: 10 jan. 2019.

Ecoinvent – ecoinvent 3.5. Disponível em: https://ecoinvent.org/the-ecoinvent-database/data-releases/ecoinvent-3-5/. Acesso em: 10 jan. 2019.

GLAD – Global LCA Data Access Network. Disponível em: https://www.globallcadataaccess.org/about. Acesso em: 10 jan. 2019.

ILCD – European Reference Life-Cycle Database. Disponível em: https://eplca.jrc.ec.europa.eu/ilcd.html/. Acesso em: 10 jan. 2023.

ISO 14046 – Environmental footprint – Water footprint – Principles, requirements and guidelines. Genebra: International Organization for Standardization, 2014. 33 p.

LCDN – Life-Cycle Data Network. Disponível em: https://eplca.jrc.ec.europa.eu/LCDN. Acesso em: 10 jan. 2023.

LLOYD, S. M.; RIES, R. *Characterizing, propagating, and analyzing uncertainty in life-cycle assessment*: a survey of quantitative approaches. *Journal of Industrial Ecology*, Johnstown. v. 11, n. 1, p. 161–181, 2007.

IBCT. *Avaliação do ciclo de vida*: ontologia terminológica. 2016. Disponível em: http://ontologia.acv.ibict.br/search?browse-all=yes. Acesso em: 20 fev. 2019.

RODRIGUES, T. O.; SUGAWARA, E. T.; SILVA, D. L. A.; MATSUURA, M. I. S. F.; BRAGA, T. E. N.; UGAYA, C. M. L. *Guia Qualidata:* requisitos de qualidade de conjuntos de dados para o banco nacional de inventários do ciclo de vida. Brasília: Ibict. 2016. 49 p. Disponível em: http://acv.ibict.br/wp-content/uploads/2017/05/Qualidata.pdf. Acesso em: 20 fev. 2019.

SICV BRASIL – Banco Nacional de Inventários do Ciclo de Vida. Disponível em: http://sicv.acv.ibict.br/. Acesso em: 10 jan. 2023.

UNEP – United Nations Environment Programme. *Global guidance principles for life-cycle assessment databases:* a basis for greener processes and products. UNEP/SETAC: Paris, France, 2011. 160 p. Disponível em: https://www.lifecycleinitiative.org/wp-content/uploads/2012/12/2011%20-%20Global%20Guidance%20Principles.pdf. Acesso em: 20 fev. 2019.

UNIÃO EUROPEIA. Manual do Sistema ILCD: Sistema internacional de referência de dados do ciclo de produtos e processos: *Guia geral para avaliações do ciclo de vida*: orientações detalhadas. Trad.: Instituto Brasileiro de Informação em Ciência e Tecnologia – Ibict: Brasília, 2014. Disponível em: http://acv.ibict.br/documentos/publicacoes/869-manual-do-sistema-ilcd-sistema-internacional-de-referencia-de-dados-do-ciclo-de-produtos-e-processos-guia-geral-para-avaliacoes-do-ciclo-de-vida-orientacoes-detalhadas/. Acesso em: 20 fev. 2019.

WEIDEMA, B. P.; EKVALL, T. *Guidelines for applications of deepened and broadened LCA*: consequential LCA. Chapter for CALCAS project. Deliverable D18. 2009. 19 p. Disponível em: https://lca-net.com/files/consequential_LCA_CALCAS_final.pdf. Acesso em: 20 fev. 2019.

WEIDEMA, B. P.; WESNAES, M. S. (1996). Data quality management for life- cycle inventories – an example of using data quality indicators. *Journal of Cleaner Production*, [s/l] v. 4, n. 3-4, p. 167-174, 1996.

WOLF, M. A.; DÜPMEIER, C.; KUSCHE, O. The International Reference Life-Cycle Data System (ILCD) Format – Basic Concepts and Implementation of Life-Cycle Impact Assessment (LCIA) Method Data Sets. *In: ENVIROINFO* 2011: Innovations in Sharing Environmental Observation and Information, Proceedings of the 25th International Conference Environmental Informatics. October 5-7, 2011, Ispra, Italy. Disponível em: http://enviroinfo.eu/sites/default/files/pdfs/vol7233/0809.pdf. Acesso em: 20 fev. 2019.

CAPÍTULO

5

ACV – Avaliação do Impacto do Ciclo de Vida de Produtos

Dra. Ana Laura Raymundo Pavan

Katholieke Universiteit Leuven (KU Leuven)
Kasteelpark Arenberg, 44
3001, Leuven/Bélgica

Dra. Natalia Crespo Mendes

Katholieke Universiteit Leuven (KU Leuven)
Kasteelpark Arenberg, 44
3001, Leuven/Bélgica

5 ACV – Avaliação do Impacto do Ciclo de Vida de Produtos

5.1 Introdução

Neste capítulo, será abordada a fase de Avaliação de Impacto do Ciclo de Vida (AICV), fundamental na quantificação dos impactos ambientais de acordo com o objetivo e escopo de cada estudo, conforme vimos no Capítulo 3. Assim, a AICV é definida como a etapa que *"visa ao entendimento e à avaliação da magnitude e significância dos impactos ambientais potenciais de um sistema de produto ao longo do ciclo de vida"* (ABNT, 2009a).

O propósito da fase de avaliação de impacto é, portanto, converter as emissões do ciclo de vida e o consumo de recursos em indicadores relacionados às categorias de impacto e Áreas de Proteção (em inglês, *Areas of Protection* [AoPs]), que serão a seguir discutidos. Como já citado anteriormente, estudos de ACV são construídos com base na função do sistema de produto, assim, a AICV tem uma abordagem relativa baseada em uma unidade funcional. Esta é uma das principais diferenças entre a AICV e outras técnicas como, por exemplo, a Avaliação de Impacto Ambiental (AIA) e a avaliação de desempenho ambiental. Outra característica particular da AICV está no fato de seus resultados serem estimativas de impactos potenciais, que, segundo Hauschild e Huijbregts (2015), podem ser vistos como indicadores de desempenho relativos, norteadores de comparações e melhorias do sistema, embora não possam ser monitorados no mundo real. Para isso, na AICV, a avaliação é baseada em modelos ambientais cientificamente aceitos, adotados para operar dentro das restrições da ACV.

Nas próximas seções, serão abordados os elementos metodológicos que compõem a AICV (Figura 1) de acordo com a ISO 14040 (ABNT, 2009a), podendo ser obrigatórios e opcionais. Além disso, serão apresentados não só os princípios fundamentais da AICV, suas fases e estado da arte, mas também uma breve discussão sobre as categorias de impacto existentes.

Figura 1 • Avaliação de Impacto do Ciclo de Vida: elementos metodológicos obrigatórios (em tom claro) e opcionais (em tom escuro)

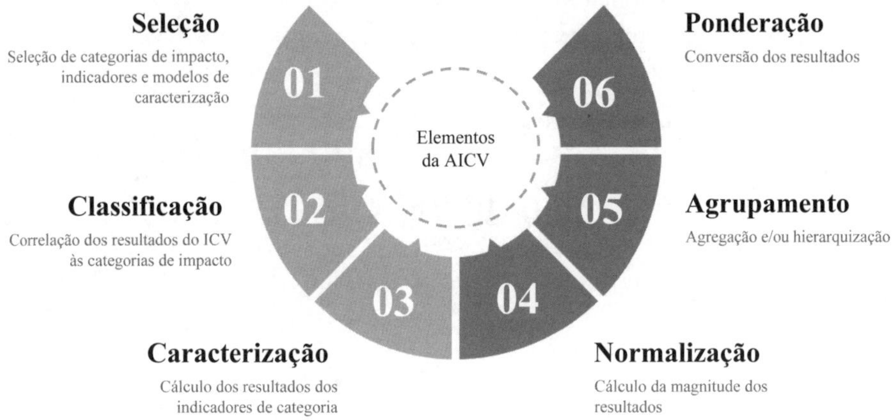

Fonte: Autoras.

Apesar das diretrizes normativas da ISO 14040 (ABNT, 2009a) e ISO 14044 (ABNT, 2009b) trazerem uma padronização e um guia geral para a AICV, elas não fornecem recomendações tecnicamente detalhadas sobre indicadores e modelos a serem empregados, por exemplo. Dessa forma, a fase de AICV está em constante debate e aprimoramento pela comunidade científica a fim de obter avanços metodológicos no que tange à modelagem, indicadores e análise de incertezas.

5.2 Elementos Obrigatórios da Avaliação do Impacto do Ciclo de Vida

5.2.1 *Seleção de categorias de impacto, indicadores de categoria e modelos de caracterização*

O primeiro passo da AICV consiste na seleção de quais categorias de impactos irão compor o estudo (de maneira consistente com o objetivo e escopo da ACV, visto no Capítulo 3) e, por conseguinte, quais serão os modelos de caracterização e indicadores de cada categoria utilizados na quantificação dos impactos ambientais. Esta etapa tem como objetivo garantir que as categorias de impacto sejam identificadas e que o usuário da ACV selecione e justifique explicitamente as categorias pertinentes para o seu estudo em particular.

Salienta-se que tais categorias de impacto ambiental são classes que representam questões ambientais relevantes para a avaliação do desempenho ambiental de produtos e tomada de decisão (ABNT, 2009b). Para cada categoria de impacto, existe um sistema de processos físicos, químicos e biológicos de efeitos ambientais que conecta os resultados da fase de Inventário do Ciclo de Vida (ICV), vista no Capítulo 4, aos indicadores de categoria e aos pontos finais de categoria[1]. A este sistema dá-se o nome de cadeia de causa e efeito ou mecanismo ambiental (ABNT, 2009a).

Na Figura 2, encontra-se o esquema geral da lógica de cadeia de causa e efeito, que se inicia com os dados dos fluxos elementares (consumos e emissões). Para o desenvolvimento do mecanismo ambiental, são consideradas não só as propriedades das substâncias, mas também as características do meio receptor, a exposição aos poluentes e o potencial efeito. Também é possível observar na Figura 2 diferentes níveis de impactos, usualmente classificados em intermediários e finais, referindo-se respectivamente a efeitos primários e danos causados aos seres humanos e aos ecossistemas.

Esses termos serão detalhados na Seção 5.4 deste capítulo. Segundo a norma ISO 14040 (ABNT, 2009a), nesta etapa, não só devem ser descritos o mecanismo ambiental das categorias como os modelos de caracterização que correlacionam os resultados do ICV aos indicadores definidos.

Figura 2 • Estrutura geral de uma cadeia de causa e efeito na Avaliação de Impacto do Ciclo de Vida

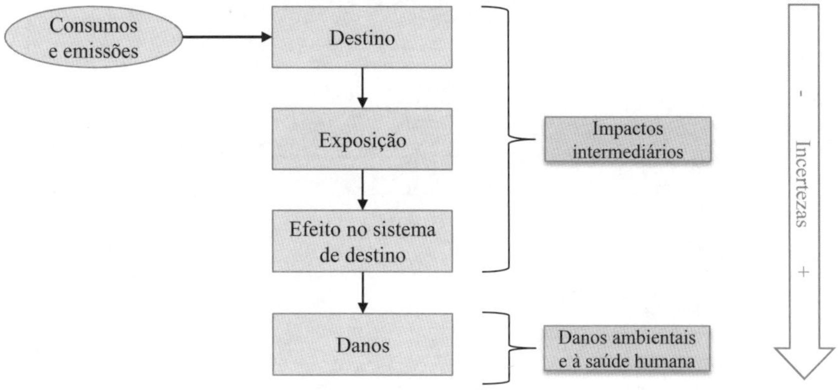

Fonte: Autoras.

[1] Referem-se ao atributo ou aspecto do ambiente natural, saúde humana ou recursos que identifica uma questão ambiental merecedora de atenção (ABNT, 2009b).

Além disso, para facilitar a compreensão, a Figura 3, a seguir, sintetiza os procedimentos que compõem a primeira etapa da AICV. Para a escolha do método e modelo de caracterização, os principais aspectos a serem considerados, segundo a norma ISO 14040, referem-se à validade científica e técnica, bem como à fundamentação em um mecanismo ambiental específico. Neste exemplo, vemos que, para a categoria de impacto acidificação, o indicador selecionado se refere à saturação por bases e para eutrofização, à concentração de fósforo. Seguindo a lógica da cadeia de causa e efeito, as abordagens para a caracterização destas duas categorias visam traçar o destino das emissões (acidificantes e eutrofizantes), o grau em que um meio ambiente receptor é exposto, o efeito dessa exposição e a severidade do efeito. No exemplo dado na Figura 3, o método selecionado é denominado ReCiPe, composto de diferentes modelos de caracterização, como os exemplificados na figura.

Podemos encontrar uma grande quantidade de métodos e modelos de caracterização incorporados em softwares de ACV e disponíveis na literatura. Eles diferem-se em aspectos específicos, como o número de categorias de impacto disponíveis, número de substâncias incluídas, os modelos ambientais desenvolvidos para a fase de caracterização e o nível empregado na modelagem (intermediário ou final).

Figura 3 • Primeira etapa da Avaliação de Impacto do Ciclo de Vida: Seleção das categorias de impacto

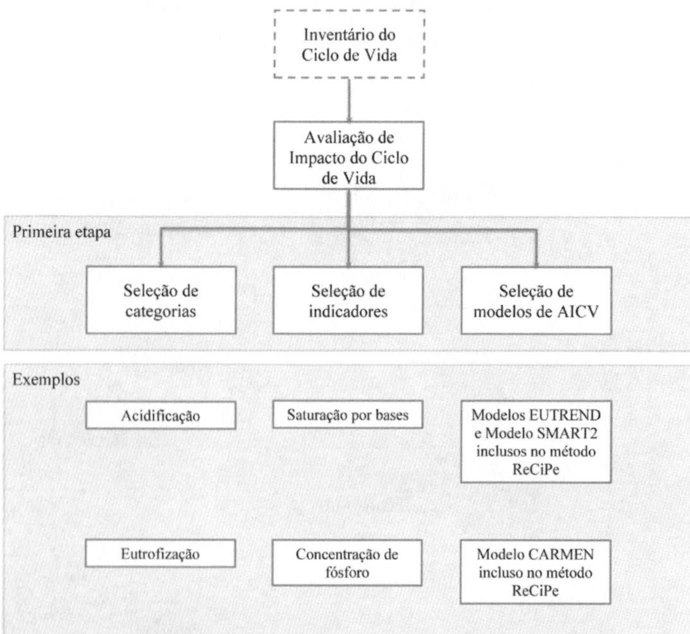

Fonte: Autoras.

Portanto, é importante que nessa etapa seja conduzida uma revisão das diretrizes científicas sobre o assunto. Vale ressaltar que, além de checar a validade técnica dos métodos, o usuário da ACV deve também verificar a aplicabilidade geográfica e premissas do modelo, a fim de que sua escolha seja alinhada com seu objetivo e escopo. Mais detalhes sobre os diferentes métodos de AICV existentes serão abordados nos próximos tópicos.

Algumas dificuldades práticas desta etapa, como a escolha entre os diferentes indicadores e modelos de caracterização disponíveis para cada categoria de impacto, são decorrentes, principalmente, da falta de padronização na literatura da ACV. Apesar dos esforços para o desenvolvimento de um consenso metodológico (JOLLIET *et al.*, 2018), essas questões podem influenciar a comparabilidade entre estudos de ACV, os esforços de coleta de dados e a qualidade dos resultados (REAP *et al.*, 2008).

5.2.2 *Classificação*

Na etapa de classificação, todos os fluxos elementares compilados no inventário devem ser atribuídos às categorias de impacto selecionadas na etapa anterior (Seção 5.2.1) (EC-JRC, 2010). Cada fluxo elementar pode ser atribuído a uma ou mais categorias de impacto, de acordo com os impactos ambientais que estes podem provocar.

Segundo Hauschild e Huijbregts (2015), ao trabalhar com uma lista padrão de fluxos elementares, para os quais fatores de caracterização foram previamente derivados, o trabalho a ser realizado como parte da etapa de classificação é significativamente reduzido. Vários guias de ACV, ferramentas e softwares fornecem suporte a essa etapa. Assim, a maioria dos resultados de inventário já foi pré-classificada para categorias de impacto pré-selecionadas. Ainda, segundo esses autores, para as categorias de impacto já reconhecidas no campo da ACV, de mecanismo ambiental bem definidos e com um número limitado de fluxos elementares contribuintes (tais como mudança climática, acidificação e eutrofização), as listas de classificação padrão dos fluxos elementares são altamente similares entre os diferentes modelos de AICV.

No caso de não haver pré-classificação para resultados de inventário, o usuário da ACV pode seguir as recomendações da norma ISO 14044 (ABNT, 2009b) para realizar a etapa de classificação de seu estudo. Inicialmente, a atribuição de resultados do ICV às categorias de impacto deve considerar os seguintes casos:

- Atribuição de resultados do ICV que sejam exclusivos de uma categoria de impacto.
- Identificação de resultados do ICV relacionados a mais de uma categoria de impacto, incluindo distinção entre mecanismos paralelos (por

exemplo, o dióxido de enxofre (SO_2) é distribuído entre as categorias de impacto da saúde humana e acidificação) e atribuição a mecanismos seriais (por exemplo, óxidos de nitrogênio (NO_x) podem ser classificados para contribuir tanto na formação de ozônio ao nível do solo quanto na acidificação).

Os casos em que são identificados resultados do ICV relacionados a mais de uma categoria de impacto, ou seja, quando alguns aspectos ambientais contribuem para diferentes problemas ambientais, podem gerar confusão ou mesmo levar a possíveis problemas de "dupla contagem" (HAUSCHILD; HUIJBREGTS, 2015). Por exemplo, óxidos de nitrogênio (NO_x) podem contribuir para a acidificação e eutrofização. A duplicação ocorre quando se atribui erroneamente a mesma emissão de NO_x a duas ou mais categorias, em vez de apropriadamente distribuí-la. Esse tipo de erro pode ocorrer tanto por falha do usuário como também por falhas nos modelos usados para dividir as emissões entre os compartimentos impactados (ambiente terrestre, aquático ou ar) (GUINEE; HEIJUNGS, 1993). A duplicidade aumenta o impacto de uma carga específica e compromete os resultados de um estudo, gerando conclusões errôneas durante a fase de interpretação. Por isso, a importância da compreensão do mecanismo ambiental das categorias de impacto e da apropriada classificação dos modelos.

5.2.3 *Caracterização*

Uma vez concluída a etapa de classificação, é feita a quantificação dos impactos ambientais, ou seja, a conversão dos resultados do ICV para unidades comuns e a agregação dos resultados dentro de uma mesma categoria de impacto.

O impacto ambiental de cada emissão ou consumo de recursos é modelado quantitativamente, de acordo com o mecanismo ambiental, por meio de modelos matemáticos denominados modelos de caracterização. Tais modelos refletem o somatório dos processos ambientais relacionados à caracterização dos impactos e são utilizados para calcular os fatores de caracterização. Assim, cada fluxo elementar atribuído a uma categoria de impacto deve ser multiplicado por um fator de caracterização correspondente. Por exemplo, todos os gases de efeito estufa podem ser expressos em termos de CO_2 equivalente, multiplicando os resultados relevantes do ICV por fatores de caracterização e combinando os indicadores de impacto resultantes para fornecer um indicador geral do potencial impacto do aquecimento global (HUIJBREGTS *et al.*, 2016).

A norma ISO 14044 (ABNT, 2009b) requisita que os modelos de caracterização utilizados para cada indicador de categoria sejam internacionalmente aceitos e cientificamente válidos. Os modelos de caracterização estão em constante desenvolvimento e para cada categoria de impacto pode haver diversos modelos, com diferentes conjuntos de fatores de caracterização, disponíveis. Como consequência, um mesmo estudo de ACV pode apresentar resultados diferentes para determinada categoria de impacto, dependendo do modelo utilizado, podendo aumentar a incerteza dos resultados. É importante esclarecer também a definição de método de AICV que, nesta publicação, é considerado como a reunião de modelos de caracterização de diferentes categorias de impacto, sendo por vezes dotada de nome ou marca registrada.

A Figura 4 sintetiza a estrutura da AICV com base nos seus elementos obrigatórios e exemplifica algumas das categorias de impacto ambiental avaliadas nesta etapa. Como discutido anteriormente, existem diversos métodos de caracterização disponíveis, variando em termos de indicador utilizado e definição dos fatores de caracterização. Na figura a seguir, encontram-se alguns exemplos de indicadores e fatores de caracterização para as categorias de aquecimento global, depleção da camada de ozônio, toxicidade humana e eutrofização. Observe que, para cada categoria de impacto, existem fatores de caracterização que expressam o impacto de cada fluxo do inventário em relação a uma substância de referência. Este nível de detalhe dependerá de cada categoria e modelo de caracterização utilizado e é algo que deverá ser cuidadosamente observado e reportado nos resultados da AICV.

Figura 4 • Estrutura da AICV baseada nos seus elementos obrigatórios

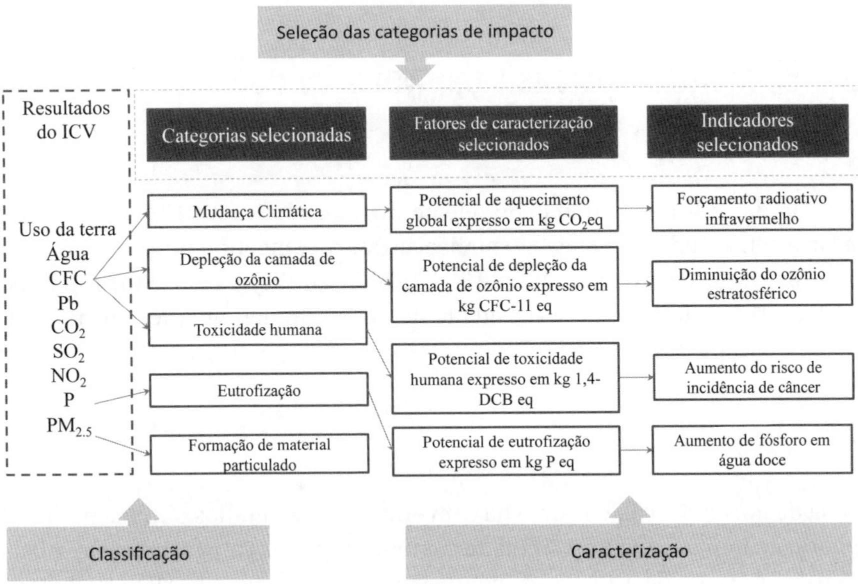

Fonte: Autoras.

Mais detalhes sobre as diferentes categorias de impacto e os modelos de caracterização existentes serão apresentados na Seção 5.4. No que se refere aos fatores de caracterização, Udo de Haes *et al.* (2002) propuseram uma estrutura genérica para o cálculo, no qual o fator de caracterização é o produto de um fator de destino (considerando o ambiente receptor), um fator de exposição (para a exposição do ambiente receptor) e um fator de efeito (expressa a capacidade de uma substância em causar doenças ou efeitos tóxicos aos ecossistemas expostos). Esta estrutura genérica tem sido aplicada para a maioria das categorias de impacto relacionadas às emissões, com modificações que variam de acordo com cada categoria de impacto (HAUSCHILD; HUIJBREGTS, 2015). Como, por exemplo, no caso da toxicidade humana, na qual os fatores de destino e exposição são combinados para refletir a fração ingerida de uma substância, representando a fração mássica da substância que atinge a população (ROSENBAUM *et al.*, 2008).

Ao final, tais fatores são utilizados na quantificação total do potencial de impacto, de modo geral, por meio da Equação 1:

$$I = \sum_i \sum_x FC_{x,i} \times E_{x,i} \qquad (1)$$

Sendo:

I – Potencial de impacto

$FC_{x,i}$ – Fator de caracterização da substância x emitida ao compartimento i

$E_{x,i}$ – Fluxo registrado no ICV, ou seja, emissão da substância x ao compartimento i

5.3 Elementos Opcionais da Avaliação do Impacto do Ciclo de Vida

O usuário da ACV conta ainda com elementos opcionais da AICV para complementar o seu estudo, são eles: normalização, agrupamento e ponderação. Esses elementos são previstos pela ISO 14044 (ABNT, 2009b) e pelo ILCD Handbook (EC-JRC, 2010) sendo a sua necessidade de aplicação definida de acordo com o objetivo e escopo de cada estudo.

5.3.1 *Normalização*

A etapa de normalização consiste na conversão dos resultados obtidos para cada categoria de impacto em uma unidade comum a todas as categorias selecionadas no estudo. A partir desse procedimento, é estabelecida uma escala capaz de expressar a magnitude das pontuações de impacto obtidas na etapa de caracterização (ver Seção 5.2.3).

A normalização pode ser realizada por duas abordagens, de acordo com a sua finalidade e a origem dos dados de referência: normalização interna e normalização externa (NORRIS, 2001).

A primeira abordagem, de normalização interna, é assim denominada, pois utiliza dados e fatores de normalização provenientes do próprio sistema em estudo e é aplicada para a obtenção de escalas comparáveis e para a resolução de problemas referentes à pluralidade de unidades. Alguns métodos empregados na abordagem de normalização interna são listados a seguir:

- **Divisão por linha de base**: os resultados da caracterização são divididos por um valor de uma linha de base selecionada entre as alternativas. Exemplos e informações adicionais podem ser encontrados no trabalho de Hauschild e Huijbregts (2015).
- **Divisão por valor máximo**: os resultados dos indicadores caracterizados são divididos pela maior pontuação obtida entre as alternativas de cada categoria de impacto. Exemplos e informações adicionais podem ser encontrados em Norris e Marshal (1995).
- **Divisão pela somatória**: os resultados dos indicadores caracterizados são divididos pela soma das pontuações obtidas para todas as alternativas. No estudo de Norris (2001), também são apresentadas informações adicionais sobre esse procedimento metodológico.

Já a normalização externa analisa a significância dos resultados dos indicadores das categorias, sendo que os impactos são normalizados com referências externas e, portanto, independentes do objeto de estudo da ACV. Neste caso, os fatores de normalização podem ser um valor ideal para aquela categoria, definido e baseado em políticas públicas ou critérios científicos, por exemplo. Este procedimento é também conhecido como distância até o alvo (do inglês, *distance to target*). Outra opção da normalização externa é feita dividindo os resultados caracterizados por uma estimativa das emissões equivalentes totais ou per capita associadas a toda uma região geográfica, como apresentado na Equação 2 a seguir (PRADO *et al.*, 2017).

$$NI_{a,i} = \frac{CI_{a,i}}{NR_i} \quad (2)$$

Sendo:

$NI_{a,i,}$ o impacto normalizado por ano da alternativa *a* da categoria *i*

$CI_{a,i}$, o impacto caracterizado da alternativa *a* da categoria de impacto *i*

NR_i, a referência da normalização, representando uma região geográfica específica para a categoria de impacto *i* nas unidades físicas (por ano) correspondente ao impacto caracterizado $CI_{a,i}$

Pizzol *et al.* (2017) listaram os seguintes métodos existentes para realização da normalização externa:

- **Normalização global**: os resultados dos indicadores caracterizados do(s) sistema(s) em estudo são divididos pelos resultados dos indicadores caracterizados das atividades totais em curso no mundo ao longo da duração de referência (equilíbrio assumido entre consumo e produção). Para mais informações e exemplos, ver Sleeswijk *et al.* (2008).
- **Normalização baseada na produção**: os resultados da caracterização do(s) sistema(s) em estudo são divididos pelos indicadores característicos associados a todas as atividades territoriais em uma região ou país, incluindo suas exportações, mas excluindo suas importações, contabilizando todos os fluxos ambientais que ocorrem dentro dos limites geográficos daquela região ou país ao longo da duração de referência. Vários estudos apresentam detalhes da aplicação deste método, como Bare *et al.* (2006).
- **Normalização baseada no consumo**: os resultados da caracterização do(s) sistema(s) em estudo são divididos pelos resultados dos indicadores característicos associados ao consumo territorial total de uma região ou país, incluindo suas importações, mas excluindo suas exportações. Assim, contabilizam-se os fluxos ambientais de todos os processos necessários para apoiar as atividades de consumo dessa região ou país ao longo do período de referência, incluindo aqueles que ocorrem fora de seus limites físicos ou geográficos. Exemplos e descrição dos métodos podem ser encontrados em Dahlbo *et al.* (2013).
- **Capacidade de suporte (limites planetários)**: abordagem mais recente em que os resultados dos indicadores caracterizados são divididos pelas referências de normalização que representam a capacidade de suporte do sistema de referência para cada categoria de impacto (BJØRN; HAUSCHILD, 2015). Mais informações sobre os desafios da implementação do conceito de limites planetários e exemplo de aplicação podem ser encontrados no estudo de Uusitalo *et al.* (2019).

A recomendação atual da comunidade científica é priorizar abordagens de normalização externa em estudos que apliquem normalização, ou seja, abordagens nas quais o sistema de referência é independente ou não diretamente relacionado às alternativas avaliadas no estudo. Na prática, é importante também notar que há lacunas de dados nas referências atuais de normalização externa, o que pode comprometer os resultados (VERONES *et al.*, 2017).

5.3.2 *Agrupamento*

Na etapa de agrupamento, o usuário da AICV pode agrupar e hierarquizar as categorias de impacto selecionadas em seu estudo, desde que mantenha a consistência entre as unidades. Isto pode ser feito de duas formas: por classificação, por meio de agrupamento em base nominal (por exemplo, global versus regional) e ranking, por meio de agrupamento em base ordinal (por exemplo, prioridade alta, média e baixa). A Figura 5 apresenta exemplos para as duas formas de agrupamento.

Figura 5 • Exemplos de tipos de agrupamento

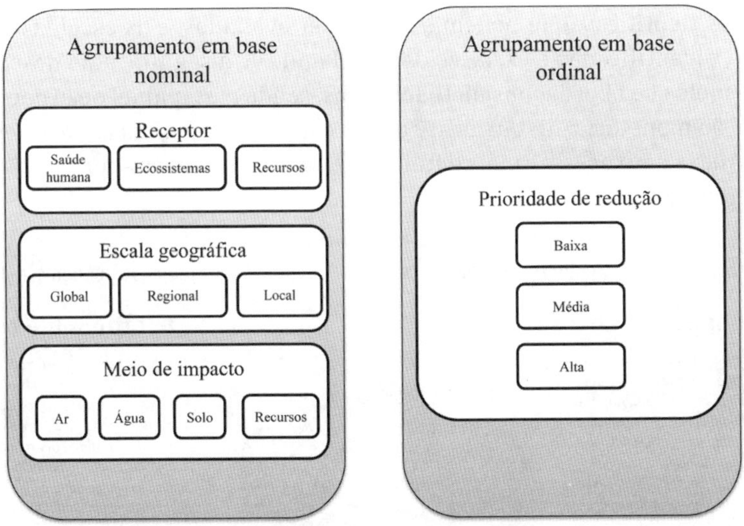

Fonte: Autoras.

5.3.3 *Ponderação*

A etapa de ponderação permite definir fatores que indicam a relevância que as categorias de impacto selecionadas têm, dentro de determinado estudo de ACV. Esta etapa visa, portanto, resolver situações em que existe conflito de escolha (*trade-offs*) entre os impactos ambientais que são medidos em diferentes unidades biofísicas e, portanto, são incomparáveis. É considerada por muitos como uma etapa controversa, sendo por vezes alvo de críticas, em parte por ser um processo baseado em escolhas de valores e não baseado cientificamente e por exigir a incorporação de valores sociais, políticos e éticos (FINNVEDEN *et al.*, 2006).

Contudo, a ponderação pode facilitar a agregação de indicadores e a interpretação da AICV, além de refletir as preferências do(s) decisor(es) e das partes interessadas. Os pesos aplicados devem representar uma avaliação da importância relativa dos impactos, de acordo com o valor específico das escolhas, refletindo as preferências, por exemplo: de pessoas, especialistas ou organizações, em relação ao tempo (impactos presentes versus futuros), geografia (local versus global), urgência, agendas políticas ou custo. Assim, com a ponderação, os resultados podem ser somados em categorias de impacto para chegar a um único indicador de pontuação (PIZZOL *et al.*, 2017).

Não apenas há valores envolvidos na escolha de fatores de ponderação, mas também na escolha do tipo de método de ponderação a ser usado. Os métodos de ponderação usam dados e procedimentos metodológicos retirados de diferentes disciplinas científicas, que podem e devem ser avaliados, e as escolhas de valor podem ser identificadas e esclarecidas. Na Figura 6, a seguir, estão descritos alguns exemplos de abordagens metodológicas, sendo elas: painel de especialistas, ponderação monetária, distância até o alvo e ponderação binária. As referências bibliográficas para acessar mais detalhes de cada uma destas abordagens encontram-se também na Figura 6.

Figura 6 • Quatro diferentes abordagens metodológicas para a etapa de ponderação

Painel de Especialistas

Os impactos são ponderados com base nas opiniões de um grupo de pessoas e suas preferências são traduzidas diretamente em valores numéricos ou intervalos. A opinião dos participantes pode ser solicitada por meio de entrevistas, workshop ou pesquisa. O painel de partes interessadas pode mostrar subconjuntos de opiniões (por exemplo, academia, indústria, ONGs) e ser uma mistura de especialistas e não especialistas. Exemplo: Huppes; Van Oers (2011).

Ponderação monetária

Os impactos são ponderados de acordo com seu valor econômico estimado. Existem diferentes tipos de métodos para esta abordagem, como, por exemplo, a monetização onde o valor marginal de um bem é identificado com base em seu preço de mercado, ou de um bem substituto. Exemplos: Itsubo et al. (2015); Finnveden et al. (2006).

Distância até o alvo

Os impactos são ponderados de acordo com a proximidade de um alvo. Inclui o método do alvo normativo, onde os alvos são definidos com base em regulamentos (por exemplo, a meta de redução de CO_2). O conjunto de metas, para contextos específicos (por exemplo, União Europeia), já reflete um acordo sociopolítico sujeito a um processo com várias partes interessadas, sobre uma categoria de impactos. Exemplos: Castellani et al. (2016); Frischknecht et al. (2009); Hauschild; Potting (2005).

Ponderação binária

Impactos são atribuídos sem peso ou igual importância, com base em critérios decididos pelo praticante. Pode haver duas abordagens: o praticante assume que todas as categorias de impacto têm peso igual (o peso é igual a um), ou seleciona uma ou várias categorias de impacto (o peso é igual a um) e desconsidera as outras categorias (peso igual a zero). Exemplo: Ridoutt et al. (2015).

Fonte: Autoras.

5.4 Principais Categorias de Impacto e Métodos de AICV

Como abordado anteriormente, a AICV estrutura os diversos efeitos causados ao meio ambiente decorrentes das ações humanas em diferentes categorias de impacto, de acordo com seus mecanismos ambientais. A seguir é apresentada uma síntese das categorias comumente avaliadas na AICV e algumas de suas características. Ressalta-se que, muitas vezes, diferentes abordagens metodológicas podem ser encontradas para uma mesma categoria de impacto, sendo que não há aqui pretensão de analisar e recomendar qual delas adotar. As informações detalhadas a seguir, no Quadro 1, são baseadas no método de AICV ReCiPe (GOEDKOOP *et al.*, 2009) a título de exemplificação.

Quadro 1 • Exemplos de categorias de impacto, seus indicadores e fatores de caracterização

Categoria de impacto	Fundamentação	Fator de caracterização	Indicador	Unidade
Mudança climática	Impacto relacionado ao aumento da temperatura terrestre na baixa atmosfera causado pelo aumento de gases de efeito estufa. Estes gases absorvem as radiações emitidas pela superfície da Terra, causando seu aquecimento.	Potencial de aquecimento global	Forçamento radioativo infravermelho	kg CO_2 equivalente
Depleção de ozônio	Impacto relacionado à diminuição dos níveis de ozônio (O_3) na estratosfera provocada por emissões de substâncias como Clorofluorcarbonos (CFCs). Isto ocasiona uma maior incidência da radiação ultravioleta sobre a superfície terrestre.	Potencial de depleção de ozônio	Diminuição do ozônio estratosférico	kg CFC-11 equivalente

▷

Categoria de impacto	Fundamentação	Fator de caracterização	Indicador	Unidade
Acidificação terrestre	Relacionado à liberação de íons hidrogênio (H^+) em ecossistemas terrestre e aquático. A reação de substâncias como dióxido de enxofre (SO_2), por exemplo, com o vapor de água atmosférico, dá origem aos ácidos sulfúricos (H_2SO_4) e nítrico (HNO_3), que, por conseguinte, resultam em alterações no ambiente natural e construído.	Potencial de acidificação terrestre	Aumento de prótons nos solos	kg SO_2 equivalente
Eutrofização em água doce	Impacto relacionado à adição de nutrientes em superfícies aquáticas que ocasiona aumento na produção de biomassa e consequentes reduções da concentração de oxigênio dissolvido.	Potencial de eutrofização em água doce	Aumento de fósforo em água doce	kg P equivalente
Toxicidade humana (câncer)	Impactos relacionados à exposição humana a substâncias tóxicas, especialmente por meio da ingestão e inalação, com efeitos cancerígenos.	Potencial de eutrofização marinha	Aumento do risco de incidência de câncer	kg 1,4-DCB equivalente
Toxicidade humana (não relacionada ao câncer)	Impactos relacionados à exposição humana a substâncias tóxicas.	Potencial de toxicidade humana	Aumento do risco de incidência de outras doenças	kg 1,4-DCB equivalente

▷

Categoria de impacto	Fundamentação	Fator de caracterização	Indicador	Unidade
Formação de material particulado	A exposição a materiais particulados está associada a vários efeitos adversos à saúde e redução na expectativa de vida.	Potencial de formação de material particulado	Aumento de MP2,5	kg PM2,5
Ecotoxicidade terrestre	Relacionado à emissão de substâncias tóxicas no solo.	Potencial de ecotoxicidade terrestre	Aumento ponderado de risco em solos naturais	kg 1,4-DCB equivalente
Ecotoxicidade em água doce	Relacionado a emissão de substâncias tóxicas na água.	Potencial de ecotoxicidade em água doce	Aumento ponderado de risco em águas doces	kg 1,4-DCB equivalente

Fonte: Adaptado de Huijbregts *et al.* (2016).

É relevante destacar também que existem duas abordagens metodológicas de acordo com os níveis de avaliação do impacto:

- **Impactos intermediários (*midpoint*)**: modelagem que relaciona os resultados do ICV às categorias de impacto, porém não chegam ao final da avaliação do dano ambiental. Pode-se dizer que esta modelagem apresenta menor grau de incerteza, porém requer maiores esforços na interpretação dos resultados.
- **Danos ambientais (*endpoint*)**: abrange todo o mecanismo ambiental, referindo-se aos danos causados à saúde humana, aos ecossistemas e aos recursos naturais. A caracterização de danos permite avaliar a contribuição ambiental de cada uma das categorias intermediárias em relação a uma ou diferentes categorias de danos. Neste caso, pode-se dizer que apresenta maior grau de incerteza, porém são resultados facilmente interpretados.

O Quadro 2 apresenta uma síntese dos principais métodos de AICV utilizados nos estudos de ACV e em qual destas abordagens se enquadram.

Quadro 2 • Exemplos de Métodos de AICV e suas características

Método	Origem	Abordagem	Abrangência de aplicação	Referências
CML 2002	CML – Holanda	*Midpoint*	A maioria das categorias tem abrangência global, mas as categorias acidificação e formação de foto-oxidantes são criadas especificamente para a Europa.	Guinée *et al.* (2002).
EDIP97; EDIP2003	DTU – Dinamarca	*Midpoint*	A primeira versão tem abrangência global, enquanto a versão de 2003 foi desenvolvida para aplicação na Europa.	Wenzel *et al.* (1997); Hauschild, Wenzel (1998); Hauschild, Potting (2005); Potting, Hauschild (2005); Hauschild *et al.* (2007).
Impact 2002+	EPFL – Suíça	Combinada (*midpoint* e *endpoint*)	Europa	Crettaz *et al.* (2002); Jolliet *et al.* (2004); Payet (2004); Pennington *et al.* (2005); Pennington *et al.* (2006); Rochat *et al.* (2006); Rosenbaum (2006); Rosenbaum *et al.* (2007).
ReCiPe	PRé, CML, RUN, RIVM – Holanda	Combinada (*midpoint* e *endpoint*)	Categorias como mudança climática, depleção de ozônio e esgotamento de recursos fósseis, por exemplo, são de abrangência global, enquanto categorias como ecotoxicidade, radiação ionizante e toxicidade humana, por exemplo, foram desenvolvidas para a Europa.	De Schryver *et al.* (2009); Huijbregts *et al.* (2005a,b); Struijs *et al.* (2007); Van Zelm *et al.* (2007a,b); Wegener Sleeswijk *et al.* (2008).

▷

Método	Origem	Abordagem	Abrangência de aplicação	Referências
TRACI	US EPA - Estados Unidos	*Midpoint*	Categorias como depleção de ozônio, aquecimento global e esgotamento de combustíveis fósseis têm abrangência global, enquanto outras, como acidificação e saúde humana por exemplo, foram desenvolvidas para os Estados Unidos.	Bare *et al.* (2003); Hertwich *et al.* (1997); Hertwich *et al.* (1998); Hertwich *et al.* (1999); Hertwich *et al.* (2001); Norris (2002).
USEtox	Programa Iniciativa do Ciclo de Vida	*Midpoint*	Global	Rosenbaum *et al.* (2008); Hauschild *et al.* (2008).

Fonte: Autoras.

Como visto no Quadro 2, a maioria dos métodos de AICV foi desenvolvida por instituições estrangeiras com uma abrangência de aplicação restrita para determinados países ou continentes. Mesmo quando apresentam uma abrangência de aplicação global, muitas vezes esses métodos se baseiam em um conjunto de dados e parâmetros de regiões específicas. Com o intuito de promover a regionalização de métodos e modelos de caracterização para aplicação no Brasil, diversos estudos vêm sendo desenvolvidos para cada categoria de impacto, em busca de uma modelagem mais consistente com as especificidades do país. Nesse sentido, a publicação de Ugaya *et al.* (2019) reúne as informações sobre os desafios e oportunidades para o desenvolvimento e aplicação de parâmetros regionalizados. Nesta publicação, são também sintetizadas as recomendações de modelos de caracterização para as categorias de impacto de escassez hídrica, recursos abióticos, recursos bióticos, método de contabilidade de recursos (RAM), serviços ecossistêmicos, eutrofização e acidificação para o contexto brasileiro.

No Quadro 2, também é possível observar que alguns modelos citados apresentam abordagem combinada de impactos intermediários e finais, ou seja, *midpoint* e *endpoint*. A avaliação de impacto no nível de danos ambientais (ou *endpoint*) inclui danos específicos relacionados com uma área mais ampla de proteção, e a caracterização considera todo o mecanismo ambiental até o seu ponto final. Semelhante à modelagem de impactos intermediários, a modelagem de danos também deve ter embasamento científico. A modelagem de danos está disponível em nível desagregado, por categorias de impacto (por exemplo, mudanças climáticas), que podem ser agregadas em níveis mais abrangentes, nas chamadas

Áreas de Proteção (AoP). A definição dessas áreas visa proteger os valores considerados importantes para a sociedade. Por exemplo, a AoP "saúde humana" usa impactos agregados de morbidade e mortalidade como um indicador para medir danos à saúde humana.

Após um processo de revisão das AoPs, uma nova divisão em dois sistemas abrangentes foi definida por Verones *et al.* (2017): i) sistemas naturais; e ii) sistemas antrópicos, com três possíveis atribuições de valores[2]. Os sistemas naturais vão além do conceito de ecossistemas, incluindo também bens imateriais, como o patrimônio natural, enquanto sistemas antrópicos são relacionados com valores relacionados ao homem, como, por exemplo, ativos socioeconômicos e patrimônio cultural. Assim, são identificadas seis áreas potenciais de proteção para consideração na AICV (Figura 7).

Por fim, ressalta-se que a agregação em pontuações únicas por AoP pode facilitar o processo de tomada de decisão e a comunicação dos resultados, mas, ao mesmo tempo, pode diminuir a transparência em relação a incertezas e *trade-offs* entre categorias de impacto.

Figura 7 • Classificação das AoP de acordo com a origem em sistemas antrópicos ou naturais e seus valores

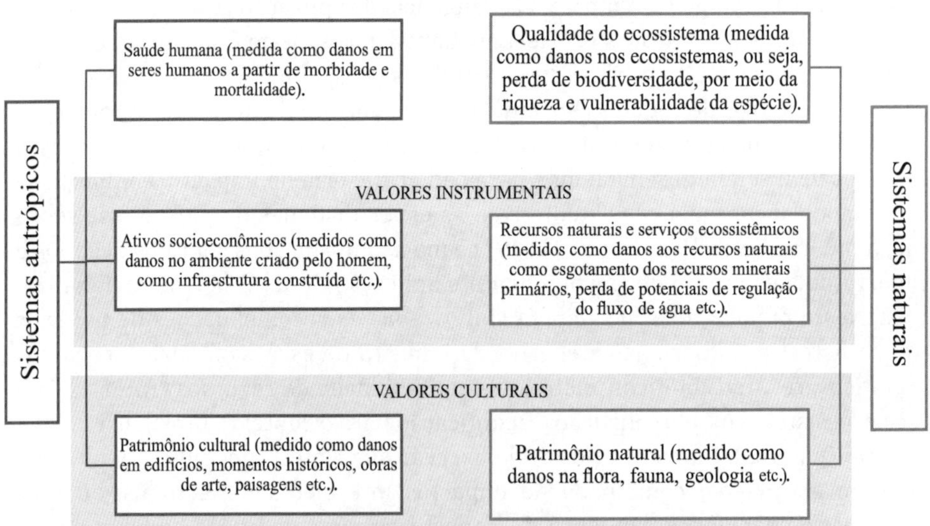

Fonte: Baseado em Verones *et al.* (2017).

[2] Aqui, considerado como aspectos que a sociedade considera alvo de proteção.

5.5 Considerações Finais

Neste capítulo, foram apresentados os elementos que compõem a AICV (obrigatórios e opcionais), suas características e procedimentos metodológicos. Uma vez que se referem à fase em que é feita a avaliação da magnitude e significância dos impactos ambientais potenciais, os resultados da AICV são essenciais para fundamentar a Engenharia e a Gestão do Ciclo de Vida (GCV) de produtos e devem ser interpretados de acordo com o objetivo e escopo do estudo de ACV.

Ressalta-se que a AICV tem grande interdependência com os avanços científicos dentro e fora do campo da ACV, sendo que as abordagens para modelagem dos impactos estão em constante revisão e aprimoramento. Desta forma, o usuário deve manter-se atento às discussões e recomendações sobre tópicos como indicadores de categoria, abrangência da cobertura das AoP, documentação dos modelos de caracterização e suas incertezas, a fim de que a tomada de decisão por meio da ACV seja coerente e cientificamente embasada.

Por fim, considerando as limitações que envolvem a quantificação dos impactos ambientais potenciais e as discussões de *trade-offs* que a permeia, os estudos devem ser pautados, sobretudo, na transparência e assegurar que todas as informações e indicadores ambientalmente relevantes estejam incluídos.

5.6 Exercícios

Questão 1. Qual é o propósito da fase de Avaliação de Impacto do Ciclo de Vida (AICV)?

Questão 2. O que é o potencial de impacto?

Questão 3. Quais são os objetivos da etapa de normalização?

Questão 4. Qual é o objetivo do uso da ponderação?

Questão 5. Para este exercício, utilize os dados apresentados nas Tabelas 1, 2 e 3 a seguir, que representam fatores de caracterização ilustrativos para as categorias de impacto Acidificação, Aquecimento Global e Eutrofização Marinha.

Tabela 1 • Fatores de caracterização para a categoria de acidificação terrestre, referentes à emissão para o ar

Substâncias	Fator de Caracterização (kg SO_2-eq/kg substância)
NO_x (Óxidos de nitrogênio)	0,35
NH_3 (Amônia)	1,9
SO_2 (Dióxido de enxofre)	1

Fonte: Autoras.

Tabela 2 • Fatores de caracterização para a categoria de aquecimento global, referentes à emissão para o ar

Substâncias	Fator de caracterização (kg CO_2eq/kg substância)
CO_2 (Dióxido de Carbono não fóssil)	1
CO_2 (Dióxido de Carbono fóssil)	1
CH_4 (Metano não fóssil)	84
CH_4 (Metano fóssil)	85

Fonte: Autoras.

Tabela 3 • Fatores de caracterização para a categoria de eutrofização marinha

Compartimento de emissão	Substância	Fator de caracterização (kg N-eq/kg substância)
Água doce	NH_3 (Amônia)	0,30
Ar	NH_3 (Amônio)	0,09
	NO_x (Óxidos de nitrogênio)	0,04
	NO_2 (Dióxido de nitrogênio)	0,04

Fonte: Autoras.

Tomando como exemplo o Inventário de Ciclo de Vida de um estudo de caso da produção de painéis de madeira no Brasil (Tabelas 4 e 5), realize a classificação das substâncias nas categorias de impacto correspondentes. Em seguida, por meio da caracterização, calcule o impacto total para cada categoria de impacto e identifique os aspectos ambientais[3] de maior contribuição para cada uma.

---

[3] Elemento das atividades, produtos ou serviços de uma organização que pode interagir com o meio ambiente (NBR ISO 14040:2009, p. 2).

Tabela 4 • ICV da etapa florestal

Madeira de Eucalipto produzida no Brasil					
Entradas			Saídas		
Material	Quantidade	Unidade	Material	Quantidade	Unidade
Óleo lubrificante	$1{,}00 \cdot 10^{-2}$	kg	Madeira (Eucalipto ssp. de manejo florestal sustentável)	1,00 (ou 687 kg)	m^3
Fertilizante fosfatado, como P_2O_5	$7{,}36 \cdot 10^{-1}$	kg	*Emissões para o ar*		
Sulfato de amônio, como N	$5{,}85 \cdot 10^{-2}$	kg	Dióxido de enxofre	$8{,}00 \cdot 10^{-3}$	kg
Ureia, como N	$3{,}10 \cdot 10^{-2}$	kg	Amônia	$6{,}33 \cdot 10^{-2}$	kg
Mudas de árvores	6,38	unidades	Glifosato	$1{,}87 \cdot 10^{-1}$	kg
Diesel	3,35	kg	Xileno	$1{,}76 \cdot 10^{-5}$	kg
Cloreto de potássio, como K_2O	1,14	kg	Metano, fóssil	$5{,}27 \cdot 10^{-5}$	kg
Dióxido de carbono, no ar	$9{,}16 \cdot 10^{2}$	kg	Óxidos de nitrogênio	$1{,}16 \cdot 10^{-1}$	kg
Ocupação da terra	$1{,}95 \cdot 10^{2}$	m^2*ano	NMVOC*, de origem não especificada	$7{,}80 \cdot 10^{-2}$	kg
Sulfluramida	$7{,}70 \cdot 10^{-2}$	kg	Monóxido de carbono, fóssil	$5{,}40 \cdot 10^{-2}$	kg
Transformação da terra	30,00	m^2	Dióxido de nitrogênio	$7{,}00 \cdot 10^{-3}$	kg
			Dióxido de carbono, fóssil	15,10	kg
			Emissões para o solo		
			Óleos, não especificado	$2{,}00 \cdot 10^{-3}$	kg

* Compostos orgânicos voláteis não metano.

Fonte: The SICV Brasil database (https://sicv.ibict.br/Node/).

Tabela 5 • ICV da etapa de produção industrial de painel de madeira

Produção industrial de painel de madeira					
Entradas			Saídas		
Material	Quantidade	Unidade	Material	Quantidade	Unidade
Sulfato de amônia	1,38	kg	Painel	630	kg
Lubrificantes (óleo e graxa)	$1{,}80 . 10^{-1}$	kg	Emissões para o ar		
Emulsão de parafina	5,47	kg	Cinza (de resíduo de madeira)	$3{,}90 . 10^{-1}$	kg
Resina UF	$7{,}17 . 10^{1}$	kg	Dióxido de carbono (de combustível fóssil)	$4{,}8 . 10^{1}$	kg
Água	$9{,}04 . 10^{1}$	kg	Monóxido de carbono	$1{,}90 . 10^{-1}$	kg
Madeira (troncos)	$6{,}87 . 10^{2}$	kg	VOC*, não especificado	$3{,}60 . 10^{-1}$	kg
Consumo de energia			Formaldeído	$1{,}50 . 10^{-1}$	kg
Diesel	1,72	kg	VOCNM	$9{,}48 . 10^{-4}$	g
Eletricidade	$5{,}07 . 10^{2}$	MJ	Metano (não fóssil)	1,69	g
Óleo combustível	$1{,}37 . 10^{1}$	kg	Óxidos de nitrogênio	$1{,}80 . 10^{-1}$	kg
Resíduos de madeira	$3{,}85 . 10^{1}$	kg	Óxidos de Enxofre	1,32	kg
			Emissões para a água		
			Amônia	$1{,}21 . 10^{-1}$	g
			DBO*	$6{,}16 . 10^{-1}$	g
			Formaldeído	$7{,}29 . 10^{-1}$	g
			Sólidos em suspensão	$2{,}44 . 10^{1}$	g
			Emissões para o solo		
			Resíduos de Lubrificantes	$1{,}59 . 10^{1}$	G
			Resíduos de madeira	$9{,}72 . 10^{1}$	kg

* Compostos Orgânicos Voláteis (VOC); VOC Não-Metano (VOCNM). Demanda bioquímica de oxigênio (DBO).
Fonte: Silva *et al.* (2013).

GABARITO

Questão 1.

Resposta: A fase de Avaliação de Impacto do Ciclo de Vida introduz conhecimentos sobre meio ambiente e recursos para auxiliar a interpretação dos resultados do inventário de acordo com os objetivos do estudo. Nessa fase, as informações presentes no inventário são utilizadas na modelagem quantitativa dos potenciais de impacto para diferentes categorias de impacto.

Questão 2.

Resposta: Potencial de impacto é uma expressão quantitativa que representa a contribuição potencial do ciclo de vida de um produto ou processo para uma categoria de impacto ambiental. Geralmente, o potencial de impacto é agregado pelo tempo e espaço, e não representa um impacto real.

Questão 3.

Resposta: A etapa de normalização visa facilitar a comparação das contribuições para diferentes categorias de impacto, integrando-as em uma escala comum e, assim, preparando-as para a etapa de ponderação. Essa etapa permite a verificação dos potenciais de impacto calculados para o produto, relacionando-os com os potenciais de impacto de uma atividade conhecida, também chamada de sistema de referência. Além disso, fornece uma apresentação didática e mais facilmente compreensível do resultado da AICV.

Questão 4.

Resposta: A ponderação é usada para classificar as pontuações de impacto normalizadas de acordo com sua importância relativa. Pontuações de impacto ponderadas são obtidas pela multiplicação da pontuação de impacto normalizada por um fator de ponderação. Portanto, a ponderação pode facilitar a agregação dos indicadores e a interpretação da AICV.

Questão 5.

Resposta: O primeiro passo é identificar, com auxílio das Tabelas 1-3, em quais categorias de impacto as substâncias contribuem. Desta forma, verifica-se que:

Emissões para o ar:

» Amônia contribui para as categorias de acidificação e eutrofização marinha.

» Dióxido de enxofre contribui para a acidificação.

» Óxidos de nitrogênio têm efeitos na acidificação e eutrofização marinha.

» Dióxido de carbono é classificado à categoria de aquecimento global.

» Metano (fóssil e não fóssil) contribui na categoria de aquecimento global.

» Dióxido de nitrogênio contribui para a categoria eutrofização marinha.

Emissões para a água:

» Amônia contribui para a categoria eutrofização marinha.

A etapa de caracterização se dá como nos quadros a seguir.

Tabela 6 • Cálculo dos impactos potenciais de aquecimento global

Aquecimento global	Quantidade (kg)	FC (kg CO_2eq/ kg GHG)	Caracterização do impacto
Metano, CH_4, fóssil (fase florestal)	$5{,}27 . 10^{-5}$	85	$4{,}48 . 10^{-3}$
Metano, CH_4, não fóssil (Produção industrial)	$1{,}69 . 10^{-3}$	84	$1{,}42 . 10^{-1}$
Dióxido de carbono CO_2, fóssil (Fase florestal)	15,1	1	15,1
Dióxido de carbono, CO_2, fóssil (Produção industrial)	48	1	48
Total			63,25 kg CO_2eq

Fonte: Autoras.

Assim, a maior contribuição na categoria de aquecimento global é advinda do dióxido de carbono emitido na produção industrial.

Tabela 7 • Cálculo dos impactos potenciais de acidificação terrestre

Acidificação terrestre	Quantidade (kg)	FC (kg SO_2-eq/ kg)	Caracterização do impacto
Amônia, NH_3 (emissão para o ar na fase florestal)	$6{,}33 . 10^{-2}$	1,9	$1{,}20 . 10^{-1}$
Dióxido de enxofre, SO_2 (emissão para o ar na fase florestal)	$8{,}00 . 10^{-3}$	1,0	$8{,}00 . 10^{-3}$
Óxidos de nitrogênio, NO_x (emissão para o ar na fase florestal)	$1{,}16 . 10^{-1}$	$3{,}5 . 10^{-1}$	$4{,}06 . 10^{-2}$
Óxidos de nitrogênio, NO_x (emissão para o ar na fase industrial)	$1{,}80 . 10^{-1}$	$3{,}5 . 10^{-1}$	$6{,}30 . 10^{-2}$
	Total		$2{,}32 . 10^{-1}$ kgSO_2eq

Fonte: Autoras.

No caso da categoria de acidificação, a amônia (NH_3) emitida para o ar na fase florestal é a maior responsável pelo impacto.

Tabela 8 • Cálculo dos impactos potenciais de eutrofização marinha

Eutrofização marinha	Quantidade (kg)	FC (kgN-eq/kg)	Caracterização do impacto
Amônia, NH_3 (emitida para o ar na fase florestal)	$6{,}33 . 10^{-2}$	$9 . 10^{-2}$	$5{,}70 . 10^{-3}$
Amônia, NH_3 (emitida para água doce na fase industrial)	$1{,}21 . 10^{-4}$	$3 . 10^{-1}$	$3{,}63 . 10^{-5}$
Óxidos de nitrogênio, NO_x (emitido para o ar na fase florestal)	$1{,}16 . 10^{-1}$	$4 . 10^{-2}$	$4{,}64 . 10^{-3}$
Óxidos de nitrogênio, NO_x (emitido para o ar na fase industrial)	$1{,}80 . 10^{-1}$	$4 . 10^{-2}$	$7{,}20 . 10^{-3}$
Dióxido de nitrogênio, NO_2 (emitido para o ar na fase florestal)	$7{,}00 . 10^{-3}$	$4 . 10^{-2}$	$2{,}80 . 10^{-4}$
Total			$1{,}79 . 10^{-2}$ kgN-eq

Fonte: Autoras.

Para a categoria de eutrofização marinha, óxidos de nitrogênio (NO_x) emitidos para o ar na fase florestal são os que mais contribuem para os potenciais impactos.

Referências

ABNT – Associação Brasileira de Normas Técnicas. NBR ISO 14040: Gestão Ambiental – Avaliação do Ciclo de Vida – Princípios e Estrutura. Rio de Janeiro: ABNT, 2009a.

ABNT – Associação Brasileira de Normas Técnicas. NBR ISO 14044: Gestão Ambiental – Avaliação do Ciclo de Vida – Requisitos e Orientações. Rio de Janeiro: ABNT, 2009b.

BARE, J.; GLORIA, T.; NORRIS, G. Development of the method and US normalization database for life cycle impact assessment and sustainability metrics. *Environmental Science and Technology,* 40:5108-5115, 2006.

BARE, J. C.; NORRIS, G. A.; PENNINGTON, D. W.; MCKONE, T. TRACI, The Tool for the Reduction and Assessment of Chemical and Other Environmental Impacts. *Journal of Industrial Ecology,* v. 6, n. 3-4, 2003.

BJØRN, A.; HAUSCHILD, M. Introducing carrying capacity-based normalisation in LCA: framework and development of references at midpoint level. *International Journal of Life Cycle Assessment,* 20:1005-1018, 2015.

BREEDVELD, L.; LAFLEUR, M.; BLONK, H. A framework for actualising normalisation data in LCA: Experiences in the Netherlands. *International Journal of Life Cycle Assessment,* 4:213-220, 1999.

CASTELLANI, V.; BENINI, L.; SALA, S.; PANT, R. A distance-to-target weighting method for Europe 2020. *International Journal of Life Cycle Assessment*, 21:1159-1169, 2016.

CRETTAZ, P.; RHOMBERG, L.; BRAND, K.; PENNINGTON, D. W.; JOLLIET, O. Assessing Human Health Response in Life Cycle Assessment using ED10s and DALYs: Carcinogenic Effects; *Int. J. of Risk Analysis,* 22 (5) 929-944, 2002.

DAHLBO, H.; KOSKELA, S.; PIHKOLA, H. *et al.* Comparison of different normalised LCIA results and their feasibility in communication. International Journal of Life Cycle Assessment, 18:850-860, 2013.

DE HAES, H. A. U.; FINNVEDEN, G.; GOEDKOOP, M.; HAUSCHILD, M. Z.; HERTWICH, E.; HOFSTETTER, P.; KLÖPFFER, W.; KREWITT, W.; LINDEIJER, E.; JOLLIET, O.; MUELLER-WENK, R.; OLSEN, S.; PENNINGTON, D.; POTTING, J.; STEEN, B. (eds) Life cycle impact assessment: striving towards best practice. *SETAC Press,* Pensacola, 2002. ISBN 1-880611-54-6.

SCHRYVER, A. M. de; BRAKKEE, K. W.; GOEDKOOP, M. J.; HUIJBREGTS, M. A. J. Characterization Factors for Global Warming in Life Cycle Assessment Based on Damages to Humans and Ecosystems. *Environmental Science and Technology,* 43 (6), 1689-1695, 2009.

FINNVEDEN, G.; ELDH, P.; JOHANSSON, J. Weighting in LCA based on ecotaxes: development of a mid-point method and experiences from case studies. *International Journal of Life Cycle Assessment*, 11:81-88, 2006.

FRISCHKNECHT, R.; STEINER, R.; JUNGBLUTH, N. The ecological scarcity method – eco-factors 2006. A method for impact assessment in LCA. *Federal Office for the Environment* (FOEN): Bern, 2009.

GUINÉE, J.; HEIJUNGS, R. A proposal for the classification of toxic substances within the framework of life cycle assessment of products. *Chemosphere*, v. 26, n. 10, p. 1925-1944, 1993.

GUINÉE, J. B. (ED.), M. GORRÉE, R. HEIJUNGS, G. HUPPES, R. KLEIJN, A. DE KONING, L. VAN OERS, A. WEGENER SLEESWIJK, S.SUH, H.A. UDO DE HAES, J.A. DE BRUIJN, R. VAN DUIN AND M.A.J. HUIJBREGTS. *Handbook on life cycle assessment:* operational guide to the iso standards. series: eco-efficiency in industry and science. Dordrecht, Holanda: Kluwer Academic Publishers, 2002. Paperback, ISBN 1-4020-0557-1

GOEDKOOP, M. *et al. ReCiPe 2008:* A life cycle impact assessment method which comprises harmonized category indicators at the midpoint and the endpoint level. First edition. Report I: Characterisation. Ruimte em Milieu Ministerie van Volkshuisvesting, Ruimtelijke Ordening en Milieubeheer, 2009.

HAUSCHILD, M.Z.; HUIJBREGTS, M.A.J; (ed) *Life cycle impact assessment in*: LCA compendium – the complete world of life cycle assessment. Springer, 349 p. ISBN 978-94-017-9743-6.

HAUSCHILD, M. Z.; WENZEL, H. *Environmental assessment of products*. Vol. 2 - Scientific background, 565 p. Chapman & Hall, United Kingdom: Kluwer Academic Publishers, 1998. Hingham, MA. USA. ISBN 0412 80810 2.

HAUSCHILD, M.; POTTING, J. *Spatial differentiation in life cycle impact assessment*: the EDIP2003 methodology. Environmental News no. 80. The Danish Ministry of the Environment, Environmental Protection Agency, Copenhagen, 2005.

HAUSCHILD, M.; HUIJBREGTS, M.; JOLLIET, O.; MACLEOD, M.; MARGNI, M.; PAYET, J.; SCHUHMACHER, M.; VAN DE MEENT, D.; MCKONE, T. Building a Consensus Model for Life Cycle Impact Assessment of Chemicals: The Search for Harmony and Parsimony. *Environmental Science and Technology*, 2008, 42 (19), 7032-7037.

HERTWICH, E. G.; PEASE, W. S.; KOSHLAND, C.P. Evaluating the environmental impact of products and production processes: A comparison of six methods. *The Science of the Total Environment*, 196: 13-29, 1997.

HERTWICH, E. G.; PEASE, W. S. McKONE, T. E. Evaluating toxic impact assessment methods: What works best? *Environmental Science and Technology*, 32:A138 - A144, 1998.

HERTWICH, E.; MCKONE, T. PEASE, W. Parameter uncertainty and variability in evaluative fate and exposure models. *Risk Analysis*, 19: 1193-1204, 1999.

HERTWICH, E. G.; MATALES, S. F.; PEASE, W. S.; MCKONE, T. E. Human Toxicity Potentials for life cycle analysis and toxics release inventory risk screening. *Environmental Toxicology and Chemistry*, 20:928-939, 2001.

HUIJBREGTS, M. A. J.; STRUIJS, J.; GOEDKOOP, M.; HEIJUNGS, R.; HENDRIKS, A. J.; VAN DE MEENT, D. Human population intake fractions and environmental fate factors of toxic pollutants in Life Cycle Impact Assessment. *Chemosphere*, 61 (10): 1495-1504, 2005a.

HUIJBREGTS, M. A. J.; ROMBOUTS, L. J. A.; RAGAS, A. M. J.; VAN DE MEENT, D. Human toxicological effect and damage factors of carcinogenic and non-carcinogenic chemicals for life cycle impact assessment. *Integrated Environmental Assessment and Management*, 1 (3): 181-244, 2005b.

HUIJBREGTS, M. A. J.; STEINMANN, Z. J.; ELSHOUT, P. M. F.; STAM, G.; VERONES, F.; VIEIRA, M.D.M.; ZIJP, M.; VAN ZELM, R. *ReCiPe 2016:* a harmonized life cycle impact assessment method at midpoint and enpoint level - Report 1: Characterization 194 p. National Institute for Public Health and the Environment: Bilthoven, The Netherlands, 2016.

HUPPES, G.; VAN OERS, L. Background review of existing weighting approaches in life cycle impact assessment (LCIA). Joint Research Centre - Institute for Environment and Sustainability. *European Union:* Luxembourg, 2011.

JOINT RESEARCH CENTRE OF THE EUROPEAN COMMISSION (EC-JRC). *General guide for Life Cycle Assessment – Detailed guidance.* ILCD Handbook International Reference Life Cycle Data System, European Union, 2010.

JOLLIET, O.; ANTON, A.; BOULAY, A.-M.; CHERUBINI, F.; FANTKE, P.; LEVASSEUR, A.; MCKONE, T. E.; MICHELSEN, O.; MILÀ I CANALS, L.; MOTOSHITA, M.; *et al.* Global Guidance on Environmental Life Cycle Impact Assessment Indicators: Impacts of

Climate Change, Fine Particulate Matter Formation, Water Consumption and Land Use. *International Journal of Life Cycle Assessment*. 2018. https://doi.org/10.1007/s11367-018-1443-y

JOLLIET, O.; MÜLLER-WENK, R.; BARE, J. C.; BRENT, A.; GOEDKOOP, M.; HEIJUNGS, R.; ITSUBO, N.; PEÑA, C.; PENNINGTON, D.; POTTING, J.; REBITZER, G.; STEWART, M.; UDO DE HAES, H. WEIDEMA, B. The LCIA Midpoint-damage Framework of the UNEP/SETAC Life Cycle Initiative. *International Journal of Life Cycle Assessment*, 9 (6): 394-404, 2004.

NORRIS, G. A. The requirement for congruence in normalization. *The International Journal of Life Cycle Assessment*, 6:85-88, 2001.

NORRIS, G. Impact characterisation in the tool for the reduction and assessment of chemical and other environmental impacts: Methods for acidification, eutrophication, and ozone formation. *Journal of Industrial Ecology*, 6 (3/4): 83-105, 2002.

NORRIS, G. A.; MARSHALL, H. E. *Multiattribute decision analysis method for evaluating buildings and building systems*. Building and Fire Research Laboratory, National Institute of Standards and Technology, Gaithersburg, 1995.

PAYET, J. *Assessing toxic impacts on aquatic ecosystems in LCA*. 2002. 232 p. Thesis 3112, Ecole Polytechnique Fédérale de Lausanne, 2004.

PENNINGTON, D. W.; MARGNI, M.; AMMAN, C.; JOLLIET, O. Multimedia Fate and Human Intake Modeling: Spatial versus Non-Spatial Insights for Chemical Emissions in Western Europe. *Environmental Science and Technology*, 39, (4), p. 1119-1128, 2005.

PENNINGTON, D. W.; MARGNI, M.; PAYET, J.; JOLLIET, O. Risk and Regulatory Hazard-Based Toxicological Effect Indicators in Life-Cycle Assessment (LCA). *Human and Ecological Risk Assessment*, v. 12, n. 3, p. 450-475, 2006.

PIZZOL, M.; LAURENT, A.; SALA, S.; WEIDEMA, B.; VERONES, F.; KOFFLER, C. Normalisation and weighting in life cycle assessment: *quo vadis? The International Journal of Life Cycle Assessment*, 22:853-866, 2017.

POTTING, J.; HAUSCHILD, M. Spatial differentiation in life cycle impact assessment – the EDIP2003 methodology. *Environmental News no. 80*. The Danish Ministry of the Environment, Environmental Protection Agency, Copenhagen, 2005.

PRADO, V.; WENDER, B. A.; SEAGER, T.P. Interpretation of comparative LCAs: external normalization and a method of mutual differences *International Journal of Life Cycle Assessment*, 22 (2017), p. 2018-2029, 10.1007/s11367-017-1281-3

REAP, J. *et al.* A survey of unresolved problems in life cycle assessment. *The International Journal of Life Cycle Assessment*, v. 13, n. 5, p. 374-388, 2008.

RIDOUTT, B.; FANTKE, P.; PFISTER, S. *et al.* Making sense of the minefield of footprint indicators. *Environmental Science and Technology*, 49:2601-2603, 2015.

ROCHAT, D.; MARGNI, M.; JOLLIET, O. Continent-specific Intake Fractions and Characterization Factors for Toxic Emissions: Does it make a Difference? *The International Journal of Life Cycle Assessment*, 11 Special issue 1:55-63, 2006.

ROSENBAUM, R. *Multimedia and food chain modelling of toxics for comparative risk and life cycle impact assessment*. Thesis 3539, Ecole Polytechnique Fédérale de Lausanne, 2006.

ROSENBAUM, R. K.; BACHMANN, T. M.; GOLD, L. S.; HUIJBREGTS, M. A. J.; JOLLIET, O.; JURASKE, R.; KÖHLER, A.; LARSEN, H. F.; MACLEOD, M.; MARGNI, M.; MCKONE, T. E.; PAYET, J.; SCHUHMACHER, M.; VAN DE MEENT, D.; HAUSCHILD, M. Z. USEtox - The UNEP SETAC toxicity model: recommended characterisation factors for human toxicity and freshwater ecotoxicity in Life Cycle Impact Assessment. *International Journal of Life Cycle Assessment,* 13 (7), 532-546, 2008.

ROSENBAUM, R.; MARGNI, M.; JOLLIET, O. A flexible matrix algebra framework for the multimedia multipathway modeling of emission to impacts. *Environment international,* v. 33, n. 5, p. 624-634, 2007.

SLEESWIJK, A. W.; VAN OERS, L. F. C. M.; GUINÉE, J. B. *et al.* Normalisation in product life cycle assessment: An LCA of the global and European economic systems in the year 2000. *Science of the Total Environment,* 390:227-240, 2008.

UGAYA, C. M. L.; ALMEIDA NETO, J. A.; FIGUEIREDO, M. C. B. Recomendação de Modelos de Avaliação de Impacto do Ciclo de Vida para o Contexto Brasileiro. *Relatório da rede de pesquisa de avaliação do impacto do ciclo de vida - RAICV.* Brasília: IBICT/MCT, 2019.

UUSITALO, V.; KUOKKANEN, A.; GRÖNMAN, K.; KO, N.; MÄKINEN, H.; KOISTINEN, K. Environmental sustainability assessment from planetary boundaries perspective–A case study of an organic sheep farm in Finland. *Science of The Total Environment,* 687, 168-176, 2019.

VAN DE MEENT, D.; HUIJBREGTS, M. A. J. Evaluating ecotoxicological effect factors based on the Potentially Affected Fraction of species. *Environmental Toxicology and Chemistry,* 24(6): 1573-1578, 2005.

VAN ZELM, R.; HUIJBREGTS, M. A. J.; VAN JAARSVELD, H. A.; REINDS, G. J.; DE ZWART, D.; STRUIJS, J.; VAN DE MEENT, D. Time horizon dependent characterization factors for acidification in lifecycle impact assessment based on the disappeared fraction of plant species in European forests. *Environmental Science and Technology,* 41: 922-927, 2007a.

VAN ZELM, R.; HUIJBREGTS, M. A. J.; HARBERS, J. V.; WINTERSEN, A.; STRUIJS, J.; POSTHUMA, L.; VAN DE MEENT, D. Uncertainty in msPAF-based ecotoxicological freshwater effect factors for chemicals with a non-specific mode of action in life cycle impact assessment. *Integrated Environmental Assessment and Management,* 3 (2): 203-210, 2007b.

VERONES, F. *et al.* LCIA framework and cross-cutting issues guidance within the UNEP-SETAC Life Cycle Initiative. *Journal of Cleaner Production,* v. 161, p. 957-967, 2017.

WEGENER SLEESWIJK, A.; VAN OERS, L.; GUINÉE, J.; STRUIJS, J.; HUIJBREGTS, M. A. J. Normalisation in product life cycle assessment: An LCA of the global and European economic systems in the year 2000. *Science of the Total Environment,* 390 (1): 227-240, 2008.

WENZEL, H.; HAUSCHILD, M. Z.; ALTING, L. *Environmental assessment of products.* Vol. 1 - Methodology, tools and case studies in product development, Chapman & Hall, United Kingdom, Kluwer Academic Publishers, Hingham, MA. USA, 1997. 544 pp. ISBN 0 412 80800 5.

CAPÍTULO

6

ACV – Interpretação de Resultados

Dra. Marcella Ruschi Mendes Saade

Université de Sherbrooke
2500, Boulevard de l'Université
J1K 2R1, Sherbrooke-Québec/Canadá

Profa. Dra. Vanessa Gomes

Universidade Estadual de Campinas - Unicamp
R. Saturnino de Brito, 224 - Cidade Universitária
13083-889, Campinas-SP/Brasil

Profa. Dra. Maristela Gomes da Silva

Universidade Federal do Espírito Santo - UFES
Av. Fernando Ferrari, 514 - Goiabeiras
29075-910, Vitória-ES/Brasil

6 ACV – Interpretação de Resultados

6.1 Introdução

À medida que a ACV ganha espaço como suporte à tomada de decisão tanto na esfera industrial quanto na elaboração de políticas, a interpretação cuidadosa dos resultados finais torna-se crucial para determinar a sua confiabilidade e comunicá-los de forma acurada, completa e justa (SKONE, 2000).

A maioria dos estudos de ACV atualmente disponíveis aponta como resultados valores determinísticos muito definidos (indicados na Figura 1 como μ_1; μ_2 e μ_3), que sugerem um falso senso de certeza, mas, na verdade, nublam o processo decisório (POMPONI *et al.*, 2017).

Exclusivamente a partir de tais valores determinísticos, o analista veria apenas a ponta do iceberg e possivelmente concluiria que "a alternativa 1 tem maior impacto que as alternativas 2 ou 3", ignorando o fato dessas últimas apresentarem desvios-padrões (e, consequentemente, variâncias) muito maiores, enquanto a distribuição probabilística da alternativa 1 aponta uma faixa muito mais estreita de variação de resultados em torno do valor central. Dessa perspectiva, a alternativa 1 torna-se igual ou mais atrativa que as demais, e a importância de se analisar as incertezas envolvidas na avaliação torna-se, então, muito evidente.

Ao realizar a análise de inventário e a avaliação de impactos do ciclo de vida, o analista faz estimativas e suposições e toma decisões metodológicas subjetivas. Todas estas considerações devem ser comunicadas e seus efeitos mensurados, a fim de assegurar a correta compreensão dos resultados. Apesar de ser conhecida como a quarta etapa de uma ACV (ver Capítulo 3), na realidade, as atividades de interpretação permeiam o estudo durante toda a sua condução (ABNT, 2009b). Justamente pela sua natureza ampla e iterativa, é comum que estudos de ACV não apresentem esta etapa separadamente.

Figura 1 • Probabilidade de ocorrência do valor determinístico e variância de resultados de ACV para três alternativas hipotéticas

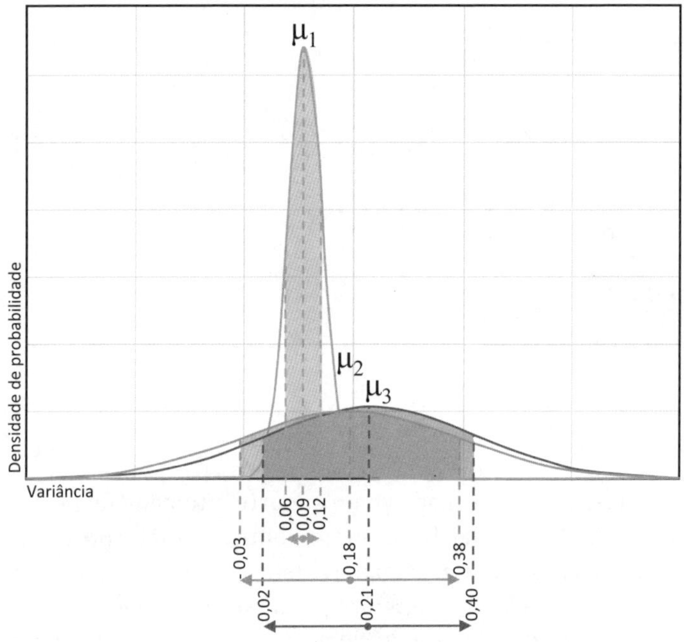

Fonte: Autoras.

As atividades de interpretação recomendadas na ABNT NBR ISO 14044:2009 compreendem: i) identificação de questões significativas; ii) avaliação dos dados por meio de verificações de completeza, sensibilidade e consistência, entre outras; e iii) conclusões e recomendações (Figura 2). Ainda que tratada na norma, esta etapa da ACV é notadamente menos sistematizada que as demais. A interpretação é, também, frequentemente entendida como uma avaliação qualitativa (KLÖPFFER; GRAHL, 2014), quando, na verdade, representa a oportunidade para observação ampliada e aprofundada dos resultados obtidos na ACV, e são frequentes os estudos sem qualquer alusão às incertezas do resultado ou à consistência das escolhas metodológicas com o objetivo e escopo previamente delineados.

Dado o importante papel da fase de interpretação dentro da técnica de ACV, este capítulo expande e discute as diretrizes estabelecidas na normalização internacional específica (ABNT, 2009a,b) e evidencia a robustez matemática que deve acompanhar as conclusões formuladas nessa etapa.

6.2 Identificação de Questões Significativas

A realização de uma ACV utiliza enorme quantidade de dados, o que inviabiliza a verificação de todos os parâmetros envolvidos. A *identificação de questões significativas* (ou "análise de pontos críticos", em tradução livre da expressão em inglês "*hotspots analysis*") visa otimizar o trabalho matemático a ser conduzido na etapa de interpretação. As informações da análise de inventário e da avaliação de impactos são revisadas para detectar os parâmetros que apresentem diferença quantitativa significativa em relação aos demais (KLÖPFFER; GRAHL, 2014). Esse procedimento (ver Figura 2) permite filtrar e orientar as verificações subsequentes, concentradas nos parâmetros e escolhas com maior contribuição para os resultados obtidos.

A ABNT NBR ISO 14044:2009 não determina os tipos de elementos a serem avaliados ou valores de contribuição que caracterizem criticidade. Cabe ao analista de ACV defini-los. Parâmetros significativos podem ser dados de inventário, categorias de impacto ou contribuições de fases do ciclo de vida aos resultados, como a contribuição de processos elementares individuais ou grupos de processos (por exemplo: transporte ou geração de energia) (ABNT, 2009b).

Figura 2 • Relação entre os elementos da fase de interpretação com as demais fases da ACV

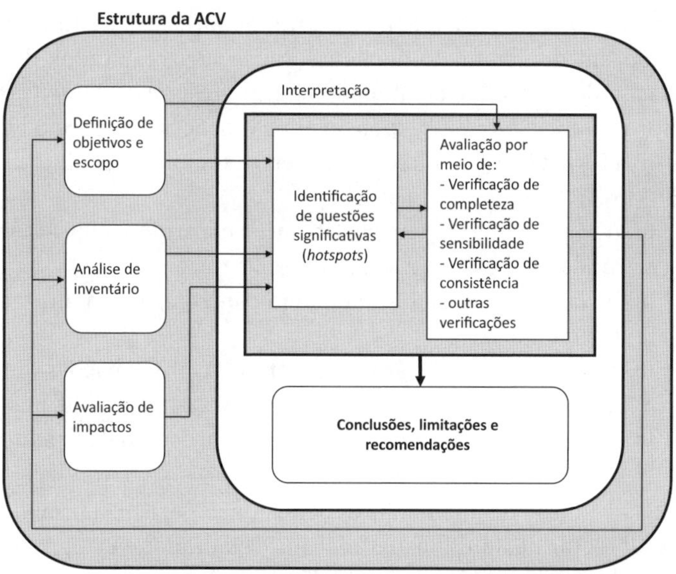

Fonte: Adaptado da ABNT NBR ISO 14044:2009 (ABNT, 2009b).

Dentre as abordagens recomendadas para avaliar a significância dos elementos estão: i) análise de contribuição; ii) análise de dominância; iii) análise de influência; e iv) avaliação de anomalias (ABNT, 2009b; SKONE, 2000).

A análise de contribuição é, simplesmente, a determinação quantitativa de todas as partes que compõem o resultado (KLÖPFFER; GRAHL, 2014), evidenciando a contribuição individual de cada uma. Tipicamente apresentada como uma porcentagem de um resultado final, a contribuição pode apontar, por exemplo, a importância de um ou vários processos unitários ou fases do ciclo de vida para o resultado final de uma ACV, ou de um fluxo elementar ou intermediário para uma determinada categoria de impacto.

Já a análise de dominância dá um passo adiante e utiliza ferramentas estatísticas ou rankings quantitativos ou qualitativos para identificar a *relevância* da contribuição dos diferentes elementos. O "Guia para Interpretação de Resultados de ACV", desenvolvido pela Comissão Europeia (ZAMPORI *et al.*, 2016), por exemplo, estabelece como *critério de relevância* a participação igual ou superior a 80% no resultado final para qualquer categoria de impacto, alcançada pela soma de processos elementares (ou grupos de processos de mesma característica, como "transporte") ou pela soma de etapas do ciclo de vida ou de fluxos elementares. O guia também determina que qualquer fluxo elementar que individualmente corresponda a mais de 5% do resultado final de uma categoria de impacto seja considerado relevante.

A análise de influência determina o *grau de influência*, isto é: o efeito que uma alteração em determinado elemento causa nos resultados do inventário ou da avaliação de impactos, combinado com o *nível de controle* (pelo analista de ACV, empresa fabricante ou responsável pelo processo) sobre o elemento em questão. A ABNT NBR ISO 14044:2009 dá como exemplo a seguinte classificação qualitativa:

a. Fluxo sobre o qual se tem significativo controle, e cuja alteração implica grande melhoria para o resultado.
b. Fluxo sobre o qual se tem pequeno controle, e cuja alteração implica alguma melhoria.
c. Fluxo sobre o qual não se tem controle. As informações obtidas com a análise de influência podem auxiliar investigações que busquem a minimização de impactos de determinado processo de produção.

Por fim, a avaliação de anomalias depende da experiência prévia do analista de ACV para detectar desvios inesperados nos resultados e examinar cuidadosamente a sua relevância no resultado final. Anomalias podem representar erros de cálculo ou de representatividade, e sua identificação pode alimentar estratégias de melhoria na condução do estudo. As limitações e suposições estabelecidas ainda na fase de definição de escopo da ACV (rever Capítulo 3) também podem representar fontes de anomalias no final do estudo, que precisarão ser revisadas durante esta fase de interpretação dos resultados da ACV.

As Tabelas 1 e 2 mostram exemplos de estruturação de fluxos de inventário (Tabela 1) para posterior análise de contribuição (Tabela 2), conduzidas em estudo hipotético (JAMES; GALATOLA, 2015). Exemplos das demais abordagens aqui descritas podem ser encontrados no anexo III da ABNT NBR ISO 14044:2009 (ABNT, 2009b).

Tabela 1 • Resultados de AICV para a categoria "mudança climática", expressos em gCO_{2eq}

Fluxo de inventário	Substância 1 (gCO_{2eq})	Substância 2 (gCO_{2eq})	Substância 3 (gCO_{2eq})	Substância 4 (gCO_{2eq})	Substância 5 (gCO_{2eq})	Total (gCO_{2eq})
Processo A	249	85	6	45	5	390
Processo B	1100	600	500	450	50	2700
Processo C	300	250	20	30	430	1030
Processo D	60	30	20	10	5	125
Processo E	64	1	1	1	1	68
Processo F	15	10	8	5	3	41
Outros processos	15	10	8	5	3	41
Total	**1803**	**986**	**563**	**546**	**497**	**4395**

Fonte: Adaptado de James e Galatola (2015).

Tabela 2 • Análise de contribuição e dominância dos fluxos das substâncias 1 a 5 (destacadas em cinza) mais relevantes para o resultado final da categoria de mudança climática

Fluxo de inventário	Substância 1	Substância 2	Substância 3	Substância 4	Substância 5	Total
Processo A	5,7%	1,9%	0,1%	1,0%	0,1%	8,8%
Processo B	25,0%	13,7%	11,4%	10,2%	1,1%	61,4%
Processo C	6,8%	5,7%	0,5%	0,7%	9,8%	23,5%
Processo D	1,4%	0,7%	0,5%	0,2%	0,1%	2,9%
Processo E	1,5%	0,0%	0,0%	0,0%	0,0%	1,5%
Processo F	0,3%	0,2%	0,2%	0,1%	0,1%	0,9%
Outros processos	0,3%	0,2%	0,2%	0,1%	0,1%	0,9%
Total	**41,0%**	**22,4%**	**12,9%**	**12,3%**	**11,3%**	**100%**

Fonte: Adaptado de James e Galatola (2015), adotando os critérios de relevância sugeridos por Zampori *et al.* (2016).

6.3 Verificação

A função da verificação é de assegurar confiabilidade aos resultados da ACV e, em específico, aos parâmetros significativos identificados. Os resultados da verificação devem fornecer um panorama claro dos desfechos do estudo a quaisquer partes interessadas. A ABNT NBR ISO 14044:2009 recomenda o uso de três diferentes técnicas: i) verificação de completeza; ii) verificação de consistência; e iii) verificação de sensibilidade (ABNT, 2009b).

Na verificação de completeza, o analista confirma que todas as informações e dados relevantes para a interpretação do estudo estejam disponíveis e completos. Se alguma informação considerada relevante pela *identificação de questões significativas* ou pelo conhecimento prévio do processo e de seus componentes estiver faltando, deve-se avaliar sua necessidade para satisfazer o objetivo proposto do estudo. Se possível, os dados da análise de inventário e/ou da avaliação de impactos deverão ser complementados ou otimizados, e os cálculos realimentados iterativamente. Alternativamente, pode-se ajustar o objetivo e o escopo para considerar as limitações encontradas, o que significa que, em alguns casos, a expectativa de qualidade ou completeza da ACV precisará ser reduzida para se assegurar a consistência do estudo (KLÖPFFER; GRAHL, 2014).

A verificação de consistência avalia se todas as suposições feitas, e se os métodos, quantidade e qualidade de dados utilizados no estudo foram consistentes com o objetivo e escopo previamente delimitados. A ABNT NBR ISO 14044:2009 sugere que o analista considere quatro aspectos principais:

- As diferenças na qualidade dos dados em um determinado sistema de produto ou entre diferentes sistemas de produto estão consistentes com a expectativa delimitada no objetivo e escopo do estudo?
- As diferenças regionais e/ou temporais, se existentes, foram aplicadas consistentemente em um mesmo — ou entre diferente(s) — sistema(s) de produto?
- Os critérios de alocação e as fronteiras de sistema foram aplicados consistentemente em todos os sistemas de produto?
- Os elementos da avaliação de impactos foram consistentemente aplicados?

A ABNT NBR ISO 14044:2009 cita, como exemplos de inconsistência, as diferenças na: i) fonte dos dados, por exemplo: a alternativa A se baseia em dados de literatura, enquanto na alternativa B foram utilizados dados primários; ii) precisão dos dados utilizados em cada alternativa; iii) fronteira tecnológica, por exemplo: dados para alternativa A são experimentais, enquanto, para a alternativa B, são baseados em tecnologia aplicada em larga escala; iv) cobertura temporal, por exemplo: referente à idade dos dados coletados para cada alternativa ou processo; e (v) cobertura geográfica, por exemplo: dados coletados representando produção local para uma alternativa ou processo, enquanto as demais alternativas ou processos utilizam dados de produção nacional.

Finalmente, a verificação de sensibilidade avalia se a incerteza relacionada aos elementos críticos identificados no início da etapa de interpretação afeta a confiabilidade das conclusões e recomendações elaboradas (SKONE, 2000). É nesta verificação que são incluídos os resultados das análises de incerteza ou de sensibilidade no inventário ou na avaliação de impactos. Por serem frequentemente confundidas, convém ressaltar que a análise de incerteza visa entender a *variabilidade* dos resultados finais, enquanto a análise de sensibilidade visa entender a *influência dos parâmetros de entrada* sobre os resultados finais.

A ABNT NBR ISO 14044:2009 prevê a condução de "outras verificações" (Figura 2) que possam suplementar esta etapa. As seções a seguir exploram mais profundamente os conceitos de análises de incerteza e sensibilidade, procedimentos estatísticos que trazem robustez para a verificação.

6.4 Análise de Incerteza

Incertezas são inevitáveis em uma abordagem de ciclo de vida e negligenciá-las no resultado da análise pode levar a conclusões tendenciosas ou mesmo incorretas. A consideração de incertezas torna-se ainda mais importante em avaliações que compreendam sistemas com alta complexidade e longo ciclo de vida. Adicionalmente, a ACV vem sendo crescentemente utilizada como apoio a processos decisórios. A qualidade da informação que ampara a decisão deve ser conhecida para que decisões confiáveis possam ser tomadas.

Há basicamente dois grandes grupos de fontes de incertezas: aleatórias e epistêmicas. Ambas são frequentemente presentes em ACV. A incerteza epistêmica resulta da descrição imperfeita da realidade nos modelos utilizados para representá-la, seja pela insuficiência dos dados, imprecisões de medida ou estimativa, ou desconhecimento do valor real. Já a incerteza aleatória refere-se à variabilidade (geográfica, temporal, tecnológica) na informação observada, decorrente da aleatoriedade do fenômeno subjacente (IGOS *et al.*, 2018).

Já quanto ao tipo de incerteza, existem várias classificações na literatura (para exemplo, rever Seção 4.2.3. Incertezas do Capítulo 4), mas a mais frequentemente utilizada as distingue entre incertezas de parâmetro, de modelo e resultantes de escolhas (HUIJBREGTS, 2001), também chamadas de "incertezas de cenário". No primeiro grupo, estão a mensuração imprecisa, incompleta ou desatualizada, ou a ausência de dados no inventário e nos modelos. As incertezas de modelo são introduzidas, por exemplo, pelo emprego de modelos simplificados ou lineares, e pela desconsideração de informações geográficas e temporais na análise de inventário. Finalmente, as incertezas resultantes de escolhas (ou de cenário) referem-se a decisões normativas feitas pelo analista, como na definição de unidades funcionais, critérios de alocação, e adoção de métodos de caracterização, ponderação, e avaliação de impacto.

Cada aspecto ambiental modelado introduz uma incerteza inerente, e cada escolha leva a uma variabilidade do resultado da análise. Conhecer as fontes e tipos de incertezas é importante para determinar a melhor forma para abordá-las (HEIJUNGS; HUIJBREGTS, 2004; GERVASIO, 2018).

Diferentes abordagens estatísticas podem ser utilizadas para consideração de incertezas na ACV (HEIJUNGS; HUIJBREGTS, 2004): i) análise de cenários, em que diferentes conjuntos de dados, modelos e/ou escolhas normativas são contrastados; ii) métodos de amostragem, como simulação de Monte Carlo; iii) métodos analíticos com base em expressões matemáticas; e iv) métodos não tradicionais, como conjuntos *fuzzy*, métodos bayesianos e redes neurais, entre outros.

Dentre as abordagens quantitativas para analisar e propagar incertezas em ACV, o uso de modelagem estocástica (por meio de distribuições probabilísticas) é claramente dominante, presente em torno de 67% dos estudos publicados (LLOYD; RIES, 2007), sendo a simulação de Monte Carlo a abordagem de amostragem mais frequentemente empregada. O objetivo é, basicamente, propagar a incerteza de cada parâmetro que compõe o modelo para obter a distribuição que representa a incerteza no modelo completo, e, então, estimar a faixa de incerteza atrelada ao resultado final.

O primeiro passo consiste na identificação de todos os parâmetros do modelo que possam influenciar o resultado da análise. Assumindo que as incertezas nos parâmetros do modelo possam ser representadas por distribuições de probabilidade, procede-se à caracterização da incerteza, isto é: seleciona-se, com base em medições, dados de literatura, julgamento especializado ou do próprio analista, a função de distribuição de probabilidade que melhor se ajuste a cada "input". O analista estima ou assume, com base na melhor informação disponível, que os valores de cada variável de entrada seguem uma determinada distribuição probabilística.

Existem vários tipos de distribuição probabilística (Quadro 1). A opção por um deles dependerá do nível de conhecimento disponível sobre a variável em questão. A distribuição probabilística mais simples é a distribuição uniforme, que requer apenas os limites inferior e superior para descrevê-la. Já a distribuição triangular é uma distribuição de probabilidade contínua com limite inferior a; limite superior b; e moda c, em que $a<b$ e $a \leq c \leq b$. Estimativas de três pontos são bastante utilizadas em engenharia, em situações de dados escassos e de levantamento excessivamente custoso ou inviável, mas com relação entre os dados razoavelmente conhecida ao ponto de permitir que o analista estime a moda (valor mais frequente) com base em sua experiência. A adição desse terceiro ponto

conhecido oferece algum acréscimo de informação relativamente às distribuições uniformes.

A distribuição normal é outra distribuição probabilística contínua, descrita por sua média (que coincide com a moda e a mediana) e desvio-padrão. A distribuição normal é particularmente útil devido ao teorema do limite central, que basicamente afirma que, quando o número de observações é suficientemente grande, as médias de amostras de observações de variáveis aleatórias convergem para uma distribuição normal, independentemente das distribuições independentes.

Quadro 1 • Distribuições probabilísticas mais comuns e respectivos parâmetros descritivos necessários para a modelagem da incerteza

Tipo de distribuição	Parâmetros necessários	Representação gráfica
Uniforme	Valores máximo e mínimo (A e B)	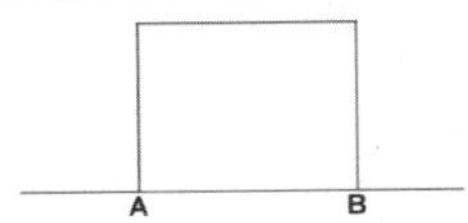
Triangular	Valores máximo e mínimo e moda (A)	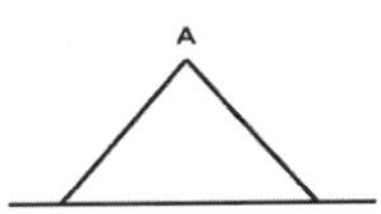
Normal	Média aritmética e desvio-padrão	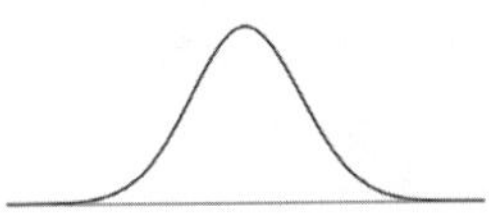
Log-normal	Média geométrica e desvio-padrão	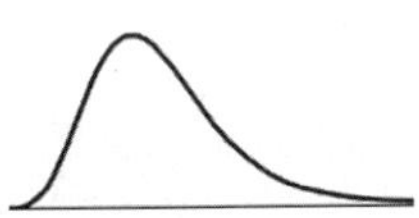

Fonte: Autoras.

Na distribuição log-normal, o logaritmo da variável aleatória é normalmente distribuído. A distribuição é descrita pela média e desvio-padrão dos logaritmos da variável aleatória, e é útil para descrever fenômenos naturais, cujo crescimento é frequentemente impulsionado pelo acúmulo de uma série de pequenas mudanças percentuais até que se tornem aditivos em uma escala logarítmica. Por essa razão, essa é a "distribuição-default" adotada pela base de dados internacional **"Ecoinvent"**, cuja pertinência foi recentemente validada por Qin e Suh (2017).

A essa altura, é possível estimar uma faixa de valores (incerteza) para cada variável de entrada. Uma vez selecionada a distribuição mais adequada de cada "input", procede-se com a propagação da incerteza desses "inputs" no resultado. Suponha que um analista deseje mensurar a incerteza do resultado obtido para a categoria de mudança climática. Os fluxos elementares de emissões de gases-estufa em seu inventário possuem distribuição probabilística já identificada. Considera-se, então, um valor retirado aleatoriamente de cada distribuição referente à emissão dos gases estufa, que, por sua vez, é multiplicado pelo fator de caracterização correspondente e adicionado aos demais produtos de outros gases-estufa. Esse cálculo fornece um valor determinístico de Potencial de aquecimento global (GWP, acrônimo de *"Global Warming Potential"*). Na simulação de Monte Carlo, esse procedimento é repetido iterativamente, normalmente entre 100 e 10 mil vezes, obtendo uma amostragem de soluções (ANG; TANG, 2007) com diferentes resultados para o potencial de aquecimento global, e que indica a probabilidade de ocorrência de cada resultado dentro de determinado intervalo (Figura 3). Cada coluna no histograma da Figura 3 representa a função de distribuição probabilística (PDF), isto é, a probabilidade de ocorrência de determinado valor de GWP. A curva laranja representa a Função de Distribuição Acumulada (CDF) correspondente e ilustra, de maneira acumulada, a probabilidade de ocorrência de valores iguais ou inferiores aos descritos no eixo x.

Figura 3 • Propagação de incerteza do resultado da categoria de mudança climática de uma ACV de edificação, utilizando simulação de Monte Carlo

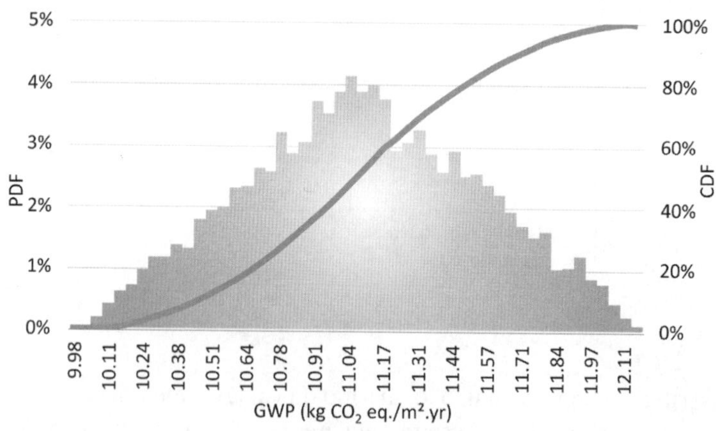

Fonte: Gervasio (2008).

A utilidade da simulação de Monte Carlo reside na premissa de que um número suficiente de tentativas é feito para que se possa fazer afirmações sobre a distribuição de dados e a incerteza relacionada a eles, a partir do cálculo das estatísticas correspondentes (POMPONI *et al.*, 2017). À medida que as iterações progridem, os valores simulados se acumulam em uma amostra de tamanho crescente. Quanto mais iterações ocorrerem, mais a amostra — e as estatísticas correspondentes — se aproximará da população e suas estatísticas.

A adoção de distribuições que descrevam bem o conjunto de dados possibilita reduzir o número de iterações necessárias na simulação de Monte Carlo para alcançar a convergência das médias amostrais estimadas. A partir de um número muito alto de iterações (10^7, por exemplo), o teorema do limite central, descrito anteriormente, prevalece. Assim, o tipo de distribuição de dados adotado e o número de pontos de dados na amostra original fazem pouca diferença (POMPONI *et al.*, 2017), mas à custa de um esforço computacional adicional, que passa a ser a limitação prática às simulações.

Basicamente, o que define o número de iterações necessárias é o atendimento de um determinado critério de convergência: os valores calculados de média amostral se estabilizam dentro de uma margem percentual de erro máxima tolerada, para um nível de confiança especificado. É possível verificar a taxa de convergência ao plotar a média estimada versus o número de iterações necessárias. As médias estimadas convergirão para um valor específico (média verdadeira), e iterações adicionais já não o alterarão significativamente.

A Figura 4(a) ilustra a representação gráfica mais comum de análises de incerteza em ACV, utilizando as chamadas "barras de erro", que indicam apenas a faixa de resultados. A probabilidade de ocorrência dos valores dentro do intervalo descrito pelas barras segue a distribuição dos resultados obtida na propagação de incerteza [Figura 4(b)]. A representação em *"boxplot"* da Figura 4(b) sintetiza os parâmetros estatísticos que descrevem a função de distribuição probabilística do resultado obtido. Percebe-se que valores próximos aos limites inferior e superior da barra possuem menor probabilidade de ocorrência, enquanto o valor representado pela extremidade da própria coluna é aquele com maior chance de ocorrer [Figura 4(b)].

Figura 4 • Faixas de incerteza nos valores de Potencial de aquecimento global (GWP) para diferentes alternativas

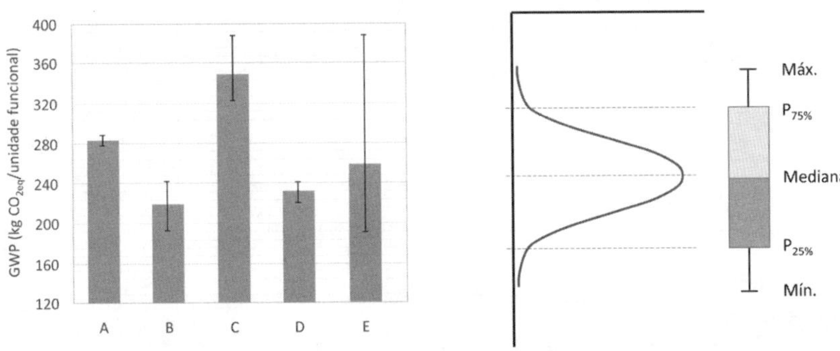

(a) (b)

Fonte: Autoras.

O exemplo ilustrado na Figura 4(a) aponta que as alternativas A e C possuem impacto indiscutivelmente maior que B e D. Já a distinção entre as demais alternativas é menos clara: apesar de D apresentar valor determinístico mais alto e uma distribuição mais concentrada em torno da mediana do que B, ao se considerar a distribuição de probabilidade de resultados, no extremo superior, essas alternativas se aproximam. Com base exclusivamente no valor determinístico, a alternativa E poderia ser inicialmente entendida como menos impactante que C, mas existe a possibilidade de ocorrência de valores máximos equivalentes aos de C.

A Figura 4 indica resultados da chamada incerteza absoluta dos dados. Quando existem sobreposições nas distribuições de duas alternativas (como entre C e E), as comparações tornam-se menos óbvias. Deve-se, portanto, avaliar a incerteza da diferença entre as alternativas, medindo a probabilidade de uma ser mais impactante que a outra. Por meio de simulações de Monte Carlo, por exemplo, determina-se quantas vezes as iterações mostram o produto E como a alternativa com menor impacto para estimar a probabilidade de E ser melhor que C. Um exemplo deste tipo de análise foi descrito por Cherubini *et al.* (2018), que avaliaram a incerteza dos resultados de uma comparação entre dois tipos de produção suína considerando a variabilidade advinda de escolhas metodológicas (incerteza de cenário). A região sombreada (<1.0) na Figura 5 corresponde à probabilidade de que o cenário referência de produção seja menos impactante do que o cenário alternativo.

Figura 5 • Exemplo de análise comparativa de incerteza de cenário

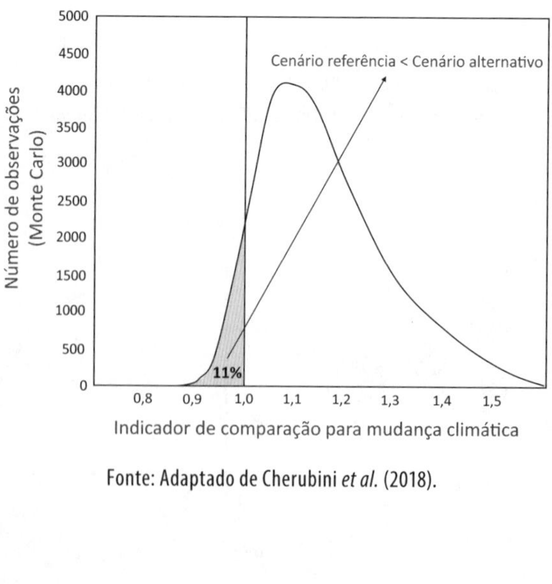

Fonte: Adaptado de Cherubini *et al.* (2018).

A principal limitação para a realização de análises mais complexas e emprego de modelos mais sofisticados, como intervalos, conjuntos difusos e modelagem estocástica, é claramente a capacidade computacional disponível. Os avanços recentes em tecnologia da computação explicam o fortalecimento da tendência de processamento de incertezas. Ainda assim, tais abordagens demandam grande quantidade de dados para caracterização da incerteza, o que é diretamente relacionado à força computacional e, consequentemente, ao tempo de processamento requerido.

Na simulação Monte Carlo, quanto maior o número de iterações, melhor será a representação da amostra, porém — como mencionado anteriormente — maior será o esforço computacional exigido. Para reduzir a complexidade computacional, podem ser utilizados métodos de amostragem que admitam menor número de amostras para mesma qualidade de resultado, como o hipercubo latino (*"Latin Hyper Cube"*) (GERVASIO, 2018), sequências quase-Monte Carlo, transformação Fourier multi-dimensional (FAST) (IOOSS; LEMAÎTRE, 2015), ou que permitam concentrar-se na área da distribuição com maior probabilidade de ocorrência (GERVASIO, 2018).

O analista ainda se deparará com a necessidade de combinação de ferramentas. Plataformas de ACV como *SimaPro*, *GaBi* e *OpenLCA* possuem um módulo Monte Carlo *built-in*, que comporta a realização de simulações básicas. Essas simulações são alimentadas pela variância (ou pelo desvio-padrão) e pelo tipo de distribuição de cada fluxo dentro de um processo unitário. A variância é determinada pela resultante da Matriz de Pedigree (descrita no Capítulo 4) somada à chamada variância básica — que se refere à variabilidade da amostra de dados coletados. Análises mais sofisticadas, porém, requerem o emprego de softwares externos, sejam eles comerciais, como *Oracle Crystal Ball®* e *Palisade @Risk®*, ou livres, como o *SimLab*, desenvolvido pelo *Joint Research Centre*, da Comissão Europeia (SIMLAB, 2008).

Nesse ponto, o analista já conta com elementos suficientes para realizar uma análise de sensibilidade mais avançada, como, por exemplo, a análise de sensibilidade global (GSA, acrônimo de *"global sensitivity analysis"*), em que as medidas de sensibilidade são consideradas e estimadas com base nos resultados da simulação de Monte Carlo para identificar os "inputs" mais influentes no resultado do modelo (CUCURACHI *et al.*, 2016). Isso permite focar as necessidades e estratégias para a melhoria da qualidade de dados correspondentes, e estabelece o nível e os pontos de cautela a observar para concluir e comunicar resultados da análise realizada (GERVASIO, 2018).

6.5 Análise de Sensibilidade

Enquanto a análise de incerteza tem o foco em quantificar a incerteza da saída de modelos (SALTELLI *et al.*, 2008), a análise de sensibilidade estuda como essa incerteza da saída pode ser associada e distribuída entre diferentes fontes de incerteza nas entradas do modelo (SALTELLI *et al.*, 2000). Assim, análises de sensibilidade são usadas para determinar as variáveis de entrada ("inputs") que mais influenciam sobre o comportamento de saída ("output") do modelo. Nessas circunstâncias, ela auxilia na verificação e compreensão do modelo, na sua simplificação e na priorização de fatores que requeiram melhor mensuração ou estimativa para reduzir a variância da saída.

Antes de se passar à aplicação de análise de sensibilidade em ACV, é importante sintetizar os princípios teóricos envolvidos e as características dos diferentes métodos disponíveis para que o analista adquira autonomia na escolha do caminho mais apropriado para tratar o problema e o modelo em questão.

Existem basicamente dois grandes grupos de métodos para realizar análise de sensibilidade: análises locais e globais. Os primeiros estudos de análise de sensibilidade estudavam o efeito que pequenas perturbações em torno de valores nominais (a média ou mediana de uma variável aleatória, por exemplo) de variáveis de entrada ("inputs") teriam sobre o resultado ("output") de um modelo. Para superar as limitações dos métodos locais, uma nova classe de métodos foi desenvolvida no final dos anos 1980: a *"análise de sensibilidade global"*, assim chamada por considerar toda a faixa de variação de "inputs" (SALTELLI *et al.*, 2000). A variabilidade global da saída do modelo é usualmente medida pela sua variância. Os métodos de análise de sensibilidade global determinam, portanto, quanto cada variável de entrada contribui para a variância do resultado (Figura 5), e podem ser interpretados como uma extensão da propagação de incerteza (GROEN *et al.*, 2017).

Idealmente, as análises de incerteza e de sensibilidade deveriam ser realizadas em paralelo (SALTELLI *et al.*, 2008). Entretanto, na prática atual de análise de modelos numéricos, as análises acabam sendo realizadas sequencialmente: primeiro, a incerteza é quantificada para então proceder-se à análise de sensibilidade, principalmente no caso de análise de sensibilidade global (Figura 6). Em ACV, as dificuldades de processamento de dados e integração de ferramentas inerentes à análise de incerteza, popularizaram a realização de análise de sensibilidade independentemente, ao — por exemplo — alterar-se um dado de entrada isoladamente, o método de avaliação de impactos ou mesmo o critério de alocação, para estimar a influência que tais parâmetros, cenários considerados ou escolhas normativas teriam sobre o resultado final da análise.

A ABNT NBR ISO 14044:2009 recomenda a realização da análise de sensibilidade sem identificar métodos específicos para conduzi-la, limitando-se a exigir a comparação dos resultados obtidos com as diferentes escolhas metodológicas, sendo a sensibilidade às escolhas feitas indicada pela diferença nos valores alcançados (ABNT, 2009b). Assim, os métodos mais frequentemente aplicados para análise de sensibilidade em estudos de ACV são estatisticamente simples.

Figura 6 • Estrutura de uma análise de sensibilidade global em ACV

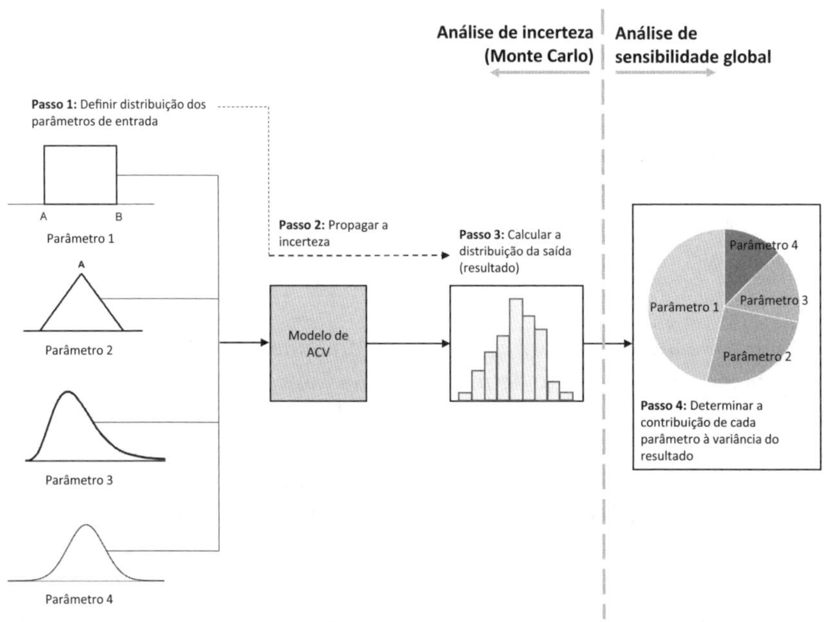

Fonte: Adaptado de Groen *et al.* (2017) e Saltelli *et al.* (1999).

A maioria dos estudos utiliza *análises de sensibilidade local*, principalmente aquelas denominadas *"análise de perturbação"* ou *"one-at-a-time"* (OAT), ou *análises de cenário*. No primeiro caso, altera-se o valor de uma variável de entrada ("input") de cada vez, enquanto as demais permanecem constantes (IOOSS; LEMAÎTRE, 2015), para testar seu efeito sobre a saída de resultado ("output") do modelo. A Figura 7 mostra um exemplo de análise de sensibilidade OAT, em que cada "input" foi isoladamente variado dentro de um intervalo de -10% a +10%, a fim de identificar a sensibilidade do resultado (indicador de mudança climática) às variáveis de entrada. Matematicamente, este método discretiza os espaços de diferentes "inputs" e, pela repetição de experimentos OAT, estima efeitos elementares correspondentes, a partir dos quais são derivados índices de sensibilidade para cada uma das variáveis de entrada.

Figura 7 • Exemplo de análise de sensibilidade *"one-at-a-time"* (OAT) realizado em uma ACV de processo de fabricação aditiva (impressão 3D) de uma engrenagem de aço

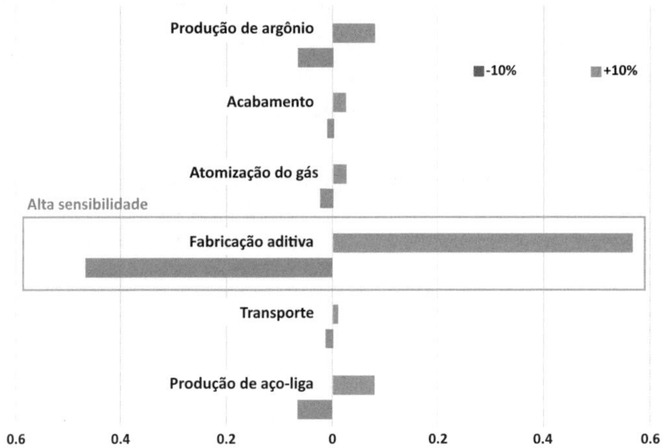

Fonte: Adaptado de Liu *et al. (*2018).

A Figura 7 mostra, portanto, o efeito de um aumento ou redução de 10% na quantidade de cada elemento do inventário da fabricação aditiva de uma engrenagem de aço (indicados no eixo das ordenadas) no resultado do indicador de mudança climática. Já nas *análises de cenário*, o analista modifica um cenário-base de modelagem para avaliar possíveis diferenças induzidas nos resultados, por exemplo, pela escolha de determinado método para avaliação de impacto ou para solução do problema de multifuncionalidade. Para a proposição dos novos cenários, também poderá haver a alteração de mais de um parâmetro de entrada simultaneamente, característica que diferencia esse tipo de análise das análises de sensibilidade local. Por ser o procedimento indicado pela ABNT NBR ISO 14044:2009 para a realização da única análise de sensibilidade mandatória (referente à escolha do critério de distribuição de impactos), e por dispensar o emprego de pacote estatístico complementar, a análise de cenários tornou-se muito comum em ACV. No entanto, apresenta algumas limitações, como a óbvia impossibilidade de detectar sensibilidade a aspectos individuais dos cenários analisados; e a dificuldade de generalização, pois as análises são restritas aos conjuntos de aspectos incluídos nos cenários criados em cada estudo.

Em linha com a recomendação da ABNT NBR ISO 14044:2009, a Figura 8 ilustra os resultados de ACV de oito misturas de concreto para três diferentes métodos de distribuição de impactos — abordagem do impacto evitado (colunas), alocação com base na massa (círculos) e no valor econômico (quadrados) — adotados na modelagem da escória de alto-forno, um coproduto da siderurgia utilizado na fabricação de cimento e na dosagem de misturas de concreto (SILVA *et al.*, 2018).

Figura 8 • Sensibilidade dos resultados da ACV de diferentes misturas de concreto à escolha do método de distribuição de impactos na modelagem da escória de alto-forno

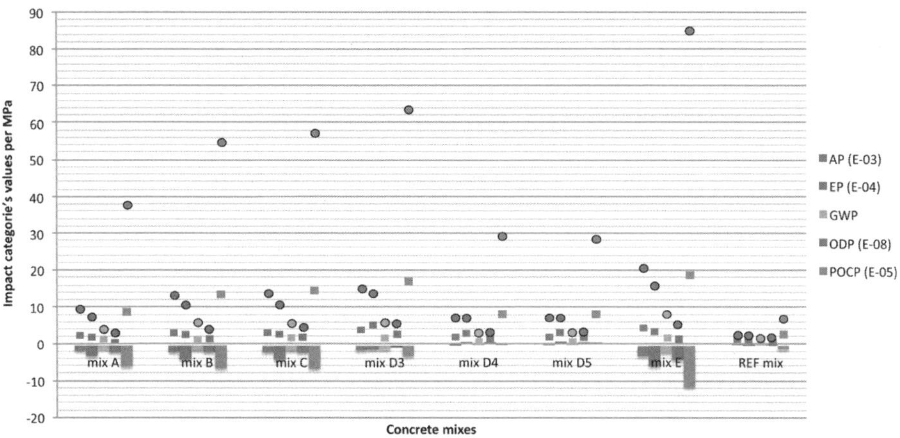

Fonte: Silva *et al.* (2018).

Foram consideradas cinco categorias de impacto: Potencial de acidificação (AP), Potencial de eutrofização (EP), Potencial de aquecimento global (GWP), Potencial de depleção da camada de ozônio (ODP) e Potencial de formação de ozônio fotoquímico (POCP). A alteração do critério de distribuição de impactos escolhido implicou grande variação no resultado final, evidenciando a sensibilidade da saída da modelagem de ACV a esta escolha metodológica específica. Neste tipo de circunstância, as conclusões elaboradas devem se ater àquelas que permaneceriam inalteradas caso o analista optasse por um critério de distribuição diferente e a sensibilidade a cada aspecto considerado explicitamente declarada.

Apesar das análises de sensibilidade simples, tais como análises de perturbação ou de cenário serem úteis para a identificação preliminar dos parâmetros e cenários potencialmente mais relevantes, elas oferecem uma inspeção muito limitada das entradas do modelo e nenhuma informação sobre a interação entre eles, além de não levar em conta a incerteza.

Impulsionado pelos avanços nos campos da computação e métodos numéricos, o emprego de análise de sensibilidade global torna-se cada vez mais presente também na literatura de ACV, principalmente a partir de 2017. Um exemplo é o trabalho de Guimarães *et al.* (2019), que detalha a construção dos cenários que configuraram as distribuições probabilísticas utilizadas na propagação de incertezas por simulação de Monte Carlo, seguida de análise de sensibilidade global em software específico. O resultado da análise, que focava uma edificação não residencial, apontou a dominância da contribuição das incertezas modeladas na fase operacional (99,2%) para a variância total do estudo de caso, relativamente às etapas de construção (0,79%) e fim de vida (~0%) do edifício.

Por permitir avaliação da contribuição individual de cada variável de entrada para a variância global do modelo, esse tipo de análise é particularmente útil em ACVs com grande número de escolhas a considerar. Os avanços recentes em ferramentas e capacidade computacional reduziram substancialmente o tempo e especialização exigidos do analista de ACV, que deve ser encorajado a aprofundar as análises de sensibilidade. Elas são fundamentais para dar embasamento às conclusões e permitir que a ACV seja utilizada em sua máxima capacidade para apoiar processos de tomada de decisão.

6.6 Exercícios

Questão 1. Segundo a norma internacional ABNT NBR ISO 14044 (2009b), quais são os quatro passos que compõem a fase de interpretação, a partir dos quais se elaboram conclusões e recomendações?

Questão 2. A Tabela 3 mostra os resultados de uma AICV hipotética para a categoria de impacto "Mudança Climática" ("GWP"), em kg de CO_{2eq}, considerando dois fluxos elementares: emissão de dióxido de carbono (CO_2) e emissão de metano (CH_4). Faça a análise de contribuição, preenchendo todas as células vazias com as porcentagens de contribuição correspondentes, e indique o fluxo elementar e a fase do ciclo de vida que você direcionaria para uma verificação de sensibilidade.

Tabela 3 • Resultados de AICV para a categoria "Mudança Climática"

Alternativa A	Extração de matéria-prima		Fabricação		Uso		Disposição final		TOTAL	
Dados da AICV para 'GWP'	(CO_2eq)	(%)	(CO_2eq)	(%)	(CO_2eq)	(%)	(CO_2eq)	(%)	(CO_2eq)	(%)
CO_2	5.050.500		2.000.060		1.020.000		895.421		8.965.981	
Metano (CH_4)	255.276		179.844		73.080		18.102		526.302	
Total	5.305.776		2.179.904		1.093.080		913.523		9.492.283	**100**

Fonte: Adaptado de Skone (2000).

Questão 3. Os valores de GWP listados na Tabela 3 acima foram obtidos utilizando fatores de caracterização para a categoria de mudança climática, considerando uma escala de tempo de 100 anos. A partir dos dados listados na Tabela 4, faça uma análise de sensibilidade alterando a escala de tempo do fator de caracterização para 20 anos. A partir dos seus cálculos, você diria que o resultado desta ACV hipotética é sensível à escala de tempo do fator de caracterização? Justifique.

Tabela 4 • Sensibilidade dos resultados de AICV para a categoria "Mudança Climática" em relação aos fatores de caracterização

Alternativa A	TOTAL				
Dados da AICV para 'GWP'	kg emitidos	Fatores de caracterização (100 anos)	kg CO_2eq (100 anos)	Fatores de caracterização (20 anos)	kg CO_2eq (20 anos)?
CO_2	8.965.981	1	8.965.981	1	
Metano (CH_4)	18.796,5	28	526.302	84	
Total	-	-	9.492.283	-	

Fonte: Autoras.

Questão 4a. Existem alguns métodos para obtenção de fatores de caracterização para mudança climática. Por esse motivo, o Painel Intergovernamental de Mudanças Climáticas (IPCC) publica um intervalo de valores para cada gás de efeito estufa, em cada escala de tempo considerada. Considerando o intervalo de 28 a 36 para fator de caracterização na escala de 100 anos do gás metano (CH_4), determine a incerteza (também em forma de intervalo) do resultado da categoria de mudança climática apresentado na Questão 2 (9.492.283 kg CO_{2eq}).

Questão 4b. Suponha que você precise fazer uma análise de incerteza dos resultados obtidos para a categoria de mudança climática (considerando apenas essa fonte de variação), tendo em mãos somente os intervalos dos fatores de caracterização para cada gás de efeito estufa. Qual tipo de distribuição probabilística você utilizaria para a propagação de incertezas via simulação de Monte Carlo? Quais seriam os parâmetros necessários para alimentar essa simulação?

Questão 5. Diferencie análise de sensibilidade local e global, citando as principais vantagens e desvantagens de cada abordagem.

GABARITO

Questão 1.

Resposta: Identificação de questões significativas; verificação de completeza; verificação de sensibilidade; verificação de consistência.

Questão 2.

Resposta:

Alternativa A	Extração de matéria-prima		Fabricação		Uso		Disposição final		TOTAL	
Dados da AICV para 'GWP'	(CO_2eq)	(%)	(CO_2eq)	(%)	(CO_2eq)	(%)	(CO_2eq)	(%)	(CO_2eq)	(%)
CO_2	5.050.500	95.2	2.000.060	91.7	1.020.000	93.3	895.421	98	8.965.981	94.5
Metano (CH_4)	255.276	4.8	179.844	8.3	73.080	6.7	18.102	2	526.302	5.5
Total	5.305.776	**55.9**	2.179.904	**23**	1.093.080	**11.5**	913.523	**9.6**	9.492.283	100

Fluxo elementar de CO_2, fase de extração de matéria-prima.

Questão 3.
Resposta:

Alternativa A Dados da AICV para 'GWP'	TOTAL				
	kg emitidos	Fatores de caracterização (100 anos)	kg CO_2eq (100 anos)	Fatores de caracterização (20 anos)	kg CO_2eq (20 anos)?
CO_2	8.965.981	1	8.965.981	1	**8.965.981**
Metano (CH_4)	18.796,5	28	526.302	84	**1.578.906**
Total	-	-	9.492.283	-	**10.544.887**

Questão 4a.

Resposta: Intervalo: 9.492.283 - 9.642.628 kg CO_2eq.

Questão 4b.

Resposta: Uniforme. Valores máximo e mínimo.

Questão 5.

Resposta: Análises de sensibilidade local avaliam o efeito que pequenas perturbações em torno de valores nominais de variáveis de entrada têm sobre o resultado de um modelo. Análises de sensibilidade global consideram toda a faixa de variação das variáveis de entrada, medindo a variabilidade da saída pela variância. Determina-se, portanto, quanto cada variável de entrada contribui para a variância do resultado.

Referências

ANG, A. H. S.; TANG, W. H. *Probability concepts in engineering*: emphasis on applications to civil and environmental engineering, 2nd Ed., New York: John Wiley & Sons Inc., 2007.

ABNT – Associação Brasileira de Normas Técnicas. ABNT NBR ISO 14040: Gestão Ambiental – Avaliação do Ciclo de Vida – Princípios e Estrutura. Rio de Janeiro: ABNT, 2009a.

ABNT – Associação Brasileira de Normas Técnicas. ABNT NBR ISO 14044: Gestão Ambiental – Avaliação do Ciclo de Vida – Requisitos e Orientações. Rio de Janeiro: ABNT, 2009b.

CUCURACHI, S.; BORGONOVO, E.; HEIJUNGS, R. A protocol for the global sensitivity analysis of impact assessment models in Life Cycle Assessment. Risk Analysis, [s/l] v. 36, n. 2, p. 357-377, 2016.

GERVASIO, H. Sustainable design of buildings, EUR 29324 EN, Publications Office of the European Union, 2018, ISBN 978-92-79-92882-6, DOI:10.2760/356384, JRC112808.

GROEN, E. A; BOKKERS, E. A. M.; HEIJUNGS, R.; DE BOER, I. J. M. Methods for global sensitivity analysis in life cycle assessment. International Journal of Life Cycle Assessment, v. 22, p. 1125-1137, 2017.

GUIMARAES, G. D.; SAADE, M. R. M.; ZARA, O. O. D. C.; GOMES DA SILVA, V. Scenario uncertainties assessment within whole building LCA. In: SBEGraz – Sustainable Built Environment Conference 2019, Graz. Sustainable Built Environment D-A-CH Conference 2019 Transition Towards a Net Zero Carbon Built Environment. Graz: TUGraz, 2019.

HEIJUNGS, R.; HUIJBREGTS, M. A J. A review of approaches to treat uncertainty in LCA. In: iEMSs 2004 International Congress, p. 8. Osnabruck, Germany, 2004.

HUIJBREGTS, M. Uncertainty and variability in environmental life-cycle assessment. Universiteit van Amsterdam, 2001.

IOOSS, B.; LEMAÎTRE, P. A review on global sensitivity analysis methods. In: C. Meloni and G. Dellino (Eds.). Uncertainty management in simulation optimization of complex systems: algorithms and applications. New York: Springer, 2015.

IGOS, E.; BENETTO, E.; MEYER, R.; BAUSTERT, P.; OTHONIEL, B. How to treat uncertainties in life cycle assessment studies? The International Journal of Life Cycle Assessment, v. 24, p. 794, 2019.

JAMES, K.; GALATOLA, M. Screening and hotspot analysis: procedure to identify the hotspots and the most relevant contributions (in terms of, impact categories, life cycle stages, processes, and flows). Versão 4.0, 24 April 2015. Disponível em: https://webgate.ec.europa.eu/fpfis/wikis/display/EUENVFP/ Documents+of+common+interest?preview=%2F66618509%2F101648875%2FHotspot+Analysis+version+4.0.docx. Acesso em: 10 jul. 2019.

KLÖPFFER, W.; GRAHL, B. Life cycle interpretation, reporting and critical review (LCA): a guide to best practice. [s.l.], John Wiley & Sons, Ltd, p. 329-356, 2014.

LIU, Z.; JIANG, Q.; CONG, W.; LI, T.; ZHANG, H.-C. Comparative study for environmental performances of traditional manufacturing and directed energy deposition processes. International Journal of Environmental Science and Technology, v. 15, n. 11, p. 2273–2282, 2018.

LLOYD, S. M.; RIES, R. Characterizing, propagating, and analyzing uncertainty in life cycle assessment: a survey of quantitative approaches. Journal of Industrial Ecology, v. 11, n. 1, p. 161-181, 2007.

POMPONI, F. D'AMICO, B.; MONCASTER, A.M. A method to facilitate uncertainty analysis in LCAs of buildings. Energies, v. 10, n. 4, p. 524, 2017.

QIN, Y.; SUH, S. What distribution function do life cycle inventories follow? The International Journal of Life Cycle Assessment. (2017) 22:1138–1145.

SALTELLI, A.; TARANTOLA, S.; CHAN, K. P. S. A quantitative model-independent method for global sensitivity analysis of model output. Technometrics, v. 41, p. 39-56, 1999.

SALTELLI, A.; CHAN, K.; SCOTT, M. (Eds.). Sensitivity analysis: wiley series in probability and statistics. New York: John Wiley & Sons, Ltd. 2000.

SALTELLI, A.; RATTO, M.; ANDRES, T.; CAMPOLONGO, F.; CARIBONI, J.; GATELLI, D.; SAISANA, M.; TARANTOLA, S. (Eds.). Introduction to sensitivity analysis. In: Global sensitivity analysis: the primer. New York: John Wiley & Sons, Ltd, p. 1-51, 2008.

SILVA, M. G. da; GOMES, V.; SAADE, M. R. M. The contribution of life-cycle assessment to environmentally preferable concrete mix selection for breakwater applications. Ambiente Construído, v. 18, n. 2, p. 413-429, 2018.

SKONE, T. J. What is Life Cycle Interpretation? Environmental Progress, v. 19, n. 2, p. 92-100, 2000.

ZAMPORI, L.; SAOUTER, E.; CASTELLANI, V.; SCHAU, E.; CRISTOBAL, J.; SALA, S. Guide for interpreting life cycle assessment result; EUR 28266 EN; 2016. DOI: 10.2788/171315. Acesso em: 10 jan. 2020.

CAPÍTULO

7

ACV Social

Dra. Alessandra Zamagni

Via della Liberazione, 6
40128, Bologna/Italia

Dra. Laura Zanchi

University "G. d'Annunzio" of Chieti-Pescara
Department of Economic Studies – DEC
Viale Pindaro, 42
65127, Pescara-PE/Itália

Dra. Silvia Di Cesare

University "G. d'Annunzio" of Chieti-Pescara
Department of Economic Studies – DEC
Viale Pindaro, 42
65127, Pescara-PE/Itália

Dra. Federica Silveri

University "G. d'Annunzio" of Chieti-Pescara
Department of Economic Studies – DEC
Viale Pindaro, 42
65127, Pescara-PE/Itália

Dra. Luigia Petti

University "G. d'Annunzio" of Chieti-Pescara
Department of Economic Studies – DEC
Viale Pindaro, 42
65127, Pescara-PE/Itália

7 ACV Social

7.1 Introdução

Em 1992, no Rio de Janeiro, a Organização das Nações Unidas (ONU) declarou "sustentabilidade" como princípio norteador do século XXI, e o termo se tornou popular também graças ao Relatório Brundtland da Comissão Mundial de Meio Ambiente e Desenvolvimento, elaborado em 1987 (Klöpffer, 2002; 2008). Neste relatório, a definição de desenvolvimento sustentável — "o desenvolvimento que atenda às necessidades do presente sem comprometer a capacidade da geração futura de atender às suas próprias necessidades" — foi introduzida pela primeira vez, e a responsabilidade da humanidade em relação à geração futura enfatizada (KLÖPFFER, 2002).

Desde então, o mundo adquiriu uma compreensão mais profunda dos desafios interconectados que enfrentamos e reconheceu que o desenvolvimento sustentável precisa adotar vários pilares da sustentabilidade: dos três pilares fundamentais relacionados aos aspectos ambientais, econômicos e sociais aos demais pilares relativos, por exemplo, aos aspectos institucionais, culturais e tecnológicos (SALA *et al.*, 2013).

Assim, as preocupações de sustentabilidade abrangem uma ampla gama de aspectos, incluindo os sociais. Estes últimos têm sido adotados por diversos instrumentos políticos, como os Objetivos de Desenvolvimento Sustentável (ODS) da ONU, e normativas tais como a ISO 26000 (ISO 26000: 2010). Os aspectos sociais são marcados por características particulares: são bipolares (referem-se aos níveis individual e coletivo), reflexivos (nossas percepções e interpretações das condições sociais objetivas alteram o comportamento dos indivíduos e da comunidade) e são imateriais (os fenômenos sociais são difíceis de entender e analisar quantitativamente) (LEHTONEN, 2004). Além disso, eles são muito variados por diferentes grupos de interesse em diferentes países e regiões e podem estar sujeitos a rápidas mudanças ao longo do tempo (GRIEBHAMMER *et al.*, 2006).

São necessárias metodologias específicas para se quantificar os impactos sociais experimentados por diferentes partes interessadas, como um passo fundamental para identificar e definir planos e ações para fornecer soluções adequadas. Metodologias e ferramentas foram desenvolvidas para avaliar os impactos sociais de projetos e organizações, como a Avaliação de Impacto Social e a Responsabilidade Social Corporativa (*Corporate Social Responsibility* [CSR]). Em particular, a CSR tornou-se um componente importante no gerenciamento de relacionamentos entre empresas e comunidade, público, funcionários e acionistas, uma vez que empresas que adotam com sucesso uma estratégia de buscar lucros e resolver necessidades sociais podem ganhar melhor reputação e obter vantagem competitiva no mercado, frente a outras empresas consideradas socialmente irresponsáveis (FET, 2006; COCHRAN, 2007).

Com relação ao produto, a Avaliação Social do Ciclo de Vida, do inglês, *Social Life Cycle Assessment*, (doravante denominada ACV Social) surgiu como uma abordagem metodológica destinada a avaliar aspectos sociais e socioeconômicos de produtos (e recentemente também de organizações: para obter mais detalhes, consulte Martinez-Blanco *et al.*, 2015) e seus possíveis impactos positivos e negativos ao longo de seu ciclo de vida. Ela se baseia no conceito de ciclo de vida, considerado um valioso suporte na integração da sustentabilidade ao design, inovação e avaliação de produtos e serviços, graças à sua abordagem sistêmica. A ACV Social é uma disciplina relativamente nova e um campo de pesquisa em expansão, que complementa a ACV ambiental desenvolvida (ver Capítulo 3) com base nas normas ISO 14040 e 14044, e o Custeio do Ciclo de Vida (CCV) (*Life Cycle Costing*) (SWARR *et al.*, 2011), este último, para a determinação da melhor relação custo-benefício ao longo de todo o ciclo de vida de produtos.

Em junho de 2009, o campo científico da ACV Social contribuiu com a publicação das "Diretrizes para avaliação social do ciclo de vida dos produtos" graças à força-tarefa formada pelo Programa das Nações Unidas para o Meio Ambiente (PNUMA) — do inglês United Nations of Environment Programme (UNEP), e a Sociedade de Toxicologia e Química Ambiental (SETAC) (PNUMA/SETAC, 2009), posteriormente, seguido da publicação sobre critérios para avaliação de subcategorias de impacto na ACV Social (UNEP/SETAC, 2013). Eles tiveram como objetivo fornecer orientações práticas para a condução de estudos de caso de ACV Social, disponibilizando informações sobre dados, exemplos de indicadores de inventário, unidades de medida e fontes de dados. De acordo com as Diretrizes, "Uma Avaliação Social do Ciclo de Vida é uma técnica de avaliação de impacto social (e potencial de impacto) que visa avaliar os aspectos sociais e socioeconômicos dos produtos e seu potencial de impacto positivo e negativo ao longo de seu ciclo de vida, abrangendo desde a extração e processamento de matérias-primas;

fabricação; distribuição; uso; reúso; manutenção; reciclagem; e disposição final" (UNEP/SETAC, 2009).

Durante o 2º Seminário Internacional de Avaliação Social do Ciclo de Vida (MONTPELLIER, 2010), a definição anterior de ACV Social foi aperfeiçoada: primeiro, a ACV Social é vista como um método (e não como uma técnica); além disso, "**a ACV social pode ser usada para analisar os efeitos sociais causados pelo funcionamento de cadeias de produtos em comparação com a situação em que a cadeia não existe ou para observar a diferença entre as variantes potenciais de uma cadeia de produtos e até observar as diferenças entre dois cenários que prestam o mesmo serviço**" (MACOMBE *et al.*, 2011). A ACV Social avalia aspectos/impactos sociais de todas as fases do ciclo de vida, do berço ao túmulo, e foi desenvolvida para incluir um grande número de impactos, que variam daqueles relativos aos trabalhadores (acidentes, remuneração, condições de trabalho) e comunidades locais (poluentes tóxicos, violações dos direitos humanos), para as maiores consequências para a sociedade (corrupção, pagamento de impostos) (GRIEBHAMMER *et al.*, 2006; HAUSCHILD *et al.*, 2008).

7.2 O Objeto de Avaliação na ACV Social

A ACV Social avalia **riscos**, **efeitos**, **desempenhos** e **impactos** sociais. **Impactos** sociais são consequências de pressões positivas ou negativas sobre as áreas sociais de proteção (AoP) (ou seja, o bem-estar das partes interessadas), que podem ser causados, por exemplo, por um comportamento específico de uma ou mais partes interessadas, que, por exemplo, cause efeitos relacionados a mudanças na expectativa de vida, saúde, status social. Os **efeitos** sociais medem o efeito de uma atividade sobre as partes interessadas, mas em um nível intermediário, pois todo o relacionamento causal não é identificado. Os **desempenhos** sociais não são efeitos sociais nem impactos sociais de mudanças, mas "[...] características de uma situação em uma organização (ou características da cadeia de valor das organizações que moldam o ciclo da vida), referindo-se mais ou menos a questões sociais" (MACOMBE *et al.*, 2013). Finalmente, um **risco** social mede apenas a probabilidade de efeitos negativos (dano, lesão, perda) que podem ser evitados por meio de ações preventivas.

Esses diferentes objetos de avaliação estão inerentemente relacionados ao contexto geográfico e cultural em que se desenrolam. Os indicadores culturais também estão presentes nas subcategorias da ACV Social (por exemplo, patrimônio cultural, respeito aos direitos indígenas), no entanto, a realização de uma ACV Social nem sempre garante a inclusão de valores culturais, porque os dados de suporte geralmente estão associados apenas à presença ou ausência de políticas, acordos, normas e relatórios nacionais e internacionais.

Impactos, efeitos, desempenhos e riscos são avaliados em diferentes níveis, a saber: i) micro (produtos/serviços/tecnologias); ii) meso, que inclui "grupos de produtos e tecnologias relacionadas, cestas de mercadorias (por exemplo, o portfólio de produtos de uma empresa), um município, uma família de produtos" (GUINÉE *et al.*, 2011: 93); e iii) macro, isto é, economias de estados ou outras entidades geográficas/políticas e, eventualmente, o mundo. Atualmente, o tipo de estudos em nível micro é mais comum na literatura científica, se não dominante, e apenas alguns exemplos de estudos em nível macro foram publicados até hoje (PELLETIER *et al.*, 2018). É importante ressaltar que o nível de avaliação não corresponde ao nível em que os dados são coletados. De fato, em muitos casos, os estudos de ACV Social em nível micro são realizados usando dados quanto à empresa, ou dados regionais e estaduais. Os dados em relação à empresa são específicos do local e, como tal, são os mais representativos do sistema do produto, apesar de serem mais difíceis de se coletar; dados em nível regional, estadual e federal fornecem informações médias sobre um determinado território ou setor, que podem ser usados para solucionar a lacunas de falta de dados para a ACV Social, assim como normalmente se faz também ao se trabalhar com a ACV ambiental, visando solucionar a falta de dados locais representativos do sistema em estudo.

7.3 Quais São os Usos e Aplicações da ACV Social?

O objetivo final da realização de uma ACV Social é promover a melhoria das condições sociais e do desempenho socioeconômico geral de um produto ao longo de seu ciclo de vida para todos os seus *stakeholders* (partes interessadas). A ACV Social pode auxiliar em:

- Melhorar o desempenho social das empresas envolvidas, ajudando-as a construir uma estratégia direcionada para o desenvolvimento futuro de políticas sociais.
- Gerenciamento de risco social devido à identificação dos *hotspots* sociais.
- Melhorar a credibilidade e a consistência de dados para a avaliação da materialidade da cadeia de suprimentos.
- Quantificar e qualificar o desempenho social, complementando outras abordagens de CSR.
- Aumentar o conhecimento sobre as questões sociais ao longo da cadeia de valor.

Além do papel educacional e informativo, a principal função da ACV Social é apoiar o processo de tomada de decisão nas organizações, fornecendo uma visão estratégica e gerencial da sustentabilidade social de produtos e organizações. As empresas podem tirar proveito da avaliação fornecida pela ACV Social e escolher alternativas que apresentem as consequências sociais mais favoráveis. Desse ponto de vista, pode-se afirmar que a ACV Social pode criar um efeito positivo, justamente porque permite a escolha de alternativas que de outra forma não teriam sido escolhidas. Além disso, a ACV Social também pode criar efeitos positivos indiretos por meio do incentivo a práticas e comportamentos socialmente responsáveis por parte das empresas, que consequentemente afetam o próprio mercado e seus atores (JORGENSEN *et al.*, 2010).

7.4 Descrição Metodológica para a ACV Social

A ACV Social foi desenvolvida, espelhando-se na estrutura da ACV ambiental, conforme desenvolvido pelo Capítulo 3 e pelo Capítulo 6 deste livro. Assim, isso implica as seguintes considerações:

- A ACV Social está estruturada em quatro fases principais: definição de objetivo e escopo, inventário social do ciclo de vida, avaliação de impacto social do ciclo de vida e interpretação.
- É baseada no conceito de unidade funcional, ou seja, sistemas de produtos, serviços e organização são definidos com base na função que eles entregam. Consequentemente, com base na função, é possível se comparar diferentes sistemas.
- Adota os mesmos princípios de modelagem que a ACV atribucional, a saber: i) linearidade do dobro da quantidade considerada, o dobro do impacto; e ii) "suposição de *ceteris paribus*", ou seja, outras coisas são iguais ou mantidas constantes, segundo as quais se considera que o sistema de produto, serviço ou organização funciona sob a hipótese de isolamento, sem reagir aos efeitos do contexto circundante no qual está incorporado.
- Concentra-se no funcionamento de rotina, ou seja, situações excepcionais que podem implicar no funcionamento do produto, serviço ou sistema da organização não são levadas em conta durante a modelagem.
- Fatos e valores estão presentes e fazem parte da avaliação.

Um dos motivos para a adoção da mesma estrutura da ACV ambiental está na possibilidade de aplicar a ACV Social integrada/combinada a outros métodos baseados no pensamento de ciclo de vida, tais como a própria ACV ambiental e o LCC, para uma avaliação da sustentabilidade do ciclo de vida de produtos (KLOEPFFER, 2008).

Nos parágrafos seguintes, serão dadas explicações adicionais sobre as principais características da ACV Social, com base nas suas quatro fases.

7.4.1 Definição de objetivo e escopo

Assim como na ACV ambiental, na fase de objetivo e escopo da ACV Social, são definidos os seguintes aspectos: i) o objetivo do estudo, ou seja, o objetivo e a aplicação pretendidos; e ii) o escopo, isto é, a extensão do assunto com o qual se lidará, o que, neste caso, significa a profundidade e a amplitude do estudo de ACV Social.

Mais especificamente, ao se definir o objetivo, um conjunto de perguntas norteadoras pode ser usado: *O que queremos avaliar? Quais decisões o estudo pretende apoiar? Quais são as oportunidades potenciais de melhoria que estão sendo buscadas por meio do conhecimento que será produzido pelo estudo?* Exemplos de aplicações e usos pretendidos são, por exemplo: a identificação de pontos críticos sociais ao longo do ciclo de vida (*hotspots*); a avaliação de potenciais riscos sociais aos quais a cadeia de valor está exposta; a quantificação de potenciais desempenhos/impactos sociais e a identificação de estratégias de melhoria; comparar desempenhos/impactos sociais de diferentes produtos. É importante identificar também a quem os resultados serão comunicados, ou seja, o público-alvo. Isso pode ser representado por consumidores, governos, Organizações não Governamentais (ONGs), acionistas, designers de produtos ou sindicatos e representantes dos trabalhadores, e cada um deles requer uma maneira personalizada de comunicar os resultados.

A definição do objetivo é a base para definir a profundidade e a amplitude do estudo, ou seja, o escopo. Esta é a etapa na qual os principais aspectos metodológicos do estudo são definidos, de maneira semelhante a um estudo da ACV:

- Definição da unidade funcional e do fluxo de referência.
- O sistema do produto e os limites do sistema.
- As variáveis de atividade (ou parâmetros de processo), ou seja, aquelas variáveis que medem a magnitude de um processo no sistema de produto. Elas são úteis para representar o sistema de produto de uma maneira que dê uma ideia da importância relativa de cada processo elementar em todo o sistema. As variáveis de atividade são definidas na fase de objetivo e escopo, mas depois utilizadas para facilitar a fase de inventário do ciclo de vida.
- *Stakeholders* a serem incluídos na avaliação, juntamente com a estratégia detalhada para envolvê-los.

- Os principais elementos necessários para se realizar a avaliação de impacto social: tipo de método de avaliação de impacto, categorias e subcategorias de impacto incluídas.
- Indicadores sociais a serem utilizados na avaliação.
- Estratégias de coleta de dados e requisitos de qualidade dos dados.
- Procedimentos de alocação, suposições, limitações e estratégias de comunicação (incluindo requisitos para uma revisão crítica, se necessário).

Embora a estrutura da ACV Social seja estritamente igual à da ACV convencional, no entanto, existem três diferenças importantes na definição do escopo, dentre todos os aspectos que precisam ser definidos nesta etapa:

- A definição de limites do sistema.
- A definição de partes interessadas.
- A identificação de indicadores sociais.

Com relação à definição do sistema em estudo e seus limites, é importante considerar que, na ACV Social, o ciclo de vida social ainda é definido por processos (os impactos sociais surgem como consequência das interações entre as partes interessadas impulsionadas pelas atividades), mas também por mecanismos socioeconômicos. Estes últimos consistem em relações entre as partes interessadas envolvidas no ciclo de vida, como resultado das atividades realizadas. De acordo com essa perspectiva, as partes interessadas são os elementos-chave para se definir o sistema em estudo e seus limites.

Figura 1 • Limites de fronteira na ACV Social

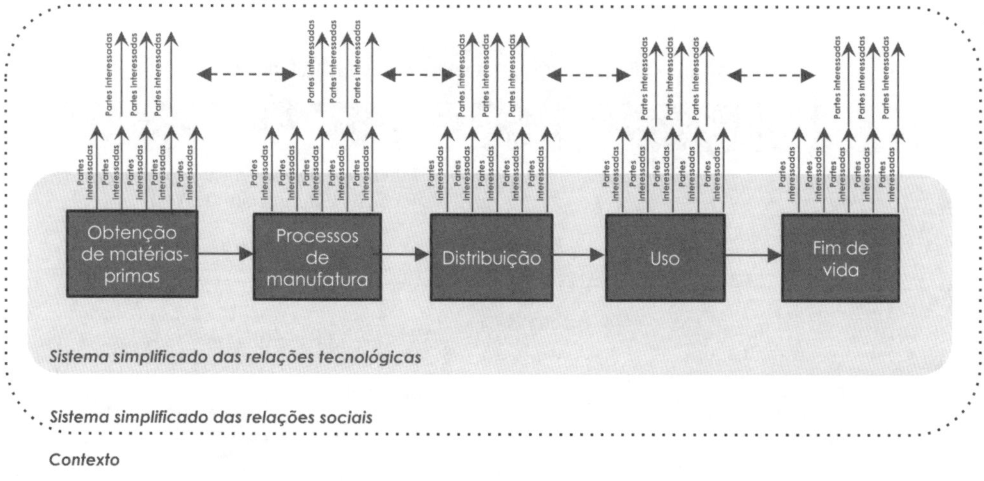

Fonte: SCORELCA, 2017.

Assim, conforme mostrado na Figura 1, os limites de sistema na ACV Social devem levar em consideração:

- Os relacionamentos causais que conectam o nível de duas atividades no domínio da tecnologia, isto é, processos necessários para fornecer a saída do sistema (exemplo: produtos).
- Relações sociais (segunda camada definida por linhas pontilhadas), impulsionadas pelas partes interessadas: em cada etapa do ciclo de vida, existem diferentes atores que podem ser potencialmente afetados. Essas, por sua vez, têm diferentes tipos de relacionamentos (por exemplo, comerciais, administrativos) com outros atores que podem não estar estritamente conectados ao ciclo de vida tecnológico, mas essa interação gera efeitos sociais que afetam o sistema em estudo como um todo.

No que diz respeito às **partes interessadas (*stakeholders*)**, elas são um conjunto de atores que se espera que tenham interesses compartilhados e, atualmente, na ACV Social, estão agrupados em cinco categorias principais, a saber: trabalhador, consumidor, comunidade local, sociedade, atores da cadeia de valor não incluindo consumidores. Essas categorias não são exaustivas por si só, e outras poderiam ser adicionadas quando consideradas relevantes. As categorias de partes interessadas podem ser vinculadas a diferentes temas ou atributos socialmente relevantes (chamados "**subcategorias**"), como trabalho infantil, salário justo, concorrência justa e saúde e segurança, para citar apenas alguns. A relação entre partes interessadas e subcategorias é uma para muitas, conforme representado no Quadro 1, ou seja, uma categoria de partes interessadas pode ser afetada por mais de um tema social e, geralmente, um tema social pode ser de interesse apenas para uma categoria específica de partes interessadas.

Quadro 1 • Relação entre partes interessadas e subcategorias

Categorias de partes interessadas	Subcategorias
Trabalhador	Liberdade de Associação e Negociação Coletiva (sindicatos)
	Trabalho infantil
	Salário justo
	Jornada de trabalho
	Trabalho forçado
	Oportunidades iguais/Discriminação
	Saúde e segurança
	Benefícios sociais/Seguridade social

▷

Categorias de partes interessadas	Subcategorias
Consumidor	Saúde e Segurança do produto
	Mecanismo de retorno (feedback)
	Privacidade do consumidor
	Transparência
	Responsabilidade pelo fim de vida do produto
Comunidade local	Acesso a recursos materiais
	Acesso a recursos imateriais
	Deslocalização e migração
	Herança cultural
	Ambiente de vida sadio e seguro
	Respeito pelos direitos indígenas
	Envolvimento da comunidade
	Emprego (mão de obra) local
	Condições de vida seguras
Sociedade	Compromissos públicos com questões de sustentabilidade
	Contribuição para o desenvolvimento econômico
	Prevenção e migração de conflitos armados
	Desenvolvimento tecnológico
	Corrupção
Atores da cadeia de valor, não incluindo consumidores	Competição justa
	Promoção da responsabilidade social
	Relações com fornecedores
	Respeito dos direitos de propriedade intelectual

Fonte: Adaptado de UNEP/SETAC (2009).

A quantificação de um efeito social, risco, desempenho ou impacto é expressa por meio de **indicadores sociais**. Existem vários e diferentes conjuntos de indicadores sociais, desenvolvidos dentro de diferentes estruturas metodológicas, para diferentes finalidades e com uma resolução diferente, e sua seleção representa uma questão desafiadora. A relevância é frequentemente mencionada como o critério para a seleção de indicadores, mas a lógica por trás da escolha geralmente não é fornecida. A maioria dos estudos se baseia nos indicadores propostos nas fichas metodológicas do UNEP/SETAC (UNEP/SETAC, 2013) e os aborda com base na disponibilidade de dados, enquanto alguns enfatizam a necessidade de introduzir indicadores adicionais ou grupos de partes interessadas específicos para os estudos de caso. No entanto, na maioria dos casos, a adição de outros grupos de partes interessadas (e indicadores relacionados) depende da percepção do autor (ou projetista) sobre o que importa, enquanto uma abordagem sólida e reproduzível não é apresentada, e nem sua relevância é discutida (ZANCHI *et al.*, 2018).

7.4.2 *Inventário social do ciclo de vida*

A fase de inventário da ACV Social se baseia na definição da ISO 14040:2006; portanto, consiste na coleta de dados para modelar o sistema do produto e avaliar seus impactos sociais na fase de Avaliação de Impacto do Ciclo de Vida (conforme ocorre na AICV Ambiental estudada no Capítulo 5).

No entanto, existem algumas diferenças com a ACV ambiental. Primeiro, os dados de inventário na ACV ambiental são limitados a quantidades físicas diretamente relacionadas aos processos elementares e, idealmente, medidos, calculados ou estimados; enquanto na ACV Social os dados são frequentemente informações semiquantitativas ou qualitativas, mais relacionadas às características dos processos e/ou de suas empresas proprietárias. Em segundo lugar, os impactos sociais de uma atividade também dependem de sua localização geográfica e do contexto social. Um paralelo pode ser feito considerando a escala geográfica das categorias de impacto ambiental; a magnitude de uma categoria de impacto em escala regional (por exemplo, eutrofização) também depende do estado existente dos departamentos e receptores ambientais. Uma terceira diferença clara reside no fato de que os dados de inventário em uma análise social precisam ser especificados em relação a diferentes partes interessadas (por exemplo, comunidade local, consumidor).

As diretrizes metodológicas para subcategorias em ACV Social (UNEP/SETAC 2009) atualmente fornecem uma estrutura para se implementar o inventário de dados sociais de acordo com uma perspectiva do berço-ao-túmulo. Os indicadores de inventário são então classificados de acordo com subcategorias e partes interessadas, conforme representado no Quadro 2.

As subcategorias foram embasadas a partir de instrumentos internacionais, iniciativas de CSR e literatura sobre avaliação de impactos sociais, a fim de definir indicadores de inventário com referências apropriadas.

Quadro 2 • Classificação de dados para o Inventário Social do Ciclo de Vida de produto

Categorias de partes interessadas	Categorias de impacto	Subcategorias	Indicadores de inventário	Dados de inventário
Trabalhadores	Direitos humanos			
Comunidade local	Condições de trabalho			
Sociedade	Saúde e segurança			
Consumidores	Herança cultural			
Atores da cadeia de valor	Governança			
	Repercussões sócio-econômicas			

Fonte: Adaptado de UNEP/SETAC (2009).

No geral, os dados do inventário são classificados em dados genéricos ou específicos do local. No primeiro, são tipicamente dados em termos de país, que podem ser recuperados de documentos governamentais e intergovernamentais, e que podem ser úteis para se realizar uma triagem de regiões de alto risco em caso de organizações com a cadeia de suprimentos global. O segundo grupo é representado por informações que podem ser coletadas como dados primários para uma organização em uma ou mais de suas unidades produtivas; essa coleta de dados pode ser particularmente demorada e custosa e, por esse motivo, pode prosseguir muitas vezes apenas em áreas destacadas como pontos de críticos da organização.

O Inventário do Ciclo de Vida (ICV) na ACV Social também envolve a coleta de informações variáveis de atividades. A variável de atividade mede a magnitude de um processo no sistema de produto, e reflete a participação de uma determinada atividade associada a cada processo elementar. Portanto, é útil para se dar uma ideia da relevância de cada processo elementar em todo o sistema. As variáveis de atividade usadas mais comuns são o número de horas de trabalho necessárias em cada processo para fornecer uma unidade de produto (ou o valor agregado do processo), mas também outras variáveis podem ser escolhidas.

Diferentes tipos de dados podem ser utilizados na ACV Social, que podem ser classificados de acordo com:

- O tipo de dado, isto é, qualitativo versus quantitativo versus semiquantitativo.
- Sua resolução, ou seja, dados primários e genéricos.

Os dados primários são coletados no local, por meio de entrevistas, *surveys* e resultados de auditorias, da mesma maneira que numa ACV ambiental. Considerando que a coleta de dados é uma atividade que exige muitos recursos, uma estratégia para a coleta de dados deve ser claramente definida desde o início do estudo, de acordo com o objetivo e o escopo da análise (exemplo: utilização de critérios de corte, agregação de processos etc.).

Em relação aos dados secundários, podem ser utilizados bancos de dados para a ACV Social, além de dados da literatura científica, estatísticas governamentais e dados de relatórios técnicos. Atualmente, existem duas iniciativas em relação aos bancos de dados dedicados à avaliação social: *The Social Hotspot Database* (SHDB)[1] e o *Product Social Impact Life Cycle Assessment* (PSILCA)[2].

O SHDB fornece dados sociais específicos por setor econômico e por país, com base na tabela de entrada e saída multirregional do GTAP; é abrangente em termos de cobertura de contextos e setores geográficos (113 países e 57 setores) e fornece informações sobre riscos sociais em 22 temas sociais. Contudo, são informações mais agregadas e, assim, apresentam uma baixa granularidade que não permite cobrir dados em nível de processo ou empresa, mas oferece uma maneira relevante de modelar cadeias de suprimentos de produtos, priorizando pontos críticos (*hotspots*) com base nas horas do trabalhador, e avaliando os possíveis impactos sociais que podem ser mais significativos.

O PSILCA foi desenvolvido pela GreenDelta e usa um banco de dados multiregional de entrada/saída chamado Eora. Inclui 88 indicadores qualitativos e quantitativos, inspirados principalmente nas planilhas metodológicas da UNEP/SETAC, classificadas em 23 subcategorias (tópicos) e 5 grupos de partes interessadas (trabalhadores; atores da cadeia de valor; sociedade; comunidade local; consumidores) (CIROTH; EISFELDT 2016). Ambos os bancos de dados podem ser aplicados, por exemplo, no software de ACV gratuito OpenLCA e, assim, fornecem informações úteis para cobrir estágios do ciclo de vida de um produto, para os quais seria difícil se coletar dados primários e também para realizar uma avaliação preliminar de risco social.

7.4.3 *Avaliação social do impacto do ciclo de vida*

A avaliação de impacto social é a fase que visa entender e avaliar a magnitude e o significado dos possíveis impactos sociais de um sistema de produto ao longo do ciclo de vida do produto. Existem dois tipos principais de avaliação de impacto na S-LCA:

---

1 https://www.socialhotspot.org/about-shdb.html#

2 https://psilca.net/

- Avaliação da Escala de Referência (também chamada de Tipo I), que visa avaliar desempenhos e/ou riscos sociais, e é baseada no conceito de subcategorias e na sua relação com as partes interessadas afetadas.
- Avaliação das vias de impacto (também conhecida como Tipo II), cujo objetivo é avaliar possíveis impactos sociais, e baseia-se na identificação e medição de elos causais nas vias de impacto.

Na **avaliação da escala de referência**, um aspecto-chave é a escolha do sistema de referência, ou seja, escalas de referência de diferentes níveis, cada uma das quais corresponde a um ponto de referência de desempenho (PRPs). PRPs são limites, metas ou objetivos que definem diferentes níveis de desempenho social ou risco social, que permitem estimar a magnitude e a significância dos possíveis impactos sociais associados às organizações no sistema de produto. Os PRPs podem ser definidos com base em padrões internacionais, legislação local ou melhores práticas do setor, normas e contexto socioeconômico, julgamentos por especialistas, comparação entre alternativas (RUSSO GARRIDO *et al.*, 2006). Um exemplo de Avaliação de Escala de referência é o Método de Avaliação de Subcategoria (SAM) (RAMIREZ *et al.*, 2014), baseado em normas e no contexto socioeconômico, e é baseado em uma escala de quatro níveis (A, B, C ou D). Um exemplo da aplicação do método SAM será fornecido na Seção 7.5 deste capítulo.

No que diz respeito à abordagem de **avaliação das vias de impacto** (*Impact Pathway* [IP]), ela se baseia na identificação e quantificação de mecanismos sociais, de maneira semelhante ao que é feito na avaliação de impacto ambiental do ciclo de vida com indicadores de ponto médio (*midpoint*) e de ponto final (*endpoint*). Os mecanismos sociais são representados por categorias de impacto social, indicadores de categoria e modelos de caracterização. Portanto, os resultados do inventário estão conectados a categorias de impacto (geralmente descritas como categorias de impacto no ponto médio) e a categorias de pontos finais (geralmente descritas por categorias de impacto no ponto final) (NEGEBAUER, 2017). Embora algumas categorias de impacto e seus indicadores tenham sido desenvolvidos, a abordagem de PI ainda está em estágio inicial e carece de uma estrutura sistemática. Exemplos podem ser encontrados em Weidema (2006), que propôs QALYs (*Quality Adjusted Life Years*) como uma unidade de medida de impacto para o bem-estar humano, análogo ao DALYs (*Disability Adjusted Life Years*) utilizado como uma unidade de medida para danos à saúde humana na ACV ambiental. A QALYs adota seis categorias de danos para a vida humana: saúde; vida e longevidade; autonomia; segurança, proteção e tranquilidade; igualdade de oportunidades; e participação e influência. Um exemplo pode ser encontrado em Feschet *et al.* (2012) que avaliaram o impacto social de um produto, correlacionando a expectativa de vida real no nascimento e a renda per capita real.

7.4.4 *Interpretação de resultados na ACV social*

A Interpretação é a fase final do estudo de ACV Social, na qual todos os resultados e considerações das fases anteriores são revisados e analisados criticamente. Assim, os resultados da ACV Social são verificados e discutidos em profundidade, e essa discussão forma uma base sólida para conclusões, recomendações e tomada de decisão de acordo com a definição de objetivo e escopo do estudo.

Para serem interpretados, os resultados precisam ser analisados em diferentes níveis, de forma análoga ao que fora apresentado no Capítulo 6, sendo assim: informações e dados podem ser agregados e/ou discriminados no que diz respeito às fases do ciclo de vida, subcategorias de impacto, partes interessadas ou também em termos de processos elementares do sistema de produto.

Como na ACV ambiental, a fase de interpretação é construída com base nos requisitos da ISO 14044:2006, e consiste nas seguintes atividades:

- Verificação (ou análise) de completeza (ou integridade).
- Verificação de consistência.
- Análise de sensibilidade e de qualidade dos dados.
- Avaliação de materialidade.
- Conclusões, limitações e recomendações.

Para mais detalhes sobre as verificações de completeza, consistência e análise de sensibilidade, consultar exemplos e aplicações descritos no Capítulo 6.

Quando as diferentes verificações tiverem sido realizadas, então os resultados deverão ser interpretados para se determinar os principais *hotspots* sociais. Esta etapa da interpretação tem como objetivo identificar desempenhos ou impactos sociais significativos, riscos, categorias de partes interessadas, fases e processos do ciclo de vida significativos, tudo isso de acordo com o objetivo e o escopo do estudo.

Quando os resultados são analisados minuciosamente em relação à sua integridade e consistência, e os aspectos materiais do estudo são identificados, é possível se tirar conclusões. Isso inclui destacar limitações e fornecer recomendações para ações de melhoria fornecidas ao tomador de decisão e ao público-alvo interessado. As limitações podem se referir ao tipo e qualidade dos dados utilizados, ou ao sistema de produto adotado, ao sistema de pontuação aplicado ou aos critérios de ponderação adotados para, por exemplo, agregar os resultados da escala de referência em um resultado de subcategoria. Pode ser importante envolver as partes interessadas nesta última etapa, estendendo a representatividade àqueles que podem ser afetados pela decisão do estudo. Este é o passo em que as principais questões levantadas durante o objetivo e escopo encontram uma resposta.

Finalmente, os resultados interpretados da ACV Social podem ser combinados com ou integrados a outras metodologias de avaliação, como, por exemplo, a ACV ambiental e o Custeio do Ciclo de Vida (LCC), o Ecodesign (Capítulo 8), a seleção de estratégias de produção mais sustentáveis na cadeia de suprimentos, ou junto ao emprego de métodos de avaliação multicritério.

7.5 Exemplo Prático Utilizando a Metodologia de ACV Social

Nesta seção, é apresentado e descrito um estudo de caso sobre ACV Social. O estudo de caso se refere ao tomate *Cuore di Bue* (ver Figura 2), e mostra como se implementar na prática o método de avaliação de escala de referência "SAM", descrito anteriormente na Seção 7.4.3.

Figura 2 • Tomate *Cuore di Bue*, objeto deste estudo de caso

Fonte: Autoras.

O objetivo deste estudo de caso é identificar e avaliar os aspectos sociais do ciclo de vida de uma variedade italiana de tomate chamada *Cuore di Bue*, produzida por uma cooperativa italiana. Esse estudo de caso proporcionou uma oportunidade para abordar questões de interesse social significativas da cooperativa e do produto (por exemplo, direitos humanos, bem-estar da comunidade, discriminação racial, trabalho infantil) e, portanto, destacar os pontos fortes e fracos da empresa em relação aos seus interesses próprios e de outras partes interessadas relacionadas.

7.5.1 Definição de objetivo e escopo

O objeto do estudo é o tomate *Cuore di Bue*, cuja função é contribuir para satisfazer as necessidades alimentares de uma pessoa, conforme o Quadro 3.

Quadro 3 • Função, unidade funcional e fluxo de referência para o estudo de ACV Social do tomate *Cuore di Bue*

Função do produto	Unidade funcional	Fluxo de referência
Contribuir para a satisfação das necessidades alimentares humanas.	Fornecimento de uma quantidade definida de tomates, incluindo sua embalagem.	A produção de 1 kg de tomates.

Fonte: Autores.

Os limites do sistema de produto são do tipo berço-ao-portão e incluem as seguintes etapas: Produção, Processamento/Embalagem e Distribuição. A fase de uso foi considerada não do ponto de vista tecnológico, mas em relação à interação com os consumidores, como a principal parte interessada.

O presente estudo concentrou-se em três partes interessadas, identificadas com base em sua relevância: trabalhadores, comunidade local e consumidores.

7.5.2 Definição do sistema de produto

A definição dos limites do sistema de produto é necessária para identificar e determinar os processos elementares que deverão ser incluídos no próprio estudo. O objetivo foi definir quais eram os processos fundamentais para a obtenção do tomate *Cuore di Bue*. Para esse fim, eles foram mapeados e subsequentemente representados graficamente, por meio de um fluxograma (Figura 3).

O primeiro segmento do gráfico envolve as "matérias-primas" necessárias para o cultivo do produto. Elas consistem em mudas, placas de coco (que representam o substrato no qual as mudas são colocadas) e produtos fitofarmacêuticos. O segundo segmento consiste no transporte dos principais materiais, do fornecedor à empresa produtora do tomate *Cuore di Bue*. Então ocorre o cultivo, que é o estágio durante o qual os trabalhadores posicionam as mudas no substrato, conectando-as a um sistema centralizado e computadorizado, que fornece os nutrientes e todos os tipos de fitossanitários necessários. Em seguida, ocorre a colheita, que ocorre em diferentes períodos do ano, não apenas ao ar livre, mas também em estufas.

Figura 3 • Sistema de produto definido para o estudo de caso do tomate *Cuore di Bue*

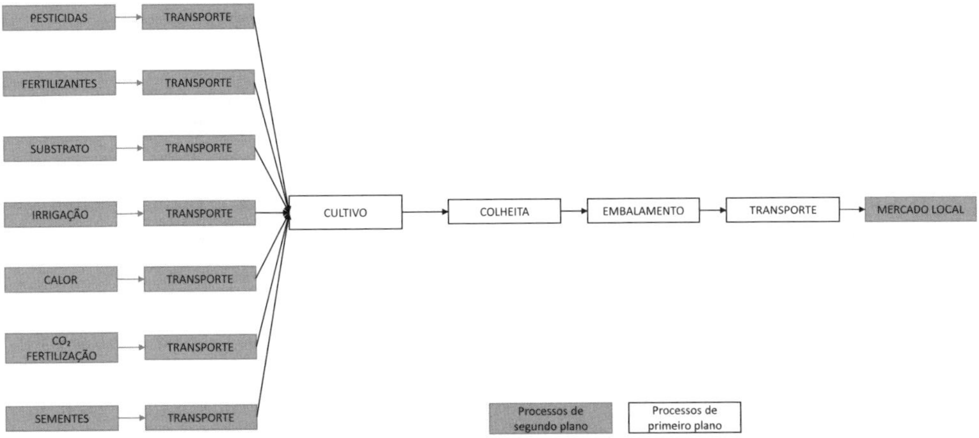

Fonte: Autoras.

Quando os tomates são colhidos, eles são classificados manualmente (controle de qualidade do produto) e embalados em caixas de papelão. A empresa também usa caixas plásticas, mas, nesse caso, é o cliente que fornece à empresa e as envia de volta assim que esvaziadas.

Como última etapa do sistema analisado, o tomate embalado é distribuído aos usuários, consumidores finais ou varejistas.

7.5.3 *Critérios de corte*

Os critérios de corte são utilizados para definir o que pode ser excluído do sistema de produto, pois não afetará os resultados, devido à sua baixa relevância. O critério utilizado no estudo de ACV Social foi representado pelas horas de trabalho. Na prática, isso significa que apenas os processos, para os quais foi necessária uma quantidade definida de horas de trabalho, foram incluídos no estudo. Para a aplicação deste critério, foi necessário primeiro calcular o número total de horas de trabalho necessárias para cada processo que contribui para a criação e distribuição do tomate *Cuore di Bue* em relação ao fluxo de referência (1 kg de tomate).

A identificação das horas de trabalho por processo pode ser determinada por estimativas, simplesmente multiplicando o número de trabalhadores pelas horas trabalhadas por semana, considerando as semanas trabalhadas em um ano e dividindo essa proporção pela produção total.

Isso pode ser resumido pelas seguintes Equações 1 e 2:

$$Wh = \frac{W.h.n}{p} \quad (1)$$

Em que: "Wh" são as horas trabalhadas por unidade de produto, "W" é o número de trabalhadores, "h" são as horas por semana, "n" o número de semanas/ano, e "p" a produção total.

Então, Wh é multiplicado pela quantidade de produto necessária para se atingir a unidade funcional, de acordo com a Equação 2:

$$WFU = Wh.c \quad (2)$$

Em que "WFU" representa a quantidade de horas de trabalho por unidade funcional e "c" é a quantidade de todos os materiais necessários para se produzir 1 unidade funcional de tomate *Cuore di Bue*. A Tabela 1 apresenta um resumo com os resultados de WFU por processo.

Tabela 1 • Resumo das horas trabalhadas por processo elementar

Processo	Empresa	Transporte	WFU (em horas)
Distribuição fitossanitária	Empresa B	Empresa B	1.725,50
Produção vegetal	Empresa C	Empresa C	1.465
Produção de placas de coco	Empresa D	Empresa D	4.653
Plantação, colheita e acondicionamento	Empresa A		98.988
Produção de caixas de papelão	Empresa E	Empresa E	120
Entrega final (transporte)	Empresa F		70,20
	Empresa G		147,60
	Empresa A		360
		Total (Σ)	**107.529,30**

Fonte: Autoras.

A soma das horas de trabalho necessárias para a produção anual de 1.965.000 kg de tomate *Cuore di Bue* foi de 107.529,3 horas de trabalho. Consequentemente, são necessárias 0,055 horas para se produzir 1 kg de tomate (unidade funcional).

Agora podemos relacionar as horas de trabalho de cada processo com a unidade funcional. O cálculo das porcentagens de horas (x) é obtido por meio da Equação 3:

$$x = \frac{100.Y}{\Sigma} \quad (3)$$

Onde "Y" corresponde às horas (WFU) em relação a uma única empresa e $\sum$ o somatório dos tempos obtido na Tabela 1.

O ponto de corte adotado no estudo considerou apenas aqueles processos em que o percentual de horas de trabalho (x) foi maior ou igual a 1%; assim, de acordo com isso, os processos que envolvem a produção de caixas (120 h) e o transporte final (360 h e 70,2 h) foram excluídos do estudo.

7.5.4 *Inventário social do ciclo de vida*

Para se coletar dados de inventário das partes interessadas envolvidas, diferentes questionários foram desenvolvidos e aplicados, cada um para os diferentes grupos:

- Questionário para a administração da empresa (trabalhadores de escritório — equipe de vendas e marketing, gestão de recursos humanos e proprietário da cooperativa).
- Questionário para funcionários diretamente envolvidos na produção de tomate (trabalhadores no campo).

O objetivo de entrevistar pessoas diferentes é permitir a triangulação, ou seja, comparar dados entre diferentes fontes de informação para validar os dados que comporão a análise de inventário, conforme resumido no Quadro 4.

Quadro 4 • Triangulação de dados por tipo de parte interessada

Parte interessada	Dado primário	Triangulação
Trabalhadores	Proprietário/dono da empresa.	Trabalhadores de campo (72 entrevistados).
Consumidores	Responsável pela área de vendas e marketing da organização.	Sites como o Instituto Nacional de Estatística na Itália (ISTAT), disponível em www.agricolturanotizie.com, e a autoridade sanitária local, como a *Azienda Sanitaria Locale* (ASL), na Itália.
Comunidade local	Marketing e recursos humanos responsáveis pela organização.	Responsável distrital identificado diretamente pela organização estudada.

Fonte: Autoras.

Para validar ainda mais as respostas recebidas com a *survey*, leis e normas nacionais e o Acordo Nacional de Trabalhadores Coletivos (CCNL) do setor agrícola e florestal italiano (PARTI SOCIALI, 2010) também foram considerados e analisados para a fase de inventário.

Um resumo dos questionários administrados e os resultados obtidos com eles constam nos Quadros 5-7, para os diferentes grupos de partes interessadas.

Quadro 5 • Questionário para o grupo de partes interessadas: trabalhadores

Subcategoria	Número de perguntas	Resultados para o inventário
Liberdade das associações (sindicatos)	3 perguntas aos trabalhadores / 11 perguntas ao representante da organização	Nenhum trabalhador era membro de um sindicato, mas membros da cooperativa.
Trabalho infantil	2 perguntas ao trabalhador / 7 perguntas ao representante da organização	Presença de política contra o trabalho infantil.
Salário justo	4 perguntas aos trabalhadores / 10 perguntas ao representante da organização	O salário mais baixo é igual ou superior ao salário mínimo do setor agrícola italiano.
Jornada de trabalho	6 perguntas ao trabalhador / 4 perguntas ao representante da organização	O número semanal de horas médias de trabalho é compatível com a lei do setor.
Trabalho forçado	3 perguntas ao trabalhador / 5 perguntas ao representante da organização	Presença de política contra trabalho forçado.
Igualdade de oportunidades / Discriminação	9 perguntas ao trabalhador / 4 perguntas ao representante da organização	A organização promove oportunidades iguais para os trabalhadores.
Saúde e Segurança	12 perguntas aos trabalhadores / 13 ao representante da organização	A organização investe e treina seus funcionários em relação a programas de prevenção de acidentes.
Benefício Social / Seguridade Social	2 perguntas ao trabalhador / 3 perguntas ao representante da organização	A organização fornece mais de dois benefícios sociais tidos como requisitos básicos.

Fonte: Petti *et al.* (2016).

Quadro 6 • Questionário para o grupo de partes interessadas: comunidade local

Subcategoria	Número de perguntas	Resultados para o inventário
Acesso a recursos materiais	6 perguntas à organização / 5 perguntas ao representante da comunidade local	Certificado *Global Gap* e *Lotta Integrata.*
Acesso a recursos imateriais	3 perguntas à organização / 2 perguntas ao representante da comunidade local	Nenhuma evidência da promoção de serviços comunitários (saúde / educação / compartilhamento de informações).
Deslocalização e migração	6 perguntas à organização / 5 perguntas ao representante da comunidade local	Nenhuma evidência de reassentamento causada pela organização.
Herança cultural	4 perguntas à organização / 3 perguntas ao representante da comunidade local	Comunidade e sua subsistência são consideradas uma atividade de preservação do patrimônio cultural.
Ambiente de vida sadio e seguro	5 perguntas para a organização / 4 perguntas para o representante da comunidade local	Certificado *Global Gap* e *Lotta Integrata.*
Respeito pelos direitos indígenas	3 perguntas à organização / 2 perguntas ao representante da comunidade local	As comunidades e as regiões já estavam ocupadas por atividades semelhantes e não há conflito com a comunidade local.
Envolvimento da comunidade	6 perguntas à organização / 5 perguntas ao representante da comunidade local	A organização participa ativamente de eventos da comunidade local (exemplo: *sagras e banco alimentare*).
Emprego (mão de obra) local	3 perguntas à organização / 2 perguntas ao representante da comunidade local	Utiliza funcionários locais.
Condições de vida seguras	3 perguntas à organização / 2 perguntas ao representante da comunidade local	A organização não revela conflitos ou problemas com a comunidade local comprovados pela ausência de recursos judiciais contra a organização.

Fonte: Petti *et al.* (2016).

Quadro 7 • Questionário para o grupo de partes interessadas: consumidores

Subcategoria	Número de perguntas	Resultados para o inventário
Saúde e segurança do produto	6 perguntas	A empresa não recebe reclamações sobre questões de saúde e segurança de seus produtos; mas a cooperativa não promove práticas e políticas de saúde e segurança com seus próprios parceiros de negócios.
Mecanismo de retorno (feedback)	3 perguntas	Nenhum mecanismo de feedback está disponível, mas os consumidores ainda podem acessar a empresa por telefone ou e-mail.
Privacidade	3 Perguntas	Nenhuma política para garantir a privacidade dos consumidores.
		Sem proteção dos dados dos consumidores fornecidos pela internet.
		Nenhuma política ou ação para proteger a privacidade dos fornecedores.
Transparência	3 Perguntas	A empresa não comunica sua responsabilidade social corporativa, mas implementa ferramentas ambientais e sociais para a avaliação de impacto, como pegada hídrica e ACV ambiental.
Responsabilidade pelo fim de vida do produto	2 Perguntas	A cooperativa fornece informações claras para os consumidores sobre o tratamento de fim de vida do seu produto.

Fonte: Petti *et al.* (2016).

7.5.5 Avaliação de impacto social por meio do método de avaliação de subcategoria (SAM)

Conforme já mencionado na Seção 7.4.3, existem diferentes métodos de avaliação de impacto social; neste estudo de caso, foi aplicado o método SAM, que é um método de avaliação da escala de referência. O SAM estrutura a avaliação dos desempenhos sociais de acordo com 4 classes (A, B, C e D) com base no comportamento da empresa. Os dados precisam ser coletados e comparados aos requisitos básicos, que são definidos de acordo com a legislação ou práticas organizacionais e o contexto do país, resultando em diferentes níveis (RAMIREZ *et al.*, 2014):

- **Nível A** significa que a organização mostra um comportamento proativo em relação ao requisito básico, uma vez que promove e satisfaz o requisito também para com seus fornecedores ou ao longo de toda a cadeia de valor analisada.
- **Nível B** destaca que a organização respeita os requisitos básicos com base em padrões internacionais e locais existentes.
- **Os níveis C e D** identificam os aspectos que não atendem aos requisitos básicos.

Referindo-se ao estudo de caso do tomate *Cuore di Bue*, os resultados da avaliação de impacto por meio do método SAM estão ilustrados no Quadro 8.

Quadro 8 • Resultados da aplicação do método SAM para o estudo de caso do tomate *Cuore di Bue*

Grupos de partes interessadas	Subcategorias	Resultados do SAM	Evidências
Consumidores	Saúde e segurança do produto	B	A organização investe e treina seus funcionários em programas de prevenção de acidentes.
	Mecanismo de feedback	C	Não há medidas que permitam ao consumidor fazer reclamações, como fornecer uma caixa de sugestões no suporte técnico ou uma seção de atendimento ao cliente no site.
	Privacidade do consumidor	C	Não existe uma política formal de privacidade dentro da organização.
Consumidores	Transparência	C	A organização não possui um relatório formal sobre responsabilidade social, mas demonstra adotar certas práticas para seus fornecedores.
Trabalhadores	Saúde e segurança	B	A organização investe e treina seus funcionários em programas de prevenção de acidentes.
Comunidade local	Ambiente de vida sadio e seguro	B	Certificado *Global Gap* e *Lotta Integrata*.
	Acesso a recursos imateriais	D	Não evidencia a promoção de serviços comunitários (saúde / educação / compartilhamento de informações).

Fonte: Petti *et al.* (2016).

Para cada uma das classes, foi associada uma escala numérica (A = 4, B = 3, C = 2, D = 1), que transforma dados qualitativos em quantitativos (ver resultados na Figura 4).

Figura 4 • Resultados extraídos a partir dos dados do Quadro 7

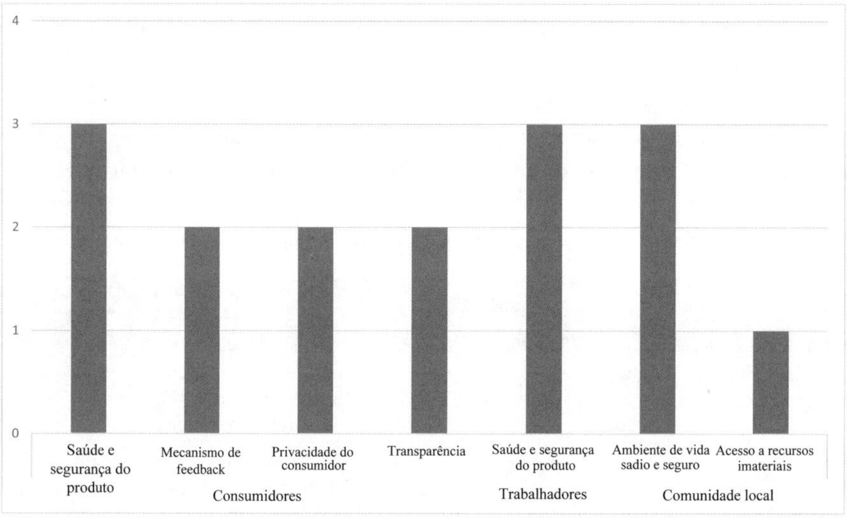

Fonte: Autoras.

7.5.6 *Interpretação de resultados*

Os detalhes da etapa de interpretação na ACV Social não são relatados aqui (consultar PETTI *et al.*, 2016), mas os aspectos gerais levantados serão apresentados. Em particular, o estudo apontou a ausência de ações proativas em relação a fornecedores e outros atores da cadeia de valor. Por exemplo, a empresa cooperativa destacou o gerenciamento deficiente dos sistemas de satisfação do cliente. Nesse sentido, a criação de um site, para contato direto com o cliente (mecanismo de feedback), poderia representar uma melhoria significativa e uma excelente vitrine para o produto.

Como exemplo, no Quadro 9, são relatadas as possíveis medidas que a empresa poderia adotar para melhorar os resultados da ACV Social.

Quadro 9 • Resumo dos resultados da avaliação pelo método SAM e o plano de ação

Grupos de partes Interessadas	Sub-categorias	Resultados do SAM	Evidências	Medidas
Consumidores	Saúde e segurança do produto	B	A organização investe e treina seus funcionários em programas de prevenção de acidentes.	Estabelecimento de contrato com seus fornecedores para atuar de acordo com as normas setoriais e nacionais. Continuar mantendo o atual desempenho em saúde e segurança do produto de acordo com as normas setoriais e nacionais.
	Mecanismo de feedback	C	Não há medidas que permitam ao consumidor fazer reclamações, como fornecer uma caixa de sugestões no suporte técnico ou uma seção de atendimento ao cliente no site.	Rastreabilidade da satisfação do consumidor / monitoramento e armazenamento eletrônico das reclamações dos consumidores.
	Privacidade do consumidor	C	Não existe uma política formal de privacidade dentro da organização.	Fornecer uma política formal de privacidade dentro da organização.
Consumidores	Transparência	C	A organização não possui um relatório formal sobre responsabilidade social, mas demonstra adotar certas práticas para seus fornecedores.	Fornecer relatório formal em seu site sobre a responsabilidade social da organização para acesso livre dos consumidores.
Trabalhadores	Saúde e segurança	B	A organização investe e treina seus funcionários em programas de prevenção de acidentes.	Adoção de ferramentas de segurança durante as atividades de aplicação de fertilizantes e pesticidas.
				Uso de equipamentos de proteção individual adequados.
				Treinamento e educação dos funcionários.

▷

Grupos de partes Interessadas	Sub-categorias	Resultados do SAM	Evidências	Medidas
Comunidade local	Ambiente de vida sadio e seguro	B	Certificado *Global Gap* e *Lotta Integrata*	Estabelecer contrato com seus fornecedores para agir adequadamente de acordo com a lei. relativa à segurança e saúde dos trabalhadores / e continuar a oferecer: aumento da conscientização da comunidade local sobre temas sociais e ambientais que envolvam o negócio da empresa.
				Criar mecanismos de incentivo para melhorar a conscientização sobre os temas sociais e ambientais da comunidade local.
	Acesso a recursos imateriais	D	Não evidencia a promoção de serviços comunitários (saúde / educação / compartilhamento de informações).	Oferecer educação e informação à comunidade local.

Fonte: Petti *et al.* (2016).

7.6 Iniciativas e Perspectivas

A ACV Social é uma disciplina relativamente nova e um campo de pesquisa em expansão. Por meio das diretrizes criadas pela UNEP/SETAC em 2009, o campo da ACV Social começou a se estabelecer com uma estrutura baseada nas normas ISO 14040 e 14044. Por meio de conferências, artigos publicados em periódicos, seminários e publicações de grupos de pesquisa de setores privados, os métodos de avaliação para fomentar a ACV Social estão se desenvolvendo, evoluindo e ganhando maturidade. Por exemplo, o método SAM, discutido ao longo do estudo de caso da Seção 7.5, é resultado desses esforços recentes.

Além disso, várias iniciativas foram implantadas, com o objetivo de desenvolver a metodologia e torná-la mais robusta para o processo de tomada de decisão e promover o uso da ACV Social no contexto industrial. Uma iniciativa de destaque é a revisão em andamento intitulada ***revision of the Guidelines for Social Life Cycle Assessment*** no âmbito da Iniciativa do Ciclo de Vida da UNEP, em cooperação com a *Social LC Alliance* e outros parceiros. As diretrizes da ACV Social desempenharam um papel decisivo para a sua implementação prática até aqui; no entanto, é necessária uma revisão para incorporar novos métodos, experiências e avanços científicos dos últimos anos. A revisão das diretrizes consiste em duas fases: uma revisão técnica substancial, realizada com a contribuição de vários especialistas em nível internacional, e uma fase de testes em diversas empresas e de diversos setores econômicos dessas diretrizes atualizadas.

Paralelamente, durante os últimos anos, uma iniciativa privada liderada por empresas, coordenada pela Pré Consultant, começou e ainda está em andamento: a ***Roundtable for Product Social Metric***, que propõe um método prático denominado Avaliação de Impacto Social do Produto (*Product Social Impact Assessment* [PSIA]) para a quantificação do desempenho social dos produtos (GOEDKOOP *et al.*, 2018), a partir das diretrizes já conhecidas propostas pela UNEP/SETAC sobre ACV Social. Os membros desta Mesa Redonda são representantes de grandes empresas que identificaram e propuseram uma lista definida de indicadores e métodos qualitativos e quantitativos.

Outras iniciativas também começaram com foco em setores específicos. Um exemplo é a ***Social Life Cycle Metrics for Chemical Products***, uma orientação sobre métricas sociais preparada pelos principais atores da cadeia de produtos do setor químico. A orientação foi lançada oficialmente em junho de 2016 e as atualizações mais recentes foram publicadas em 2018; pode ser utilizada para avaliar e relatar o impacto social e o valor dos produtos em uma perspectiva de ciclo de vida.

A ACV Social é um campo em evolução, e novos desenvolvimentos estão ocorrendo, tanto em termos da metodologia quanto da interpretação e comunicação dos resultados. Identificamos as seguintes principais áreas de desenvolvimento, juntamente com recomendações para se avançar mais no campo da ACV Social:

- Critérios e indicadores para a ACV Social.
- Avaliação de impacto.
- Impactos positivos.
- Comunicação dos resultados.
- Abordagem interdisciplinar para a ACV Social.

Em relação ao último aspecto, a ACV Social se destaca como uma estrutura de integração, capaz de acomodar informações sociais obtidas por outros métodos e ferramentas. Portanto, é importante fortalecer a cooperação com outras iniciativas e envolver as partes interessadas diretamente na análise, para dar relevância aos resultados. Todas essas questões metodológicas e práticas são particularmente cruciais ao usar a ACV Social na estrutura de uma Avaliação de

Sustentabilidade do Ciclo de Vida. À medida que o contexto internacional se torna cada vez mais exigente em questões sociais, a ACV Social pode ser uma boa maneira de ajudar as empresas a cumprir com os ODS da ONU. Assim, graças à sua complementaridade a outras ferramentas e padrões internacionais, a ACV Social pode ser utilizada em combinação com outras técnicas e ferramentas, para fornecer mais informações e ajudar a vincular os impactos sociais no nível da empresa a todos os estágios do ciclo de vida do produto e suas respectivas partes interessadas.

7.7 Exercícios

Questão 1. Por que a ACV social é importante? Como ela se complementa com a ACV ambiental?

Questão 2. Explique o que são categorias e subcategorias de partes interessadas? Como elas podem ser utilizadas em um inventário social do ciclo de vida de produto?

7.7.1 *Exercícios sobre o estudo de caso da produção de sabão de cacau*

O objetivo do conjunto de exercícios a seguir é testar a aplicabilidade do SAM em um estudo de caso real, publicado por Ramirez *et al.* (2016). O objeto de estudo foi o sabão de cacau.

IDENTIFICAÇÃO DO SISTEMA DE PRODUTO

Questão 3. A unidade funcional do sabão de cacau é o fornecimento de banhos para uma pessoa durante um ano (a uma taxa de um banho por dia), o que resulta em um fluxo de referência de aproximadamente 10 sabões de cacau de 150 g. A partir desta unidade funcional, identifique os limites do sistema de produto.

IDENTIFICAÇÃO DAS PARTES INTERESSADAS

Questão 4. Partindo dos limites do sistema identificados anteriormente, quem são as partes envolvidas neste sistema considerado?

APLICAÇÃO DO MÉTODO SAM JUNTO AO GRUPO DE PARTES INTERESSADAS: CONSUMIDORES

Questão 5. A tabela a seguir mostra as subcategorias aplicáveis aos "Consumidores" e as evidências destacadas. A partir disso, atribua a escala de nível ilustrada pelo método SAM (Nível A, B, C ou D), levando em consideração os Requisitos Básicos e as evidências dos dados coletados.

Subcategorias	Requisitos Básicos (RAMIREZ *et al.*, 2014)	Evidências Manteiga de cacau / colheita final	Pontuação SAM
Saúde e segurança do produto	A organização possui um procedimento referente a normas de saúde e segurança de produtos de consumo.	Possui uma política de saúde e segurança do consumidor para produtos em desenvolvimento. Não apresenta qualquer tipo de condenação judicial pela ANVISA.	
Mecanismo de feedback	A organização possui um mecanismo de feedback do cliente e práticas relacionadas à satisfação do cliente.	Possui mecanismo de feedback para o consumidor, serviço de reclamações por meio do Serviço Natura de Atendimento ao Cliente (SNAC), que funciona eletronicamente e por telefone. Além disso, possui uma pesquisa de satisfação do cliente do tipo "painéis de diálogo".	
Privacidade do consumidor	A organização possui uma política de privacidade, por meio da qual protege o direito à privacidade do consumidor, conforme definido pela Declaração Universal dos Direitos Humanos.	Os consumidores são protegidos por políticas e sistemas para garantir a privacidade dos dados do consumidor.	
Transparência	A organização possui um relatório que comunica sua responsabilidade social corporativa.	Possui um relatório estruturado de acordo com as diretrizes do *Global Compact* e *Global Reporting Initiative* (GRI). Este relatório também envolve as ações de seus fornecedores.	
Responsabilidade pelo fim de vida	Existem sistemas de gerenciamento interno que fornecem informações claras aos consumidores sobre as opções de final de vida do produto.	Possui um projeto chamado "Oroboro" que trata de problemas de resíduos sólidos e reciclagem de produtos.	

Fonte: Autoras.

GABARITO

Questão 1.

Resposta: Permite avaliar impactos sociais no ciclo de vida do produto, além de poder complementar os resultados de outros estudos envolvendo o Pensamento de Ciclo de Vida, tais como os da ACV ambiental e do Custeio do Ciclo de Vida (LCC). Assim, realizar uma ACV Social é uma etapa importante rumo a uma avaliação integrada da sustentabilidade do ciclo de vida dos produtos.

Questão 2.

Resposta: As categorias e subcategorias são importantes para possibilitar a identificação das partes interessadas relevantes ao estudo de ACV Social, além de contribuir para a escolha dos indicadores de categoria mais indicados para a coleta de dados de inventário e posterior mensuração de impactos sociais potenciais.

Questão 3.

Resposta: Identificação do sistema de produto: cultivo de cacau, cultivo de palma, produção de óleo de palma, produção de manteiga de cacau, produção de sabão, embalagem final e logística. A fase de fim de vida do produto foi excluída para simplificação do sistema, juntamente com os serviços (exemplo: atividades de consultor e serviço de segurança na organização), mas eles fazem parte dos limites do sistema a seguir detalhado:

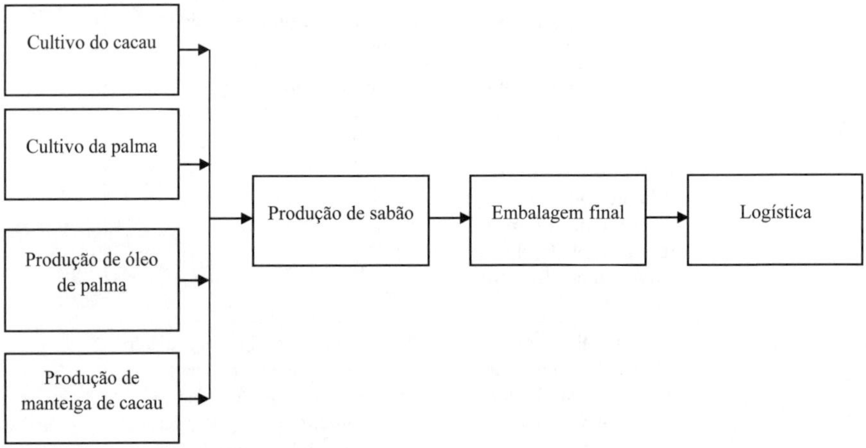

Fonte: Autoras.

Questão 4.

Resposta: **Identificação das partes interessadas:** todas as partes interessadas listadas nas Diretrizes do UNEP/SETAC (2009) são afetadas pelo sistema considerado: Trabalhadores, Sociedade, Comunidade local, Consumidores e outros atores da cadeia de valor.

Questão 5.

Resposta: **Aplicação do método SAM junto aos "Consumidores":** como a organização possui evidências de uma política para analisar a segurança e a proteção do consumidor durante o desenvolvimento do produto, foi avaliada como B por atender ao Requisito Básico (BR) estabelecido no SAM. Das cinco subcategorias, a organização atendeu aos BRs para quatro subcategorias, e uma foi identificada como ações proativas na cadeia de valor, recebendo pontuação A.

Subcategorias	Requisitos Básicos (RAMIREZ *et al.*, 2014)	Evidências Manteiga de cacau / colheita final	Pontuação SAM
Saúde e segurança do produto	A organização possui um procedimento referente a normas de saúde e segurança de produtos de consumo.	Possui uma política de saúde e segurança do consumidor para produtos em desenvolvimento. Não apresenta nenhum tipo de condenação judicial pela ANVISA.	B
Mecanismo de feedback	A organização possui um mecanismo de feedback do cliente e práticas relacionadas à satisfação do cliente.	Possui mecanismo de feedback para o consumidor, serviço de reclamações por meio do Serviço Natura de Atendimento ao Cliente (SNAC), que funciona eletronicamente e por telefone. Além disso, possui uma pesquisa de satisfação do cliente do tipo "painéis de diálogo".	B
Privacidade do consumidor	A organização possui uma política de privacidade, por meio da qual protege o direito à privacidade do consumidor, conforme definido pela Declaração Universal dos Direitos Humanos.	Os consumidores são protegidos por políticas e sistemas para garantir a privacidade dos dados do consumidor.	B
Transparência	A organização possui um relatório que comunica sua responsabilidade social corporativa.	Possui um relatório estruturado de acordo com as diretrizes do *Global Compact* e *Global Reporting Initiative* (GRI). Este relatório também envolve as ações de seus fornecedores.	A
Responsabilidade pelo fim de vida	Existem sistemas de gerenciamento interno que fornecem informações claras aos consumidores sobre as opções de final de vida do produto.	Possui um projeto chamado "Oroboro" que trata de problemas de resíduos sólidos e reciclagem de produtos.	B

Fonte: Autoras.

Referências

BECKER, H. A. Social impact assessment. European Journal of Operational Research. v. 128, p. 311-321, 2001.

BENOÎT, C.; MAZIJN, B. (Eds.) Guidelines for social life cycle assessment of products: social and socio-economic LCA code of practice complementing environmental LCA and life cycle costing, contributing to the full assessment of goods and services within the context of sustainable development. Paris, 2009, p. 104.

CAMPANELLA, P.; PETTI, L. La Social LCA: una metodologia per la valutazione del profilo sociale dei prodotti. DASTA working paper series, 2010.

CIROTH, A.; EISFELDT, F. PSILCA – A product social impact life cycle assessment database. Database version 1.0. Documentation Version 1.1, March, 2016.

COCHRAN, P. L. The evolution of corporate social responsibility. Business Horizons, 50, p. 449-454, 2007.

FESCHET, P.; MACOMBE, C.; GARRABÉ, M. Social impact assessment in LCA using the Preston pathway. International Journal of Life Cycle Assessment, v. 18, p. 490-503, 2012.

FET, A. M. Environmental management and corporate social responsibility. Clean Technologies and Environmental Policy, v. 8, p. 217-218, 2006.

GARRIDO, S. R.; PARENT, J.; BEAULIEU, L.; REVÉRET, J. P. A literature review of type I SLCA – making the logic underlying methodological choices explicit. International Journal of Life Cycle Assessment. Disponível em: DOI:10.1007/s11367-0161067-z, 2016.

GOEDKOOP, M. J.; INDRANE, D.; DE BEER, I. M. Product Social Impact Assessment Handbook – 2018. Amersfoort, September 1st, 2018.

GRIESSHAMMER, R.; BENOÎT, C.; DREER, L. C.; FLYSJÖ, A.; MANHART, A.; MAZIJN, B.; MÉTHOT, A.; WEIDEMA, B. P. Feasibility study: integration of social aspects into LCA, Discussion Paper from UNEP/SETAC Task Force Integration of Social Aspects in LCA meetings in Bologna (January 2005), Lille (May, 2005), Brussels (November, 2005), and Freiburg (May, 2006).

GUINÉE, J. B.; HEIJUNGS, R.; HUPPES, J.; ZAMAGNI, A.; MASONI, P.; BUONAMICI, R.; EKVALL, T.; RYDBERG, T. Life cycle assessment: past, present, and future. Environmental Science & Technology 2011, 45(1), p. 90-96, 2010.

HAUSCHILD, M. Z.; DREYER, L. C.; JØRGENSEN, A. Assessing social impacts in a life cycle perspective – Lessons learned. CIRP Annals – Manufacturing Technology, v. 57, p. 21-24, 2008.

Interorganizational Committee on Guidelines and Principles for Social Impact Assessment Guidelines and principles for social impact assessment. Environmental Impact Assessment Review, v. 15, p. 11-43, 1995.

INTERNACIONAL STANDARD ORGANIZATION. ISO 14040: Environmental management – Life cycle assessment – Principles and framework. 2006.

INTERNACIONAL STANDARD ORGANIZATION. ISO 14044: 2006/AMD 1:2017. Environmental management – Life cycle assessment – Requirements and guidelines – Amendment 1.

INTERNATIONAL STANDARD ORGANIZATION ISO 26000: 2010 Guidance on Social Responsibility.

JØRGENSEN, A.; FINKBEINER, M.; JØRGENSEN, M. S.; HAUSCHILD, M. Z. Defining the baseline in social life cycle assessment. International Journal of Life Cycle Assessment, v. 15, p. 376-384, 2010.

JØRGENSEN, A.; LE BOCQ, A.; NAZARKINA, L.; HAUSCHILD, M. Methodologies for Social Life Cycle Assessment. International Journal of Life Cycle Assessment, v. 13 (2), p. 96-103, 2008.

KLOEPFFER, W. Life Cycle Sustainability Assessment of Products. International Journal of Life Cycle Assessment, v. 13 (2), p. 89-95, 2008.

KLÖPFFER, W. Life cycle-based methods for sustainable product development. Life cycle Approaches to Sustainable Consumption Workshop Proceedings, p. 33-138, 2002.

LEHTONEN, M. The environmental – social interface of sustainable development: capabilities, social capital, institutions. Ecological Economics, v. 49, p. 199-214, 2004.

MACOMBE, C.; LESKINEN, P.; FESCHET, P.; ANTIKAINEN, R. Social life cycle assessment of biodiesel production at three levels: a literature review and development needs. Journal of Cleaner Production, v. 52, p. 205-216, 2013.

MACOMBE, C.; FESCHET, P.; GARRABÉ, M. AND LOEILLET, D. 2nd International Seminar in Social Life Cycle Assessment – recent developments in assessing the social impacts of product life cycles. International Journal of Life Cycle Assessment, v. 18, issue 9, p. 940-943, 2011.

MARTINEZ-BLANCO, J.; LEHMANN, A.; CHANG, Y. J.; FINBEINER, M. Social Organisational LCA (SOLCA) – a new approach for implementing social LCA. International Journal of Life Cycle Assessment, v. 20, n. 11, p. 1586-1599, 2015.

NEUGEBAUER, S.; EMARA, Y.; HELLERSTRÖM, C.; FINKBEINER, M. Calculation of Fair wage potentials throughout products′ life cycle – introduction of a new midpoint impact category for social life cycle assessment. Journal of Cleaner Production. 143, 1221–1232, 2017.

PARTI SOCIALI. 30 luglio 2010 Contratto provinciale di lavoro degli operai agricoli e florovivaisti della provincia di Cuneo, 2010.

PELLETIER, N.; USTAOGLU, E.; BENOIT, C. *et al.* Social sustainability in trade and development policy. International Journal of Life Cycle Assessment, v. 23, 2018.

PETTI, L.; RAMIREZ, P. K. S.; TRAVERSO, M.; ET UGAYA, C. M. L. (2016). An Italian tomato "Cuore di Bue" case study: challenges and benefits using subcategory assessment method for social life cycle assessment. International Journal of Life Cycle Assessment, v. 23(3), p. 569-580.

RAMIREZ, P. K. S.; PETTI, L.; BRONES, F.; UGAYA, C. M. L. (2016). Subcategory assessment method for social life cycle assessment. Part 2: application in Natura's cocoa soap. International Journal of Life Cycle Assessments, v. 21(1), p. 106-117.

RAMIREZ, P. K. S.; PETTI, L.; HABERLAND, N. T. *et al.* Subcategory assessment method for social life cycle assessment. Part 1: methodological framework. International Journal of Life Cycle Assessment, v. 19, p. 1515-1523, 2014.

SALA, S.; FARIOLI, F.; ZAMAGNI, A. Progress in sustainability science: lessons learnt from current methodologies for sustainability assessment: Part 1. The International Journal of Life Cycle Assessment, v. 18, p. 1653-1672, 2013.

SCORELCA. Social LCA, sustainable development, CSR: state of research? What are the methodological needs? Final report 2017, ETUDE N° 2016-04.

SWARR, T.; HUNKELER, D.; KLÖPFFER, W.; PESONEN, H. L.; CIROTH, A.; BRENT, A. C.; PAGAN, R. Environmental life cycle costing: a code of practice. ISBN 978-1-880611-87-6, Pensacola, SETAC products. United Nations Environment Programme, Paris, 2011.

UNEP/SETAC LIFE CYCLE INITIATIVE *et al.* Guidelines for social life cycle assessment of products. United Nations Environment Programme ISBN, Paris, 2009.

UNEP/SETAC. The Methodological sheets for subcategories in Social Life Cycle Assessment (S-LCA). [s/l]:[s/e], 2013.

WEIDEMA, B. P. The integration of economic and social aspects in life cycle impact assessment. International Journal of Life Cycle Assessment, [s/l], v. 11, p. 89-96, 2006.

ZANCHI, L.; DELOGU, M.; ZAMAGNI, A.; PIERINI, M. Analysis of the main elements affecting social LCA applications: challenges for the automotive sector. *International Journal of Life Cycle Assessment*, [s/l], v. 23, p. 519-535, 20.

CAPÍTULO

8

Ecodesign de Produtos

Dra. Daniela C. A. Pigosso

Universidade Técnica da Dinamarca – DTU
Departamento de Engenharia Mecânica
Nils Koppels Allé, Building 404, room 230
2800, Kongens Lyngby
Copenhague/Dinamarca

8 Ecodesign de Produtos

8.1 Surgimento e Importância do Ecodesign

No final dos anos de 1990, o Ecodesign começou a ter maior visibilidade e uso por ser uma abordagem proativa, com foco no desempenho ambiental do produto e caracterizada pela visão holística dos impactos ambientais associados às fases do seu ciclo de vida (BHAMRA; EVANS; MCALOONE, 1999; VAN WEENEN, 1995). É necessário notar, entretanto, que nenhuma redução significativa do impacto ambiental será obtida a menos que o produto seja competitivo e substitua outros produtos no mercado com menor desempenho ambiental. Assim, funcionalidade, desempenho, estética, qualidade e custo do produto devem ser compatibilizados com um melhor desempenho ambiental (NIELSEN; WENZEL, 2002).

Mais recentemente, o ecodesign tem sido utilizado num contexto mais sistêmico (CESCHIN; GAZIULUSOY, 2016), apoiado pelos conceitos de Sistemas Produto-Serviço (em que a função é entregue por meio do oferecimento de serviços) abordado no Capítulo 9 deste livro (PIGOSSO; MCALOONE, 2016; SUNDIN; BRAS, 2005; BIRKELAND, 2005) e de Economia Circular, que tem como principal objetivo desacoplar a criação de valor do consumo de recursos (DALHAMMAR, 2016; MCALOONE; PIGOSSO, 2017; KJAER *et al.*, 2018; BOCKEN *et al.*, 2016). Além disso, há diversas iniciativas para a expansão do ecodesign do ponto de vista ambiental/econômico também para os aspectos sociais, levando ao conceito de design sustentável (SPANGENBERG; FUAD-LUKE; BLINCOE, 2010; RODRIGUES; PIGOSSO; MCALOONE, 2015; MANZINI, 2014; CESCHIN; GAZIULUSOY, 2016). Especificamente sobre os aspectos e impactos sociais, o Capítulo 7 aborda a metodologia que pode ser integrada ao processo do Ecodesign no projeto do produto.

O Ecodesign pode ser definido como ações tomadas no desenvolvimento do produto direcionadas à minimização dos impactos ambientais durante todo o ciclo de vida do produto, sem comprometer outros critérios essenciais, como desempenho, funcionalidade, estética, qualidade e custo. Integra as questões ambientais no design industrial relacionando o que é tecnicamente possível com o que é ecologicamente necessário e socialmente aceitável, face à percepção crescente das necessidades de salvaguardar o ambiente em um contexto de desenvolvimento sustentável (JOHANSSON, 2002; VAN WEENEN, 1995; PIGOSSO; ROZENFELD; MCALOONE, 2013).

A terminologia para o conceito da realização do processo de desenvolvimento de produtos com a integração das questões ambientais mudou durante as últimas décadas. O termo original, *green design* (design verde), foi substituído por design ecológico, design ambientalmente sensitivo ou ecodesign (BREZET; VAN HEMEL, 1997), design para o ambiente (*design for the environment*) (EHRENFELD; HOFFMAN, 1993) e design ambientalmente responsável (DERMODY; HANMER-LLOYD, 1995). É interessante notar que o uso das terminologias varia de continente para continente. Enquanto o termo "Design para o Ambiente" é mais utilizado nos Estados Unidos da América, o termo Ecodesign é mais adotado no continente europeu.

A prática de ecodesign tornou-se essencial para aquelas empresas que já reconheceram que a responsabilidade ambiental é de vital importância para o sucesso no longo prazo, pois promove vantagens como melhoria da reputação, menor geração de resíduos, redução dos custos, conservação do capital, diminuição dos riscos, geração de inovações em produtos e atração de novos consumidores (BAKSHI; FIKSEL, 2003; RODRIGUES; PIGOSSO; MCALOONE, 2016).

Os motivadores para a adoção do ecodesign frequentemente apontados na literatura são (BAKSHI; FIKSEL, 2003; JESWIET; HAUSCHILD, 2005; BYGGETH; HOCHSCHORNER, 2006; BREZET; VAN HEMEL, 1997; PIGOSSO; MCALOONE, 2017; BOCKEN *et al.*, 2016; BAKKER *et al.*, 2014):

- Entrada em vigor de legislações ambientais mais rigorosas e que contemplam o ciclo de vida dos produtos (exemplo: Diretiva 2002/96/EC sobre Resíduos de Equipamentos Elétricos e Eletrônicos – REEEs).
- Redução de custos derivada do melhor uso dos recursos e da redução da geração de resíduos industriais.
- Crescente consciência dos consumidores quanto ao impacto ambiental associado aos produtos e serviços que consomem, além da melhoria da imagem corporativa.
- Oportunidades de novos negócios.
- Crescente percepção do desempenho ambiental de produtos como diferencial de competitividade (inovação em produtos por meio da redução do impacto ambiental associado ao seu ciclo de vida).
- Adoção de novas estratégias que possibilitem a transição para a economia circular.

Neste capítulo, são apresentados os principais fundamentos do ecodesign, a sua integração ao processo de desenvolvimento de produtos e as principais ferramentas e práticas. O capítulo é complementado com exemplos de produtos com melhor desempenho ambiental e exercícios para auxiliar na fixação do conteúdo apresentado.

8.2 Integração do Ecodesign no Projeto do Produto

Apesar dos produtos serem fundamentais para a qualidade de vida e riqueza da sociedade atual, o crescente consumo de produtos está, direta ou indiretamente, na origem da maior parte dos impactos ambientais causados pela sociedade (COMISSÃO DA COMUNIDADE EUROPEIA, 2001).

Os impactos ambientais são gerados ao longo de todo o ciclo de vida dos produtos (Figura 1), desde a extração da matéria-prima e manufatura até a disposição final (NIELSEN; WENZEL, 2002; BAUMANN; BOONS; BRAGD, 2002). Em caso de dúvidas, você pode rever também o Capítulo 1, onde o conceito de ciclo de vida de produto também é apresentado e detalhado.

Figura 1 • Ciclo de Vida Material dos Produtos

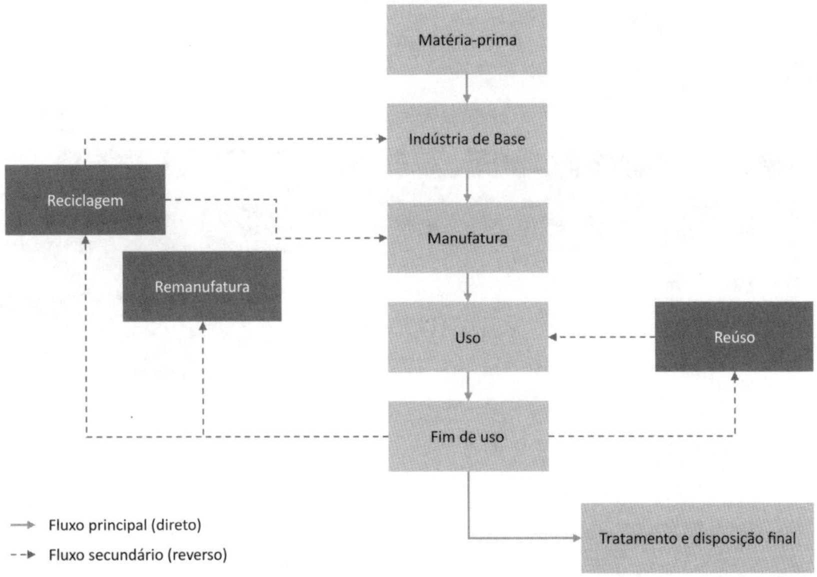

Fonte: Pigosso *et al.* (2010).

O ciclo de vida material do produto é apresentado na Figura 1. O fluxo principal é composto das fases de extração da matéria-prima, processamento por indústrias de base, manufatura, uso e descarte do produto. Cada uma dessas fases consome insumos/recursos (como energia e matéria-prima) e gera resíduos, que devem ser devidamente tratados e dispostos, ou ainda reaproveitados por meio das estratégias de fim de vida (reúso, remanufatura, recondicionamento e reciclagem).

Os impactos ambientais causados pelos produtos ao longo de todo o seu ciclo de vida material são resultantes de decisões e definições tomadas nas fases iniciais do processo de desenvolvimento de produtos (PDP) (BYGGETH; HOCHSCHORNER, 2006; LUTTROPP; LAGERSTEDT, 2006; VEZZOLI; MANZINI, 2008; POOLE *et al.*, 1999).

O PDP padrão sobre o qual o desenvolvimento de projetos está baseado é normalmente representado por um modelo de referência (Figura 2). O modelo de referência está estruturado em três macrofases (pré-desenvolvimento, desenvolvimento e pós-desenvolvimento). O pré-desenvolvimento contém duas fases (Planejamento Estratégico dos Produtos e Planejamento do Projeto). O desenvolvimento é composto de cinco fases (Projeto Informacional, Projeto Conceitual, Projeto Detalhado, Preparação da Produção e Lançamento do Produto).

Figura 2 • Modelo de Referência para a gestão do processo de desenvolvimento de produtos

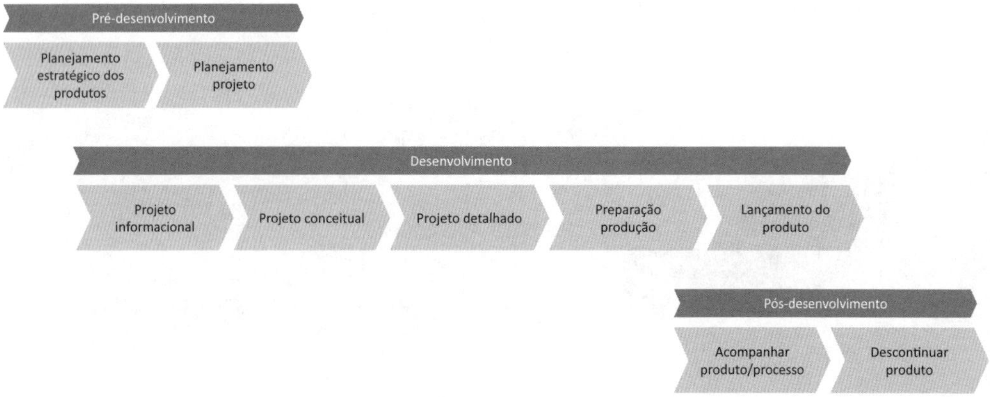

Fonte: Rozenfeld *et al.* (2006).

Por fim, Acompanhar Produto/Processo e Descontinuar Produto são as duas fases que compõem o pós-desenvolvimento. O modelo de referência descreve as atividades, os resultados esperados, os responsáveis, os recursos disponíveis, as ferramentas de suporte e as informações necessárias ou geradas no processo e consiste em uma coleção das melhores práticas no desenvolvimento de produtos, sendo usualmente representado em visões parciais. É utilizado no processo de desenvolvimento de produtos para estabelecer uma linguagem comum para todos os profissionais das diferentes áreas do conhecimento envolvidas no projeto, auxiliando na comunicação e na integração entre eles (ROZENFELD *et al.*, 2006).

O processo de desenvolvimento do produto é considerado um processo de negócio crítico para aumentar a competitividade das empresas, principalmente porque leva a uma maior diversidade de produtos e a uma contínua redução do ciclo de vida do produto. Desenvolver produtos consiste em um conjunto de atividades, por meio das quais se busca, a partir das necessidades do mercado e das possibilidades e restrições tecnológicas, e considerando as estratégias competitivas e de produto da empresa, chegar às especificidades de projeto de um produto e de seu processo de produção, para que a manufatura seja capaz de produzi-lo e acompanhá-lo após seu lançamento (ROZENFELD *et al.*, 2006). Se os requisitos da sustentabilidade forem levados em consideração durante o desenvolvimento do produto, uma manufatura mais sustentável será a consequência natural.

As maiores oportunidades de melhorias ambientais de um produto estão nas primeiras fases do seu processo de desenvolvimento, em que os graus de liberdade no estabelecimento das características do produto e o potencial para melhorias ambientais são grandes (Figura 3). Estimativas apontam que de 60% a 80% do impacto ambiental total de um produto é estabelecido nestas fases. Conforme as características e os detalhes do produto vão sendo determinados, os graus de liberdade das escolhas vão diminuindo gradualmente. Nas fases finais do processo, o conhecimento do produto é grande, mas as possibilidades de mudança do design são pequenas devido ao grande número de decisões que já foram tomadas durante o processo. Neste ponto, as opções de melhoria ambiental se restringem aos processos de produção, logística, reciclagem etc. (McALOONE; BEY, 2009).

A maioria dos fatores que propiciam o sucesso da integração do ecodesign ao processo de desenvolvimento do produto são os mesmos fatores que são reconhecidos como essenciais para o próprio sucesso do desenvolvimento do produto. Dessa forma, uma empresa que gerencia o desenvolvimento do produto adequadamente e de forma estruturada tem uma maior probabilidade de obter sucesso quando integra o ecodesign no desenvolvimento do produto (JOHANSSON, 2002).

Figura 3 • Desenvolvimento de produtos e o ciclo de vida material dos produtos

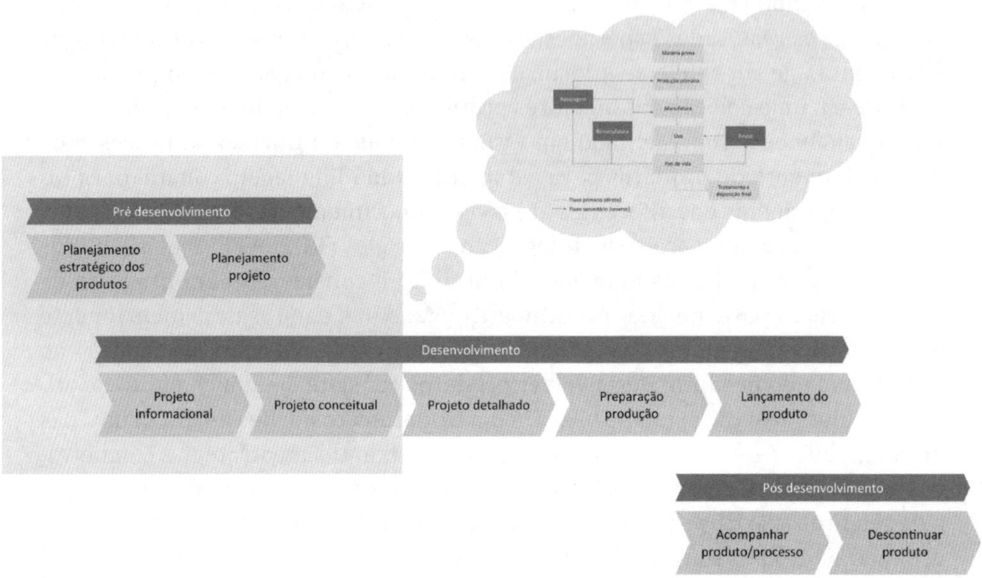

Fonte: Autora.

8.3 Ferramentas e Boas Práticas de Ecodesign

Apesar de cada vez mais as empresas estarem cientes da necessidade da realização da análise e avaliação de questões ambientais no desenvolvimento de produtos e da própria gestão do processo, ainda não é claro e sistematizado quais devem ser as práticas, métodos e ferramentas de ecodesign a serem implantadas pelas empresas.

Na última década, diversos métodos e ferramentas de ecodesign (qualquer meio sistemático para lidar com as questões ambientais durante o processo de desenvolvimento de produtos) foram desenvolvidos para a avaliação de impactos ambientais, evidenciando potenciais problemas e conflitos e facilitando a escolha entre diferentes aspectos por meio da comparação entre estratégias de ecodesign (PIGOSSO; MCALOONE; ROZENFELD, 2014).

As práticas operacionais são diretamente relacionadas ao ciclo de vida material (Figura 1) e a sua aplicação varia de acordo com as características do produto e fases do ciclo de vida/aspectos que apresentam maior impacto ambiental potencial (BORGIANNI; MACCIONI; PIGOSSO, 2019). São compostas de estratégias de ecodesign, que fornecem orientação na criação de tarefas de ecodesign, divididas em estratégias genéricas e estratégias específicas[1] (PIGOSSO; McALOONE; ROZENFELD, 2014). As opções de design estão associadas a cada estratégia específica e apresentam alternativas de projeto para que a estratégia específica seja atendida. Os métodos e ferramentas de ecodesign podem estar associados às estratégias específicas, auxiliando a sua implementação.

De acordo com Vezzoli e Manzini (2008), as estratégias envolvidas na integração dos requisitos ambientais ao processo de desenvolvimento de produtos (bens e serviços) são:

- Minimizar o consumo de materiais e energia.
- Minimizar o consumo de energia.
- Selecionar processos e recursos com baixo impacto ambiental.
- Otimizar o tempo de vida útil do produto.
- Estender o tempo de vida útil do material.
- Facilitar a desmontagem.

A hierarquia funcional dessas estratégias é apresentada na Figura 4. Facilitar a desmontagem do produto por meio do "*design for disassembly*" é, por exemplo, uma estratégia eficaz tanto para a extensão do tempo de vida útil do material quanto para a otimização do tempo de vida útil do produto, implicando também a minimização do consumo de recursos e na seleção de processos e recursos com baixo impacto ambiental (VEZZOLI; MANZINI, 2008).

Figura 4 • Hierarquia funcional entre as estratégias de ecodesign

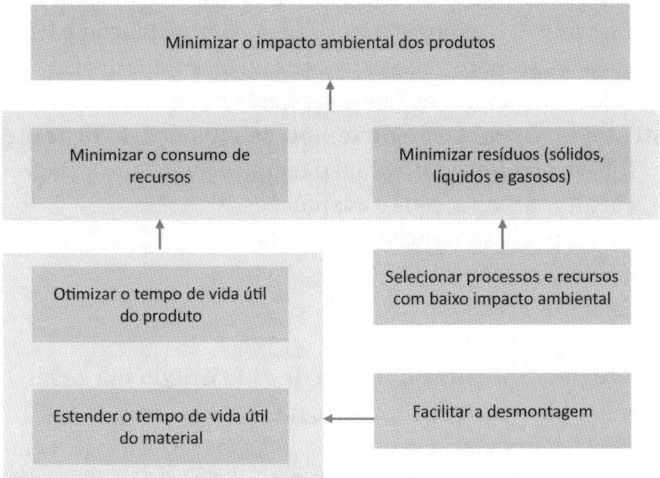

Fonte: Autora.

[1] As estratégias de ecodesign específicas correspondem a detalhamentos das estratégias genéricas.

As diretrizes para cada uma das estratégias de ecodesign são detalhadas a seguir (VEZZOLI; MANZINI, 2008):

- **Estratégia: Minimizar o consumo de materiais**
  - Minimizar o conteúdo material.
  - Minimizar perdas durante o processo produtivo.
  - Minimizar a embalagem, mantendo o produto intacto durante o transporte e armazenamento.
  - Encorajar sistemas de consumo eficientes.
  - Encorajar o uso de sistemas com consumo flexível de materiais.
  - Minimizar o consumo de materiais durante o processo de desenvolvimento de produtos.
- **Estratégia: Minimizar o consumo de energia**
  - Minimizar o consumo de energia durante a extração e beneficiamento da matéria-prima e produção.
  - Minimizar o consumo de energia durante o transporte e armazenamento.
  - Selecionar sistemas com estágios de operação eficientes no consumo de energia.
  - Empreender o consumo dinâmico de energia.
  - Minimizar o consumo de energia durante o processo de desenvolvimento de produtos.
- **Estratégia: Minimizar as emissões tóxicas**
  - Selecionar materiais não perigosos e não tóxicos.
  - Selecionar fontes de energia não tóxicas ou perigosas.
  - Estratégia: Uso de recursos renováveis ou biocompatíveis.
  - Selecionar materiais renováveis ou biocompatíveis.
  - Selecionar fontes de energia renováveis e biocompatíveis.
- **Estratégia: Otimização do tempo de vida útil do produto**
  - Desenvolver produtos com o tempo de vida apropriado.
  - Facilitar atualizações e adaptações.
  - Facilitar a manutenção.
  - Facilitar o reparo.
  - Facilitar o reúso.
  - Facilitar a remanufatura.
- **Estratégia: Aumentar o tempo de vida útil do material**
  - Adotar a abordagem em cascata.
  - Selecionar materiais com as tecnologias de reciclagem mais eficientes.
  - Facilitar a retirada e transporte ao fim de vida do produto.
  - Identificar os diferentes materiais.
  - Minimizar o número de materiais diferentes e incompatíveis.

- » Facilitar a limpeza.
- » Facilitar a compostagem.
- » Facilitar a incineração.

↳ **Estratégia: Design para a desmontagem**

- » Reduzir e facilitar as operações de desmontagem e separação.
- » Forma de partes e componentes.
- » Forma e acessibilidade dos elementos de junção.
- » Utilizar sistemas de junção reversíveis.
- » Utilizar sistemas de junção permanentes que possam ser facilmente abertos.
- » Codesign de tecnologias especiais e características para separação por esmagamento.

A priorização das estratégias de ecodesign a serem implementadas pode ser realizada por meio de avaliações do ciclo de vida de produtos, que podem ser quantitativas (utilizando-se a técnica da Avaliação do Ciclo de Vida (ACV) abordada anteriormente neste livro) ou semiquantitativas (utilizando-se matrizes para a avaliação de impacto) (PIGOSSO *et al.*, 2011). Neste capítulo, a *Design for Environment Matrix* (EAGAN *et al.*, n.d.) é apresentada como uma ferramenta semiquantitativa para a identificação dos *hotspots* do produto (isto é, fases do ciclo de vida e aspectos ambientais com maiores potenciais para melhoria por meio da aplicação das estratégias de ecodesign) (BORGIANNI; MACCIONI; PIGOSSO, 2019).

O *Design for Environment Matrix* pode ser utilizado para a quantificação dos impactos ambientais potenciais de um produto por meio da avaliação dos aspectos ambientais envolvidos ao longo das fases do seu ciclo de vida. Os resultados obtidos pela aplicação do método podem ser utilizados para comparar o produto que está sendo desenvolvido com um produto existente (útil para o redesign de produtos existentes) ou para a comparação entre alternativas de projeto para um novo produto em desenvolvimento, sendo complementar aos parâmetros econômicos, de valor do cliente e de manufaturabilidade, que também devem ser avaliados.

Os aspectos ambientais definidos pelo método estão relacionados ao consumo de materiais e energia e à geração de efluentes líquidos, resíduos sólidos e emissões gasosas e compõem as colunas da matriz. As fases do ciclo de vida consideradas pelo método incluem pré-manufatura, manufatura, distribuição e embalagem, uso e manutenção e fim de vida e correspondem às linhas da matriz (Tabela 1).

Tabela 1 • Matriz do *Design for Environment* (DfE Matrix)

Estágio do ciclo de vida		Aspecto Ambiental					
		1 Materiais	2 Consumo de energia	3 Resíduos Sólidos	4 Resíduos Líquidos	5 Resíduos Gasosos	Total
A	Pré-manufatura	(A.1)	(A.2)	(A.3)	(A.4)	(A.5)	
B	Manufatura	(B.1)	(B.2)	(B.3)	(B.4)	(B.5)	
C	Embalagem e distribuição	(C.1)	(C.2)	(C.3)	(C.4)	(C.5)	
D	Uso e manutenção	(D.1)	(D.2)	(D.3)	(D.4)	(D.5)	
E	Fim de Vida	(E.1)	(E.2)	(E.3)	(E.4)	(E.5)	
	Total						

Fonte: Yarwood e Eagan (1998).

O preenchimento de cada célula da matriz (definida pelo cruzamento entre aspectos ambientais e fases do ciclo de vida do produto) é feito por meio de um sistema de pontuação guiado por 100 perguntas definidas pelo método, apresentadas a seguir no formato de diretrizes.

A pontuação total obtida com o preenchimento de todas as células da matriz indica de forma semiquantitativa as fases do ciclo de vida do produto objeto da análise em que ocorrem os maiores impactos ambientais e que devem, portanto, serem otimizadas pelos desenvolvedores de produtos de forma a melhorar o desempenho ambiental do produto. A pontuação total da matriz é uma medida relativa dos atributos do produto e complementa os parâmetros econômicos, de valor do cliente e de manufaturabilidade, que também devem ser avaliados. Os dados de referência fornecem informações adicionais para responder às questões para preenchimento da matriz, que pode ser adaptada de acordo com as necessidades dos designers (EAGAN *et al.*, n.d.).

A.1: Pré-manufatura × Materiais

- Qual é a porcentagem de fornecedores que possuem um Sistema de Gestão Ambiental (SGA) formalizado em andamento?
  0% ou desconhecido = 0 pontos
  1 a 5% = 2 pontos
  6 a 25% = 3 pontos
  25 a 50% = 4 pontos
  > 50% = 5 pontos

A.2: Pré-manufatura × Consumo de Energia

- Qual é a porcentagem de fornecedores que possuem práticas de conservação de energia formais em andamento?
  0% ou desconhecido = 0 pontos
  1 a 5% = 2 pontos
  6 a 25% = 3 pontos
  25 a 50% = 4 pontos
  > 50% = 5 pontos

A.3: Pré-manufatura × Resíduos Sólidos

- Qual é a porcentagem de fornecedores que possuem ISO 9000 ou ISO 14000 em andamento ou que regularmente publiquem relatórios ambientais da empresa?
  0% ou desconhecido = 0 pontos
  1% a 5% = 2 pontos
  6% a 25% = 3 pontos
  25% a 50% = 4 pontos
  > 50% = 5 pontos

A.4: Pré-manufatura × Efluentes Líquidos

- Qual é a porcentagem de fornecedores que possuem um programa de conservação da água?
  0% ou desconhecido = 0 pontos
  1% a 5% = 2 pontos
  6% a 25% = 3 pontos
  25% a 50% = 4 pontos
  > 50% = 5 pontos

A.5: Pré-manufatura × Emissões Gasosas

- Qual é a porcentagem de fornecedores que possuem um programa formal em andamento para a minimização das emissões gasosas?
  0% ou desconhecido = 0 pontos
  1% a 5% = 2 pontos
  6% a 25% = 3 pontos
  25% a 50% = 4 pontos
  > 50% = 5 pontos

B.1: Manufatura × Materiais

Para esse produto ou componente:

- É utilizada a maior quantidade possível de materiais recicláveis no produto? (sim = 1, não = 0)

- É evitado ou minimizado o uso de materiais perigosos? (sim = 2, não = 0)
- É minimizado a quantidade de material utilizada no produto? (sim = 1, não = 0)
- É minimizado o número de tipos de materiais diferentes utilizados no produto? (sim = 1, não = 0)

B.2: Manufatura × Consumo de Energia

Para esse produto ou componente:

- É minimizado o uso intensivo de energia nos processos de manufatura? (sim = 2, não = 0)
- É utilizado cogeração, troca de calor ou outras técnicas para utilizar a energia desperdiçada? (sim = 2, não = 0)
- É minimizado o transporte entre a manufatura e os locais de montagem do produto? (sim = 1, não = 0)

B.3: Manufatura × Resíduos Sólidos

Para esse produto ou componente:

- É minimizada a perda de materiais e otimizado ao máximo o reúso durante a manufatura? (sim = 1, não = 0)
- Os fornecedores são encorajados a minimizar as quantidades e tipos de embalagem dos seus produtos? (sim = 1, não = 0)
- São maximizadas as oportunidades de reusar e reduzir os resíduos de embalagem quando os componentes/produtos são transportados entre as instalações? (sim = 1, não = 0)
- É evitada a introdução intencional de chumbo, cádmio, mercúrio e cromo hexavalente? (sim = 2, não = 0)

B.4: Manufatura × Efluentes Líquidos

Para a manufatura desse produto ou componente:

- São investigadas alternativas ao uso de solventes e óleos tóxicos? (sim = 2, não = 0)
- São maximizadas as oportunidades para captura e reúso dos subprodutos líquidos gerados durante o processo de manufatura? (sim = 1, não = 0)
- É evitada ou minimizada a emissão de poluentes na água? (sim = 2, não = 0)

B.5: Manufatura × Emissões Gasosas

Para a manufatura desse produto ou componente:

- É evitada a geração de gases que causam o aquecimento global e a destruição da camada de ozônio? (sim = 2, não = 0)
- É evitada a geração de poluentes do ar perigosos durante o processo de manufatura? (sim = 2, não = 0)

- É eliminado ou minimizado o uso de solventes, tintas e adesivos com altas taxas de evaporação de compostos orgânicos voláteis? (sim = 1, não = 0)

C.1: Embalagem e Distribuição × Materiais

Para esse produto ou componente:

- É explorado o uso de embalagens reusáveis para distribuição entre as instalações da empresa? (sim = 1, não = 0)
- É explorado o uso de embalagens reusáveis para distribuição entre a empresa e os seus fornecedores? (sim = 1, não = 0)
- São utilizados materiais recicláveis nas embalagens para transporte e entrega do produto? (sim = 1, não = 0)
- São utilizados materiais reciclados nas embalagens para transporte e entrega do produto? (sim = 1, não = 0)
- É minimizado o número de diferentes tipos de materiais usados nas embalagens? (sim = 1, não = 0)

C.2: Embalagem e Distribuição × Consumo de Energia

Para esse produto ou componente:

- São utilizados materiais reusáveis para as embalagens, com o menor volume e peso possível, mantendo as funções de transporte? (sim = 5, não = 0)

C.3: Embalagem e Distribuição × Resíduos Sólidos

Para esse produto ou componente:

- É possibilitada a fácil separação entre os materiais das embalagens, viabilizando a reciclagem e o reúso? (sim = 1, não = 0)
- É reciclada a maior parte das embalagens utilizadas? (sim = 2, não = 0)
- Os diferentes tipos de materiais das embalagens são marcados para fácil identificação? (sim = 2, não = 0)

C.4: Embalagem e Distribuição × Efluentes Líquidos

Para esse produto ou componente:

- É tomada a máxima prevenção quanto ao vazamento de líquidos perigosos durante o transporte? (sim = 5, não = 0)

C.5: Embalagem e Distribuição × Emissões Gasosas

Para esse produto ou componente:

- É evitado o uso de polímeros clorados ou de plásticos que possam produzir emissões gasosas perigosas caso incinerados a baixas temperaturas nas embalagens para transporte e consumo? (sim = 3, não = 0)

- É evitado o uso de retardantes bromados de inflamabilidade que possam produzir emissões gasosas tóxicas se incineradas a baixas temperaturas nas embalagens? (sim = 2, não = 0)

D.1: Uso do Produto e Manutenção × Materiais
Para esse produto ou componente:

- É facilitada a desmontagem do produto para a atualização, reparo ou reúso? (sim = 1, não = 0)
- São disponibilizadas partes do produto ou componentes para reparo? (sim = 1, não = 0)
- São evitadas barreiras potenciais para a reciclagem, como uso de aditivos, tratamentos metálicos em plásticos, aplicação de pinturas no plástico ou uso de materiais de composição desconhecidas? (sim = 2, não = 0)
- Os plásticos utilizados são claramente identificados por tipo de resina? (sim = 1, não = 0)

D.2: Uso do Produto e Manutenção × Consumo de Energia
Para esse produto ou componente:

- É minimizado o consumo de energia durante o uso do produto? (sim = 2, não = 0)
- São oferecidas opções de ajuste do consumo de energia baseado na intensidade da atividade do produto ou componente? (sim = 3, não = 0)

D.3: Uso do Produto e Manutenção × Resíduos Sólidos
Para esse produto ou componente:

- É evitado o uso de componentes descartáveis como baterias e cartuchos? (sim = 2, não = 0)
- São utilizados elementos de junção, como parafusos e prendedores por pressão, com o mesmo tipo de cabeças? (sim = 1, não = 0)
- É evitado o uso de adesivos e soldas para facilitar a desmontagem, reúso e reciclagem? (sim = 1, não = 0)
- É facilitado o reparo e/ou a atualização de componentes, preferencialmente a sua substituição total? (sim = 1, não = 0)

D.4: Uso do Produto e Manutenção × Efluentes Líquidos
Para esse produto ou componente:

- É evitada a liberação de substâncias poluentes da água durante o uso dos produtos? (sim = 5, não = 0)

D.5: Uso do Produto e Manutenção × Emissões Gasosas
Para esse produto ou componente:

- É evitada a emissão de poluentes do ar durante o uso e manutenção do produto? (sim = 2, não = 0)
- É evitada a emissão de gases que causam o aquecimento global e a destruição da camada de ozônio durante o uso e manutenção do produto? (sim = 3, não = 0)

E.1: Fim de Vida × Materiais

Para esse produto ou componente:

- É facilitada a reutilização e reciclagem dos materiais? (sim = 1, não = 0)
- É facilitada a identificação e a separação dos materiais por tipo? (sim = 1, não = 0)
- É evitado o uso de materiais que precisam ser dispostos como resíduos perigosos? (sim = 1, não = 0)
- É evitada a introdução intencional de chumbo, cádmio, mercúrio e cromo hexavalente nos materiais do produto? (sim = 2, não = 0)

E.2: Fim de Vida × Consumo de Energia

Para esse produto ou componente:

- São utilizadas partes plásticas e fibras que possam ser seguramente utilizadas para a geração de energia, como na incineração? (sim = 2, não = 0)
- É evitado o uso de materiais perigosos que precisem ser transportados como resíduos perigosos para aterros industriais? (sim = 3, não = 0)

E.3: Fim de Vida × Resíduos Sólidos

Para este produto ou componente:

- É assegurada a existência de infraestrutura interna ou externa à empresa para recuperar/reciclar os resíduos sólidos? (sim = 2, não = 0)
- É evitada a ligação entre diferentes materiais que possam dificultar a sua separação? (sim = 3, não = 0)

E.4: Fim de Vida × Efluentes Líquidos

Para esse produto ou componente:

- É possível recuperar líquidos perigosos problemáticos durante a sua desmontagem? (sim = 5, não = 0)

E.5: Fim de Vida × Emissões Gasosas

Para esse produto ou componente:

- É evitada a liberação de substâncias que causam a destruição da camada de ozônio e/ou o aquecimento global durante a disposição final do produto ou componente? (sim = 2, não = 0)

- É promovida a reciclagem dos gases contidos no produto durante a desmontagem para que não sejam perdidos? (sim = 1, não = 0)
- É evitada a liberação de substâncias poluentes do ar durante a disposição final do produto ou componente? (sim = 2, não = 0).

Caso a pergunta não seja aplicável ao produto analisado, não é necessário respondê-la e a célula deverá permanecer em branco. A DfE Matrix (EAGAN *et al.*, n.d.) pode ser utilizada para a realização de estudos de *benchmarking* entre diferentes produtos (por exemplo, diferentes conceitos do produto e/ou produtos competidores do mercado) e para a identificação de potenciais áreas focais para o redesign de produto (aquelas com menor pontuação).

Para os leitores que quiserem se aprofundar mais no tema, outro guia interessante descreve sete passos para a implementação do ecodesign (MCALOONE; BEY, 2009), também disponível em português (MCALOONE; BEY, 2009). Os passos são: (1) Descreva o contexto de uso do produto; (2) crie uma visão geral dos impactos ambientais; (3) crie o perfil ambiental e identifique as causas raízes; (4) esquematize a rede de partes interessadas; (5) quantifique os impactos ambientais; (6) crie conceitos com melhor desempenho ambiental; (7) desenvolva uma estratégia ambiental.

8.4 Estudos de Caso em Ecodesign

Diversos exemplos de produtos com melhor desempenho ambiental podem ser encontrados em livros, como o publicado por (VEZZOLI; MANZINI, 2008). O livro apresenta exemplos aplicando diversas estratégias de ecodesign (Figura 4), e é leitura recomendada para todos os leitores deste capítulo.

Além disso, é interessante notar que diversas empresas já apresentam um processo bem estruturado para a implementação do ecodesign ao processo de desenvolvimento de produtos, como Philips, Steelcase, Adidas, Patagonia e até mesmo a brasileira Natura. De maneira geral, recomendamos aos leitores que pesquisem os relatórios de sustentabilidade de empresas para poder visualizar como as melhores práticas de ecodesign têm sido implementadas.

Neste capítulo, o foco será apresentar como a DfE Matrix pode ser aplicada para um exemplo específico, com a análise dos resultados e possíveis ações no processo de desenvolvimento de produtos, para que novos conceitos com melhor desempenho ambiental sejam desenvolvidos.

Imagine que você faz parte do time de projeto da empresa fictícia Printec, que desenvolve impressoras multifuncionais (incluindo cópia, impressão e digitalização). O time está atualmente trabalhando no reprojeto de uma multifuncional com o objetivo de tornar-se líder de mercado em termos de desempenho ambiental, tendo em vista o grande aumento da consciência de seus clientes e novas oportunidades de mercado, especialmente na Europa.

O time define que um dos primeiros passos na fase de Projeto Informacional é identificar o perfil ambiental atual da impressora que está sendo comercializada no mercado, para poder identificar quais são os principais impactos ao longo do ciclo de vida. O time identifica diversas possíveis ferramentas disponíveis, mas decide aplicar a DfE Matrix considerando-se a quantidade de dados existentes e também o tempo realizado para a realização dessa tarefa inicial.

Um workshop é realizado na Printec, com duração de quatro horas. Os principais envolvidos nesse novo projeto são convidados a participar da sessão de avaliação da impressora existente (incluindo engenheiros de produto, designers, suprimentos, especialistas em materiais, engenheiros de produção, marketing etc.). Além disso, pessoas envolvidas no pós-venda e suporte da impressora atual são convidadas, dado o conhecimento delas sobre as fases de uso e fim de vida. O processo é facilitado pelo gerente de projeto, e o resultado final da matriz calculada é apresentado na Tabela 2.

Tabela 2 • Exemplo de aplicação da DfE Matrix na PrinTec

Estágio do ciclo de vida		Aspecto Ambiental					
		1 Materiais	2 Consumo de energia	3 Resíduos Sólidos	4 Resíduos Líquidos	5 Resíduos Gasosos	Total
A	Pré-manufatura	(A.1) 3	(A.2) 0	(A.3) 2	(A.4) 0	(A.5) 0	5
B	Manufatura	(B.1) 2	(B.2) 5	(B.3) 3	(B.4) 5	(B.5) 5	20
C	Embalagem e distribuição	(C.1) 3	(C.2) 5	(C.3) 0	(C.4) 5	(C.5) 5	18
D	Uso e manutenção	(D.1) 0	(D.2) 0	(D.3) 1	(D.4) 5	(D.5) 5	11
E	Fim de Vida	(E.1) 3	(E.2) 3	(E.3) 2	(E.4) 0	(E.5) 5	13
	Total	11	13	8	15	20	67

Fonte: Autora.

É importante destacar que os valores obtidos na matriz são fundamentados no sistema de pontuação que é guiado pelas 100 perguntas apresentadas anteriormente. Essas perguntas foram respondidas baseadas nas informações que foram disponibilizadas pela PrinTec. Por exemplo, no caso de Pré-manufatura × Materiais o resultado obtido foi de 3 pontos, pois entre 6% e 25% dos fornecedores da empresa possuem SGA. Outro exemplo: Distribuição e Embalagem × Efluentes

Líquidos: a pontuação final foi de 5 pontos, porque a empresa toma a máxima prevenção quanto ao vazamento de líquidos perigosos durante o transporte.

Em seguida, temos algumas reflexões iniciais sobre os resultados da matriz:

- **Pré-manufatura**: a fase de pré-manufatura requer informações detalhadas sobre a cadeia de valor e fornecedores, que são aplicáveis para a grande maioria dos produtos desenvolvidos na PrinTec. Além disso, alguns dados são atualmente desconhecidos pela PrinTec, o que deve requerer um maior envolvimento com os fornecedores para a obtenção de dados mais acurados. Oportunidade de melhoria: um time foi definido para obter informações de fornecedores e, se necessário, iniciar um processo de conscientização na cadeia de valor.
- **Manufatura**: a participação dos engenheiros de produção no workshop foi essencial para a avaliação dessa fase. Além disso, engenheiros de produto que participaram do projeto da impressora atual tinham acesso às informações importantes, que puderam ser acessadas por meio dos sistemas utilizados na empresa. Oportunidades de melhoria identificadas incluem: B.1: uso de materiais recicláveis, minimização do consumo de materiais e de tipos de materiais diferentes utilizados no produto; e B.3: reusar e reduzir os resíduos de embalagem, em potencial colaboração com fornecedores.
- **Embalagem e Distribuição**: os participantes do workshop concluíram que o foco no desenvolvimento de produtos tende a ser bem baixo com relação à embalagem e distribuição, as principais considerações são relacionadas ao volume das embalagens para diminuir custos de transporte. Oportunidades de melhoria identificadas incluem: C.1: uso de materiais reciclados nas embalagens, preferencialmente com poucos tipos de materiais diferentes; C.3: iniciativas para aumentar a reciclabilidade das embalagens, como separação e identificação dos diferentes tipos de materiais.
- **Uso e Manutenção**: de acordo com os participantes do workshop, a fase de uso de manutenção da impressora foi bastante influenciada por decisões de projeto tomadas quando a impressora atual foi desenvolvida, o que traz diversas oportunidades de melhoria para o desenvolvimento da nova impressora, incluindo: D.1: design para o reparo, desmontagem e reciclagem. D.2: minimização do consumo de energia durante o uso; D.3: minimização de consumíveis e design para facilitar a manutenção/reparo, desmontagem, reúso e reciclagem.
- **Fim de Vida**: de forma similar à fase anterior, grande parte das decisões tomadas durante o desenvolvimento de produto influenciaram a pontuação obtida pela impressora atual nessa fase. Diversas oportunidades de melhoria foram identificadas para a nova impressora, incluindo E.1: design para reutilização e reciclagem dos materiais; E.2: uso de

materiais que possam ser seguramente incinerados (importante especificamente para o mercado europeu); E.3: escolha e tipo de junção entre materiais diferentes; E.4: novas tecnologias para remoção de tintas dos cartuchos.

A análise dos resultados obtidos permite a conclusão de que a fase de ciclo de vida com maior potencial de melhoria é a fase de Uso e Manutenção, com pontuação atual de apenas 11 pontos (de 25 possíveis). De forma similar, o aspecto "Resíduos Sólidos" é o que apresenta maior potencial de melhoria, devido a pontuações baixas principalmente nas fases de embalagem e distribuição, uso e manutenção e fim de vida (devido à falta de informações na fase de pré-manufatura, o time resolveu desconsiderá-la para esse projeto específico). O time de projeto decide então focar os seus esforços de projeto nessas duas fases, também incluindo o consumo de energia durante o tempo de vida útil da impressora.

De forma a auxiliar a definição de requisitos de projetos, o time selecionou indicadores de desempenho ambiental para cada uma das áreas priorizadas, definindo metas específicas de melhoria de desempenho ambiental (por exemplo, 100% de uso de materiais reciclados nas embalagens). A definição desses requisitos ambientais deve então ser considerada, juntamente com os outros requisitos de desempenho técnico e econômico do produto, para o desenvolvimento de conceitos no Projeto Conceitual. Quando novos conceitos estiverem disponíveis, eles serão avaliados de acordo com os requisitos especificados para garantir que eles sejam atingidos no projeto final da nova impressora. Assim, aqui vale salientar a necessidade de alinhar os indicadores e requisitos de ecodesign com o sistema de medição de desempenho da organização em questão. Mais informações sobre sistemas de medição de desempenho podem ser consultadas no Capítulo 11.

Se o leitor tiver interesse em se aprofundar nas melhores práticas, ferramentas e métodos para a implementação do ecodesign, já existe uma vasta literatura sobre o assunto que pode ser pesquisada (PIGOSSO; MCALOONE; ROZENFELD, 2014; PIGOSSO; MCALOONE; ROZENFELD, 2015).

8.5 Considerações Finais

Apesar de cada vez mais as empresas estarem cientes da necessidade da realização da análise e avaliação de questões ambientais no desenvolvimento de produtos e da própria gestão do processo, ainda não é claro e sistematizado quais devem ser as práticas de ecodesign a serem implantadas pelas empresas. Os principais desafios para a implementação do ecodesign em empresas estão relacionados às cinco áreas principais (DEKONINCK *et al.*, 2016):

- **Estratégia**: cálculo do business case e comprometimento da alta direção; e desenvolvimento de uma estratégia de longo prazo para a implementação do ecodesign.
- **Ferramentas**: identificação das ferramentas certas para a implementação; e problemas com a aplicação das ferramentas existentes (por exemplo, para a obtenção de dados para quantificação de Avaliação do Ciclo de Vida).
- **Colaboração**: conscientização e atribuição de responsabilidades internamente na empresa; e transparência na cadeia de valor.
- **Gestão**: Integração ao processo de desenvolvimento de produtos, devido à resistência interna e externa; Gestão de requisitos de clientes para produtos com melhor desempenho ambiental; e Organização e estrutura para a implementação de novos modelos de negócio.
- **Conhecimento**: conhecimento e experiência internamente na empresa; obtenção de novos tipos de dados, não diretamente disponíveis na empresa.

Nos próximos anos, as tendências relacionadas à implementação do ecodesign estão relacionadas à Economia Circular (ver Capítulo 10) e desenvolvimento de sistemas produto-serviço (ver Capítulo 9), além da incorporação também das questões de inovação social (ver Capítulo 7) durante o desenvolvimento de produtos.

8.6 Exercícios Propostos

EXERCÍCIO DE CÁLCULO:

Questão 1. Calcule o perfil ambiental utilizando a DfE Matrix para três produtos com diferentes perfis ambientais:

I. Computador pessoal
II. Avião de passageiros para voos comerciais
III. Embalagem PET para bebidas

Com base nos resultados obtidos, identifique as principais oportunidades de melhoria do desempenho ambiental para cada um dos produtos (em termos de fases do ciclo de vida e aspectos ambientais), e reflita sobre as diferenças de resultados obtidos de acordo com o tipo de produto e seu perfil ambiental.

EXERCÍCIO DE ANÁLISE DE ESTUDO DE CASO:

Questão 2. Avalie três produtos diferentes com relação às estratégias de ecodesign que foram implementadas nos produtos:

I. Bem de consumo não durável: embalagens da linha Natura SOU
II. Bem de consumo durável: Refrigerador Inverse da linha branca da Brastemp
III. Bem de capital: carro elétrico i3 da BMW

EXERCÍCIOS DE REFLEXÃO:

Questão 3. Qual é a demanda de mercado para produtos com melhor desempenho ambiental?

Questão 4. Produtos com melhor desempenho ambiental são sempre mais caros. Comente a afirmação, mostrando exemplos que confirmem ou falsifiquem essa afirmação.

Questão 5. Produtos mais eficientes (por exemplo, com maior eficiência energética) podem incentivar um maior consumo?

GABARITO

Questão 1. Resposta:

I. Computador Pessoal (exemplo fictício)

Estágio do ciclo de vida		Aspecto Ambiental					
		1 Materiais	2 Consumo de energia	3 Resíduos Sólidos	4 Resíduos Líquidos	5 Resíduos Gasosos	Total
A	Pré-manufatura	(A.1) 4	(A.2) 4	(A.3) 4	(A.4) 4	(A.5) 4	20
B	Manufatura	(B.1) 3	(B.2) 2	(B.3) 2	(B.4) 3	(B.5) 5	15
C	Embalagem e distribuição	(C.1) 1	(C.2) 0	(C.3) 3	(C.4) 5	(C.5) 2	11
D	Uso e manutenção	(D.1) 3	(D.2) 5	(D.3) 3	(D.4) 0	(D.5) 2	13
E	Fim de Vida	(E.1) 3	(E.2) 5	(E.3) 5	(E.4) 0	(E.5) 3	16
	Total	14	16	17	12	16	75

Fonte: Autora.

Reflexões sobre os resultados:

» Pré-manufatura: Nesta fase, foi obtida uma pontuação de 20 pontos devido à preocupação que tem a empresa com a origem dos materiais que são usados no seu produto. Em todos os aspectos avaliados, foi possível observar que o engajamento dos fornecedores esteve entre 6% e 25%. No entanto, percebe-se que é necessário avançar mais nesse processo para que ao menos 50% dos fornecedores da empresa tenham SGA, para garantir um melhor desempenho ambiental do produto final.

» Manufatura: A pontuação nesta fase foi de 15 pontos. O fato de o computador ser um produto eletroeletrônico com mais de 60 substâncias tóxicas dificulta reduzir o uso desses tipos de substâncias. Além disso, não foi possível obter informações sobre o uso de material reciclável. No aspecto de consumo de energia, a empresa não conta com programas para recuperar energia. Sobre os resíduos sólidos, os fornecedores não são encorajados a reusar ou reduzir as suas embalagens. Como propostas de melhoria, são destacadas a necessidade de investir no desenvolvimento de novas tecnologias para diminuir o uso de substâncias tóxicas e a identificação das partes do produto que são recicláveis. Além disso, criar parcerias com instituições de ensino e pesquisa para desenvolver alternativas de redução de energia.

» Embalagem e Distribuição: A empresa obteve apenas 11 pontos na fase de "embalagem e distribuição". Os principais pontos de melhoria estão relacionados a aumentar o uso de embalagens reusáveis dentro da empresa e seus fornecedores. Além disso, a empresa deve investir no desenvolvimento de novos produtos com menor peso, para assim otimizar o transporte. Outro ponto que a equipe deve realizar é a criação de projetos que permitam que os novos computadores sejam mais modulares para que possam ser desmontados, reparados e reciclados mais facilmente. Por fim, na parte de uso de polímeros clorados ou de plásticos, a empresa está trabalhando em parcerias com outras empresas a fim de evitar a incineração dos produtos e a geração de emissões.

» Uso do produto e Manutenção: Atualmente, o produto não foi desenvolvido para ser desmontado e atualizado. Caso o computador apresente falhas dentro do período da garantia, a empresa opta por entregar um produto novo ao cliente. Isto tem aumentado a geração de resíduos sólidos. Junto com a equipe de desenvolvimento de produtos, uma nova versão do computador está sendo desenvolvida, para que o produto seja facilmente reparado, atualizado e reusado.

» Fim de Vida: A nova versão do computador tem melhorias na sua composição, com partes modularizadas e que permitam diminuir os tempos de desmontagem e sua reciclagem. Todos os componentes do produto estão identificados com um código para que a empresa possa monitorar seu ciclo de vida. Além disso, a empresa terá uma nova frente, a qual será composta por produtos remanufaturados que poderão ser adquiridos por um preço menor e com uma garantia igual à dos produtos novos.

II. Avião de passageiros para voo comercial (exemplo fictício)

Estágio do ciclo de vida	Aspecto Ambiental					
	1 Materiais	2 Consumo de energia	3 Resíduos Sólidos	4 Resíduos Líquidos	5 Resíduos Gasosos	Total
A Pré-manufatura	(A.1) 5	(A.2) 3	(A.3) 5	(A.4) 3	(A.5) 4	20
B Manufatura	(B.1) 4	(B.2) 3	(B.3) 4	(B.4) 5	(B.5) 5	21
C Embalagem e distribuição	(C.1) 5	(C.2) 5	(C.3) 4	(C.4) 5	(C.5) 2	21
D Uso e manutenção	(D.1) 3	(D.2) 5	(D.3) 4	(D.4) 0	(D.5) 5	17
E Fim de Vida	(E.1) 5	(E.2) 5	(E.3) 2	(E.4) 0	(E.5) 3	15
Total	22	21	19	13	19	94

Fonte: Autora.

Reflexões sobre os resultados:

» Pré-manufatura: Nesta fase, a empresa avaliada obteve um total de 20 pontos. No entanto, é importante destacar que a empresa não conta com informações consolidadas de todos os fornecedores, o que leva a ter uma falta de conhecimento pelas informações relacionadas ao consumo de energia e efluentes gerados. Uma possível proposta de melhoria é aplicar questionários para todos os fornecedores onde tenham questões relacionadas sobre esses dois quesitos.

» Manufatura: A pontuação obtida nesta fase foi de 21 pontos. Os principais desafios da empresa estão relacionados ao desenvolvimento de tecnologias para diminuir o consumo de energia para a fabricação do produto. É importante destacar que, embora não seja uma tarefa fácil, seria possível criar alternativas com empresas que ofereçam tecnologias mais sustentáveis e que possam, sem comprometer os requisitos de segurança. Além disso, é importante que a empresa melhore o engajamento para que seus fornecedores aumentem os índices para reusar e reduzir as suas embalagens, como, por exemplo, a implementação da logística reversa.

» Embalagem e Distribuição: Com 21 pontos, a empresa ainda deve trabalhar para aumentar a reciclagem das embalagens utilizadas e desenvolver mais alternativas que permitam melhorar a separação de materiais, aumentando assim a reciclagem e a qualidade dos materiais reciclados.

» Uso do produto e Manutenção: Com 17 pontos na avaliação, o modelo atual do avião comercial da empresa foi desenvolvido com o objetivo de estender o seu ciclo de vida de 25 para 40 anos. Para isso, a remanufatura foi adotada como estratégia de fim de vida para facilitar a recuperação e atualização de componentes (por exemplo, o trem de pouso). Os componentes que não podem ser mais recuperados serão reciclados, tanto para uso interno na empresa (para a manufatura de novos componentes) quanto para uso externo, por meio da venda do material reciclado.

» Fim de Vida: Embora a empresa tente recuperar o produto no seu fim de vida, ainda apresenta dificuldade, por questões de infraestrutura e mão de obra. Atualmente, a empresa está trabalhando para contratar empresas certificadas que possam realizar a recuperação do produto descartado. Além disso, a empresa está desenvolvendo um novo modelo de avião comercial que facilite a recuperação de peças.

III. Embalagem PET para bebidas (exemplo fictício)

Estágio do ciclo de vida		Aspecto Ambiental					
		1 Materiais	2 Consumo de energia	3 Resíduos Sólidos	4 Resíduos Líquidos	5 Resíduos Gasosos	Total
A	Pré-manufatura	(A.1) 2	(A.2) 0	(A.3) 2	(A.4) 0	(A.5) 0	4
B	Manufatura	(B.1) 5	(B.2) 1	(B.3) 4	(B.4) 2	(B.5) 3	15
C	Embalagem e distribuição	(C.1) 2	(C.2) 0	(C.3) 2	(C.4) 5	(C.5) 2	11
D	Uso e manutenção	(D.1) 5	(D.2) 5	(D.3) 5	(D.4) 0	(D.5) 0	15
E	Fim de Vida	(E.1) 5	(E.2) 5	(E.3) 5	(E.4) 5	(E.5) 3	23
	Total	19	11	18	12	8	68

Fonte: Autora.

Reflexões sobre os resultados:

» Pré-manufatura: Nesta fase, a empresa avaliada obteve um total de 4 pontos devido à falta de integração de programas relacionados com o meio ambiente e ao baixo nível de engajamento com fornecedores. Como proposta de melhorias, a empresa poderia criar uma avaliação prévia para verificar se os fornecedores têm SGA, programas de conservação de energia, possuem relatório de sustentabilidade etc. Além disso, a empresa pode criar parcerias com o SEBRAE e com as universidades para que sejam desenvolvidos trabalhos que permitam o uso de ferramentas para melhorar a origem dos materiais usados na fabricação de seus produtos. Por fim, a empresa pode criar um sistema de indicadores de sustentabilidade para medir seus avanços anualmente.

» Manufatura: A pontuação nesta fase foi de 15 pontos. A justificativa é baseada na falta de recursos da empresa para desenvolver programas de redução de energia e alternativas para que o material reciclável seja processado de forma mais eficiente. Atualmente, a empresa tem problemas com poluentes na água e não tem nenhum processo de tratamento desses efluentes. Como proposta de melhoria, cita-se a possibilidade de a empresa alugar equipamentos mais eficientes dentro da abordagem de Sistemas Produto-Serviço para poder reduzir o consumo de energia na manufatura. Além disso, criar parcerias com as empresas da localidade para construir uma planta de tratamento de efluentes, visto que todas estão tendo o mesmo problema neste quesito.

» Embalagem e Distribuição: A empresa não conta com um programa de Gestão Ambiental, o que leva a não ter iniciativas que ajudem a melhorar a reciclagem. Como proposta de melhorias, a empresa e sua equipe podem criar novos programas que permitam a reciclagem de embalagens internamente e em colaboração com seus fornecedores.

» Uso do produto e Manutenção: A empresa e sua equipe começaram a desenvolver parcerias com outras empresas de embalagens para montar programas de logística reversa que permitam recuperar seus resíduos e que seus processos de reciclagem sejam feitos apenas por empresas que tenham melhores tecnologias para assim evitar a geração de gases.

» Fim de Vida: Com um total de 23 pontos, uma alternativa para melhorar a recuperação do produto na fase de fim de vida é o desenvolvimento de incentivos para o retorno do produto pelos consumidores, aumentando as taxas de reciclagem e minimizando a disposição inadequada das embalagens.

Com este exercício, foi possível identificar como as questões ambientais podem ser integradas ao desenvolvimento do produto, além do entendimento da sua importância dada a influência direta e indireta em todas as fases do ciclo de vida do produto. O perfil ambiental de cada produto varia muito de acordo com o produto e com a empresa que desenvolve esse produto. Os exemplos são fictícios e tem como objetivo exemplificar como os resultados da matriz podem ser interpretados para a identificação de oportunidades de melhoria. A pontuação obtida pela DfE Matrix não deve ser utilizada para comunicação externa do desempenho do produto, mas sim como uma ferramenta interna para comparar diferentes produtos/modelos que estão em desenvolvimento, para estudos de *benchmarking* e para identificação de oportunidades de melhoria.

Questão 2. Resposta:

I. Bem de consumo não durável: embalagens da linha Natura SOU.

Nos produtos da Natura da linha SOU, foi implementado o ecodesign com a desmaterialização do produto, especificamente no material usado para a embalagem, que trouxe 70% menos volume de plástico e fórmulas com menos ingredientes.

Estratégias implementadas:

a. Minimizar o consumo de materiais (minimizar o conteúdo material; minimizar a embalagem, mantendo o produto intacto durante o transporte e armazenamento).

b. Aumentar o tempo de vida útil do material (selecionar materiais com as tecnologias de reciclagem mais eficientes; minimizar o número de materiais diferentes e incompatíveis).

II. Bem de consumo durável: Refrigerador Inverse da linha branca da Brastemp.

O refrigerador Inverse da linha branca da Brastemp oferece produtos com maior eficiência energética. Sendo na classificação nacional como A, que são os produtos mais eficientes, consome aproximadamente 25% menos de energia quando comparado com as geladeiras econômicas, pois possuem um compressor inteligente que mede períodos de maior ou menor consumo do refrigerador.

Estratégias implementadas:

a. Minimizar o consumo de energia (selecionar sistemas com estágios de operação eficientes no consumo de energia; empreender o consumo dinâmico de energia).

III. Bem de capital: carro elétrico i3 da BMW:

Desenvolvido para uma mobilidade sustentável, tem um design inspirador e totalmente elétrico, o que ajuda a diminuir as emissões causadoras das mudanças climáticas. Além disso, o carro conta com diversos materiais sustentáveis e reciclados, especialmente no interior, e o uso de fibra de carbono e módulo de tração em alumínio, reduzindo o peso e estendendo o ciclo de vida do carro.

Estratégias implementadas:

b. Minimizar o consumo de energia (selecionar sistemas com estágios de operação eficientes no consumo de energia).

c. Minimizar as emissões tóxicas (selecionar fontes de energia não tóxicas ou perigosas).

d. Uso de recursos renováveis ou biocompatíveis (selecione materiais renováveis ou biocompatíveis; selecione fontes de energia renováveis e biocompatíveis).

Questão 3. Resposta:

Qual é a demanda de mercado para produtos com melhor desempenho ambiental?

Cada vez mais, os consumidores estão mais conscientes e preocupados com as questões ambientais e com os impactos que causam os produtos que consomem. No entanto, ainda existem muitos entraves causados principalmente pelo alto preço que estes produtos têm no mercado, sendo seu uso limitado para consumidores com baixo nível aquisitivo. Outro entrave a destacar é a falta de informação sobre o desempenho ambiental dos produtos, o que ocasiona que o consumidor não saiba de fato o impacto que o produto tem.

Questão 4. Resposta:

Produtos com melhor desempenho ambiental são sempre mais caros. Comente a afirmação, mostrando exemplos que confirmem ou falsifiquem essa afirmação.

Os produtos com melhor desempenho ambiental não são sempre mais caros e, na verdade, podem ser mais baratos do que produtos "tradicionais". Como o aumento do desempenho ambiental está diretamente relacionado ao aumento da eficiência ao longo da vida útil do produto, significantes economias podem ser realizadas. Imagine, por exemplo, o caso do refrigerador que tem menor consumo de energia por ser mais eficiente. Isso significa que, ao longo de todo o uso do refrigerador (10-15 anos), o usuário irá economizar pelo menos 25% na conta de luz. Mesmo que o produto seja mais caro para adquirir (o que também não é sempre o caso), o gasto ao longo de todo o ciclo de vida será muito menor do que um refrigerador menos eficiente.

Questão 5. Resposta:

Produtos mais eficientes (por exemplo, com maior eficiência energética) podem incentivar um maior consumo?

Normalmente, os consumidores tendem a inconscientemente utilizar mais o produto caso perceba que os gastos associados ao seu uso não sejam altos (isto é, no caso de produtos mais eficientes). Imagine, por exemplo, que um consumidor que utilizava um modelo antigo de carro acaba de trocar por um modelo mais novo, que é 50% mais eficiente. Considerando-se que a distância percorrida seja a mesma, esse consumidor gastará 50% menos com combustível. Com o dinheiro economizado, o consumidor decide viajar para a praia no feriado, por exemplo, o que leva a um maior consumo de combustível (e uso do produto) devido ao aumento de sua eficiência.

Proposta de Roteiro para a aplicação da DFE Matrix

Empresa		**Produto avaliado**		
Fase	**Pergunta**		**Pontos**	**Comentários e oportunidades de melhoria**
A.1: Pré-manufatura × Materiais	Qual é a porcentagem de fornecedores que possuem um Sistema de Gestão Ambiental (SGA) formalizado em andamento?	0% ou desconhecido = 0 pontos		
		1% a 5% = 2 pontos		
		6% a 25% = 3 pontos		
		25% a 50% = 4 pontos		
		> 50% = 5 pontos		
A.2: Pré-manufatura × Consumo de Energia	Qual é a porcentagem de fornecedores que possuem práticas de conservação de energia formais em andamento?	0% ou desconhecido = 0 pontos		
		1% a 5% = 2 pontos		
		6% a 25% = 3 pontos		
		25% a 50% = 4 pontos		
		> 50% = 5 pontos		
A.3: Pré-manufatura × Resíduos Sólidos	Qual é a porcentagem de fornecedores que possuem ISO 9000 ou ISO 14000 em andamento ou que regularmente publiquem relatórios ambientais da empresa?	0% ou desconhecido = 0 pontos		
		1% a 5% = 2 pontos		
		6% a 25% = 3 pontos		
		25% a 50% = 4 pontos		
		> 50% = 5 pontos		

▷

Empresa		Produto avaliado		
Fase	**Pergunta**		**Pontos**	**Comentários e oportunidades de melhoria**
A.4: Pré-manufatura × Efluentes Líquidos	Qual é a porcentagem de fornecedores que possuem um programa de conservação da água?	0% ou desconhecido = 0 pontos		
		1% a 5% = 2 pontos		
		6% a 25% = 3 pontos		
		25% a 50% = 4 pontos		
		> 50% = 5 pontos		
A.5: Pré-manufatura × Emissões Gasosas	Qual é a porcentagem de fornecedores que possuem um programa formal em andamento para a minimização das emissões gasosas?	0% ou desconhecido = 0 pontos		
		1% a 5% = 2 pontos		
		6% a 25% = 3 pontos		
		25% a 50% = 4 pontos		
		> 50% = 5 pontos		
B.1: Manufatura × Materiais	Para esse produto ou componente:	É utilizada a maior quantidade possível de materiais recicláveis no produto? (sim = 1, não = 0)		
		É evitado ou minimizado o uso de materiais perigosos? (sim = 2, não = 0)		
		É minimizada a quantidade de material utilizada no produto? (sim = 1, não = 0)		
		É minimizado o número de tipos de materiais diferentes utilizados no produto? (sim = 1, não = 0)		
B.2: Manufatura × Consumo de Energia	Para esse produto ou componente:	É minimizado o uso intensivo de energia nos processos de manufatura? (sim = 2, não = 0)		
		É utilizada cogeração, troca de calor ou outras técnicas para utilizar a energia desperdiçada? (sim = 2, não = 0)		
		É minimizado o transporte entre a manufatura e os locais de montagem do produto? (sim = 1, não = 0)		

▷

Empresa		Produto avaliado		
Fase	**Pergunta**		**Pontos**	**Comentários e oportunidades de melhoria**
B.3: Manufatura × Resíduos Sólidos	Para esse produto ou componente:	É minimizada a perda de materiais e otimizado ao máximo o reúso durante a manufatura? (sim = 1, não = 0)		
		Os fornecedores são encorajados a minimizar as quantidades e tipos de embalagem dos seus produtos? (sim = 1, não = 0)		
		São maximizadas as oportunidades de reusar e reduzir os resíduos de embalagem quando os componentes/produtos são transportados entre as instalações? (sim = 1, não = 0)		
		É evitada a introdução intencional de chumbo, cádmio, mercúrio e cromo hexavalente? (sim = 2, não = 0)		
B.4: Manufatura × Efluentes Líquidos	Para a manufatura desse produto ou componente:	São investigadas alternativas ao uso de solventes e óleos tóxicos? (sim = 2, não = 0)		
		São maximizadas as oportunidades para captura e reúso dos subprodutos líquidos gerados durante o processo de manufatura? (sim = 1, não = 0)		
		É evitada ou minimizada a emissão de poluentes na água? (sim = 2, não = 0)		
B.5: Manufatura × Emissões Gasosas	Para a manufatura desse produto ou componente:	É evitada a geração de gases que causam o aquecimento global e a destruição da camada de ozônio? (sim = 2, não = 0)		
		É evitada a geração de poluentes do ar perigosos durante o processo de manufatura? (sim = 2, não = 0)		
		É eliminado ou minimizado o uso de solventes, tintas e adesivos com altas taxas de evaporação de compostos orgânicos voláteis? (sim = 1, não = 0)		

Empresa		Produto avaliado		
Fase	**Pergunta**		**Pontos**	**Comentários e oportunidades de melhoria**
C.1: Embalagem e Distribuição × Materiais	Para esse produto ou componente:	É explorado o uso de embalagens reusáveis para distribuição entre as instalações da empresa? (sim = 1, não = 0)		
		É explorado o uso de embalagens reusáveis para distribuição entre a empresa e os seus fornecedores? (sim = 1, não = 0)		
		São utilizados materiais recicláveis nas embalagens para transporte e entrega do produto? (sim = 1, não = 0)		
		São utilizados materiais reciclados nas embalagens para transporte e entrega do produto? (sim = 1, não = 0)		
		É minimizado o número de diferentes tipos de materiais usados nas embalagens? (sim = 1, não = 0)		
C.2: Embalagem e Distribuição × Consumo de Energia	Para esse produto ou componente:	São utilizados materiais reusáveis para as embalagens, com o menor volume e peso possível, mantendo as funções de transporte? (sim = 5, não = 0)		
C.3: Embalagem e Distribuição × Resíduos Sólidos	Para esse produto ou componente:	É possibilitada a fácil separação entre os materiais das embalagens, viabilizando a reciclagem e o reúso? (sim = 1, não = 0)		
		É reciclada a maior parte das embalagens utilizadas? (sim = 2, não = 0)		
		Os diferentes tipos de materiais das embalagens são marcados para fácil identificação? (sim = 2, não = 0)		
C.4: Embalagem e Distribuição × Efluentes Líquidos	Para esse produto ou componente:	É tomada a máxima prevenção quanto ao vazamento de líquidos perigosos durante o transporte? (sim = 5, não = 0)		

▷

Empresa		**Produto avaliado**		
Fase	**Pergunta**		**Pontos**	**Comentários e oportunidades de melhoria**
C.5: Embalagem e Distribuição × Emissões Gasosas	Para esse produto ou componente:	É evitado o uso de polímeros clorados ou de plásticos que possam produzir emissões gasosas perigosas caso incinerados a baixas temperaturas nas embalagens para transporte e consumo? (sim = 3, não = 0)		
		É evitado o uso de retardantes bromados de inflamabilidade que possam produzir emissões gasosas tóxicas se incineradas a baixas temperaturas nas embalagens? (sim = 2, não = 0)		
D.1: Uso do Produto e Manutenção × Materiais	Para esse produto ou componente:	É facilitada a desmontagem do produto para a atualização, reparo ou reúso? (sim = 1, não = 0)		
		São disponibilizadas partes do produto ou componentes para reparo? (sim = 1, não = 0)		
		São evitadas barreiras potenciais para a reciclagem, como uso de aditivos, tratamentos metálicos em plásticos, aplicação de pinturas no plástico ou uso de materiais de composição desconhecida? (sim = 2, não = 0)		
		Os plásticos utilizados são claramente identificados por tipo de resina? (sim = 1, não = 0)		
D.2: Uso do Produto e Manutenção × Consumo de Energia	Para esse produto ou componente:	É minimizado o consumo de energia durante o uso do produto? (sim = 2, não = 0)		
		São oferecidas opções de ajuste do consumo de energia baseado na intensidade da atividade do produto ou componente? (sim = 3, não = 0)		

Empresa		Produto avaliado		
Fase	**Pergunta**		**Pontos**	**Comentários e oportunidades de melhoria**
D.3: Uso do Produto e Manutenção × Resíduos Sólidos	Para esse produto ou componente:	É evitado o uso de componentes descartáveis como baterias e cartuchos? (sim = 2, não = 0)		
		São utilizados elementos de junção, como parafusos e prendedores por pressão, com o mesmo tipo de cabeças? (sim = 1, não = 0)		
		É evitado o uso de adesivos e soldas para facilitar a desmontagem, reúso e reciclagem? (sim = 1, não = 0)		
		É facilitado o reparo e/ou a atualização de componentes, preferencialmente a sua substituição total? (sim = 1, não = 0)		
D.4: Uso do Produto e Manutenção × Efluentes Líquidos	Para esse produto ou componente:	É evitada a liberação de substâncias poluentes da água durante o uso dos produtos? (sim = 5, não = 0)		
D.5: Uso do Produto e Manutenção × Emissões Gasosas	Para esse produto ou componente:	É evitada a emissão de poluentes do ar durante o uso e manutenção do produto? (sim = 2, não = 0)		
		É evitada a emissão de gases que causam o aquecimento global e a destruição da camada de ozônio durante o uso e manutenção do produto? (sim = 3, não = 0)		
E.1: Fim de Vida × Materiais	Para esse produto ou componente:	É facilitada a reutilização e reciclagem dos materiais? (sim = 1, não = 0)		
		É facilitada a identificação e a separação dos materiais por tipo? (sim = 1, não = 0)		
		É evitado o uso de materiais que precisam ser dispostos como resíduos perigosos? (sim = 1, não = 0)		
		É evitada a introdução intencional de chumbo, cádmio, mercúrio e cromo hexavalente nos materiais do produto? (sim = 2, não = 0)		

▷

Empresa		**Produto avaliado**		
Fase	**Pergunta**		**Pontos**	**Comentários e oportunidades de melhoria**
E.2: Fim de Vida × Consumo de Energia	Para esse produto ou componente:	São utilizadas partes plásticas e fibras que possam ser seguramente utilizadas para a geração de energia, como na incineração? (sim = 2, não = 0)		
		É evitado o uso de materiais perigosos que precisem ser transportados como resíduos perigosos para aterros industriais? (sim = 3, não = 0)		
E.3: Fim de Vida × Resíduos Sólidos	Para este produto ou componente:	É assegurada a existência de infraestrutura interna ou externa à empresa para recuperar/reciclar os resíduos sólidos? (sim = 2, não = 0)		
		É evitada a ligação entre diferentes materiais que possam dificultar a sua separação? (sim = 3, não = 0)		
E.4: Fim de Vida × Efluentes Líquidos	Para esse produto ou componente:	É possível recuperar líquidos perigosos problemáticos durante a sua desmontagem? (sim = 5, não = 0)		
E.5: Fim de Vida × Emissões Gasosas	Para esse produto ou componente:	É evitada a liberação de substâncias que causam a destruição da camada de ozônio e/ou o aquecimento global durante a disposição final do produto ou componente? (sim = 2, não = 0)		
		É promovida a reciclagem dos gases contidos no produto durante a desmontagem para que não sejam perdidos? (sim = 1, não = 0)		
		É evitada a liberação de substâncias poluentes do ar durante a disposição final do produto ou componente? (sim = 2, não = 0)		

Fonte: Autora.

Referências

BAKKER, C.; WANG, F.; HUISMAN, J. *et al.* Products that go round: exploring product life extension through design. *Journal of Cleaner Production.* v. 69, p. 10-16, apr 2014 Disponível em DOI:10.1016/j.jclepro.2014.01.028.

BAKSHI, B. R.; FIKSEL, J. The Quest for Sustainability: Challenges for Process Systems Engineering. *AIChE Journal*, v. 49, n. 6, p. 1350-1358, 2003. Disponível em: http://onlinelibrary.wiley.com/doi/10.1002/aic.690490602/abstract.

BAUMANN, H.; BOONS, F.; BRAGD, A. Mapping the Green Product Development Field: Engineering, Policy, and Business Perspectives. *Journal of Cleaner Production*, v. 10, n. 5, p. 409-25, 2002. DOI:10.1016/S0959-6526(02)00015-X.

BHAMRA, T. A.; EVANS, S.; MCALOONE, T. C. Integrating Environmental Decisions into the Product Development Process. I. The Early Stages. *EcoDesign'99:* n. 1, p. 1-5. Sep. 1999.

BIERMA, T.; WATERSTRATAAT, F.; OSTROSKY, J. Shared Savings and Environmental Management Accounting: Innovative Chemical Supply Strategies. *In:* BENNETT, M.; JAMES, P. *The green bottom line*: environmental accounting for management; current practice and future trends. England: Greenleaf Publishing. 1998.

BIRKELAND, J. Design for ecosystem services a new paradigm for ecodesign. *Building,* p. 1-8, Sep. 2005.

BOCKEN, N. M. P.; PAUW, I. de; BAKKER, C. *et al.* Product design and business model strategies for a circular economy. *Journal of Industrial and Production Engineering*, 2016. Disponível em: DOI: 10.1080/21681015.2016.1172124.

BORGIANNI, Y.; MACCIONI, L.; PIGOSSO, D. C. A. *Environmental lifecycle hotspots and the implementation of eco-design principles*: does consistency pay off? 2019. Disponível em: DOI: 10.1007/978-981-13-9271-9_16.

BREZET, J. C.; HEMEL, C. V. *Ecodesign*: a promising approach to sustainable production and consumption. [s/l]: [s/e], 1997.

BYGGETH, S.; HOCHSCHORNER, E. Handling trade-offs in ecodesign tools for sustainable product development and procurement. *Journal of Cleaner Production,* v. 14, n. 15-16, p. 1420-1430, 2006. DOI: 10.1016/j.jclepro.2005.03.024.

CESCHIN, F.; GAZIULUSOY, I. Evolution of design for sustainability: from product design to design for system innovations and transitions. *Design Studies*, n. 47, p. 118-163, 2016. DOI: 10.1016/j.destud.2016.09.002.

COMMUNITIES, COMMISSION OF THE EUROPEAN. *Green paper on integrated product policy.* Environment. Brussels, Belgium: Office for Official Publications of the European Communities, 2001. Disponível em: http://scholar.google.com/scholar?hl=en&btnG=Search&q=intitle:GREEN+PAPER+ON+INTEGRATED+PRODUCT+POLICY#0. Acesso em: 06 fev. 2023.

DALHAMMAR, C. Industry attitudes towards ecodesign standards for improved resource efficiency. *Journal of Cleaner Production*, n. 123, p. 155-166, 2016. DOI: 10.1016/j.jclepro.2015.12.035.

DEKONINCK, E. A.; DOMINGO, L; O'HARE, J. A. *et al.* Defining the challenges for ecodesign implementation in companies: development and consolidation of a framework. *Journal of Cleaner Production*, n. 135, 2016. DOI: 10.1016/j.jclepro.2016.06.045.

DERMODY, J.; HANMER-LLOYD, S. Greening new product development: the pathway to corporate environmental excellence. *Greener Manage Int.*, n. 11, p. 73-88, 1995.

EAGAN, P.; WEINBERG, L. *Development of a streamlined, life-cycle, design for the environment (DFE) tool for manufacturing process modification*: a boeing defense & space group case study. [s/l]: Matrix, [s/d].

EHRENFELD, J. R.; HOFFMAN, A. J. Becoming a green company: the importance of culture in the greening process. *In*: GREENING OF INDUSTRY CONFERENCE, Boston, 1993.

JESWIET, J.; HAUSCHILD, M. Ecodesign and future environmental impacts. *Materials & Design*, v. 26, n. 7, p. 629-634, 2005. DOI:10.1016/j.matdes.2004.08.016.

JOHANSSON, G. Success factors for integration of ecodesign in product development: a review of state of the art. *Environmental Management and Health*, v. 13, n. 1, p. 98-107, 2002. DOI: 10.1108/09566160210417868.

KJAER, L. L.; PIGOSSO, D. C. A.; MCALOONE, T. C. *et al.* Guidelines for evaluating the environmental performance of product/service-systems through life cycle assessment. *Journal of Cleaner Production*, n. 190, p. 666-678, 2018. DOI: 10.1016/j.jclepro.2018.04.108.

LUTTROPP, C.; LAGERSTEDT, J. Ecodesign and the ten golden rules: generic advice for merging environmental aspects into product development. *Journal of Cleaner Production*, n. 14, p. 1396-1408, 2006. DOI: 10.1016/j.jclepro.2005.11.022.

Manzini, E. Making things happen: social innovation and design. *Design Issues,* v. 30, n. 1, p. 57-66, 2014.

MCALOONE, T. C.; BEY, N. Melhoria ambiental por meio do desenvolvimento de produtos – um guia. [s/l]:[s/e], 2009.

MCALOONE, T. C.; BEY, N. Environmental Improvement through Product Development – a Guide. [s/l]:[s/e], 2009.

MCALOONE, T. C.; PIGOSSO, D. C. A. From ecodesign to sustainable product/service-systems: a journey through research contributions over recent decades. *In*: STARK, R.; SELIGER, G.; BONVOISIN, J. *Sustainable manufacturing*. Sustainable production, life cycle engineering and management. [s/l]: Springer, 2017. p. 99-111. DOI:10.1007/978-3-319-48514-0_7.

NIELSEN, P. H.; WENZEL, H. Integration of environmental aspects in product development: a stepwise procedure based on quantitative life cycle assessment. *Journal of Cleaner Production*, n. 10, p. 247-57, 2002.

PIGOSSO, D. C. A.; MCALOONE, T. C. How can design science contribute to a circular economy? *In*: PROCEEDINGS OF THE INTERNATIONAL CONFERENCE ON ENGINEERING DESIGN, ICED, n. 5, p. 299-307, 2017.

PIGOSSO, D. C. A.; MCALOONE, T. C.; ROZENFELD, H. Characterization of the state-of-the-art and identification of main trends for ecodesign tools and methods: classifying three decades of research and implementation. *Journal of the Indian Institute of Science*, v. 95, n. 4, 2015.

PIGOSSO, D. C. A.; MCALOONE, T. C. Best practices for the integration of social sustainability into product development and related processes. *In*: 20th INTERNATIONAL CONFERENCE STATE OF THE ART SUSTAINABLE INNOVATION & DESIGN, 2015.

PIGOSSO, D. C. A.; MCALOONE, T. C. Maturity-based approach for the development of environmentally sustainable product/service-systems. *CIRP Journal of Manufacturing Science and Technology*, n. 15, p. 33-41, 2016. DOI: 10.1016/j.cirpj.2016.04.003.

PIGOSSO, D. C. A.; MCALOONE, T. C.; ROZENFELD, H. Systematization of best practices for ecodesign implementation. *In*: PROCEEDINGS OF INTERNATIONAL DESIGN CONFERENCE. *Design*, v. Jan. 2014.

PIGOSSO, D. C. A.; ROZENFELD, H.; MCALOONE, T. C. Ecodesign maturity model: a management framework to support ecodesign implementation into manufacturing companies. *Journal of Cleaner Production*, n. 59, 2013. DOI: 10.1016/j.jclepro.2013.06.040.

PIGOSSO, D. C. A.; ZANETTE, E. T.; GUELERE FILHO, A. *et al.* Ecodesign methods focused on remanufacturing. *Journal of Cleaner Production*, v. 18, n. 1, p. 21-31, 2010. DOI: 10.1016/j.jclepro.2009.09.005.

PIGOSSO, D. C. A.; SOUZA, S. R.; OMETTO, A. R. *et al.* Life cycle assessment (LCA): discussion on full-scale and simplified assessments to support the product development process. *In*: 3rd INTERNATIONAL WORKSHOP – ADVANCES IN CLEANER PRODUCTION. São Paulo, 2011.

PIGOSSO, D. C. A.; MCALOONE, T. C.; ROZENFELD, H. Systematization of best practices for ecodesign implementation. *In*: INTERNATIONAL DESIGN CONFERENCE. *Design*, p. 1651-1662, 2014. Dubrovnik, Croatia, 2014.

POOLE, S.; SIMON, M.; SWEATMAN, A. *et al.* Integrating environmental decisions into the product development process: part 2 the later stages. *In*: ECODESIGN'99: PROCEEDINGS FIRST INTERNATIONAL SYMPOSIUM ON ENVIRONMENTALLY CONSCIOUS DESIGN AND INVERSE MANUFACTURING, p. 334-337, 1999. IEEE. Disponível em: http://ieeexplore.ieee.org/xpls/abs_all.jsp?arnumber=747633. Acesso em: 06 fev. 2023.

RODRIGUES, V. P.; PIGOSSO, D. C. A.; MCALOONE, T. C. KPIs for measuring the sustainability performance of ecodesign implementation into product development and related processes: a systematic literature review. *In*: RODRIGUES, V.P.; PIGOSSO, D.C.A.; MCALOONE, T.C. *Framework for measuring the sustainability performance of ecodesign implementation*. [s/l]:[s/e], 2016. Disponível em: http://www.sustain.dtu.dk/. Acesso em: 06 fev. 2023.

ROZENFELD, H.; FORCELLINI, F. A.; AMARAL, D. C. *et al. Gestão do desenvolvimento de produtos*: uma referência para a melhoria do processo. São Paulo: Saraiva, 2006.

SPANGENBERG, J. H.; FUAD-LUKE, A.; BLINCOE, K. Design for sustainability (DFS): the interface of sustainable production and consumption. *Journal of Cleaner Production*, v. 18, n. 15, p. 1485-1493, 2010. DOI: 10.1016/j.jclepro.2010.06.002.

SUNDIN, E.; BRAS, B. Making functional sales environmentally and economically beneficial through product remanufacturing. *Production*, n. 13, p. 913-925, 2005. DOI: 10.1016/j.jclepro.2004.04.006.

UNEP. *Guidelines for the integration of cleaner production and energy efficiency*. [s/l]:[s/e], 2004.

VEZZOLI, C.; MANZINI, E. *Design for environmental sustainability*. London: Springer, 2008.

WEENEN, J. C. van. Towards sustainable product development. *Journal of Cleaner Production*, v. 3, n. 1-2, p. 95-100, 1995. Disponível em: http://www.sciencedirect.com/science/article/pii/095965269500062J. Acesso em: 06 fev. 2023.

CAPÍTULO

9

Sistemas Produto-Serviço (PSS)

Prof. Dr. Henrique Rozenfeld

Universidade de São Paulo – USP
Departamento de Engenharia de Produção
Av. Trab. São Carlense, 400 – Parque Arnold Schimidt
13566-590, São Carlos-SP/Brasil

M.Sc. Maiara Rosa

Universidade de São Paulo – USP
Departamento de Engenharia de Produção
Av. Trab. São Carlense, 400 – Parque Arnold Schimidt
13566-590, São Carlos-SP/Brasil

M.Sc. Sânia da Costa Fernandes

Universidade de São Paulo – USP
Departamento de Engenharia de Produção
Av. Trab. São Carlense, 400 – Parque Arnold Schimidt
13566-590, São Carlos-SP/Brasil

Marina de Pádua Pieroni

Universidade de São Paulo – USP
Departamento de Engenharia de Produção
Av. Trab. São Carlense, 400 – Parque Arnold Schimidt
13566-590, São Carlos-SP/Brasil

Carolina Queiroz Souza

Universidade de São Paulo – USP
Departamento de Engenharia de Produção
Av. Trab. São Carlense, 400 – Parque Arnold Schimidt
13566-590, São Carlos-SP/Brasil

Érica Gonçalves Rezende

Universidade de São Paulo – USP
Departamento de Engenharia de Produção
Av. Trab. São Carlense, 400 – Parque Arnold Schimidt
13566-590, São Carlos-SP/Brasil

Cristina Targas Gurian

Universidade de São Paulo – USP
Departamento de Engenharia de Produção
Av. Trab. São Carlense, 400 – Parque Arnold Schimidt
13566-590, São Carlos-SP/Brasil

9 Sistemas Produto-Serviço (PSS)

9.1 Motivação e Contexto

Imagine que você seja, por exemplo, um fornecedor tradicional de um bem de capital, como uma empilhadeira. Outras empresas irão adquirir a empilhadeira e utilizá-la em seu chão de fábrica para movimentar determinado material. Essa relação é classificada como Business-to-Business (B2B), pois o seu cliente é uma empresa que usa seu produto para viabilizar a oferta de soluções para outro cliente.

As características típicas de um negócio desta natureza são:

- Sua receita sofre variações dependendo da época do ano, pois seu mercado pode ser sazonal.
- Você quer vender cada vez mais empilhadeiras, pois, caso contrário, suas receitas se esgotariam. Assim, você fornece empilhadeiras com qualidade, mas também com obsolescência programada para que seu cliente necessite comprar mais uma no futuro.
- Muitas vezes, o faturamento com assistência técnica é de terceiros, pois você não se preocupa com este aspecto do seu negócio.
- Você nunca pensou em qual seria o impacto ambiental que a sua empilhadeira poderá causar durante o ciclo de vida, tanto na fase de produção, uso e no final de vida, em que ela será descartada.

Pense agora nas implicações disso para o seu cliente, aquele que adquire a empilhadeira. Ele precisa investir um capital inicial, prover a manutenção (ou solicitar a assistência técnica) e, depois de um tempo, trocar de empilhadeira.

Ainda nesse contexto, vamos mudar o foco de nossa análise. Por quanto tempo, em média, você acha que um automóvel é utilizado durante o seu ciclo de vida?

Normalmente, 90% do tempo, o veículo não é utilizado. Isso pode acarretar depreciação ao longo do tempo e potencialmente pode gerar custos associados à manutenção do veículo, por exemplo. Além disso, o custo referente ao tempo em que a empilhadeira não é utilizada é acumulado no cálculo do custo operacional do veículo, tornando o produto menos vantajoso para o cliente.

Vamos agora observar este caso sob a perspectiva dos impactos ambientais. Pense que, de tempos em tempos, seu cliente terá que descartar a empilhadeira antiga e adquirir uma nova devido à obsolescência programada. Isso levará a uma geração contínua de resíduos a partir de empilhadeiras cuja vida útil poderia ser prolongada. E o que ocorre com as peças do automóvel que são substituídas ao longo do ciclo de vida a cada vez que pedimos para alguém realizar uma manutenção? Na maior parte das vezes, as peças são descartadas e, em alguns poucos casos, o material é reciclado. No entanto, somente alguns componentes trocados durante a manutenção realmente sofreram desgaste e a empresa poderia reutilizar o que já foi produzido para manufaturar um novo produto, reduzindo, além dos custos de manufatura, o impacto ambiental do modelo de negócio.

Algumas dessas reflexões mencionadas estão relacionadas a profundas mudanças na maneira de fazer negócios. Já pensou o porquê de alguns segmentos industriais estarem sofrendo uma revolução no negócio, como o fonográfico, por exemplo? A tecnologia de streaming e a conectividade das pessoas possibilitaram oportunidades nem sequer imaginadas anos atrás. O mesmo ocorre com a área de filmes. Ainda existe alguma locadora de vídeo no seu bairro?

Há também uma revolução nos mercados de transporte e hoteleiro. Você deve saber que a maior empresa que provê transporte individual de pessoas no mundo não possui nenhum veículo em seu ativo. Da mesma forma, a maior rede de hospedagem de pessoas não possui nenhuma propriedade em seu nome.

Dados todos esses exemplos, podemos nos questionar quanto a:

- Deixar o modelo de negócios tradicional, que é baseado apenas na venda do produto.
- Focar cada vez mais o cliente, mas considerando ao mesmo tempo outros interessados ou que poderiam impactar o negócio (*stakeholders*).
- Aproveitar o potencial de novas tecnologias.
- Principalmente, garantir que as novas soluções sejam sustentáveis do ponto de vista econômico, social e ambiental.

A resposta que atende a todas essas indagações é: deixar o paradigma de ser um fornecedor de produtos, e passar a ser um provedor de serviços que usa o produto como meio para entregar o que o cliente/usuário deseja ou necessita, com o envolvimento de demais *stakeholders*. Essa combinação de produto com os serviços associados em um sistema é denominada de Sistema Produto-Serviço (Product-Service System [PSS], em inglês).

Para se tornar um provedor de PSS, uma empresa que trabalha no paradigma orientado a produtos deve passar por um processo de transformação conhecido como servitização. Nesse processo, você deve principalmente mudar a sua mentalidade para poder reinventar a maneira de fazer negócios, que muitas vezes exigem inovações nos próprios produtos e na forma como você se relaciona com os clientes e demais *stakeholders*. Além disso, como todos compartilhamos o mesmo planeta e vivemos em sociedade, essa mudança de paradigma deve gerar menores impactos negativos ao ambiente e à sociedade. Deve-se cuidar das dimensões da sustentabilidade para que, por exemplo, o impacto social não aumente com soluções nas quais as relações trabalhistas se tornem não reguladas sem proteger o mínimo de dignidade das pessoas.

9.2 Objetivos

Dentro do contexto apresentado, este capítulo tem como objetivo apresentar os conceitos básicos sobre PSS, assim como alguns conceitos correlatos e casos de sucesso em PSS, para que você possa:

- Conhecer os potenciais da adoção desta abordagem, mas também quais os desafios que impactam a aplicação.
- Relacionar o PSS com outras abordagens, com foco na Engenharia & Gestão do Ciclo de Vida (E&GCV), tema central deste livro.
- Saber como desenvolver um PSS na prática.

9.3 Definição do PSS

O termo sistema produto-serviço foi formalmente introduzido por Goedkoop *et al.* (1999) como "um conjunto comercializável de produtos e serviços capazes de atender, em conjunto, as necessidades de um usuário" (GOEDKOOP *et al.*, 1999). Produtos e serviços são combinados em um sistema, que é uma coleção de elementos tangíveis e intangíveis organizados em torno de interações por meio de um conjunto de objetivos comuns a serem alcançados (CAVALIERI; PEZZOTTA, 2012; GOEDKOOP *et al.*, 1999). Os serviços são fornecidos por meio de produtos desenvolvidos em um contexto de acordo com as práticas em uso dos clientes (TAN, 2010).

Ainda não há uma definição padrão para PSS, a qual depende do foco de análise no campo de pesquisa (MOUGAARD, 2015), no entanto, as definições existentes podem englobar diferentes aspectos, incluindo o conceito de sistema, necessidades dos clientes, tangibilidade e intangibilidade, redes e infraestrutura, aspectos sociais e parcerias e o impacto no ambiente (ANNARELLI *et al.*, 2016). O termo PSS é usado pelas comunidades de sistemas de informação, gestão de negócios, gestão de operações, marketing, ciências de serviços, engenharia e design (BOEHM; THOMAS, 2013; LIGHTFOOT; BAINES; SMART, 2013). No entanto, vários termos têm sido empregados na literatura para se referir a PSS, como é ilustrado na Figura 1. O tamanho da fonte dos termos nesta figura representa a frequência com que ele apareceu na revisão bibliográfica realizada.

Neste capítulo, vamos utilizar a seguinte definição: **PSS é uma oferta integrada de produtos e serviços que entrega valor aos clientes por meio dos componentes de criação de valor de um modelo de negócio inovador, considerando as necessidades dos *stakeholders.* Os componentes de criação de valor do modelo de negócio são os processos, recursos, pessoas e parceiros da cadeia de valor. Os recursos incluem a tecnologia e infraestrutura empregadas para se criar valor.**

Figura 1 • Termos relacionados à PSS

Fonte: Autores.

Agora que você já conhece o que é PSS, vamos conhecer os tipos de PSS.

9.4 Tipos de PSS

Um PSS pode ser classificado em tipologias, de forma a permitir que, por meio das descrições de suas variações, pesquisadores e organizações possam prever comportamentos do PSS auxiliando na tomada de decisão (PARK; GEUM; LEE, 2012).

A classificação do PSS pode ser útil também como classificação para a definição do modelo de negócios (REIM; PARIDA; ÖRTQVIST, 2015). A tipologia mais difundida na literatura é a tipologia de Tukker (2004), que será apresentada a seguir.

A classificação de Tukker (2004) define três categorias ilustradas na Figura 2:

- PSS orientado ao produto.
- PSS orientado ao uso.
- PSS orientado ao resultado.

Figura 2 • Tipos de PSS

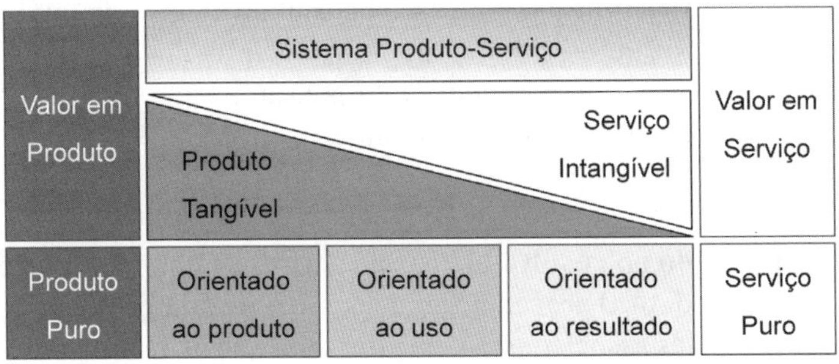

Fonte: Adaptado de Tukker (2004).

No PSS orientado ao produto, o fornecedor vende o produto da forma tradicional e oferece e cobra por serviços adicionais que garantem a funcionalidade, usabilidade e durabilidade do produto. Um exemplo são os automóveis. Compramos um automóvel e, portanto, temos a posse do produto. Porém, durante o ciclo de vida do automóvel, pagamos ainda por serviços de manutenção e reparo oferecidos pelo fornecedor do automóvel, sem contar os impostos que incidem sobre a posse do veículo.

No PSS orientado ao uso, a posse do produto é do provedor e não é transferida ao cliente após a comercialização. O provedor deve maximizar a fase de uso do produto, desenvolvendo produtos robustos para prolongar seu ciclo de vida, diminuindo custos de manutenção e remanufatura, que normalmente são de sua responsabilidade. A comercialização pode ser realizada por meio de:

- **Leasing do produto**: O cliente paga uma taxa regular pelo uso do produto em um determinado período. Este é o caso da indústria automotiva na relação B2B. Uma empresa que necessita usar automóveis não compra, paga pelo uso e, no final de um período, tem a opção de compra do produto por um preço residual. Uma variação deste tipo de PSS é quando, no final da fase de uso, o cliente devolve o produto para o provedor. Este é o caso da "Água pura da Brastemp" apresentado na Seção "casos de PSS" deste capítulo.

- **Aluguel/compartilhamento**: De forma similar ao leasing, o cliente paga uma taxa para uso do produto em um determinado período. A diferença é que, neste caso, o uso do produto pode ser compartilhado por mais clientes. Este é o caso do aluguel de equipamentos, como, por exemplo, os guindastes na indústria civil ou empilhadeiras para fábricas. Os exemplos mais populares deste tipo de PSS são os de aluguel/compartilhamento de bicicletas, patinetes, motos e automóveis em grandes cidades. Na Seção "casos de PSS" deste capítulo, vocês podem consultar o caso da "*Beepbeep*".
- ***Pooling* do produto**: É um caso especial de aluguel no qual diferentes clientes utilizam o produto simultaneamente, dividindo o pagamento entre si. É o caso do Uber pool, onde, pelo aplicativo, mais de uma pessoa pode usar o mesmo veículo e dividem as despesas do transporte, que é pago pelo uso.

No PSS orientado ao resultado, o provedor vende um resultado ou desempenho do uso do produto. O provedor fica de posse do produto e ele pode customizar diferentes serviços associados à oferta de valor, que pode ser subdividida em:

- **Gestão da atividade**: O cliente terceiriza algumas atividades para o provedor, que assume a responsabilidade por entregar os resultados daquela atividade. Essa é uma das opções do caso da "JBT Foodtech" apresentado na seção "casos de PSS" deste capítulo. Ela ocorre quando o provedor, além de colocar o produto nas instalações do cliente (no caso da JBT, o cliente é o produtor de suco de laranja), coloca os seus funcionários (do provedor) para operar o equipamento.
- **Pagamento por unidade de serviço**: O cliente paga por um resultado que o produto fornece por meio do seu uso. Este também é o caso da "JBT Foodtech", apresentado na seção "casos de PSS" deste capítulo. Mas aqui quem opera o equipamento é o próprio cliente. O pagamento é baseado na quantidade de laranjas processadas.
- **Resultado funcional**: O provedor negocia com o cliente para entregar um resultado funcional que agregue valor. O provedor cobra uma taxa por unidade funcional e tem liberdade total de decidir como ele vai entregar o resultado. É o caso de empresas que fornecem, por exemplo, uma temperatura em um ambiente. O provedor cuida do sistema de aquecimento ou de resfriamento por ar-condicionado. Outro exemplo é quando o provedor oferece uma boa colheita para um agricultor e ele cuida da aplicação de defensivos, monitoramento da plantação etc. Se neste último caso, ele cobrar, por exemplo, por tonelada de grãos que o agricultor produzir, classificaríamos como "pagamento por unidade de serviço". Na seção "casos de PSS" deste capítulo, apresentamos o caso

de "Pay-per-lux — Philips", no qual o cliente paga por lumens que recebe na iluminação de seus ambientes.

Apesar da grande difusão da tipologia do Tukker (2004), sua aplicação é dependente da interpretação individual de cada cenário, o que resulta em ambiguidade e confusão. Isto é resultado de a tipologia ser puramente descritiva e baseada em exemplos de PSS sem que sejam definidos critérios mais específicos de comparação. Existem outras formas de se classificar um PSS, mas como a apresentada é a mais conhecida e usada, ela é suficiente para o uso neste capítulo. Para se conhecer outras tipologias, consulte os trabalhos de Roy (2000), Halen, Vezzoli e Wimmer (2005) e Meier *et al.* (2010).

Já apresentamos a definição básica de PSS e os tipos. Apesar de nas definições iniciais o PSS estar relacionado com a sustentabilidade, muitos PSS não são sustentáveis (BARQUET *et al.*, 2016). Observe que, na definição básica que apresentamos, não citamos a sustentabilidade. Por isso, vamos agora explorar as definições que associam o PSS à sustentabilidade e definir o que é um PSS sustentável.

9.5 PSS e Sustentabilidade Ambiental, Social e Econômica

O conceito de desenvolvimento sustentável mais citado foi o publicado em um relatório produzido em 1987 pela *World Commission on Environment and Development* (WCED) com o título *"Our common future"* (UNITED NATIONS, 1987), que é "o desenvolvimento que atende às necessidades do presente sem comprometer a habilidade de futuras gerações atender às suas próprias necessidades" (UNITED NATIONS, 1987). Esse conceito de desenvolvimento sustentável evoluiu para a definição dos três pilares da sustentabilidade, conhecidos pela sigla TPL (*Tripple Bottom Line*), que define três dimensões de medição de desempenho: ambiental, social e financeiro (SLAPER; HALL, 2011). Esses três pilares equivalem às três perspectivas da sustentabilidade: ambiental, social e econômica (VEZZOLI *et al.*, 2018). **Na perspectiva ambiental,** a preocupação é diminuir os impactos do efeito estufa, depleção da camada de ozônio, eutrofização, acidificação, fumaça-neblina, emissões tóxicas e outros tipos de poluição. **A perspectiva socia**l considera questões relacionadas com equidade, coesão social e distribuição equitativa dos recursos com base no "princípio de que todos têm o direito ao mesmo acesso aos recursos naturais globais". Uma das questões centrais desta perspectiva é a erradicação da pobreza como consequência da má distribuição e conflitos armados que ocorrem no mundo (VEZZOLI *et al.*, 2018). **A perspectiva econômica** é mais ampla do que a financeira, definida na TPL que visava, na sua versão original, somente o lucro. O princípio desta perspectiva é que o modelo de desenvolvimento da produção e consumo deve se pautar pelas condições do meio ambiente e na busca da equidade social, ou seja, essa perspectiva está associada às outras duas perspectivas da sustentabilidade. O valor econômico vai além do valor financeiro e da competitividade.

No seu livro com o título provocativo de *"Cannibals with forks: The Triple Bottom Line of 21st Century Business", Elkington explora as mudanças de paradigma em sete dimensões*[1] para um futuro sustentável (ELKINGTON, 1997). Na dimensão "valor", ele afirma que novos valores estão emergindo na direção de sustentabilidade de forma global, apesar que vários gestores ainda consideram que o negócio deva perseguir a criação de valor econômico sem considerar valores sociais ou éticos. Neste contexto, o desenvolvimento de PSS possui um potencial para equilibrar esses aspectos do desenvolvimento sustentável.

Originalmente, o conceito de PSS emergiu diretamente relacionado à sustentabilidade. De acordo com Mont (2002), a adoção do PSS deve minimizar o impacto ambiental da produção e consumo. A autora define o PSS como "um sistema de produtos, serviços, relacionamentos e infraestrutura de suporte que é desenvolvido para ser competitivo, satisfazer as necessidades dos consumidores e ter um menor impacto ambiental em relação ao modelo de negócio tradicional". Como em alguns casos de PSS a propriedade do produto passa do cliente para o provedor do serviço, que tem interesse em que o produto dure mais tempo, essa abordagem pode diminuir o impacto ambiental (MANZINI; VEZZOLI; CLARK, 2001).

No entanto, poucas empresas estão comprometidas com a sustentabilidade quando adotam a abordagem de PSS. Apesar da sustentabilidade estar na origem do termo PSS e do seu potencial em contribuir para diminuição dos impactos ambientais e sociais, atualmente várias aplicações não são sustentáveis e muitas pesquisas não consideram a sustentabilidade (TUKKER, 2015). A abordagem de PSS não garante melhorias ambientais e sociais se não for especificamente projetada com esse propósito (TUKKER, 2015; TUKKER; TISCHNER, 2006). Em outras palavras, o PSS não é uma panaceia para questões de sustentabilidade e a oferta de um PSS nem sempre é melhor do que a venda de produtos (TUKKER, 2015). O alcance da sustentabilidade depende de uma transformação profunda no modelo de negócio em direção a esse objetivo.

Por exemplo, a vida de produtos compartilhados tem se mostrado menor do que nos casos tradicionais, pois os usuários não cuidam bem do produto (TUKKER, 2015). Se não houver uma mudança de paradigma, esse PSS não será sustentável. Em algumas cidades da China, o compartilhamento de bicicletas, baseado em uma política governamental para reduzir o uso de automóveis e, consequentemente, a poluição, incentivou a criação de dezenas de provedores desse serviço, que não

---

1 As sete dimensões que sofrerão mudanças de paradigma no futuro são: mercado, valores, transparência, tecnologia no ciclo de vida, parceria (cadeia de valor), tempo, governança corporativa.

obtiveram retorno financeiro. Essa desregulação criou cemitérios de milhares de bicicletas descartadas, o que causou um grande impacto ambiental.

Hoje, diferenciamos o PSS do PSS sustentável (BARQUET, 2016b; BACCHETTI *et al.*, 2016), também conhecido como S.PSS (*sustainable* PSS). Já em 2002, Manzini e Vezzoli diziam em um estudo publicado pela UNEP (*United Nation Environment Programme*) que o PSS não necessariamente leva a soluções sustentáveis, mas que ele tem potencial de apoiar a sustentabilidade (MANZINI; VEZZOLI, 2002).

Neste capítulo, portanto, definimos **PSS sustentável como um PSS[2] que busca obter benefícios ambientais e sociais juntamente com os benefícios econômicos do provedor do PSS e de todos os *stakeholders*** (MANZINI.; VEZZOLI, 2002; BACCHETTI *et al.*, 2016; VEZZOLI *et al.*, 2018).

Precisamos citar neste capítulo a abordagem da economia circular, que é cada vez mais discutida em muitos fóruns e adotada por empresas. Vamos discutir o conceito de economia circular comparando-a com a sustentabilidade e analisando sua relação com o PSS.

A Economia Circular é um sistema regenerativo, no qual o uso de recursos, os desperdícios, as emissões e a perda de energia são minimizados, diminuindo-se a velocidade, fechando e estreitando os ciclos de materiais e energia. Isso pode ser atingido por meio de designs robustos de produtos com vida longa, manutenção, reparo, reúso, remanufatura, recondicionamento e reciclagem (GEISSDOERFER *et al.*, 2017).

A economia circular visa manter os produtos, componentes e materiais em seu auge de valor e utilidade por mais tempo. Pode-se dizer que o ponto mais importante dentre os princípios e conceitos na temática da Economia Circular é a existência de uma visão sistêmica das atividades, que deixe de ser focada no processo e seja focada no sistema como um todo (visão holística). Essa integração irá relacionar o ganho econômico com a sustentabilidade, e trará soluções não pontuais, mas conectadas em todo o processo, pois estes não podem mais ser planejados de forma isolada, e agora devem agregar valor a todas as partes da cadeia, com novas formas de conexões e negócios (BLOMSMA; BRENNAN, 2017). Dessa forma, a economia circular pode ser tratada como uma estratégia para se atingir a sustentabilidade. Modelos de negócio circulares adicionam aos modelos de negócio sustentáveis as características relacionadas aos ciclos de materiais e energia mencionados na definição de economia circular (GEISSDOERFER, 2018b).

De acordo com a definição de economia circular mencionada, podemos definir um PSS circular como um PSS inserido em um sistema regenerativo, no qual o uso de recursos, os desperdícios, as emissões e a perda de energia são minimizadas por meio da diminuição da velocidade, fechamento e estreitamento dos ciclos de materiais e energia.

2 Considerar a definição de PSS da seção anterior. Essa definição é complementar.

No entanto, uma empresa pode adotar princípios da economia circular de fechamento de ciclo e não ser sustentável se, por exemplo, seus funcionários trabalharem em más condições de trabalho (GEISSDOERFER; VLADIMIROVA.; EVANS, 2018). As estratégias de fechamento de ciclo já eram parte de forma explícita em várias abordagens de desenvolvimento sustentável. As demais estratégias citadas na definição da economia circular (diminuição de velocidade e estreitamento do ciclo), assim como minimizar o uso de recursos, desperdícios, emissões e perda de energia, já existiam de forma implícita no conceito de sustentabilidade, que é uma abordagem mais abrangente e consolidada do que a economia circular, pois considera o TPL entre outros conceitos. Dessa forma, neste capítulo iremos tratar somente do conceito de PSS sustentável.

As considerações dos ciclos de materiais e energia mostram a importância de se tratar do conceito de ciclo de vida, quando se discute PSS. Por isso, na próxima seção, apresentaremos os conceitos de PSS e a Engenharia & Gestão do Ciclo de Vida.

9.6 PSS e a Engenharia e Gestão do Ciclo de Vida

Um PSS sustentável, dentro do conceito de ciclo de vida, deve considerar as perspectivas discutidas anteriormente e, logicamente, o ciclo de vida. O ciclo de vida de um PSS possui duas perspectivas: da informação e do material (Figura 3).

A perspectiva da informação considera a aquisição, criação, controle, atualização, armazenamento e descarte das informações em todas as fases do ciclo de vida material do PSS e envolvendo todos os processos. Mesmo antes do ciclo de material iniciar, as primeiras fases do ciclo da informação envolvem o processo de gestão da inovação, desenvolvimento e implementação do PSS. O ciclo de material é repetitivo e ocorre somente depois que o desenvolvimento do PSS foi finalizado e sua produção é liberada (PIERONI, 2017). O ciclo de material começa com a extração de matéria-prima, produção, distribuição e uso do PSS e termina com a aplicação das estratégias de fim de vida (PIERONI, 2017). As duas perspectivas podem ser classificadas em três grandes grupos, conhecidos por suas siglas em inglês (Figura 3):

- *Beginning of Life* (BOL) — início da vida
- *Middle of Life* (MOL) — meio da vida
- *End of Life* (EOL) — fim da vida

No caso de PSS orientado ao uso e orientado ao resultado, segundo a classificação do Tukker (2004), o provedor é o proprietário do produto físico. Assim, para aumentar o uso do seu ativo, ele irá incorporar produtos mais robustos, realizando um projeto orientado à remanufatura, pois no final de vida é mais fácil trazer o produto de volta pela logística reversa (já que ele é o proprietário) e remanufaturar para aplicar em uma nova fase de uso. Para mais informações sobre este assunto, consulte o Capítulo 12 deste livro.

Figura 3 • Fases do ciclo de vida do PSS, segundo duas perspectivas do PSS: ciclo de vida material e da informação

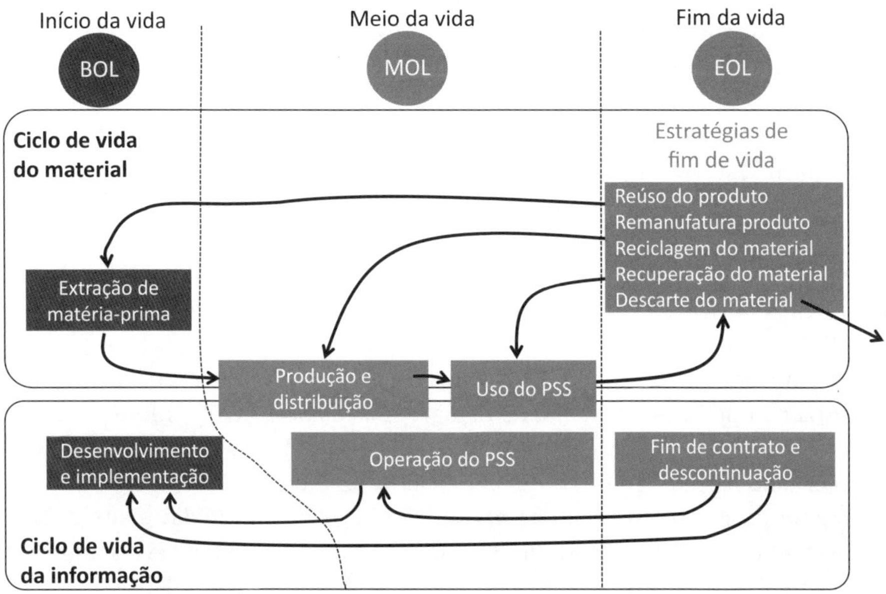

Fonte: Adaptado de PIERONI (2017).

Agora que já conhecemos a definição de PSS e de PSS sustentável e as fases do seu ciclo de vida, vamos apresentar os benefícios e barreiras dessa nova abordagem.

9.7 Benefícios e Barreiras

Inicialmente, iremos apresentar os benefícios da adoção do PSS para o fornecedor ou provedor do PSS, para o cliente ou usuário, para o meio ambiente e, finalmente, para o governo ou a sociedade. Em seguida, iremos apresentar as barreiras que precisam ser superadas para a implantação do PSS.

Destaca-se o benefício do aumento do mercado (MANZINI *et al.*, 2001), em razão do cliente não precisar adquirir um produto (no caso de PSS orientado ao uso e ao resultado), podendo obter a solução completa de serviços e produtos por um desembolso mensal bem menor (TUKKER, 2004). A venda não ocorre mais por períodos, e o provedor recebe receitas recorrentes. Isso gera maior previsibilidade e estabilidade do fluxo de caixa em longo prazo para o negócio (ALONSO-RASGADO *et al.*, 2004; ZANCUL *et al.*, 2016).

A oferta de PSS exige uma maior interação entre os clientes e o provedor, proporcionando maior **feedback** *por parte dos clientes, o que cria* **relacionamentos de longo prazo** entre os envolvidos, **facilitando a obtenção de informações para a melhoria de produtos e serviços**. Essa relação mais próxima pode impactar a **fidelização dos clientes, garantindo a venda de consumíveis.**

Outros benefícios do maior fluxo de informações entre o cliente e o produtor são **oportunidades para inovação incremental**, pois obtendo **maior feedback**, é mais fácil resolver os problemas identificados pelos clientes. Além disso, a **assistência técnica pode ser otimizada,** pois existe uma comunicação melhor com o usuário do produto, controle sobre o produto por meio da rastreabilidade e monitoramento. Assim, há um **maior conhecimento do produto no ambiente de aplicação** (WANG *et al.*, 2011) e maior **garantia de operação correta** do produto (TAN *et al.*, 2010).

Por fim, pode-se ter um **melhor valor da marca, melhorando a imagem da organização** perante os clientes e demais *stakeholders* (WAGNER et al., 2013). Para os casos de PSS sustentável, o provedor precisa atender o nível de serviços acordado e ainda evitar/reduzir impactos ambientais e sociais. Neste caso, **a imagem da empresa se torna eficiente** (de resposta rápida) e **sustentável** (BAINES *et al.*, 2007). No caso de PSS sustentável, o provedor deve **atender às legislações ambientais**.

No caso de PSS orientado ao resultado, como no caso "pay-per-lux da Philips", no qual o provedor do PSS gerencia uma determinada função do cliente, ele cria um valor intangível atrelado à oferta, que se torna um **diferencial voltado às necessidades dos clientes**.

O principal benefício para o cliente é a **maior satisfação** do consumidor por perceber maior valor diante da oferta do PSS (TUKKER, 2004). Este ponto também pode estar atrelado à **eliminação das responsabilidades acopladas à posse do produto**, ou seja, dependendo do tipo de PSS, o cliente não se preocupa com reparo, manutenção e descarte do produto (BARQUET *et al.*, 2013). No caso em que o cliente não adquire o produto e paga somente por seu uso, função ou resultado, ele **não precisa desembolsar um valor elevado para a aquisição**. Assim, ele pode usufruir do produto e serviços associados, **pois não é necessário um investimento elevado**. Com isso, ele pode realizar **pagamentos menores, previsíveis e de acordo com o seu uso**.

No contrato de garantia do nível de serviço (do inglês, *Service Level of Agreement* [SLA]), pode haver uma cláusula sobre a manutenção do produto em bom estado. Isso traz **menor risco de parada** da operação do produto, em função do acordo da disponibilidade garantida do produto, assim como sua manutenção preventiva.

Outro benefício seria o **acesso a vários serviços,** formas de pagamento e opções no mercado, em razão dos diversos tipos de PSS existentes no mercado, também relacionados aos diferentes níveis de customização da solução oferecida ao consumidor final. O diferencial da oferta de PSS é a possibilidade de sua **customização para atender às necessidades específicas** de cada cliente (ANNARELLI *et al.*, 2016).

O principal deles é a **redução no uso de recursos naturais** (COOK *et al.*, 2006; ANNARELLI *et al.*, 2016). Isso ocorre em razão de alguns negócios possuírem uma abordagem mais sustentável (REIM *et al.*, 2016), a qual busca projetar **produtos com maior durabilidade** (mais robustos) e reciclabilidade, decorrente da possibilidade de reúso, reparo, recondicionamento e remanufatura, conforme algumas das estratégias de fim de vida que serão abordadas no Capítulo 12 (COOK *et al.*, 2006; ANNARELLI *et al.*, 2016). Como consequência, há o **aumento do ciclo de vida do produto**, já que o design não visa à obsolescência programada (COOK *et al.*, 2006).

Por fim, esse tipo de PSS **"desmaterializa" os produtos e usa menos recursos**, pois os clientes percebem o valor dos serviços, alterando o planejamento do ciclo de vida do sistema (COOK *et al.*, 2006) e permitindo um **ganho ambiental** elevado.

No entanto, um dos maiores desafios está na mudança de mentalidade necessária para a viabilização deste modelo de negócio, tanto da perspectiva do provedor quanto do cliente, que está acostumado a ter a posse do produto (observar as barreiras à adoção do PSS). Aqui, é necessário que todos os envolvidos (provedores e clientes, principalmente) possuam uma visão de ciclo de vida.

O uso do PSS resulta em **menores problemas e custos** relacionados à compra, utilização, troca e manutenção de produtos para os clientes, o que, em última análise, beneficia a sociedade. A mudança para o PSS também proporciona **maior quantidade de empregos no setor de serviços** (MONT, 2002), pois a cadeia de prestadores de serviço em torno da oferta do PSS necessita de mais pessoas para garantir a entrega de valor.

O aumento do ciclo de vida dos produtos necessita de um **gerenciamento mais eficiente de resíduos sólidos** (MONT; LINDHQVIST, 2003) e ambos resultam em maiores benefícios para o meio ambiente. Sendo assim, a sociedade também se beneficia com uma **economia mais ambientalmente sustentável**. Para que haja maiores benefícios relacionados com as demais perspectivas da sustentabilidade, precisam existir incentivos (governamentais e culturais), tais como a opção de se parar de usar automóvel e passar a usar a bicicleta para se deslocar diariamente para o trabalho. Neste exemplo, a criação de infraestrutura de ciclovias é um fator que incentiva o uso de bicicletas. O governo precisa promover estilos de vida e padrões de consumo sustentáveis por meio **de políticas públicas** (MANZINI *et al.*, 2001) para se poder obter vantagens para a sociedade, tornando-a mais sustentável. Isso é o caso, por exemplo, do incentivo do uso de carros elétricos, aumento da cobrança do uso de automóveis individuais em certos horários (rodízio) e locais (taxa de tráfego em locais centrais das cidades). A própria mentalidade dos usuários precisa ser uma forma de incentivo ao uso de soluções mais sustentáveis.

Depois de apresentar os principais benefícios associados ao uso do PSS, vamos apresentar as principais barreiras.

A principal barreira está relacionada à **cultura orientada a produtos** (TAN, 2010; BARQUET, 2015) e **ao consumo atrelado à posse do produto** (BAINES, 2007). Essa barreira é facilmente visualizada em produtos de apego emocional e produtos de luxo. Por exemplo, possuir um carro da marca Rolls-Royce é um sinal de status e poder. Dificilmente potenciais compradores de um carro Rolls-Royce trocariam a sua posse por um serviço orientado ao uso. Dessa barreira resulta o conflito estratégico, **que seria alterar a venda de mais produtos para o** aumento da vida útil do produto e prover os serviços. A complexidade do sistema em questão abre **lacunas na legislação**, a qual não abrange as características do PSS (HOJNIK, 2016). Também no âmbito governamental, **não há incentivos para criar soluções melhores ambientalmente** (MONT, 2002).

Outras barreiras relacionadas com as pesquisas e trabalhos na área de PSS são: a **fragmentação das pesquisas** em PSS (BAINES, 2017), que não são voltadas à aplicação (MARTINEZ *et al.*, 2010). Os trabalhos em PSS são numerosos, sempre apresentando "novas" abordagens, mas **sem a consolidação em metodologias práticas** de desenvolvimento e implementação de PSS. Parte dessas dificuldades advém da **falta de consenso sobre as definições de PSS** e modelos de negócio comprovados. Observamos ainda que muitas implementações de PSS ainda não estão trazendo o retorno financeiro esperado[3].

Na Figura 1 deste capítulo, quando apresentamos a definição de PSS e os termos relacionados, percebemos que o termo servitização se destaca logo após o PSS. Esse termo foi criado por Vandermerwe e Rada (1988), antes mesmo da formalização do termo PSS. Hoje, é um consenso que este termo representa o processo de transformação de uma empresa para que ela se torne uma provedora de PSS. A servitização envolve, portanto, a inovação do modelo de negócio. Por este motivo, a próxima seção discute a relação entre esses conceitos.

[3] Procure na internet o caso do cargo que deixou de ser aplicado em várias cidades por falta de um retorno financeiro.

9.8 PSS, Servitização e Inovação em Modelo de Negócios

Servitização é o processo que cria valor adicional por meio da transformação de um modelo de negócio tradicional para um que oferte PSS (MARTINEZ *et al.*, 2010). Um modelo de negócio define os mecanismos de criação, entrega e captura de valor pela empresa (OSTERWALDER; PIGNEUR, 2010). A servitização implica alteração de um modelo de negócio existente para um novo (BAINES *et al.*, 2017; MARTÍN-PEÑA; PINILLOS; REYES, 2017), ou seja, a servitização está diretamente relacionada à inovação do modelo de negócio. Tal conceito envolve a criação de um modelo de negócio completamente novo ou o redesenho de um negócio existente em organizações já estabelecidas (BOCKEN *et al.*, 2014).

O desenvolvimento do PSS, por sua vez, também pode levar à inovação do modelo de negócio. A diferença entre servitização e desenvolvimento de PSS está no escopo desses processos. Se a organização não possuir a mentalidade e cultura de prover serviços, a transformação do modelo de negócio inicia-se com um processo de servitização visando criar sua primeira oferta de PSS. Dentro do contexto de Engenharia do Ciclo de Vida, o PSS resultante deve ser sustentável. Por isso, durante o seu desenvolvimento, devem ser utilizadas as estratégias, ferramentas e métodos de ecodesign (apresentados no Capítulo 8, deste livro). Além disso, deve-se avaliar qual o impacto do PSS ao longo da sua vida, ou seja, prever os impactos e procurar minimizá-los durante a fase de desenvolvimento. Uma forma de avaliar PSS em operação é utilizando a técnica de ACV: Avaliação do Ciclo de Vida voltada para o PSS (consultar o Capítulo 3 deste livro).

Toda transformação baseada na inovação do modelo de negócio deve estar inserida dentro do contexto de gerenciamento de mudanças (ver Figura 4), pois ela trata do fator mais determinante para o sucesso das transformações e, portanto, da servitização: as pessoas.

Em resumo, a servitização pode ser considerada como uma inovação do modelo de negócio. Como toda transformação, a servitização deve estar inserida no contexto do gerenciamento de mudanças. A servitização engloba o desenvolvimento do PSS e está focada na mudança de *mindset* e cultura de uma orientação ao produto para se tornar um provedor de PSS. Depois que a mudança de paradigma já está incorporada na cultura da organização, a criação de novos PSS em regime ocorre por meio do processo de desenvolvimento de PSS sustentável. O processo de desenvolvimento deve incorporar a abordagem de ecodesign e da avaliação do ciclo de vida.

Figura 4 • Visão conceitual do relacionamento entre gerenciamento de mudanças, inovação do modelo de negócio, servitização e desenvolvimento do PSS

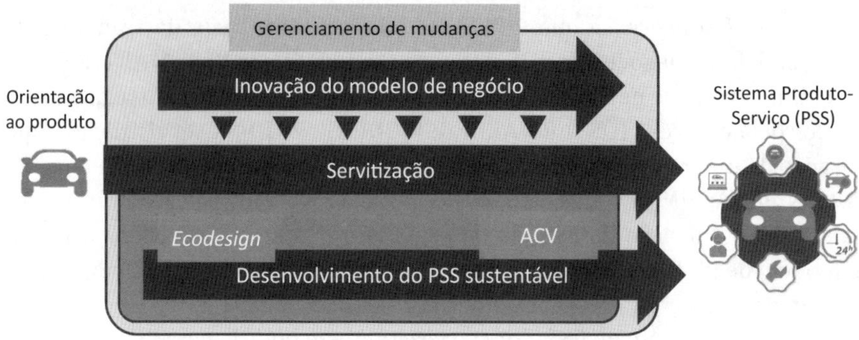

Fonte: Autores.

Após conhecermos a teoria de servitização e PSS, fica uma questão: como trilhar o caminho da servitização? Para responder a essa questão, apresentamos a seguir uma metodologia de servitização, a qual segue o conceito discutido nesta seção de integração das abordagens ilustradas na Figura 2.

9.9 Metodologia de Servitização

A metodologia de servitização tem por objetivo auxiliar empresas que desejam se transformar de fornecedoras de produtos em provedoras de PSS. Também pode ser utilizada para o desenvolvimento de um novo PSS dentro da organização. Como o próprio nome diz, trata-se de uma metodologia, ou seja, uma coleção de métodos. Os métodos dessa metodologia são organizados por atividades, as quais são agrupadas de acordo com um objetivo comum. As atividades da metodologia podem ser combinadas de diversas formas, dependendo das características do projeto de servitização a ser desenvolvido. Isso torna a metodologia flexível. As atividades selecionadas são associadas a método(s) mais apropriado(s) que também pode(m) ser selecionado(s).

Nesta seção, serão apresentadas as principais características e grupos de atividades que viabilizam a implementação da metodologia de servitização. Para mais detalhes, você pode acessar o conteúdo online da metodologia[4].

---

[4] A metodologia de servitização está disponibilizada online por meio do link: http://www.pdp.org.br/servmtd/ e é uma das metodologias derivadas da metodologia flexível de inovação (http://www.flexmethod4innovation.com.br/).

Os grupos de atividades estão representados na Figura 5, na qual é ilustrada a relação hierárquica entre eles. Uma breve explicação sobre cada grupo de atividades, seguindo o que foi proposto por Rozenfeld, Rosa e Fernandes (2018) e Rozenfeld *et al.* (2016), é oferecida logo a seguir.

Figura 5 • Perspectiva hierárquica da metodologia de servitização

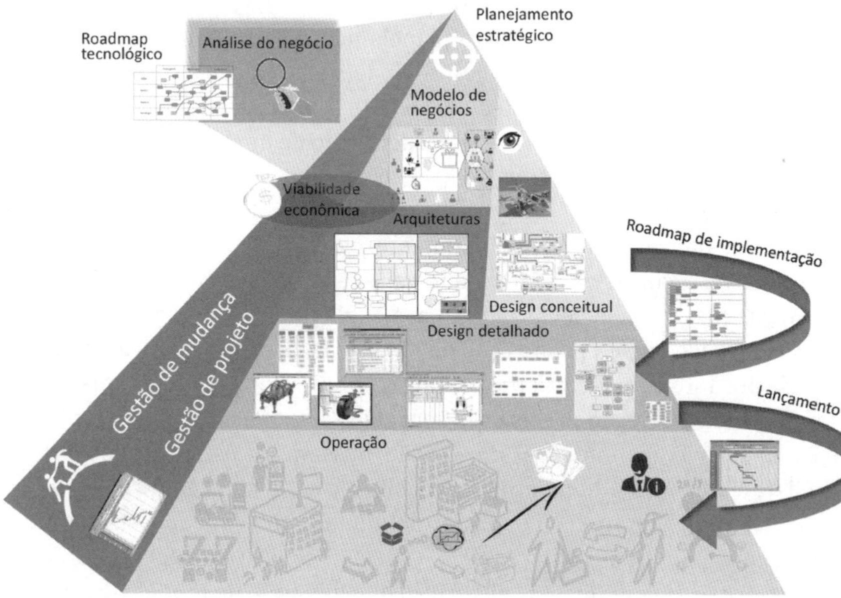

Fonte: Autores.

Na Figura 5, pode-se observar que os grupos de atividades estão colocados em dois planos. Em um plano, estão as atividades de gestão de mudança e de projeto, porque essas atividades permeiam todo o processo de servitização e se relacionam com todas as atividades.

A gestão de mudança cria as condições para preparar e motivar as pessoas que compõem a organização (assim como organizações parceiras) em relação à servitização. As atividades de gestão de mudança estão integradas com as atividades de gestão de projetos. Cada servitização pode ser considerada um projeto, apresentando início e fim bem estabelecidos. Assim, é necessário que esse projeto seja gerido de forma apropriada.

Agora são apresentados os grupos de atividades do outro plano da Figura 5.

A análise do negócio avalia os ambientes externo e interno do negócio atual da organização para identificar tendências e mapear a situação atual da empresa, assim como para entender outros aspectos importantes relacionados ao negócio, como cadeia de valor, mercado, concorrentes, tecnologia, legislação e *stakeholders*. A análise de negócio deve, preferencialmente, ser realizada de forma contínua por meio de processos de negócios paralelos, tais como: análise de mercado, inteligência de mercado, prospecção tecnológica, vigilância tecnológica e outros. Fornece subsídios para o planejamento estratégico e para a própria servitização. Uma boa prática é sintetizar as informações dessas análises em um *roadmap*, conhecido como *technology roadmap,* para inter-relacionar tecnologia, produto e mercado na escala de tempo.

No contexto desta metodologia, o planejamento estratégico envolve o estabelecimento de ações e objetivos organizacionais em relação à servitização. É no planejamento estratégico que se decide em trilhar pela servitização.

A proposição de valor envolve desde a definição de um segmento de mercado, identificação de quem são os *stakeholders*, assim como o entendimento de suas necessidades, desejos, dores, problemas, oportunidades de mercado e tecnológicas e barreiras de legislação. Adicionalmente, esse grupo de atividades também envolve o uso de técnicas de criatividade para criar proposições de valor de PSS, com base nas informações levantadas, para explicitar os benefícios a serem obtidos pelos *stakeholders*. A proposição de valor traz as características da solução (ofertas de produto e serviços) que diretamente entregam valor aos *stakeholders*. No entanto, toda a solução precisa ser concebida para permitir que os sistemas, serviços, entre outras dimensões da solução, possam ser estruturados (arquitetura) e detalhados (detalhamento). Essa concepção da solução é realizada pelo design conceitual. Ele ocorre como um detalhamento realizado em paralelo à proposição de valor, quando necessário. O design conceitual representa os produtos e serviços com um nível de abstração que não cabe no modelo de negócios, pois vão além dos *post-its*. Para a concepção dos serviços podem ser utilizados mapa de sistemas, *personas*, mapas de empatia, *journeys*, processos etc. Algumas representações são superpostas com a arquitetura do PSS. Quando adotamos o produto físico atual e desejamos somente adicionar os serviços à oferta do produto, o design conceitual do produto não ocorre, uma vez que ele já existe. No entanto, é preciso analisar se as características do produto atual são adequadas à servitização.

As atividades de definição dos principais elementos do modelo de negócio que criam, entregam e capturam valor partem da proposição de valor estabelecida anteriormente. Normalmente, as representações de modelo de negócio utilizadas (como o Canvas proposto por Osterwalder e Pigneur, 2010) incluem a proposição de valor. No caso da metodologia de servitização, a proposição de valor está separada, permitindo que possamos passar da proposição de valor diretamente para o design detalhado, quando não formos mudar o modelo de negócio. Os dois quadros usados para representar a proposição de valor e os demais elementos do modelo de negócio são complementares. O modelo de negócio pode ter vários níveis de abstração e o nível mais popularmente utilizado é apenas superficial. Em outras palavras, consideramos que a representação do modelo de negócios precisa de um nível mais detalhado de abstração (e não somente com *post-its)* para que a definição do PSS possa ser mais bem especificada, antes de se partir para o design detalhado de cada um dos elementos. Isso normalmente é realizado no desenvolvimento da arquitetura do PSS.

Durante o desenvolvimento de PSS, diversos artefatos, sendo eles tangíveis ou intangíveis, devem ser desenvolvidos. Por fazerem parte de uma solução sistêmica, tais artefatos não podem ser desenvolvidos de forma independente. A solução precisa ser observada sob a perspectiva de um sistema. A arquitetura do PSS é o elemento intermediário entre o conceito e o detalhamento para permitir que o desenvolvimento da solução seja gerenciado de uma forma integrada, como um sistema único. Ela pode ser vista como um divisor de águas no desenvolvimento. Até a arquitetura, a solução é sempre concebida como um sistema — um conceito onde o conjunto de artefatos supre as necessidades dos *stakeholders.* No entanto, durante o detalhamento, diferentes profissionais serão necessários para desenvolver cada artefato do PSS. Por exemplo, designers de serviços poderão desenhar em detalhes os serviços do PSS, enquanto programadores serão necessários para desenvolver o código dos softwares necessários no PSS, e engenheiros conceberão os hardwares que compõem o PSS. Nesse detalhamento, é necessário garantir que os artefatos não serão desenvolvidos de forma completamente independente, respeitando as interfaces e interações entre os artefatos que garantirão que a solução seguirá o conceito proposto (ROZENFELD *et al.*, 2018). A arquitetura do PSS representa os elementos da solução de forma interconectada, associando a eles suas funções. Caso a arquitetura da solução seja muito complexa (o que costuma ser o caso de soluções como um PSS), ela pode ser dividida em camadas, como produto, serviço, infraestrutura, entre outras possibilidades, de acordo com a solução em desenvolvimento.

A análise da viabilidade econômica visa avaliar as características econômicas e financeiras dos modelos de negócio criados, resultando em indicadores utilizados para tomadas de decisão. As informações de entrada básica para o estudo de viabilidade econômica são as informações iniciais que permitem estimar receitas e custos (que estão especificadas inicialmente no modelo de negócios) e evoluindo iterativamente conforme a solução é detalhada. A viabilidade econômica permite que possamos selecionar alternativas, otimizar ou simplesmente descontinuar o desenvolvimento do PSS. No caso de PSS, uma das grandes vantagens financeiras é obter receitas recorrentes. Porém, se o valor do ativo for muito elevado, inviabilizando sua implantação como PSS, deve ser cobrada uma taxa de instalação do PSS para compensar o valor imobilizado em ativos.

Uma solução do tipo PSS pode requerer muitas adaptações e mudanças em uma organização. Nem sempre essas mudanças são viáveis a curto prazo. Dessa forma, recomenda-se dividir a implementação da solução para que ela seja evolutiva, implementando uma versão simplificada (como um MVP: *Minimum Viable Product* — produto mínimo viável) o mais rápido possível para que ela possa ser testada. O *roadmap* de implementação representa os principais resultados que devem ser atingidos durante a servitização, demonstrando como a solução vai evoluir do MVP até a solução final.

As atividades de design detalhado envolvem o desenvolvimento em detalhe de todos os elementos que compõem o PSS. Nesse momento, o desenvolvimento dos elementos pode ser atribuído separadamente a profissionais especializados em cada tipo de tecnologia: software, hardware, processos, serviços, infraestrutura, entre outros. Esses profissionais realizarão o detalhamento e teste desses elementos, respeitando os requisitos de integração derivados da arquitetura para permitir que a solução final funcione como um sistema. Obviamente, artefatos já existentes não precisam passar por esse processo. Por exemplo, em um caso de servitização baseada em um produto pré-existente, as partes do produto não precisam ser detalhadas novamente (exceto possíveis modificações). O detalhamento fornecerá todas as informações necessárias para que a empresa implemente o PSS, incluindo processos de produção, prestação de serviços, entre outros.

As atividades de lançamento visam dar início à operação da cadeia de valor, o que envolve as aquisições finais, instalação de maquinário, treinamento de pessoal, estabelecimento das parcerias necessárias que ainda não foram definidas em etapas anteriores, homologação de processos, emissão das certificações necessárias, entre outros.

As atividades de operação envolvem as atividades necessárias durante o meio de vida (MOL) do PSS para garantir que a solução seja oferecida de forma apropriada, incluindo a melhoria contínua do PSS com base no feedback dos *stakeholders e a evolução da solução conforme o roadmap*. No final da vida do PSS serão acionadas as estratégias de fim de vida: reúso e remanufatura do produto, reciclagem, recuperação e descarte do material.

O BOL, MOL e EOL têm impactos econômicos, ambientais e sociais associados a eles e, assim como no ciclo de vida de um produto, é interessante prevê-los, medi-los e trabalhar para reduzir impactos negativos. Claramente, o PSS tem outras dimensões que precisam ser consideradas além do produto, como serviços, infraestrutura, entre outros, como já citado anteriormente. Assim, há técnicas adaptadas para a avaliação da sustentabilidade dessas soluções. Uma delas é o guia para avaliar a performance ambiental de PSS proposto pela Universidade da Dinamarca (KJAER *et al.*, 2017). No entanto, há diversas outras técnicas para avaliação da sustentabilidade de um PSS propostas na literatura, sendo geralmente baseadas no ACV e com foco principalmente nas dimensões econômica e ambiental (DOUALLE *et al.*, 2015). A principal diferença entre realizar o ACV para um produto puro e para um PSS é que, no caso de um PSS, os processos e sistemas de suporte precisam ser incluídos na análise complementarmente à análise do produto em si, dado que os serviços, processos e sistemas de suporte possuem fluxos de material e têm potencial para geração de impacto ambiental (KJAER *et al.*, 2017). Um ponto de atenção para a aplicação do ACV para o PSS é uma definição adequada do escopo a ser analisado e do nível de detalhe desejado, dado que a complexidade de um PSS combinado a um nível de detalhe excessivo pode levar à inviabilidade da análise (KJAER *et al.*, 2017).

Naturalmente, cada uma das fases da servitização possui desafios a serem superados. É difícil dizer quais etapas são mais desafiadoras, dado que isso é extremamente dependente do know-how que a empresa possui, de sua experiência prévia e do próprio PSS que está sendo desenvolvido. Uma empresa que conhece muito bem seus clientes, mantendo contato constante para feedback de suas soluções e para entender suas necessidades, terá muita facilidade na etapa de proposição de valor, enquanto uma empresa abordando um segmento de mercado completamente novo poderá desprender uma significativa quantidade de recursos e tempo para realizar a mesma tarefa. Da mesma forma, se o PSS é baseado em um produto de alta complexidade técnica (como a turbina de um avião, por exemplo) com serviços altamente complexos (como manutenção preditiva baseada em sensoriamento remoto), a definição da arquitetura e o detalhamento da solução desprenderão muito mais tempo e recursos do que um PSS com produtos e serviços de baixa complexidade (como provisão mensal de canetas para escritórios, baseada em uma demanda pré-definida). No entanto, um fator que é reforçado constantemente por empresas que provêm PSS é a necessidade de se estabelecer níveis de serviços atingíveis (será que é possível oferecer garantia de que uma máquina estará funcional em 99% do seu tempo útil?) e compatíveis com os riscos que se deseja assumir e com os lucros esperados. Estabelecer um bom contrato para a prestação de serviços possui um alto impacto no sucesso ou fracasso de um PSS e é uma tarefa que requer a aquisição de um bom entendimento de todos os fatores do modelo de negócio e um investimento de tempo de pessoas capacitadas com conhecimentos legais, tributários e técnicos.

9.10 Casos de PSS

A seguir, são apresentados casos reais de PSS existentes nos mercados brasileiro e global. Esses casos evoluem com o tempo, sendo que alguns são abandonados e outros acrescentam novos conceitos. Recomendamos então que você sempre se atualize sobre novos casos e versões dos casos apresentados. Em todos os casos apresentados, uma das grandes vantagens para o provedor do PSS são as receitas recorrentes, a fidelização do cliente e a possibilidade de atingir um mercado que antes não tinha a capacidade financeira de adquirir os produtos.

A Brastemp, fabricante brasileira de eletrodomésticos, oferece um serviço de assinatura de purificadores de água. As assinaturas variam de acordo com o tipo de purificador e suas funcionalidades. Inclui serviços online, em um programa de relacionamento para os assinantes.

A grande vantagem é que o cliente nunca mais precisa se preocupar com a manutenção do equipamento e a aquisição de um novo.

9.10.1 *Beepbeep*

A Beepbeep é uma startup paulista que oferece mobilidade por meio de carros 100% elétricos (atualmente, apenas carros Renault Zoe). Por meio de um aplicativo, o usuário pode encontrar e reservar um veículo. Os veículos devem ser retirados e retornados às estações da empresa, as quais se encontram distribuídas pela cidade. O pagamento pelo serviço é composto de uma taxa inicial somada a uma taxa adicional por minuto de uso.

Pessoas que não têm condições financeiras de comprar veículos obtém uma modalidade personalizada para casos especiais, combinando-a com o uso de empresas de transporte para o dia a dia.

9.10.2 *JBT Foodtech*

A JBT Foodtech é uma empresa subsidiária da JBT Corporation (multinacional americana) e é especializada em fabricar equipamentos para a indústria de processamento de alimentos. O produto, denominado Citrus Extrator, é o coração do sistema de processamento de críticos e é oferecido como um serviço. O modelo de negócio centra-se no fornecimento de soluções, que também incluem o armazenamento de frutas, o recebimento e manuseio, o processamento da polpa cítrica, o processamento de resíduos, entre outras. Durante a entressafra, os equipamentos passam pela manutenção preventiva. No final de vida, o equipamento é devolvido para a JBT, que o substitui por um "novo" que continua a entregar a função de processamento de cítricos para o cliente. O provedor recolhe o equipamento e o remanufatura, reaproveitando 80% do material.

Com essa solução, os clientes (produtores de suco de laranja) podem se preocupar com a essência do seu negócio. Eles também não precisam adquirir os equipamentos. A solução causa um menor impacto ambiental, pois a maior parte do material é reaproveitada.

9.10.3 *Meyer soluções em tecnologias de impressão*

A Meyer é uma empresa brasileira que atua no mercado B2B e oferece soluções inovadoras e contínuas na gestão de impressões. Ela oferece o serviço de impressão, sendo responsável pela entrega e instalação do equipamento, manutenção com suporte técnico especializado, entrega de peças e consumíveis e retirada de equipamentos. Em vez de vender os equipamentos de impressão, a empresa provê a locação dos produtos de forma customizada. Isso possibilita o melhor aproveitamento de recursos e a segurança da operação aos clientes (empresas que requerem o processamento de imagens, como clínicas médicas).

Pelo pagamento da taxa de uso, o cliente possui acesso a equipamentos sempre atualizados, sem ter de se preocupar com o fim de vida do equipamento. O provedor ganha fidelidade na compra dos consumíveis.

9.10.4 *Pay-per-lux — Philips*

A empresa Philips possui um modelo de negócio cuja proposição de valor é manter a iluminação de ambientes. Ofertando o produto como um serviço, a Philips é responsável por todo o serviço de iluminação, desde o design da solução, equipamentos, instalação, manutenção e atualizações durante a oferta do serviço. Os clientes pagam uma taxa pela contratação do serviço e pela iluminação consumida, e não mais pela aquisição de lâmpadas. Ao final do contrato, as lâmpadas podem retornar para o processo produtivo novamente. As matérias-primas são reutilizadas, otimizando a reciclagem e reduzindo desperdícios. O sistema de metrô em Washington (Estados Unidos) foi um dos primeiros a aderir a este modelo. Esse PSS é denominado pela Philips de "*light as a service*".

Essa solução diminui o custo de operação do cliente, que não precisa se preocupar em ter uma equipe de compras de lâmpadas e material elétrico associado. Essa solução minimiza o impacto ambiental, pois o provedor utiliza processos e produtos otimizados.

9.10.5 *VIGGA™*

A empresa VIGGA™ é uma empresa dinamarquesa que atua no setor de indústria têxtil. Essa empresa possui marcas de roupas para grávidas e crianças. Em vez de vender as roupas, a empresa fornece a possibilidade de arrendamento de roupas orgânicas para grávidas e para as crianças no tamanho certo. Dessa forma, os pais não necessitam mais comprar diferentes tamanhos de roupas para as crianças em fase de crescimento, evitando o desperdício de recursos e geração de lixo. A empresa é responsável por coletar as roupas usadas e prover um novo uso para outras grávidas e crianças. Para isso, a empresa realiza a checagem de qualidade e lavagem das roupas. Tal solução circular provê a economia de tempo para as mães, de dinheiro e de recursos.

O cliente tem acesso a uma quantidade maior de opções que ele teria se fosse adquirir o produto. A vida e utilização do produto também se estendem, pois mais de um cliente faz uso do produto. Isso tende a causar um menor impacto ambiental.

9.11 Considerações Finais

A aplicação prática do PSS não acompanha a evolução acadêmica. Embora existam muitas iniciativas de empresas que desejam prover ou já estejam provendo ofertas PSS, ainda há a predominância de empresas que estão estruturadas sob a lógica do modelo de negócio tradicional. As maiores barreiras estão na dificuldade de justificativa financeira e no *mindset* voltado ao paradigma de posse do produto, tanto da perspectiva do provedor como do cliente. O PSS é uma tendência. Ao mesmo tempo, observa-se que não é uma "panaceia" que vai conduzir as empresas para um novo patamar de competitividade.

A gestão de mudança pode auxiliar na incorporação de novas habilidades, capacidades e comportamentos para os indivíduos dentro da organização em prol de um desenvolvimento integrado, seja internamente ou entre outras empresas na cadeia de valor. Além disso, é necessário ter uma nova abordagem de comunicação e envolvimento com os clientes, que estão acostumados a ter a posse dos produtos e não pagar pelos serviços.

Pode-se destacar a importância da definição da proposição de valor, que contém as ofertas de produto e serviço, pois se deve considerar a cocriação de valor entre o provedor e o cliente, assim como toda a articulação da cadeia de valor na oferta do PSS. Além disso, a proposição de valor precisa explicitar quais os benefícios para os *stakeholders* e, em especial, para os clientes. O foco no valor é mais reforçado nos estágios iniciais de desenvolvimento de um PSS. Porém, deve-se ter em mente que o valor real de um PSS é percebido pelos *stakeholders*, e não somente pelos clientes, principalmente no design de um PSS sustentável, onde os requisitos de legislações, os fatores ambientais e as comunidades devem ser considerados.

No detalhamento, depois de definida a arquitetura, pode-se trabalhar de forma separada em cada uma das tecnologias e elementos do PSS, tais como: no hardware, nos componentes eletroeletrônicos, mecânicos, software, especificação dos serviços etc. Mas até chegar nessa fase, as representações utilizadas no design do PSS e a visão devem integrar produtos, serviços e infraestrutura necessária. Logicamente, os atores e suas responsabilidades fazem parte dessa visão holística do design do PSS.

Deve-se também enfatizar o termo "sistema" do PSS. Ele compreende toda a infraestrutura e a cadeia de valor como um todo. Como em muitos casos ocorre a cocriação de valor entre provedor, parceiros, clientes e demais *stakeholders*, o design do PSS abrange a especificação de todas as organizações envolvidas na oferta e captura de valor, bem como a configuração de integração entre elas. Isso requer novas mentalidades para quem desenvolve e uma integração maior entre os atores da cadeia de valor. Temos de nos colocar no "lugar do outro". Métodos de empatia são imprescindíveis neste processo. Neste contexto, serviços de consultoria, de design, de cálculo do custo de propriedade e operação para os clientes pode ser um grande diferencial competitivo para quem oferta PSS. De certa forma, o provedor precisaria "desenhar" também os modelos de negócio dos clientes e parceiros para distribuir responsabilidades e ganhos. Afinal, um desenvolvimento integrado requer compromisso e compartilhamento de riscos e benefícios no novo ecossistema.

E a sustentabilidade? Essa é uma questão essencial em países avançados e começa a entrar na ordem do dia nos países em desenvolvimento. Embora o desenvolvimento sustentável seja uma necessidade diante das alterações climáticas e impactos sociais, a prática orientada à sustentabilidade nos países em desenvolvimento ainda é mais decorrente da pressão internacional, da legislação e da sociedade do que da mentalidade das pessoas envolvidas no processo de servitização. Mais uma vez, destaca-se a importância da evolução de mentalidade (*mindset*) rumo ao desenvolvimento de um PSS que considere os aspectos ambientais, sociais e econômicos. A abordagem de servitização/PSS é considerada uma das estratégias da economia circular e da Engenharia & Gestão do Ciclo de Vida.

Existem várias iniciativas de PSS sustentável, mas essa prática ainda não está disseminada. Mesmo porque o PSS pode provocar um efeito rebote em usuários que não estariam interessados em um menor impacto ambiental ou social de uma oferta de PSS, mas que se interessariam pelos benefícios financeiros e facilidades proporcionadas. Efeito rebote significa que os usuários de um PSS poderão ter mais recursos disponíveis, que podem ser utilizados em atividades que causam maior impacto ambiental. Isso pode fazer com que os novos produtos adquiridos (e, portanto, com todos os impactos relacionados) piorem os impactos ambientais e sociais. Do ponto de vista do provedor, a perspectiva financeira ainda é a condição básica para se adotar o PSS na maioria dos casos.

Um aspecto importante é considerar as diferenças regionais. Não se pode desenvolver as mesmas atividades de servitização em países avançados, que geralmente possuem uma indústria de manufatura consolidada, e em países em desenvolvimento, cuja capacidade de negócio pode ainda estar em desenvolvimento. Outro fator é a diferença entre as legislações fiscais. Conhecemos alguns fornecedores de PSS que não usam este termo, pois hoje eles alugam os equipamentos como forma de receita. Dizem que, se chamassem de PSS, correriam o risco de pagar impostos sobre os serviços, o que não ocorre com o aluguel. Esses fatores mostram a importância de se oferecer metodologias flexíveis, que podem ser ajustadas para cada caso de servitização.

Conseguir prototipar o PSS logo nas fases iniciais do desenvolvimento, principalmente os serviços, é algo ainda a ser mais investigado para se poder apoiar o design do PSS. Este fato está relacionado à característica de intangibilidade dos serviços. Há abordagens que apoiam a prototipagem do produto, como um bem tangível. Mas esforços devem ser despendidos para o desenvolvimento de técnicas que apoiem a prototipagem de serviços quando integrados aos produtos.

O desafio de se realizar a viabilidade econômica do PSS dentro de uma nova lógica, mais ampla e holística, deve passar pela definição de novos métodos de avaliação. Os métodos tradicionais de viabilidade econômica não são suficientes para apoiar a tomada de decisão de se desenvolver ou não um PSS. Mais do que isso, além de se definir o valor econômico do PSS, também é preciso investir em métodos que avaliem os valores intangíveis que a oferta PSS pode proporcionar aos *stakeholders*, convertendo-os em unidades quantificáveis que mostrem como os benefícios podem impactar o retorno financeiro para o negócio.

A digitalização da manufatura e dos produtos, permitindo que eles possam ser monitorados durante todo o seu ciclo de vida, com ênfase na fase de uso/operação, traz novos desafios para o design do PSS. Na Quarta Revolução Industrial, conhecida como Indústria 4.0, existem muitos conceitos e ofertas de tecnologia que podem ser utilizados para o desenvolvimento e operacionalização do PSS de forma mais interativa e inteligente. Durante o desenvolvimento de um PSS, deve-se conhecer as soluções tecnológicas já existentes e o seu potencial para agregar valor para aos *stakeholders* de um PSS. O uso de análise de dados (*analytics*) para conhecer o padrão comportamental dos clientes e extrair diretrizes para balizar novos desenvolvimentos é uma oportunidade ainda pouco explorada dentro do contexto de servitização.

Incorporar novas abordagens comprovadas na prática ao design do PSS é importante para se conseguir a sinergia entre melhores práticas de gestão. Em especial, incorporar essa abordagem à gestão do ciclo de vida é primordial para que se consiga obter os benefícios esperados, causando-se os menores impactos ambientais e sociais possíveis, ao mesmo tempo que garanta saúde financeira às organizações envolvidas ao longo da cadeia de valor.

9.12 Exercícios Propostos

Caso Beta, máquinas de impressão: Beta é uma empresa brasileira que desenvolve, manufatura e vende máquinas de impressão de diferentes tipos, incluindo a

Beta Print H54. A Beta Print H54 é uma impressora digital muito utilizada por agências de marketing e lojas de fotografia. Pode imprimir diferentes tamanhos de papel e aceita diferentes tipos de papel. Além da máquina, a empresa também oferece serviços de manutenção e assistência técnica. No último ano, houve uma queda exponencial no número de vendas que vem se repetindo nos últimos meses. O Marketing da empresa fez uma pesquisa de mercado para entender o que vem acontecendo e recebeu feedbacks de seus clientes:

- "A máquina é cara e possui mais funcionalidades do que precisamos" — fotógrafo autônomo.
- "A manutenção é demorada e perdemos clientes com a máquina parada" — loja de fotografia.
- "A manutenção é cara" — agência de marketing.
- "Amamos a máquina, inclusive se não fosse tão cara, poderíamos ter várias máquinas e aumentar a nossa venda. Os clientes nos procuram e não conseguimos atender".
- "Já tivemos a máquina, mas tivemos que vender, a manutenção é muito cara. Agora somos obrigados a terceirizar o serviço, o que nem sempre é bom em questão de qualidade" — fotógrafo.

Por coincidência, o gerente de novos negócios acabou de participar de um congresso de desenvolvimento de produtos cujo tema era "Sistemas produto-serviço" e aprendeu mais sobre servitização. Juntou sua equipe e decidiram estudar a possibilidade de servitizar a Beta Print H54. Você ficou encarregado de:

Questão 1. Criar um mapa de *stakeholders*: Quem seriam as partes interessadas no caso de servitização da Beta Print H54? Pense em todos os envolvidos que de alguma forma participam da solução: os clientes, potenciais parceiros, agências de regulação, usuários etc. Utilize o modelo abaixo e distribua os *stakeholders* de acordo com seu grau de importância e impacto na solução.

Fonte: Autores.

Questão 2. Escolha um *stakeholder* do exercício anterior e liste os principais problemas que ele enfrenta, quais as necessidades que ele possui e quais seus principais desejos relacionados à máquina de impressão de fotos. Depois, imagine uma solução que possa resolver esses problemas e atender às necessidades e desejos e crie uma oferta que integre produtos e serviços.

Questão 3. Descreva todo o ciclo de vida da solução, considerando alternativas sustentáveis para a solução criada anteriormente.

Questão 4. Verificar o que precisa acontecer durante o desenvolvimento da solução, para que a solução seja ambientalmente sustentável, pensando em todo o seu ciclo de vida.

Leia a descrição do caso do serviço de lavagem de panos de limpeza pesada *Tex* para responder às próximas três questões de análise do caso.

A Tex — Gestão de panos industriais é uma empresa que oferece panos de limpeza pesada para indústrias, plantas de impressão e lojas de reparo. O sistema de serviço inclui a provisão dos panos e, após o uso, lavagem e reposição. Após o uso dos panos, estes são depositados em containers específicos para os panos sujos. A Tex retira os panos sujos em determinados períodos especificados em contrato, lava-os e os retorna para os clientes. Cada pano realiza esse ciclo 50 vezes. Apesar de existir no mercado panos de limpeza com preços baixos, o aumento do preço de descarte deste tipo de material com sujeiras pesadas tem tornado o serviço da Tex uma alternativa atrativa. A empresa utiliza os próprios solventes presentes nos panos no processo de lavagem dos panos e a água é reutilizada diversas vezes em estágios de lavagem e secagem. Ainda, o óleo presente na água de descarte é utilizado para gerar energia na planta da Tex. Veja o ciclo do serviço oferecido pela Tex na Figura 6.

Figura 6 • Sistema de Serviço Tex

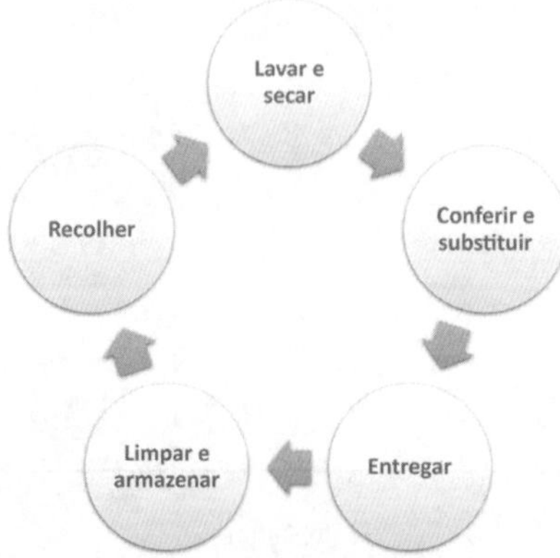

Fonte: Autores.

Questão 5. Faça considerações a respeito do modelo de negócio do PSS. Classifique o PSS apresentado e descreva as características do caso que justifiquem as escolhas. Apresente os benefícios que o cliente adquire ao utilizar a solução apresentada.

Questão 6. Analise o caso quanto às vantagens da oferta do PSS no lugar da venda do produto. Faça uma análise do caso dos pontos de vista social, ambiental e econômico.

Questão 7. Descreva os principais benefícios e barreiras da implementação de um PSS (para o provedor) para os dois casos dos exercícios anteriores.

Questão 8. Sistemas produto-serviço são ótimas alternativas para a redução do consumo e são vistos muitas vezes como alternativas sustentáveis. No entanto, nem sempre essa premissa é verdadeira. Veja o caso fictício a seguir, em que o consumo se torna até maior que no caso de venda do produto:

> "Uma empresa de telefonia vende os serviços de comunicação na forma de pacotes de ligação, dados de internet e de mensagens, com isso oferece aos seus clientes aparelhos de celular novos, renováveis a todo ano, ou seja, o cliente assina um plano com a operadora e todo ano pode trocar por um aparelho mais novo."

Descreva qual o problema e sugira soluções baseadas em todo o ciclo de vida da solução.

Questão 9. Baseado no seu dia a dia, pense em um problema que você tem que poderia ser resolvido com uma solução de PSS. Proponha uma solução, pense na proposição de valor, no modelo de negócios e em todo o seu ciclo de vida.

GABARITO

Questão 1.

Resposta: Exemplos de possíveis *stakeholders*:

Agências de publicidade.

Fotógrafo.

Estúdio de fotografia

Concorrentes.

Clientes (compradores de fotos).

Parceiros de desenvolvimento.

Questão 2.

Resposta: Exemplo: Fotógrafos

Dor: não tem dinheiro para comprar a máquina de impressão/paga-se caro pela terceirização do serviço.

Necessidade: precisa imprimir com qualidade seus álbuns.

Desejo: ter sua própria máquina de impressão.

Solução: Serviço: Oferecer um serviço de impressão para o fotógrafo: PSS orientado ao uso. O fotógrafo paga por quanto usa. Pode ser necessário acrescentar uma taxa de adesão ou formular um contrato fixo mensal. Os serviços de manutenção são responsabilidade do provedor (BETA), que deve garantir as impressões para o fotógrafo. Produto: A máquina de impressão terá de mudar seu desenvolvimento. Pode ser modular e customizável: para o fotógrafo, apenas impressões nos tamanhos e papéis de foto. Além disso, serão instalados sensores e tecnologias de IOT para controlar o uso e poder cobrar apropriadamente.

Questão 3.

Resposta: BOL: Desenvolvimento sustentável/produto robusto. Criar mecanismos para aumentar o uso e reduzir as necessidades de manutenção. Desenvolver tecnologias de IOT.

MOL: Oferecer treinamentos de uso, manutenção.

EOL: Retirar o produto do cliente após o fim do contrato e redirecionar para outro cliente. Ao fim de vida do produto, remanufaturá-lo ou procurar alternativas para o melhor descarte: por exemplo, reúso em outro setor, aproveitamento de peças etc.

Questão 4.

Resposta: A solução desenvolvida precisa incluir: produtos mais robustos e econômicos no uso de matéria-prima, uso de tintas livres de solventes potencialmente perigosos, papéis recicláveis etc. A empresa deve fornecer serviços que melhorem o uso de forma a evitar desperdícios. Ainda, deve se preocupar com o fim de vida, planejar remanufatura, uso de partes, reciclagem etc.

Questão 5.

Resposta: O serviço oferece maior valor ao cliente: Na classificação do Tukker (2004), este PSS é orientado ao uso, onde o provedor do serviço fornece panos limpos para a limpeza industrial e cuida de todo o processo de limpeza e descarte dos panos usados. O cliente não precisa se preocupar com a lavagem ou a destinação dos panos e sempre tem panos limpos disponíveis para uso.

Questão 6.

Resposta: Benefícios ambientais, econômicos e sociais.

Os solventes presentes nos panos são utilizados no processo de limpeza, enquanto a água e a energia são reutilizadas diversas vezes nos estágios de lavagem e secagem. Os óleos residuais do descarte da água de lavagem são utilizados para gerar energia para a planta da Tex.

No caso da venda dos panos, se o cliente se preocupasse em lavar, provavelmente não haveria a preocupação com a disposição dos resíduos. Ainda de acordo com a descrição do caso, há um aumento do custo para o descarte desses panos.

Se a planta produz sua própria energia, pode não precisar de energia externa (de acordo com o site, a planta de Viena já não utiliza mais energia externa). A água residual é tratada na planta e pode ser descartada no esgoto comum. O sistema de lavagem dos panos é circular.

Questão 7.

Resposta:

Caso	*Benefícios*	*Barreiras*
Beta Print H54	*Aumento do número de clientes* *Receita recorrente* *Desenvolvimento de produtos mais robustos* *Redução de manutenção* *Confiança com o cliente*	*Investimento alto nos ativos* *Grandes clientes podem querer manter a posse do produto*
Tex - lavagem de panos de limpeza industrial	*Redução de impacto ambiental* *Receita recorrente* *Produção de energia*	*Alto investimento na infraestrutura do processo de lavagem* *Preço baixo na compra dos panos* *Requer regulamentação ambiental rígida para o descarte dos panos sujos*

Questão 8.

Resposta:

Problema: Trocando todo ano o aparelho, aumenta o consumo, que caso a comercialização fosse no formato de compra não ocorreria, já que o custo para a compra de um novo aparelho é alto.

Solução: Trocar o celular sem custo algum, quando ele parar de funcionar, e cobrar uma taxa para a troca anual — desincentivar a troca anual. Trocar todo ano e criar planos mais baratos para os aparelhos com 1 ano de uso.

Questão 9.

Resposta: A atividade pode ser realizada em grupo e na forma de trabalho.

Referências

ALONSO-RASGADO, T.; THOMPSON, G.; ELFSTRÖM, B. The design of functional (total care) products. *Journal of engineering design*, v. 15, n. 6, p. 515-540, 2004.

ANNARELLI, A.; BATTISTELLA, C.; NONINO, F. Product-service system: a conceptual framework from a systematic review. *Journal of Cleaner Production*, v. 139, p. 1011-1032, 2016.

BACCHETTI, E.; VEZZOLI, C.; LANDONI, P. Sustainable product-service system (S. PSS) applied to distributed renewable energy (DRE) in low and middle-income contexts: a case studies analysis. *Procedia CIRP*, v. 47, p. 442-447, 2016.

BAINES, T. *et al.* State-of-the-art in product-service systems. *Proceedings of the Institution of Mechanical Engineers, Part B: journal of engineering manufacture*, v. 221, n. 10, p. 1543-1552, 2007.

BAINES, T. S. *et al.* Servitization: revisiting the state-of-the-art and research priorities. *International Journal of Operations & Production Management*, v. 37, n. 2, p. 256-278, 2017.

BARQUET, A. P. B. *et al.* Employing the business model concept to support the adoption of product-service systems (PSS). *Industrial Marketing Management*, v. 42, n. 5, p. 693-704, 2013.

BARQUET, A. P.; SEIDEL, J.; SELIGER, G.; KOHL, H. Sustainability factors for PSS business models. *Procedia CIRP*, v. 47, p. 436-441, 2016.

BARQUET, A. P. *et al.* Sustainable product-service systems–from concept creation to the detailing of a business model for a bicycle sharing system in Berlin. *Procedia CIRP*, v. 40, p. 524-529, 2016.

BOCKEN *et al.* A literature and practice review to identify Sustainable Business Model Element Archetypes. *Journal of Cleaner Production*, v. 65, p. 42-56, 2014.

BOEHM, M.; THOMAS, O. Looking beyond the rim of one's teacup: A multidisciplinary literature review of product-service systems in information systems, business management, and engineering & design. *Journal of Cleaner Production*, v. 51, p. 245-260, 2013.

CAVALIERI, S.; PEZZOTTA, G. Product-service systems engineering: state of the art and research challenges. *Computers in Industry*, v. 63, n. 4, p. 278-288, 2012.

COOK, M.; BHAMRA, T. A.; LEMON, M. The transfer and application of product-service systems: from academia to UK manufacturing firms. *Journal of Cleaner Production*, v. 14, n. 17, p. 1455-1465, 2006.

ELKINGTON, J. *Cannibals with forks:* the triple bottom line of sustainability. Gabriola Island: Capstone Publishing, 1997.

ELKINGTON, J. 25 years Ago I coined the Phrase "triple bottom line". Here's why it's time to rethink it, *Harvard Business Review*, v. 25, p. 2-5, 2018.

GAIARDELLI, P. *et al.* A classification model for product-service offerings. *Journal of Cleaner Production*, v. 66, p. 507-519, 2014.

GEISSDOERFER, M. *et al.* The circular economy – a new sustainability paradigm? *Journal of Cleaner Production*, v. 143, p. 757-768, 2017.

GEISSDOERFER, M.; VLADIMIROVA, D.; EVANS, S. Sustainable business model innovation: A review. *Journal of Cleaner Production*, v. 198, p. 401-416, 2018b.

GEISSDOERFER, M. *et al.* Business models and supply chains for the circular economy. *Journal of Cleaner Production*, v. 190, p. 712-721, 2018.

GOEDKOOP, M. J. *et al.* Product-service systems, ecological and economic basics. *The Hague*, NE: Ministry of Housing, Spatial Planning, and the Environment Communications Directorate, 1999.

HALEN, C. VAN; VEZZOLI, C.; WIMMER, R. Methodology for Product-Service System Innovation: How to Develop Clean, Clever and Competitive Strategies in Companies, 2005.

HOJNIK, J. The servitization of industry: EU law implications and challenges. *Common Market Law Review*, v. 53, n. 6, p. 1575-1623, 2016.

LIGHTFOOT, H.; BAINES, T.; SMART, P. The servitization of manufacturing: A systematic literature review of interdependent trends. *International Journal of Operations & Production Management, v.* 33, n. 11/12, p. 1408-1434, 2013.

MANZINI, E.; VEZZOLI, C.; CLARK, G. Product-service systems: using an existing concept as a new approach to sustainability. *Journal of Design Research*, v. 1, n. 2, p. 27-40, 2001.

MANZINI, E.; VEZZOLI, C. A. *Product-service systems and sustainability: Opportunities for sustainable solutions.* UNEP – United Nations Environment Programme, 2002.

MARTÍN-PEÑA, M. L.; PINILLOS, M. J.; REYES, L. E. The intellectual basis of servitization: A bibliometric analysis. *Journal of Engineering and* Technology Management – JET-M, v. 43, p. 83-97, 2017.

MARTINEZ, V. *et al.* Challenges in transforming manufacturing organisations into product-service providers. *Journal of Manufacturing Technology Manag*ement, v. 21, n. 4, p. 449-469, 2010.

MATSCHEWSKY, J.; KAMBANOU, M. L.; SAKAO, T. Designing and providing integrated product-service systems – challenges, opportunities and solutions resulting from prescriptive approaches in two industrial companies. *International Journal of Production Research,* v. 7543, n. June, p. 1-19, 2017.

MEIER, H; ROY, R; SELIGER, G. Industrial product-service systems – IPS2. *CIRP Annals – Manufacturing Technology,* v. 59; p. 607-627, 2010.

MONT, O. Clarifying the concept of product-service system. *Journal of Cleaner Production,* v. 10, p. 237-245, 2002.

MONT, O; LINDHQVIST, T. The role of public policy in advancement of product-service systems. *Journal of Cleaner Production,* v. 11, n. 8, p. 905-914, 2003.

MOUGAARD, K. *A framework for conceptualisation of PSS solutions: On network-based development models.* Thesis. Technical University of Denamark, 2015.

ODM, Os Objetivos de Desenvolvimento do Milênio. Disponível em: http://www.odmbrasil.gov.br/os-objetivos-de-desenvolvimento-do-milenio. Acesso em: Dez. 2018.

OSTERWALDER, A.; PIGNEUR, Y. *Business model generation: a handbook for visionaries, game changers, and challengers.* John Wiley & Sons, 2010.

PARK, Y.; GEUM, Y.; LEE, H. Toward integration of products and services: Taxonomy and typology. *Journal of Engineering and Technology Management – JET-M,* v. 29, n. 4, p. 528-545, 2012.

PEZZOTTA, G.; CAVALIERI, S.; GAIARDELLI, P. A spiral process model to engineer a product-service system: an explorative analysis through case studies. *CIRP Journal of Manufacturing Science and Technology,* v. 5, n. 3, p. 214-225, 2012.

PIERONI, M. de P. *Proposal of a Business Process Architecture (BPA) Development Method for supporting the transition of manufacturing companies into Product-Service System (PSS) providers.* 2017. Tese de Doutorado. Universidade de São Paulo.

REIM, W.; PARIDA, V.; ÖRTQVIST, D. Product-Service Systems (PSS) business models and tactics–a systematic literature review. *Journal of Cleaner Production*, v. 97, p. 61-75, 2015.

ROY, R. Sustainable product-service systems. *Futures* – Sustainable Futures, v. 44, n. Sustainable Futures, p. 289-299, 2000.

ROZENFELD, H.; COSTA, J. M. H.; MARQUES, C. A. N.; PIERONI, M.; ROSA, M. Novos desafios para as empresas e seus projetos: servitização ou sistemas produto-serviço? *MUNDOPM*, Curitiba, v. 1, p. 61-71, 2016.

ROZENFELD, H.; ROSA, M.; FERNANDES, S. C. Servitization methodology: PSS design, change management, or business model innovation? *In: 23º Seminário Internacional de Alta Tecnologia*, Piracicaba. Desenvolvimento de produtos inteligentes: desafios e novos requisitos. Piracicaba: UNIMEP, v. 1. p. 50-70, 2018.

SLAPER, T. F.; HALL, T. J. The triple bottom line: What is it and how does it work. *Indiana business review*, v. 86, n. 1, p. 4-8, 2011.

TAN, A. R. Service-oriented product development strategies. Thesis. *Danmarks Tekniske Universitet. DTU Management, DTU Management Engineering*, 2010.

TAN, A. R. *et al.* Strategies for designing and developing services for manufacturing firms. *CIRP Journal of Manufacturing Science and Technology*, v. 3, n. 2, p. 90-97, 2010.

TUKKER, A. Eight types of product-service system: eight ways to sustainability? Experiences from SusProNet. *Business Strategy and the Environment*, v. 13, n. 4, p. 246-260, 2004.

VANDERMERWE, S.; RADA, J. Servitization of business: adding value by adding services. *European Management Journal*, v. 6, n. 4, p. 314-324, 1988.

VEZZOLI, C. *et al.* Sistema produto + serviço sustentável: fundamentos, 2018.

UNITED NATIONS. Report of the World Commission on Environment and Development: Our Common Future, 1987. Acesso em: 03 mar. 2019.

WANG, P. P. *et al.* Status review and research strategies on product-service systems. *International Journal of Production Research*, v. 49, n. 22, p. 6863-6883, 2011.

ZANCUL, E. de S. *et al.* Business process support for IoT based product-service systems (PSS). *Business Process Management Journal*, v. 22, n. 2, p. 305-323, 2016.

CAPÍTULO

10

Sustentabilidade Corporativa – definindo Estratégias e Modelos de Negócio a partir da Economia Circular

Prof. Dr. Fabio Neves Puglieri

Universidade Tecnológica Federal do Paraná – UTFPR
Departamento Acadêmico de Engenharia de Produção
Campus Ponta Grossa. Rua Dr. Washington Subtil Chueire, 330 – Jardim Carvalho
84017-220, Ponta Grossa-PR/Brasil

Dr. Diego Rodrigues Iritani

Upcycle
Rua Maria Lucinda, 141, apto 12 – Vila Zanardi
07090-160, Guarulhos-SP/Brasil

10 Sustentabilidade Corporativa

10.1 Introdução

Como todas as áreas de conhecimento, a gestão ambiental passou por um processo de evolução nas últimas décadas. É possível inclusive dizer que esse processo de nascimento das preocupações ambientais por parte dos negócios até o que temos hoje como o estado-da-arte em gestão ambiental é relativamente jovem quando comparado às outras áreas.

Fazendo um breve histórico, diversos autores, entre eles Hoffman (2000) e Barbieri (2016), apontam que, em nível global, até o início da década de 1970, as organizações adotavam uma postura nula em relação à questão ambiental. Isso significava que não havia quaisquer preocupações por parte das organizações em relação aos seus aspectos e impactos ambientais.

Esse cenário começou a se transformar, ainda na década de 1970, inicialmente impulsionado por mudanças no ambiente político e acadêmico, isto é, discussões e decisões tomadas por governantes, pesquisadores e outros membros da sociedade. Alguns dos principais resultados disso foram a criação do Programa das Nações Unidas para o Meio Ambiente (PNUMA) e o relatório Meadows, ambos em 1972. Como reflexo, diversos países assumiram compromissos diversos em relação ao meio ambiente e ao desenvolvimento econômico. A consequência desses acordos, em especial aqueles firmados na Conferência das Nações Unidas sobre o Meio Ambiente Humano, em Estocolmo, em 1972, foi o surgimento das primeiras legislações ambientais e, de forma a cumprir com os compromissos, os países passaram a estabelecer limites de emissões, sob forma de leis, que passaram a ser de cumprimento, em especial, das empresas.

De modo a cumprir com as legislações ambientais, as empresas passaram a adotar as primeiras práticas de gestão ambiental, chamadas de práticas reativas ou fim de tubo. Como o próprio nome sugere, essas práticas se baseiam nas empresas reagirem às primeiras leis ambientais, buscando atuar nos impactos ambientais que causavam, como a poluição do ar e das águas pelo lançamento de gases e efluentes, respectivamente. A forma de atuação baseou-se no uso de filtros em chaminés para reter parte do material particulado que era lançado na atmosfera, ou mesmo estações de tratamento de efluentes e diluição para amenizar o grau de severidade ao meio ambiente. Como resultado, o benefício ambiental por muitas vezes era pequeno, enquanto os custos operacionais da empresa aumentavam por conta da necessidade de tratar dos agentes poluentes.

No entanto, a partir da década de 1980, além do governo com legislações ter se tornado mais rigoroso, outros atores passaram a pressionar pelo bom desempenho ambiental das empresas, como Organizações Não Governamentais (ONGs), comunidades e os clientes. Isso ocorreu, entre outras coisas, em razão da maior difusão das questões ambientais na sociedade e suas consequências na vida das pessoas.

Apenas como um exemplo ilustrativo, foi em 1986 que ocorreu o desastre de Chernobyl, que repercutiu de forma bastante negativa na mídia naquela época, em especial na sociedade, sobre os impactos ambientais em relação à energia nuclear. Somando a isso os altos custos de tratamento das práticas de fim de tubo adotadas na década anterior, algumas empresas decidiram por iniciar a busca por alternativas de práticas que fossem menos custosas e ambientalmente mais eficientes. Nesse instante, verificaram que uma boa alternativa seria atuar em melhorias das atividades potencialmente causadoras de impactos ambientais, ou seja, nos aspectos ambientais de seus processos, produtos e serviços.

Isso ficou conhecido como posicionamento preventivo, sendo alguns exemplos de práticas que podem ser citados, os 3Rs (Redução, Reúso e Reciclagem), alinhadas a sistemas de gestão ambiental e também a outros programas ambientais, como a Prevenção à Poluição e a Produção mais Limpa que pode ser consultada no Capítulo 2. Os resultados foram melhorias de processos de produção, modificações em produtos, introdução de novas tecnologias de fabricação e desenvolvimento organizacional, que proporcionaram não somente a melhoria ambiental das operações, redução de custos operacionais e maior eficiência produtiva, mas também uma melhor relação com os *stakeholders.*

Mais recentemente, a partir da década de 1990, algumas empresas conseguiram ir além e adotar práticas em seus negócios que permitem a criação de valor e vantagens competitivas[1], configurando um novo momento na história da gestão ambiental na empresa, que é a postura proativa ou estratégica. Como exemplo, é possível citar a ecoinovação em produtos, processos e modelos de negócio.

1 Vantagem obtida pela empresa em relação aos concorrentes, diferenciando-a. É um resultado de uma estratégia competitiva, e caracteriza-se por ser de difícil imitação.

A mudança de postura empresarial ao incorporar essas questões em decisões estratégicas, com objetivo de criar valor e vantagens competitivas de longo prazo, representou também uma mudança em relação aos atores do negócio que estavam envolvidos até então com a sustentabilidade ambiental. O que até então eram atribuições dos engenheiros e gestores cujas atividades envolviam, direta ou indiretamente, o desempenho ambiental da organização, passou a ser considerado elemento fundamental das decisões da alta administração, isto é, de diretores, presidentes e acionistas majoritários. Em outras palavras, a dimensão ambiental (além da social, não discutida aqui) do negócio passou também a guiar decisões no nível corporativo. Essas abordagens de tomada de decisão e de gestão corporativa serão desenvolvidas no presente capítulo, chamado de Sustentabilidade Corporativa[2].

Estratégias de Sustentabilidade Corporativa estão intimamente relacionadas com o conceito de Pensamento do ciclo de vida (PCV), do inglês *Life Cycle Thinking*, previamente introduzido no Capítulo 1. Esse conceito envolve a ampliação da percepção do negócio de que seus impactos ambientais não estão limitados a ocorrer somente dentro dos limites físicos da empresa. Isto é, também é de responsabilidade dos tomadores de decisão considerar a busca de matérias-primas e componentes com melhor desempenho ambiental, minimizar impactos ambientais na fase de uso e transporte e pensar em soluções relacionadas ao fim de vida dos produtos. Estratégias de sustentabilidade ambiental a partir do pensamento de ciclo de vida podem gerar modelos de negócio sustentáveis, que são baseados em ecoinovação e economia circular. A ecoinovação trata do desenvolvimento e aplicação de um modelo de negócio, que surge a partir de uma estratégia de negócio, e que incorpora a sustentabilidade em todas as suas operações. Por ser baseada no pensamento de ciclo de vida, necessita envolver todos os parceiros na cadeia de valor, modificando produtos, processos, abordagens de mercado e a própria estrutura organizacional da empresa, aumentando seu desempenho e competitividade. Já a economia circular é um conceito que se refere à criação de uma economia restaurativa e regenerativa, oferecendo oportunidades para criatividade, inovação e assim, como a ecoinovação, fomentando novos modelos de negócio.

A definição estratégica para a sustentabilidade ambiental se dá por um processo conhecido como planejamento estratégico para a sustentabilidade. Nessa etapa, é comum encontrar diversas ferramentas que podem ser utilizadas para auxiliar o tomador de decisão. Os resultados desse plano estratégico alimentam outro processo que é de elaboração de modelos de negócio.

No entanto, antes mesmo de iniciar o planejamento estratégico para a sustentabilidade e a definição de modelos de negócio, é importante frisar que dificilmente uma empresa obterá vantagens competitivas se não houver uma mudança

2 O termo sustentabilidade neste capítulo não inclui a dimensão social.

de *mindset* da alta direção. Desse modo, considerando todos esses três elementos (mudança de *mindset*, o planejamento estratégico para a sustentabilidade e a definição de modelos de negócio sustentáveis), a metodologia para desenvolvimento da sustentabilidade no nível corporativo a ser apresentada no presente capítulo é estruturada como na Figura 1.

Ou seja, a partir do pensamento de ciclo de vida, primeiro será discutida a importância de fomentar mudanças de *mindset* nos tomadores de decisão das organizações. Em seguida, é apresentado como realizar um planejamento estratégico para a sustentabilidade a partir de um *framework* e ferramentas de apoio, tendo, como saídas, estratégias competitivas e geradoras de valor para o negócio. Por fim, essas estratégias sustentáveis podem direcionar a modelos de negócio sustentáveis, que serão apresentados e discutidos mais ao fim do capítulo.

Figura 1 • Metodologia para o desenvolvimento da sustentabilidade corporativa

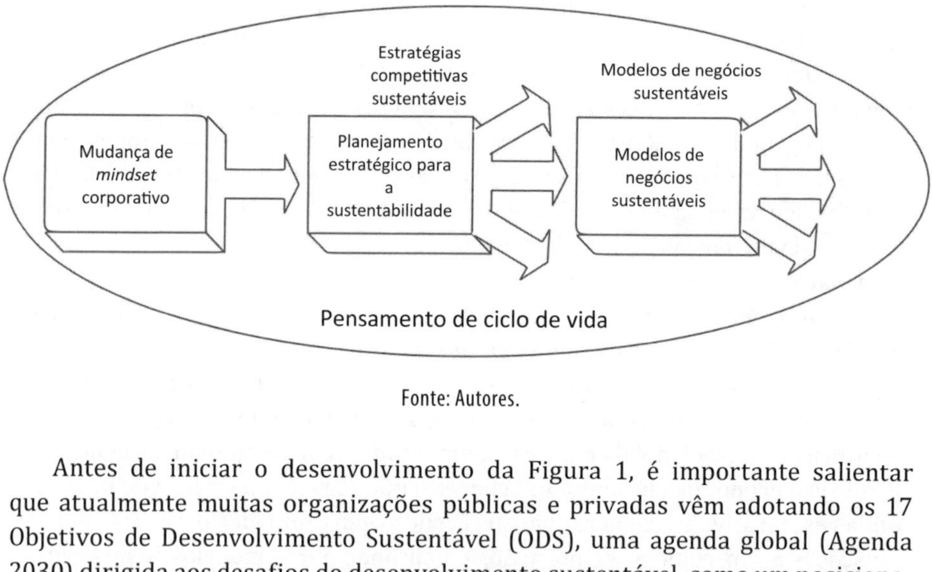

Fonte: Autores.

Antes de iniciar o desenvolvimento da Figura 1, é importante salientar que atualmente muitas organizações públicas e privadas vêm adotando os 17 Objetivos de Desenvolvimento Sustentável (ODS), uma agenda global (Agenda 2030) dirigida aos desafios do desenvolvimento sustentável, como um posicionamento estratégico corporativo. No caso do conteúdo desenvolvido neste capítulo, como já mencionado anteriormente, questões sociais não serão abordadas. No entanto, muitos desses objetivos podem ser direta e indiretamente atendidos pelas estratégias e modelos de negócio circulares, como indústria, inovação e infraestrutura (ODS 9), consumo e produção responsáveis (ODS 12), ação contra a mudança global do clima (ODS 13) e parcerias e meios de implementação (ODS 17).

Em outras palavras, a metodologia aqui proposta pode permitir o desenvolvimento de estratégias e modelos de negócio que operacionalizem vários dos Objetivos das Nações Unidas para o Desenvolvimento Sustentável. Além disso, ela apresenta uma perspectiva abrangente ao considerar oportunidades em todo o ciclo de vida da organização com foco na geração de valor competitivo para o negócio.

10.2 Mudança de *Mindset* Corporativo

Mindset pode ser entendido como uma atitude, hábito ou modo particular de pensar de uma pessoa. Em outras palavras, tomadores de decisão estratégica possuem um *mindset*, que poderá influenciar nas estratégias de longo prazo que serão definidas para o negócio. Essas estratégias, por sua vez, poderão ter repercussões no futuro do negócio (para o sucesso ou para o fracasso).

Por mais de cinquenta anos, as estratégias de negócio eram orientadas ao retorno de valor aos *shareholders*[3], sendo fontes de crescimento para muitas organizações. No entanto, o ambiente de negócios foi se modificando e, atualmente, essas práticas não são vistas como viáveis em longo prazo, pois o compromisso das organizações vai além dos seus *shareholders* e inclui outros *stakeholders*, como a sociedade e o próprio meio ambiente. Ou seja, uma mudança de *mindset* passa a ser fundamental para fazer negócios nos dias de hoje.

Mas a mudança de *mindset* não é algo simples. Como Grayson *et al.* (2008) afirmam, trata-se de uma jornada que envolve uma mudança radical na forma de pensar da alta administração no que se refere à criação de valor. E é aí que se insere um ponto interessante: muitos tomadores de decisão não enxergam tal mudança e perdem oportunidades de negócio. Em outras palavras, há a necessidade de enxergar as oportunidades de negócio e isso deve ser feito por uma mudança da mentalidade corporativa para a sustentabilidade.

Para Kassel, Rimanoczy e Mitchell (2017), um *mindset* para a sustentabilidade se refere a um modo de pensar no qual o amplo entendimento do ecossistema resulta em ações para o bem maior do todo. É compreensível e possível afirmar, então, que o foco do negócio passa a ser os *stakeholders*, ampliando a visão da organização para além das suas fronteiras físicas e considerando que a responsabilidade de seus produtos/serviços e atividades passa a ser em todo o ciclo de vida.

Algumas pesquisas recentes mostram uma mudança nesse mindset. De acordo com o *Massachusetts Institute of Technology* (MIT), entre 2010 e 2016, houve um crescimento de quase 400% sobre a percepção de diretores e executivos sobre o grau de importância da sustentabilidade corporativa para o negócio. Outros

---

3 Aquele que pode obter lucro a partir do sucesso de um negócio, como um acionista, por exemplo.

estudos (UNRUH *et al.*, 2016; KIRON *et al.*, 2017) também reforçam esse novo comportamento ao mostrar que iniciativas em sustentabilidade não estão desconectadas do crescimento e que estão permitindo a diversas empresas gerar vantagens competitivas de longo prazo.

Em resumo, é um input importante para o planejamento estratégico sustentável a mudança de *mindset* dos tomadores de decisão frente à sustentabilidade. Muitas oportunidades de novos negócios rentáveis e competitivos dependem da idealização e implementação de modelos de negócio inovadores, cujo sucesso depende de um planejamento estratégico a partir de um pensamento de ciclo de vida, que possivelmente fracassará se não existir uma percepção e compromisso da alta direção da organização frente à sustentabilidade.

10.3 Planejamento Estratégico para a Sustentabilidade

De acordo com o relatório de sustentabilidade do MIT com a *Boston Consulting Group* (BCG) (2013), as empresas que estão liderando o movimento de sustentabilidade corporativa possuem em comum um elemento fundamental, que é uma estratégia em sustentabilidade. O mesmo relatório aponta que 90% das empresas entrevistadas consideram uma estratégia para sustentabilidade importante para se manter competitivo. Sendo assim, há a necessidade de planejar essas estratégias.

O planejamento estratégico pode ser definido, de maneira geral, como uma técnica administrativa que estabelece a direção de sucesso para toda a organização, guiando seus membros na direção futura desejada, aproveitando as oportunidades e evitando ameaças. Para isso, a literatura de planejamento estratégico apresenta uma variedade de modelos, passando de *frameworks* formalizados até modelos menos estruturados.

Alguns modelos de planejamento estratégico com foco em sustentabilidade, embora sejam poucos, também são apresentados na literatura. No entanto, apenas um será apresentado neste capítulo juntamente com algumas ferramentas de apoio. Sugerimos então aos leitores interessados em conhecer mais sobre modelos de planejamento estratégico sustentável, que procurem por mais detalhes na pesquisa desenvolvida por Puglieri (2015), que consta nas referências bibliográficas deste capítulo, para encontrar mais detalhes.

O modelo de planejamento estratégico para a sustentabilidade escolhido para ser apresentado aqui é o *framework* ABCD proposto pela The Natural Step, que é ilustrado na Figura 2:

Figura 2 • Framework ABCD

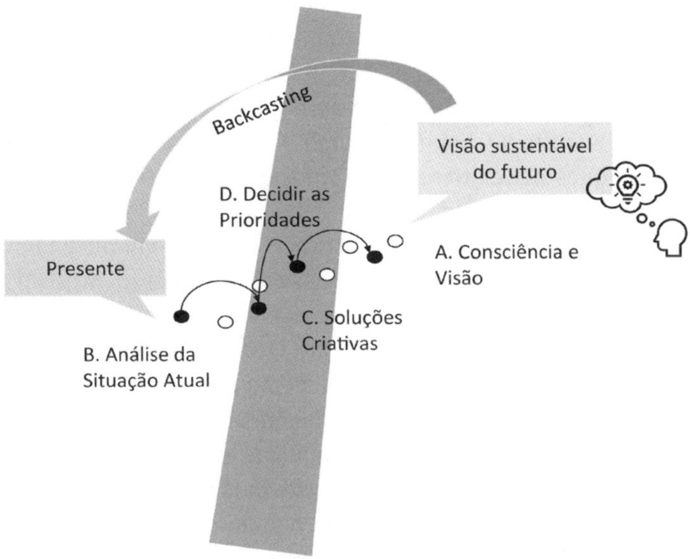

Fonte: Adaptado de The Natural Step (2019).

Primeiramente, é importante destacar um conceito que é base para o *framework* ABCD da The Natural Step, que é o *Backcasting. Backcasting* consiste na definição de uma visão futura de sustentabilidade tanto para a sociedade quanto para a empresa. De acordo com Holmberg e Robèrt (2000), *Backcasting* é um método no qual as condições futuras desejadas são visualizadas e, a partir disso, são definidos os passos para alcançá-las. Em outras palavras, o Backcasting é uma forma estratégica de planejar, podendo ser aplicado na previsão de mudanças legais ou no mercado, encontrando oportunidades de negócios e evitando riscos (HOLMBERG; ROBÈRT, 2000).

Apenas para exercitar rapidamente como funciona o *Backcasting*, imagine-se por um instante como tomador de decisão estratégica de uma empresa. Agora, projete-se para o futuro, como 10 ou 15 anos, e tente visualizar como será o mercado, a sociedade, a política e a legislação nesse horizonte de tempo. Questione-se como a sustentabilidade irá influenciar esse futuro e tente imaginar como sua empresa poderia estar tendo sucesso nesse ambiente e obtendo vantagens competitivas. Pronto! É nisso que consiste o *Backcasting*.

Voltando agora para o framework, este tem início no ponto A, chamado de Consciência e Visão (*Awareness and Visioning*), que consiste em alinhar o pensamento da empresa em torno de um entendimento sobre o que é sustentabilidade e questionar em qual contexto de sustentabilidade que a empresa está inserida.

É aqui também que é projetada uma visão de futuro sustentável para a organização, a partir do *Backcasting*, que já foi explicado.

Na sequência, tem início a etapa B, chamada de Análise do Baseline (*Baseline Mapping*). É nesse momento que as atividades da empresa são analisadas em relação à sustentabilidade. Em outras palavras, os produtos, serviços, energia, capital e recursos humanos são avaliados sob uma perspectiva de ciclo de vida, permitindo identificar questões críticas, suas implicações para o negócio e oportunidades para mudança.

A etapa C, chamada de Soluções Criativas (*Creative Solutions*), tem por objetivo a elaboração de estratégias potenciais para as questões identificadas na etapa anterior e orientadas para a visão de futuro sustentável definida na etapa A.

Finalmente, é na etapa D, chamada de Decidir as Prioridades (*Decide on Priorities*), que os decisores estratégicos devem priorizar as estratégias que maximizam retornos ambientais, sociais e econômicos. Há a recomendação para a empresa fazer a opção, inicialmente, por aquelas estratégias que sejam mais fáceis de implementar e que tragam um retorno mais rápido sobre o investimento.

Embora o *framework* não faça menção, podemos citar diversas ferramentas que podem auxiliar o tomador de decisão nesse processo. Três dessas ferramentas são a análise PESTEL, a análise de SWOT e a *Life Cycle Stakeholders*, que podem ser utilizadas, em especial, na etapa B do *framework*.

A análise PESTEL, que vem das palavras *Political, Economic, Social, Technological, Environmental* e *Legal*, é uma ferramenta que auxilia na identificação de questões atuais e futuras ligadas ao ambiente macro da organização. Quando utilizada para previsões futuras, a análise PESTEL pode apontar possíveis fatores de impacto no sucesso das estratégias da organização.

No contexto político, devem ser observadas tarifas, restrições, impostos e até mesmo conflitos entre nações por conta da sustentabilidade. Alguns exemplos que podem ser citados são incentivos governamentais ou instabilidade política em regiões detentoras de insumos importantes para o negócio.

Na parte econômica, devem ser consideradas oportunidades de crescimento econômico, como o Produto Interno Bruto (PIB) e a inflação. Na sociedade, tendências de mudanças em comportamentos sociais devem ser analisadas. Por exemplo, a geração Z e os millennials se importam mais com temas relacionados à sustentabilidade do que as gerações mais antigas, e isso pode ser observado pelo crescente desinteresse, em alguns países, pela compra de novos carros, que vem sendo substituída por modelos de negócio focados em compartilhamento e servitização, que serão discutidos mais adiante. Isso pode levar a grandes mudanças no mercado de veículos no futuro, alterando as estratégias e modelos de negócio das montadoras (vide case-exercício da Ford ainda neste capítulo).

Em tecnologias, são analisadas mudanças tecnológicas que possam ser mais sustentáveis, como o impacto da Indústria 4.0, *big data,* internet das coisas, inteligência artificial etc., direcionando novas estratégias e modelos de negócio mais ambientalmente sustentáveis.

Na parte ambiental, uma possível escassez de matérias-primas, a maior exigência do mercado por rotulagem ambiental e a extinção de espécies animais e vegetais são exemplos de situações que podem mudar o ambiente de negócios no futuro. Por fim, novas legislações podem surgir, proibindo produtos e atividades hoje permitidas.

A análise de SWOT (Figura 3) é outra ferramenta bastante difundida e que pode ajudar o tomador de decisão na elaboração de estratégias sustentáveis.

Figura 3 • Análise de SWOT

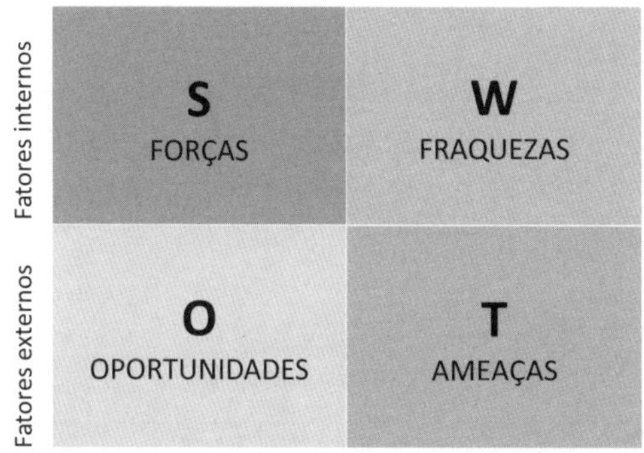

Fonte: Autores.

A análise de SWOT permite a identificação das forças (*strengths*), fraquezas (*weaknesses*), oportunidades (*opportunities*) e ameaças (*threats*). Ao definir sua estratégia de sustentabilidade, a empresa deve sempre maximizar suas competências internas (forças) que podem permitir a implementação de estratégias sustentáveis competitivas, enquanto explora possíveis oportunidades externas. Ao mesmo tempo, a organização deve evitar suas fraquezas e ameaças externas.

Outra ferramenta estratégica que pode ser indicada é a *Life Cycle Stakeholders* (LCS) (UNEP, 2017). Trata-se de uma ferramenta que permite à empresa definir uma estratégia a partir das necessidades e expectativas dos *stakeholders* que estão ao longo do seu ciclo de vida. A estrutura geral da LCS pode ser visualizada na Figura 4.

Alguns exemplos de *stakeholders* que podem ser classificados ao longo do ciclo de vida são:

- **Cadeia de fornecimento**: Fornecedores de matérias-primas, fornecedores de componentes, provedores logísticos e fornecedores de insumos.
- **Consumidores**: Provedores logísticos, clientes, consumidores, recicladores, vendedores, distribuidores e varejistas.

- ***Stakeholders* com interesse profissional**: Governo, acionistas, funcionários, bancos, seguradoras, associações de comércio e universidades.
- ***Stakeholders* com interesse pessoal**: ONGs, comunidade e residentes próximos à empresa.

Figura 4 • Life Cycle Stakeholders

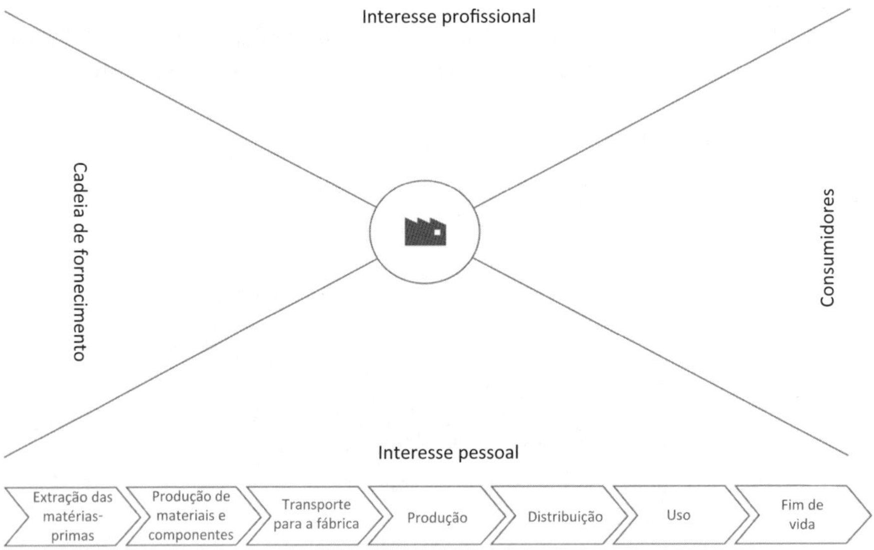

Fonte: Adaptado de UNEP (2017).

A partir das análises PESTEL e SWOT, e da aplicação da LCS, os tomadores de decisão estratégica da empresa poderão levantar informações importantes, atuais e futuras, a respeito do seu ciclo de vida. Essas informações são inputs básicos para direcionar, a partir de um modelo de planejamento estratégico (como o framework ABCD), possíveis estratégias competitivas de longo prazo para o negócio.

De acordo com Michael Porter (2016), professor da Universidade de Harvard, é possível identificar três tipos de estratégias competitivas genéricas de longo prazo: liderança em custo, diferenciação e enfoque. A primeira é baseada em obter menores custos na indústria e assim gerar maior rentabilidade para o negócio a partir da redução de custos e aumento da eficiência produtiva. Já a diferenciação tem o foco em criar um desempenho superior aos concorrentes, de modo a criar diferenciais para o consumidor, como inovação tecnológica, imagem da marca, qualidade dos produtos/serviços ou atendimento. Finalmente, a estratégia genérica de enfoque é baseada em atender um mercado específico, entregando algo único aos seus clientes.

Cada tipo de estratégia competitiva genérica pode ser desdobrado em modelos de negócio, que serão tratados na seção a seguir.

10.4 Elaboração de Modelos de Negócio a partir de Estratégias de Economia Circular

Como visto na seção anterior, o planejamento estratégico para a sustentabilidade vai orientar a organização a definir seus modelos de negócio para então gerar vantagem competitiva de longo prazo. Estratégias que podem permitir, ao mesmo tempo, redução de custo, diferenciação e enfoque são derivadas de economia circular, cujos modelos de negócio serão detalhados aqui.

É importante destacar que, de modo a evitar que modelos de negócio em economia circular falhem, busca-se evitar o efeito de manada, na qual uma empresa "copia" o modelo de negócio da concorrente sem analisar o contexto, recursos disponíveis e os fatores-chave para sua implementação. Ou seja, não existe uma única solução de economia circular que se adéque a todas as situações. A escolha e aplicação da solução no modelo de negócio depende de fatores como setor, cadeia de valor, recursos disponíveis, local e cultura (NATIONAL ZERO WASTE COUNCIL, 2016).

Como já mencionado, a economia circular tem ganhado atenção nos últimos anos, especialmente quando o assunto é modelo de negócio, e ela pode ser entendida como intencionalmente criada para ser regenerativa (ELLEN MACARTHUR FOUNDATION, 2015). A Figura 5 mostra o diagrama que representa a economia circular e seus princípios.

Conforme apresenta a Figura 5, a economia circular possui três princípios: 1) eliminar intencionalmente e geração de resíduos, impactos e externalidades negativas no ciclo de vida de produtos por meio da preservação de recursos e substituição daqueles não renováveis; 2) manter materiais e produtos em uso, que pode se dar pelos ciclos técnico (reciclagem, remanufatura, reúso, compartilhamento de bens e aumento da vida útil) e biológico (produzindo biogás a partir de resíduos e dejetos de animais, a partir de processos de digestão anaeróbia, por exemplo); e por fim 3) regenerar a natureza, minimizando externalidades negativas.

Figura 5 • Representação dos fluxos em uma economia circular e seus princípios

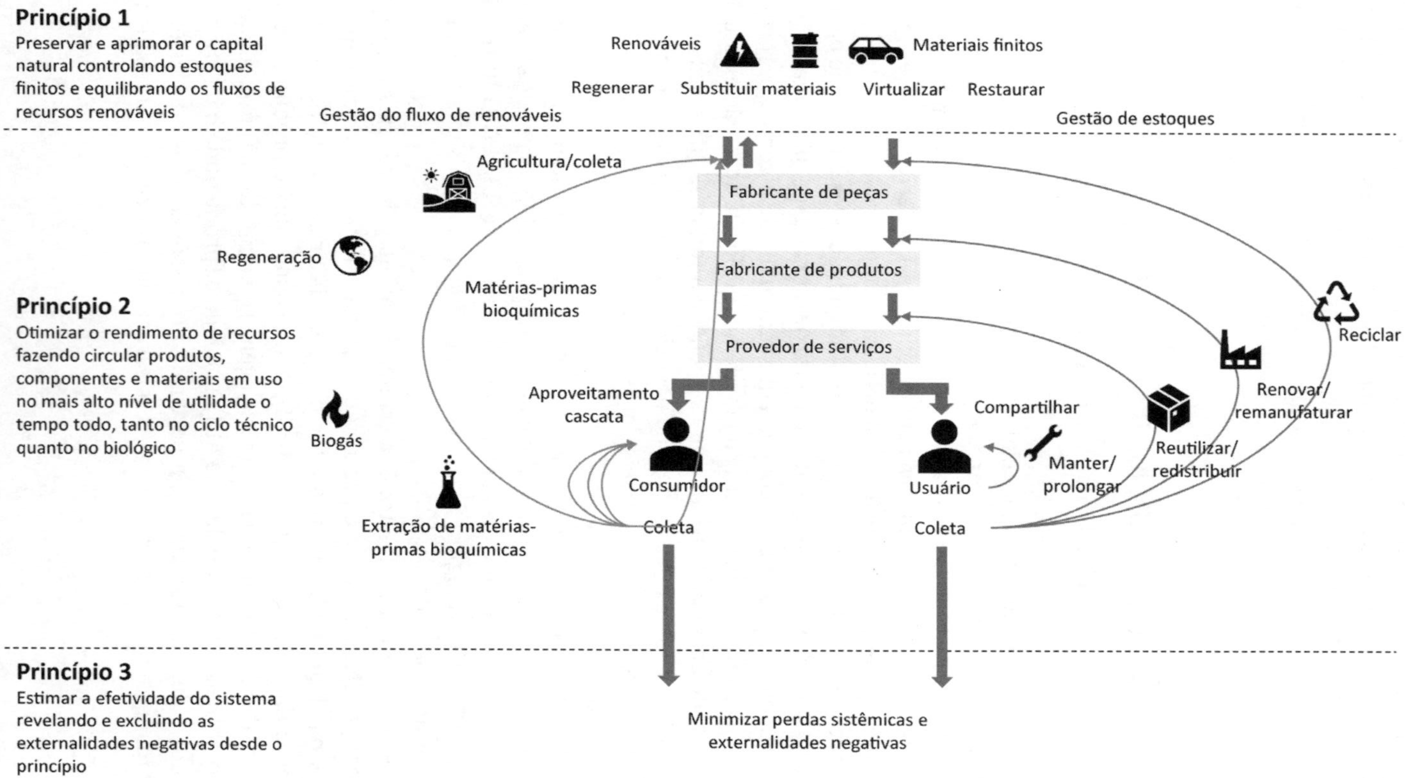

Fonte: Adaptado de Ellen MacArthur Foundation (2013).

Quanto menor o ciclo reverso, menor é o valor perdido. Em outras palavras, queremos dizer que o compartilhamento, manutenção e extensão de produtos são opções mais efetivas em comparação à reciclagem. Entretanto, a escolha mais adequada para cada caso também depende de outros fatores, como tecnologia disponível, viabilidade técnica e interesse do mercado.

A seguir apresentamos tipos de modelos de negócio circulares que podem ser usados para colocar em prática um ou mais desses princípios da economia circular.

10.5 Os Cinco Tipos de Modelos de Negócio Circulares

Os modelos de negócio são fundamentais para a economia circular, uma vez que eles representam a forma como a empresa faz negócio, cria e entrega valor para seus clientes e *stakeholders*. Quando uma empresa possui um modelo de negócio circular, isso significa que ela integrou no seu negócio alguma estratégia circular que produz mais valor para um determinado público e para o meio ambiente.

Segundo a Accenture (2015), os modelos de negócio relacionados às estratégias de economia circular podem ser classificados em cinco categorias: produto como serviço, compartilhamento, extensão da vida útil de produtos, cadeia de suprimentos circular e recuperação e reciclagem (Figura 6). Cabe destacar que algumas categorias adotam mais de uma opção e em alguns casos se assemelham a outras categorias, como veremos a seguir.

Figura 6 • Categorias de modelos de negócio circulares

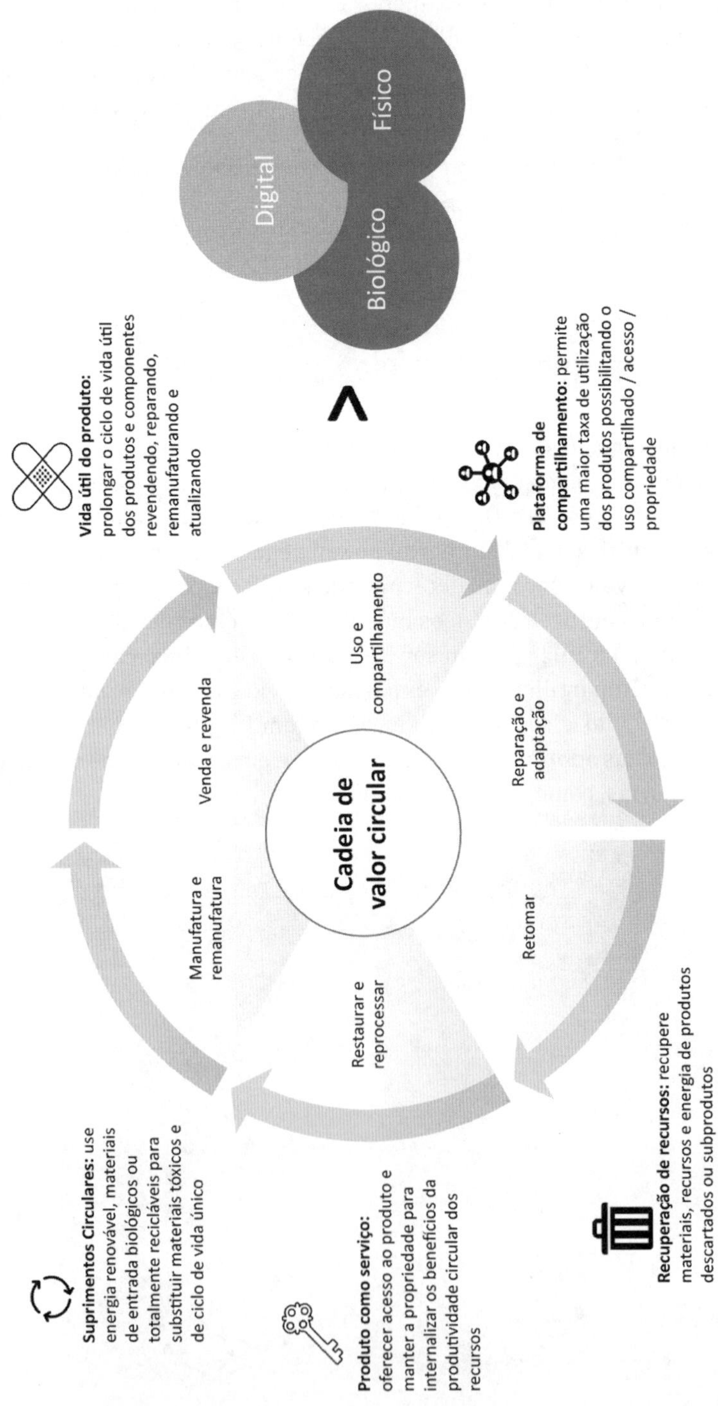

Fonte: WBCSD (2017).

10.5.1 *Produto como serviço*

Este tipo de modelo de negócio é uma tendência global, bastando notar a quantidade de serviços disponíveis hoje que antes eram oferecidos por meio da compra de produtos (exemplo, Netflix, Uber, Spotify). No modelo de negócio de produto como serviço — também conhecido como modelo PSS (*Product-Service System*) — o foco da oferta de valor está na função e nos serviços, na experiência do usuário e qualidade do atendimento (ver detalhes sobre PSS no Capítulo 9).

Durabilidade, longevidade, capacidade de reúso e manutenção, extensão da vida útil do produto e compartilhamento tornam-se direcionadores de sucesso do negócio, uma vez que estão diretamente associadas à rentabilidade e redução de custo. Adicionalmente, essas características também contribuem para o desenvolvimento sustentável de forma efetiva: mais pessoas são atendidas com a mesma quantidade de produtos e recursos, além dos produtos e suas partes que são remanufaturadas, reusadas e recondicionadas, conhecidas como estratégias de fim de vida e que podem ser consultadas no Capítulo 12 deste livro. Em outras palavras, passa a ser interessante para a empresa que o produto tenha sua vida útil estendida, não restando espaço para a obsolescência programada.

Além disso, esse tipo de modelo aproxima a empresa do cliente/usuário, permitindo que se entenda mais quais são as suas dores e necessidades. Processos como o de atendimento ao consumidor e manutenção são chaves para o sucesso desse tipo de modelo de negócio, bem como para uma maior fidelização dos clientes.

Para colocar em prática esse tipo de modelo, é necessário mobilizar diversas áreas da empresa e muitos processos precisam ser revistos. O processo de desenvolvimento de produtos, por exemplo, passa a atuar mais próximo de outras áreas e a considerar requisitos como durabilidade, extensão da vida útil e logística reversa. Processos relacionados ao fim de vida de produto, como a logística reversa e remanufatura, são necessários, uma vez que o produto é um ativo da empresa.

Pedimos que o leitor reveja o Capítulo 9, que traz exemplos interessantes sobre este modelo de negócio circular.

10.5.2 *Compartilhamento*

Modelos de negócio de compartilhamento, assim como o de oferta de produto como serviço, têm o foco no uso do produto e na experiência do usuário em detrimento da posse. Nesse tipo de modelo de negócio, aumenta-se a eficiência do uso de recursos de um produto por meio da intensificação do uso do produto, ou seja, um único produto atende mais de um usuário. Assim como no modelo de negócio de produto como serviço, existe uma tendência de que uma mesma quantidade de recursos atenda mais pessoas por meio da intensificação.

Neste caso, o valor é oferecido por meio do compartilhamento, mas o modelo de negócio pode ser monetizado ou não monetizado. A seguir são apresentados dois exemplos de casos brasileiros: monetizado e não monetizado.

10.6 Estudos de Caso

10.6.1 *Tem Açúcar e Vamo Fortaleza*

O aplicativo Tem Açúcar, que foi lançado no final de 2014, registrou 30 mil usuários em apenas um mês de operação. Em 2017, 150 mil usuários estavam compartilhando, sem custo, objetos em mais de 10 mil bairros em todos os estados do Brasil. Algumas estatísticas do aplicativo demonstram que metade das solicitações de objetos é atendida, sendo 25% em um prazo de apenas meia hora. Esse modelo de empréstimo ajudou os usuários a economizar um total de 7,8 milhões de reais (OMETTO; AMARAL; IRITANI, 2018).

O projeto Vamo Fortaleza apresenta um caso de modelo de negócio de compartilhamento monetizado. Com lançamento no ano de 2016, "o projeto Vamo (Veículos Alternativos para Mobilidade) tem como objetivo promover a mobilidade urbana e sustentável por meio de uma rede de compartilhamento de carros elétricos na cidade de Fortaleza" (OMETTO; AMARAL; IRITANI, 2018). Ao todo, são 10 estações, nas quais o usuário pode encontrar os carros elétricos e solicitar o serviço por meio de um aplicativo.

Extensão da vida útil do produto

Modelos de negócio que adotam a estratégia de extensão da vida útil do produto são modelos que preservam o valor agregado de parte do produto, reduzindo assim o consumo de recursos naturais e a geração de resíduos, isso sem considerar outros impactos como pegada hídrica e de carbono.

Alguns exemplos a serem citados são remanufatura e recondicionamento, nas quais apenas algumas peças defeituosas são substituídas por novas ou são reparadas. Para que esse modelo de negócio seja bem-sucedido, o produto precisa ser desenhado para o recondicionamento e remanufatura, ou seja, precisa ser fácil de recuperar.

Apesar de pouco explorada pelas empresas, há ainda o reparo com foco na melhoria das funções e especificações do produto, como, por exemplo, o upgrade de notebooks pela substituição de processador. Para funcionar, o design precisa projetar o produto com o conceito de modularidade.

10.6.2 Estudo de caso eStoks e Fairphone

A eStoks identificou uma oportunidade de negócio para estender a vida útil de produtos eletroeletrônicos com defeitos antes do uso na Região Nordeste do Brasil. Em suma, o modelo de negócio se baseia na coleta de produtos pré-consumo na rede de varejo ou de produtores parceiros (exemplo, Philips, Britânia, Philco, Magazine Luiza, Cadence, Oster e Arno), reduzindo significativamente os custos de logística reversa, já que a maioria dos produtores se localiza nas Regiões Sul e Sudeste.

Após a coleta, a empresa aplica um algoritmo próprio para avaliar o status e a qualidade dos produtos e, assim, seleciona a melhor alternativa para mantê-los em seu mais alto nível de utilidade e valor, retornando ao mercado. Do total de produtos devolvidos, 55% passam por reparação, 25% são reparados para serem vendidos nas lojas próprias da eStoks, a preços mais acessíveis, e os 20% restantes, que não podem ser recuperados, são desmontados e seus componentes reaproveitados.

Outro exemplo que combina extensão da vida útil do produto e recuperação de recursos é o modelo de negócio da Fairphone. A proposta de valor é centrada em oferecer um smartphone que une tecnologia e cuidado com o planeta: feito com plástico reciclado, o celular é desenhado para ser reparado a partir do conceito de modularidade (OMETTO; AMARAL; IRITANI, 2018).

Cadeia de suprimentos circulares

Como veremos no Capítulo 12, nesse tipo de modelo de negócio, o valor em circularidade está centrado na escolha de matérias-primas que podem ser ou foram restauradas, incluindo reciclados, renováveis, recondicionados e remanufaturados.

Um fator de sucesso para esse tipo de modelo de negócio é o uso de insumos puros. Isso significa evitar misturas de substâncias que não possam ser facilmente separadas ao final da vida do produto ou componente. Além disso, o uso de substâncias tóxicas deve ser eliminado para evitar a contaminação de outras partes e o potencial impacto ao meio ambiente. Por fim, o uso de recursos renováveis deve ser priorizado em detrimento ao uso de recursos não renováveis.

10.6.3 Estudo de caso — CBPak

Fundada em 2002, a CBPak oferece uma alternativa às embalagens de uso único feito de plástico ou isopor, oferecendo embalagens 100% compostáveis feitas a partir de fécula de mandioca. Além da inovação no uso de materiais naturais e renováveis, a CBPak opera um modelo de serviço, onde a empresa retém a propriedade da embalagem, cuidando da operação de logística reversa para garantir que esta seja direcionada à compostagem por meio de parceiros comerciais em locais próximos ao uso dos produtos.

Além de consumir 62 vezes menos água do que um copo de plástico, um copo produzido pela CBPak absorve 3,74 g de gases de efeito estufa, enquanto um copo plástico gera 16,69 g. Além disso, o copo da CBPak não ocupa espaço nos aterros e possibilita a regeneração do solo — 1 milhão de copos de mandioca compostados regeneram 100 m^3 de solo (OMETTO; AMARAL; IRITANI, 2018).

Recuperação e reciclagem

O principal objetivo desse modelo de negócio é recuperar valor dos recursos por meio de estratégias como reciclagem e uso em cascata em ciclo fechado ou aberto. Neste modelo, os processos de logística reversa e parceiros de reciclagem são chaves para o sucesso. Além disso, alternativas como simbiose industrial, na qual o resíduo de uma empresa se torna matéria-prima de outra, e a visão *cross*-setorial, podem alavancar sua aplicação. Além disso, em cadeias de valor que envolvem consumidores finais, os clientes têm papel-chave em devolver os produtos.

10.6.4 *Estudo de caso — Lojas Renner*

As Lojas Renner estão trabalhando com conceitos de Economia Circular em sua cadeia produtiva e no seu processo de desenvolvimento de produtos. Um desses conceitos se refere à recuperação de perdas do processo de corte dos tecidos, que antes eram destinados ao aterro ou vendidos como produto de baixo valor agregado. Para isso ser possível, a empresa estruturou o ciclo logístico reverso junto a seus fornecedores. Com isso, somente nos nove primeiros meses de 2017, a empresa recuperou 220 toneladas de resíduos. Todo esse material permitiu criar centenas de itens de coleções de roupas infantis, femininas e masculinas.

Além da reciclagem de restos de corte de tecidos, as Lojas Renner colaboram para o desenvolvimento de projetos de melhoria de processos e novas tecnologias em seus fornecedores a partir da economia circular, reduzindo assim também as perdas nas fases iniciais do ciclo de vida de seus produtos.

A partir desse projeto, a empresa planeja expandir seu programa de Economia Circular, aumentando a recuperação de recursos, utilizando metodologias de design e engajando mais fornecedores e clientes para construir uma moda mais responsável e circular (OMETTO; AMARAL; IRITANI, 2018).

10.7 Como Colocar em Prática os Modelos de Negócio Circulares?

Os modelos de negócio são fundamentais para a economia circular, uma vez que eles representam a forma como a empresa faz negócio, cria e entrega valor para seus clientes e *stakeholders*. Entretanto, modificar o modelo de negócio de empresas já estabelecidas é uma tarefa de longo prazo, por isso é preciso ter alinhamento estratégico. A Philips Lighting, por exemplo, está construindo seu modelo de negócio circular há mais de 5 anos, e esse processo foi iniciado a partir da estratégia da corporação.

Após a definição de uma estratégia de negócio sustentável, a empresa deve analisar seu modelo atual para então identificar quais são as opções de modelos de negócio que possuem maior aderência à sua estratégia. A seguir são apresentados os principais elementos que devem ser considerados, de acordo com Wiithaa (2019):

- **Função**: Qual a função principal oferecida pelo modelo de negócio? Quais são as necessidades que a oferta precisa atender? Como oferecer essa função integrando os princípios da economia circular?
- **Proposta de Valor**: Qual problema será resolvido? Qual valor a empresa vai oferecer para os clientes/usuários? Quais são as características-chave? Ela está alinhada com a circularidade?
- **Usuários e contextos**: Para quem a empresa cria valor? Em que contexto a empresa pode resolver problemas? Quais *stakeholders* e em quais contextos eles são afetados positivamente?
- **Atividades-chave**: Quais são as atividades-chave que criam valor para o negócio e *stakeholders*? Quais expertises a empresa tem disponível? Quais a empresa precisa adquirir?
- **Parceiros**: Quem são os parceiros-chave e fornecedores que ajudam a empresa a criar valor? Quais poderiam aumentar a circularidade do negócio?
- **Recursos naturais**: Quais recursos naturais são necessários? A circularidade é possível? Eles são biodegradáveis e não tóxicos?
- **Recursos técnicos**: Quais recursos técnicos são necessários? Como a empresa pode aplicar estratégias de circularidade para mantê-los em uso?
- **Fontes de energia**: Quais recursos energéticos são necessários? As fontes são de combustíveis fósseis ou renováveis?
- **Distribuição**: Como a empresa pode melhorar a oferta de valor? Como funciona o processo de venda? Como o produto ou serviço é oferecido? Como o usuário percebe o valor em sustentabilidade do negócio?

- ***Upcycling**:* O que acontece no fim de vida do produto? Os componentes podem ser reutilizados, reparados ou reciclados? É possível chegar no resíduo zero? Como? Existem parceiros que podem apoiar a empresa nesse processo? É possível redesenhar o produto para aumentar a circularidade?

10.8 Considerações Finais

A definição de uma estratégia sustentável e então dos modelos de negócio são elementos que estão intimamente ligados e precisam estar alinhados para que as empresas consigam de fato obter vantagem competitiva e oferecer soluções sustentáveis e lucrativas.

Vimos neste capítulo que incluir a sustentabilidade na estratégia de negócio direciona as ações de uma empresa, mas o primeiro passo está relacionado à mudança de *mindset*, na qual a sustentabilidade deve ser vista como um *driver* de sucesso e vantagem competitiva e não mais um custo ou obrigação legal. Em seguida, as empresas devem construir a visão desejada para o futuro e entender a situação atual, para então definir o caminho e criar soluções.

Nesse processo, os modelos de negócio são essenciais para a implementação de estratégias de negócio sustentáveis, pois eles são a forma como a empresa captura, cria e entrega valor. Os modelos de negócio orientados à economia circular apresentam soluções interessantes para auxiliar as organizações a construir negócios que promovem uma produção e consumo mais sustentável.

10.9 Exercícios

A. APLICAÇÃO PRÁTICA

Questão 1. Faça uma análise a partir dos elementos de modelos de negócio apresentados pela Wiithaa sobre a mudança de modelos de negócio do caso da Philips Lighting, que consta no capítulo de PSS, que está migrando de um modelo baseado em venda para uma oferta de serviço. Na sua opinião, quais são as principais mudanças?

Questão 2. O que é um *mindset* para a sustentabilidade?

B. REFLEXÃO

Questão 3. As empresas que vêm obtendo sucesso a partir de estratégias e modelos de negócio sustentáveis são aquelas que já passaram por uma mudança de *mindset*, sendo, uma parte desse processo, a transferência do foco somente no *shareholder* para os *stakeholders*. Qual a relação desse novo foco com o ciclo de vida da empresa? Qual ferramenta permite essa associação, identificando oportunidades de negócio a partir dos *stakeholders* no ciclo de vida?

Questão 4. Imagine você e mais três colegas como membros da alta direção da universidade onde estudam e estão responsáveis por elaborar o plano estratégico da instituição. Para isso, vocês decidiram utilizar o *framework* ABCD da The Natural Step. Apliquem todas as etapas do *framework* e depois discutam a visão de futuro e ações que elencaram com o restante da sala.

Questão 5. Quais são os tipos de modelos de negócio circulares? Como você identifica que eles são de fato modelos de negócio alinhados com a economia circular? Quais fatores as empresas devem levar em consideração para escolher qual(is) adotar?

C. ANÁLISE DE *CASES*

Questão 6. A Ford anunciou, no dia 19 de fevereiro de 2019, o fechamento de uma de suas fábricas na América do Sul, mais especificamente na cidade de São Bernardo do Campo, em São Paulo. Embora jornais e a televisão tenham noticiado tal acontecimento como algo exclusivamente relacionado com os altos custos de operação da empresa no Brasil e à obsolescência da sua fábrica, uma das principais razões da Ford está em sua nova estratégia competitiva e modelos de negócio pautados em sustentabilidade. Um desses modelos de negócio envolve a oferta digital de serviços para a mobilidade, que além dos benefícios ambientais associados a diversos princípios de Economia Circular, é esperado trazer um retorno financeiro na margem de 20% a 30%, contra os 10% da venda de carros diretamente para o consumidor final. Como ação já realizada, a Ford adquiriu a Chariot, uma startup de serviços de mobilidade, e está planejando atuar em breve em modelos de negócio, que além do mencionado serviço de mobilidade, inclui serviços de infraestrutura de comunicação de transporte em cidades e até compartilhamento de bicicletas. Discuta, a partir dos conceitos desenvolvidos no capítulo, todo o processo que levou a Ford a esses modelos de negócio.

GABARITO

Questão 1.

Resposta: Ao adotar um modelo de produto como serviço, a Philips alterou diversos elementos se comparado ao modelo de negócio de venda:

» Proposta de valor: A oferta vai além do produto, incluindo atendimento personalizado, oferta de soluções que atendem o que o cliente precisa, e mais comodidade e menor consumo de energia.

» Usuário e contexto: Os usuários não precisam mais se preocupar com a manutenção e descarte dos resíduos de lâmpadas, que custam caro e demandam tempo. Se preferir, os usuários podem instalar mais tecnologia nos sistemas de iluminação.

» *Upcycling:* A Philips passa a ser responsável pelo fim de vida dos produtos, e o design de produtos com alta tecnologia, desempenho e durabilidade agora são fatores de sucesso para o negócio.

» Distribuição: A Philips está mais perto dos consumidores, pois existe uma equipe de projetos para atender o cliente. Além disso, a Philips se aproxima durante a fase de uso do produto, oferecendo manutenção. Isso permite que haja um estreitamento das relações, permitindo que a empresa entenda melhor as dores do mercado.

» Parceiros: Parceiros de logística reversa e manutenção são chaves para a Philips ter sucesso. Por isso, a empresa agora passa a ter maior proximidade e deve desenvolver melhor o relacionamento com esses parceiros, especialmente os que entram em contato direto com o usuário.

» Atividades-chave: A gestão de projetos, P&D, desenvolvimento de produtos e atendimento ao consumidor são atividades mais importantes que no modelo antigo — são drivers de sucesso.

Questão 2.

Resposta: *Mindset* para a sustentabilidade pode ser entendido como uma atitude, hábito ou modo particular de pensar da alta direção da corporação, na qual é possível enxergar oportunidades relacionadas à geração de valor a partir de práticas de negócio relacionadas à sustentabilidade ambiental.

Questão 3.

Resposta: Ao adotar um pensamento de ciclo de vida, automaticamente, a empresa passa a enxergar que sua responsabilidade vai além da geração de lucro para seus acionistas, e que deve incluir as necessidades e expectativas de outros *stakeholders*, pois os impactos da empresa são reflexo do que ocorre da extração da matéria-prima aos seus fornecedores, operadores logísticos, clientes, varejo, consumidor final e fim de vida. Uma ferramenta que permite tal análise é a *Life Cycle Stakeholders*.

Questão 4.

Resposta: Como depende de cada situação e da imaginação dos alunos, não há resposta.

Questão 5.

Resposta: Ao todo, são cinco tipos de modelos de negócio circulares: produto como serviço, compartilhamento, extensão da vida útil do produto, cadeia de suprimentos circulares e recuperação e reciclagem. Os modelos de negócio estão alinhados com a economia circular quando eles aplicam os princípios dessa abordagem, que são: eliminar, intencionalmente por meio do design, a geração de resíduos, impactos e externalidades negativas no ciclo de vida de produtos, manter materiais e produtos em uso e regenerar a natureza. Os fatores que devem determinar qual modelo de negócio circular a empresa deve construir incluem: estratégia de negócio, contexto em que está inserida, cadeia de valor, local, recursos disponíveis.

Questão 6.

Resposta: A Ford, utilizando-se de um processo de planejamento visionário e estratégico, identificou oportunidades relacionadas ao surgimento de novas tecnologias, como veículos elétricos e autônomos, aliada às demandas de mercado (necessidade de ter o serviço, não o produto; subutilização do bem; dificuldade para estacionar; custos de manutenção) para desenvolver uma estratégia de diferenciação e, a partir disso, chegar na definição de modelos de negócio circulares, como PSS e compartilhamento, antecipando-se aos concorrentes e com grande expectativa de rentabilidade.

Referências

ACCENTURE. Circular Advantage: Innovative business models and technologies to create value in a world without limits to growth. *Accenture*, 2015.

BARBIERI, J. C. *Gestão ambiental empresarial: conceitos, modelos e instrumentos.* São Paulo: Saraiva, 2016.

BERNS, M.; TOWNEND, A.; KHAYAT, Z.; BALAGOPAL, B.; REEVES, M.; HOPKINS, M.S.; KRUSCHWITZ, N. Sustainability and Competitive Advantage. *MIT Sloan Management Review*, v. 51, n. 1, 2009.

MACARTHUR, E. Towards the circular economy, economic and business rationale for an accelerated transition. *Ellen MacArthur Foundation:* Cowes: [s.n.], v. 1, 2013.

ESTY, D.; WINSTON, A. *Green to gold:* how smart companies use environmental strategy to innovate, create value, and build competitive advantage. John Wiley & Sons, 2009.

GRAYSON, D.; JIN, Z.; LEMON, M.; RODRIGUEZ, M.A.; SLAUGHTER, S.; TAY, S. *A new mindset for corporate sustainability,* 2008.

HOFFMAN, A. J. Competitive Environmental Strategy: A Guide to the Changing Business Landscape. *Island Press*, 2000.

HOLMBERG, J.; ROBÈRT, K-H. Backcasting from non-overlaping sustainability principles – a framework for strategic planning. *International Journal of Sustainable Development and World,* v. 7, 2000.

JOHNSON, M. W. How Ford is thinking about the future. *Harvard Business Review,* 2018.

KESSEL, K.; RIMANOCZY, I.; MITCHELL, S. F. The sustainability mindset: connecting being, thinking, and doing in management education. *Academy of Management Proceedings*, vol. 2016, n. 1, 2017.

KIRON, D.; UNRUH, G.; KRUSCHWITZ, N.; REEVES, M.; RUBEL, H.; FELDE, A. M. Z. Sustainability at a Crossroads: Progress Toward Our Common Future in Uncertain Times. *MIT Sloan Management Review*, 2017.

LASZLO, C.; ZHEXEMBAYEVA, N. Embedded Sustainability: the next big competitive advantage. *Greenleaf Publishing Ltd*, 2011.

MIT. The Innovation Bottom Line – How Companies that see sustainability as both a necessity and an opportunity, and change their business models in response, are finding success. *Research Report*, 2013.

NATIONAL ZERO WASTE COUNCIL. *Circular Economy Business Toolkit – Steps to starting your circular journey*, 2016.

OMETTO, A. R.; AMARAL, W.; IRITANI, D. R.; (org.). *Economia circular: oportunidades e desafios para a indústria brasileira. Confederação Nacional da Indústria.* Brasília: CNI, 2018.

PORTER, M. Competitive strategy: techniques for analyzing industries and competitors. *Free Press, 2016.*

PUGLIERI, F. N. *Proposta de um modelo de planejamento estratégico ambiental com visão de ciclo de vida*. 2015. 171 f. Tese (Doutorado) – Departamento de Engenharia de Produção, Escola de Engenharia de São Carlos, Universidade de São Paulo, São Carlos, 2015.

THE NATURAL STEP, 2014. Disponível em: https://thenaturalstep.org/approach/. Acesso em: 15 set. 2019.

WIITHAA. *Circulab Board – The tool to ecodesign the business models.* Disponível em: https://circulab.eu/tools/.

WBCSD. *The CEO GUide to the Circular Economy*, 2017.

United Nations Environment Programme – UNEP. Eco-i Manual: Eco-innovation implementation process, 2017

UNRUH, G.; KIRON, D.; KRUSCHWITZ, N.; REEVES, M.; RUBEL, H.; FELDE, A. M. Z. Investing for a Sustainable Future – investors care more about sustainability than many executives belive. *MIT SMR Home, 2016.*

CAPÍTULO

11

Sistemas de Gestão Ambiental e Medição de Desempenho Ambiental

Profa. Dra. Camila Fabrício Poltronieri

Universidade Federal de Goiás - UFG
Faculdade de Ciências e Tecnologia - FCT
Departamento de Engenharia de Produção
Campus Samambaia. Avenida Esperança, s/n - Prédio da Reitoria
74690-900, Goiânia-Goiás/Brasil

Profa. Dra. Luciana Rosa Leite

Universidade do Estado de Santa Catarina - UDESC
Centro de Ciências Tecnológicas - CCT
Departamento de Engenharia de Produção e Sistemas
Campus Joinville. R. Paulo Malschitzki, 200 - Distrito Industrial
89219-710, Joinville-SC/Brasil

Profa. Dra. Sabrina Rodrigues Sousa

Instituto Federal de Educação, Ciência e Tecnologia do Rio Grande do Sul - IFRS
Campus Sertão. Rodovia RS 135, km 25 - Distrito Eng. Luiz Englert
99170-000, Sertão-RS/Brasil

11 Sistemas de Gestão Ambiental e Medição de Desempenho Ambiental

11.1 Sistemas de Gestão Ambiental e Medição de Desempenho

Os sistemas de gestão auxiliam as organizações a gerenciarem as diversas áreas inter-relacionadas de seus negócios para atingirem seus objetivos (ISO, 2015). Eles surgiram como forma de auxiliar na melhoria contínua das organizações, colaborando com a formação de uma estrutura que contribui com o gerenciamento de uma área específica.

Uma das maiores instituições responsáveis pela publicação de normas técnicas relativas aos sistemas de gestão é a *International Organization for Standardization* (ISO). A ISO é uma organização não governamental com abrangência mundial, fundada em 1947, com sede em Genebra, na Suíça. Constituída por membros representantes de 162 países, todos com igual direito a voto, ela objetiva, conforme explica Moreira (2006), a padronização de métodos, medidas, materiais e seus usos, em todos os setores, com exceção da área de eletrotecnologia, que é normatizada pela *International Electrotechnical Commission* (IEC).

Para que os sistemas de gestão possam cumprir seu papel de promover a melhoria contínua, torna-se necessário que indicadores sejam adotados para avaliar a evolução desses sistemas. Todavia, a necessidade de se medir o desempenho é muito antiga. Durante a fase da Revolução Industrial, as empresas viviam numa era de forte industrialização, em que o sucesso era determinado pela maneira como se aproveitavam dos benefícios da economia de escala e produção em massa. Nessa época, o enfoque era em medidas de desempenho financeiro e produtividade. Com o passar do tempo, novas necessidades surgiram acompanhando as mudanças na economia. Com isso, novas dimensões de desempenho, como qualidade, tempo, flexibilidade e satisfação do cliente, apareceram.

Por volta de 1960, notou-se que era preciso medir também aspectos sociais e, a partir disso, surgiram os indicadores sociais relacionados à saúde, educação, equidade, entre outros. Em 1972, a pressão exercida pelas organizações ao meio ambiente, que já vinha ganhando particular notoriedade nas últimas duas décadas, foi discutida na primeira Conferência da Organização das Nações Unidas (ONU), em Estocolmo, Suécia, fazendo emergir a necessidade de adequação ambiental. Dessa forma, juntamente com o surgimento de novos e mais restritivos requisitos legais e tecnologias, foram desenvolvidos instrumentos de gestão e de medição do desempenho, essenciais para a compreensão e a avaliação da área ambiental por fornecerem informações relevantes que direcionam os processos decisórios.

Assim, nas seções a seguir, são expostos em mais detalhes as definições sobre sistemas de gestão ambiental e como a norma ISO 14001 orienta sua estruturação, bem como são apresentados indicadores de desempenho e a maneira recomendada pela norma ISO 14031 para que seja conduzida a avaliação de desempenho ambiental.

11.2 Sistemas de Gestão Ambiental (SGA)

O primeiro modelo de Sistema de Gestão Ambiental (SGA), aplicável a todos os segmentos empresariais, teria sido proposto, em 1991, pela *International Chamber of Commerce* (ICC), uma organização não governamental estruturada para ajudar as empresas ao redor do mundo a operar de forma responsável. Segundo Barbieri (2011), o SGA, proposto pela ICC, surgiu em resposta às preocupações com o efeito das questões ambientais sobre a competitividade das empresas no mercado internacional, e é constituído por um conjunto articulado de processos administrativos (planejamento, organização, implementação e controle) integrado à gestão empresarial global mediante uma política ambiental formulada pela própria empresa e coerente com sua política global.

Em 1992, a *British Standards Institution* (BSI) publicou a BS 7750, considerada a primeira norma técnica sobre SGA, cuja estrutura organizava os requisitos com base no ciclo PDCA (*Plan/Planejar — Do/Executar — Check/Verificar — Act/Agir*), proposto por William Deming no contexto da melhoria contínua dos processos organizacionais. Tanto o modelo da ICC quanto o da BSI eram considerados genéricos, ou seja, aplicáveis a todos os tipos e tamanhos de organização.

A Comissão Europeia (CE), em 1993, publicou o Regulamento CE nº 1836/93 — EMAS, que compreende uma ferramenta de política ambiental concebida numa fase de realização do objetivo comunitário de desenvolvimento sustentável. O *Eco-Management and Audit Scheme* (EMAS) era, inicialmente, aplicável voluntariamente a empresas do setor industrial, mas com a revisão de 2001 (Regulamento CE nº 761 — "EMAS II") houve a extensão para todas as atividades econômicas, incluindo autoridades locais. A partir dessa revisão, bem como nas subsequentes (Regulamento CE nº 1221/2009 — "EMAS III" e Regulamento CE nº 1505/2017), passaram a contar com um alinhamento com a norma ISO 14001, incorporando suas alterações.

Utilizando-se dessas experiências prévias, e receando a proliferação indiscriminada de normas e mecanismos para a certificação ambiental, a ISO cria, em 1993, o Comitê Técnico 207 (*technical committee* [TC]), ao qual foi delegada a responsabilidade específica de coordenar a elaboração das normas técnicas de caráter ambiental. As atividades do ISO/TC 207 são divididas entre sete diferentes subcomitês (SC) e grupos de trabalho (*work group* [WG]), sendo que a temática "sistemas de gestão ambiental" foi atribuída ao SC1, contando com a participação de 56 países.

No contexto do ISO/TC 207, o Brasil foi representado pelo Grupo de Apoio à Normalização Ambiental (GANA), uma divisão especial da ABNT, constituída em 1994, responsável por organizar as normas de gestão ambiental e por traduzir para o idioma português as normas publicadas pelo ISO/TC 207. A ABNT também segue a estrutura de trabalho em comitês técnicos da ISO, sendo que, em 1999, o GANA passou a ser intitulado ABNT/CB-38 (comitê brasileiro [CB]).

Dos trabalhos desenvolvidos pelo ISO/TC 207 resultou a série de normas ISO 14000, que, segundo Alberton e Costa Jr. (2007), serve de orientação às empresas para a inserção da variável ambiental no sistema de gestão do negócio, incorporando-a na política, formulações estratégicas, objetivos e metas, opções tecnológicas e na rotina operacional.

De acordo com Sousa *et al.* (2010), as normas da série ISO 14000 podem ser organizadas em dois grupos, levando-se em consideração o objetivo de cada uma, sendo um grupo dedicado a estabelecer diretrizes para a avaliação das considerações ambientais em *organizações* e o outro voltado à avaliação de *produtos* (bens e serviços).

Como exemplos, pode-se citar a norma ISO 14001, que orienta sobre o SGA, e a subsérie ISO 14030, que trata da medição de desempenho ambiental, ambas são dedicadas aos processos da organização; já as subséries ISO 14040, descritas no Capítulo 3 e ISO 14020 que veremos no Capítulo 13, que abordam, respectivamente, a avaliação do ciclo de vida e a rotulagem ambiental, estabelecem diretrizes para a avaliação de produtos.

11.3 ISO 14001

Em 1996, foi publicada a primeira versão da norma técnica ISO 14001, que fornece requisitos específicos para a implementação de Sistemas de Gestão Ambiental (SGA). Ela passou por uma revisão em 2004 e, em 2015, foi publicada sua terceira edição, sendo esta a versão vigente sobre a qual se disserta neste capítulo.

Por ser considerada genérica, isto é, uma norma aplicável a todos os tipos e tamanhos de organizações, seus requisitos não são absolutos. Assim, cada organização utiliza-se de soluções próprias e compatíveis com os recursos disponíveis, sejam eles financeiros, humanos, entre outros, para atender aos requisitos da norma. Por esta razão, por vezes se observa o caso de empresas que produzem o mesmo tipo de produto, são igualmente certificadas, mas apresentam diferentes níveis de desempenho ambiental.

A ISO 14001 é publicada originalmente em inglês e deve ser referenciada utilizando-se a nomenclatura *ISO 14001:2015*, sendo que o *2015* refere-se ao ano de publicação da versão. Ao utilizar a versão em português traduzida pela ABNT, a forma correta de referenciá-la é *ABNT NBR ISO 14001:2015*, onde o *NBR* é o acrônimo de Norma Brasileira. É válido ressaltar, no entanto, que a publicação da versão nos dois idiomas não é simultânea.

A norma ISO 14001:2015 é estruturada da seguinte forma: escopo (cláusula 1), referências normativas (cláusula 2), termos e definições (cláusula 3), contexto da organização (cláusula 4), liderança (cláusula 5), planejamento (cláusula 6), apoio (cláusula 7), operação (cláusula 8), avaliação de desempenho (cláusula 9) e melhoria (cláusula 10). As cláusulas de 1 a 3 referem-se ao texto da norma, enquanto as cláusulas de 4 a 10 definem os requisitos a serem implementados para constituir o SGA. A estrutura do SGA e a inter-relação entre as cláusulas e o ciclo PDCA são ilustradas na Figura 1.

Na **cláusula 1** é definido o *escopo* da norma. Salienta-se que o objetivo maior da aplicação desta norma é o aperfeiçoamento do desempenho ambiental da organização, deixando claro que, para tal, é fundamental o cumprimento de todos os requisitos legais que se aplicam a ela. Dependendo de seus objetivos quanto ao SGA, uma organização pode utilizar parcialmente esta norma, porém, a certificação só pode ser pleiteada caso ela atenda integralmente todos os requisitos aplicáveis aos seus processos.

A **cláusula 2** é relativa às *referências normativas.* Este campo é utilizado pela ISO para mencionar outras normas que devem ser utilizadas em conjunto para que se atinja o objetivo do SGA. No caso da ISO 14001:2015 não há nenhuma referência normativa ou conteúdo específico nesta cláusula, sendo ela mantida apenas por uma questão de organização da norma.

Figura 1 • Estrutura do sistema de gestão baseado na ISO 14001

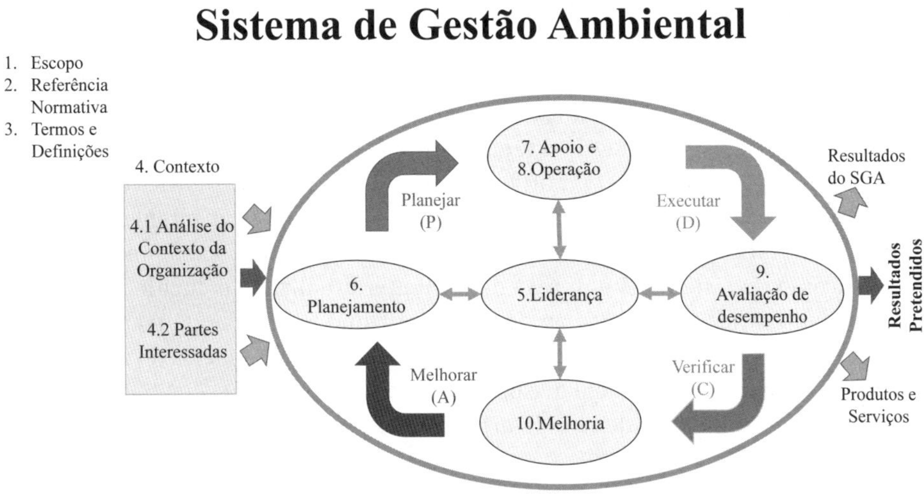

Fonte: Adaptado de ISO 14001 (ABNT, 2015).

Já a **cláusula 3** é destinada aos *termos* e *definições*, que são as palavras-chave citadas ao longo da norma, assemelhando-se a um dicionário técnico. Esta parte é de grande importância, pois permite que todas as organizações possam compreender claramente todo o conteúdo presente na norma e que este entendimento seja o mesmo por parte de todas elas.

A **cláusula 4** aborda o *contexto* da organização. A organização precisa avaliar as questões internas e externas que podem afetar sua capacidade de atingir os resultados ambientais, bem como levantar e entender as necessidades de todas as partes interessadas (*stakeholders*), sejam elas internas e externas. Como a empresa irá fazer isso, a norma não especifica. Um método que pode ser utilizado é a análise SWOT (*Strengths/Forças — Weakness/Fraquezas — Opportunities/Oportunidades — Threats/Ameaças*), mas essa não é a única forma de se fazer esse levantamento. Pode-se também utilizar *benchmarking, verificando em outras empresas como esse processo é feito e promovendo uma adaptação à realidade da empresa.*

Outro ponto que esta cláusula estabelece é que seja definido e documentado o *escopo* do SGA. Uma organização pode decidir por implementar o SGA na totalidade de seus processos ou em apenas parte deles. Por exemplo, uma indústria de papel e celulose pode ter o SGA adotado pelas atividades relativas à produção de papel, excluindo-se aquelas onde ocorre a produção de celulose e vice-versa. Em se tratando de uma empresa com mais de uma marca, unidade de negócio ou instalações, não necessariamente todas elas farão parte do SGA, desde que esta definição de escopo seja devidamente documentada. Em outro exemplo, pode-se utilizar o caso de uma universidade que possui diversos campi. A reitoria pode decidir implementar o SGA nela própria, em um único campus, em alguns deles ou em todos.

Na **cláusula 5** são apresentados os requisitos relacionados à *liderança*. A norma estabelece que a liderança deve demonstrar seu comprometimento com o SGA. Para isso, deve fornecer os recursos necessários para a implantação e manutenção do sistema, participar ativamente da elaboração da política ambiental, que consiste em uma declaração da alta direção, expondo suas intenções e princípios em relação a seu compromisso ambiental, e assumir a responsabilidade pelo sucesso do sistema. A empresa deve manter atualizada e documentada sua *política ambiental*. A organização deve garantir que todos os que trabalham na empresa estejam cientes dessa política, até mesmo os funcionários terceirizados, temporários e visitantes. Além disso, a norma estabelece que sejam definidos papéis e responsabilidades dentro da organização para que se possam cumprir os requisitos do SGA.

Na **cláusula 6** são estabelecidos os requisitos de *planejamento*. De acordo com esta cláusula, é necessário fazer uma análise dos riscos e oportunidades relacionados aos aspectos ambientais[1] da organização. A norma estabelece que, além do levantamento, é preciso documentar os aspectos e impactos ambientais associados a cada atividade da organização incluída no escopo do SGA, bem como definir os critérios adotados para a determinação da significância dos aspectos ambientais, e documentá-los de forma que se consiga facilmente saber quais são aqueles potencialmente mais impactantes. Uma das razões para se determinar os aspectos ambientais significativos é para que eles sejam tratados de forma prioritária pela organização.

Por *aspecto ambiental* entende-se todo elemento das atividades e produtos de uma organização que pode interagir com o meio ambiente (ABNT, 2015). Por sua vez, o *impacto ambiental* representa qualquer modificação das propriedades físicas, químicas e biológicas do meio ambiente, adversa ou benéfica, causada por qualquer forma de matéria ou energia resultante das atividades humanas, ou seja, resultante de um aspecto ambiental, que afete, direta ou indiretamente, a saúde, a segurança e o bem-estar da população; as atividades sociais e econômicas; a biota; as condições estéticas e sanitárias do meio ambiente; e a qualidade dos recursos ambientais (ABNT, 2015; BRASIL, 1986). Por exemplo, a atividade de transporte de cargas apresenta como aspecto ambiental o consumo de combustível fóssil e um dos impactos que pode originar dela é a poluição do ar pelo aumento da concentração de gases poluentes resultantes do processo de combustão, como o dióxido de carbono (CO_2), um dos principais gases de efeito estufa,

---

1 Elemento das atividades, produtos ou serviços de uma organização que interage ou pode interagir com o meio ambiente (ABNT, 2015).

representando, neste caso, um impacto ambiental negativo. No caso do reflorestamento de uma área, este aspecto ambiental (plantio de árvores) potencialmente acarretará a melhoria da qualidade do ar no entorno, devido à absorção de dióxido de carbono (CO_2) pelo processo de fotossíntese, constituindo, portanto, um impacto ambiental positivo. Desta forma, diz-se que os aspectos ambientais estabelecem uma relação de causa e efeito com os impactos, que são ditos "potenciais", haja vista que só ocorrerão dependendo das condições de controle estabelecidas para os aspectos.

A identificação dos aspectos ambientais deve ser seguida de sua análise, que leva em consideração: i) a condição; ii) a temporalidade em que ele ocorre; iii) sua natureza; e iv) a influência da organização sobre ele. A *condição* em que o aspecto ambiental ocorre diz respeito à atividade à qual ele está associado, podendo ser uma atividade normal, que ocorre rotineiramente na organização; *anormal*, na qual se enquadram as atividades de limpeza, manutenção etc., que são previstas, mas não ocorrem numa frequência diária; ou emergencial, quando se tratar de alguma situação de atendimento a emergências ou outras ocorrências. A *temporalidade* remete ao tempo de ocorrência do aspecto ambiental, que em geral é *presente*; no entanto, eventualmente, pode ser *passado*, quando a atividade originária do aspecto já não existir mais, como nos casos de passivos ambientais; ou ainda, *futuro*, caso os aspectos ambientais já tenham sido identificados, embora a atividade ainda não tenha iniciado — por exemplo, quando se utiliza de levantamentos feitos para obtenção das licenças ambientais. Por sua vez, a *natureza* pode ser *benéfica* quando determinado aspecto ambiental resultar em um impacto positivo, ou adversa quando o impacto resultante for negativo para o meio ambiente. Finalmente, a *influência* da organização sobre o aspecto ambiental, que pode ser *direta*, quando a atividade originária for realizada por colaboradores da própria organização ou dentro de suas instalações; ou indireta, quando a atividade é realizada por profissionais ou em instalações terceirizadas.

Após a identificação e análise dos aspectos ambientais, é necessário que a organização aponte os elementos do meio ambiente que podem ser afetados caso o aspecto ambiental resulte em dano (impacto), como, por exemplo, a água, o solo, o ar, os recursos naturais, a saúde e segurança dos colaboradores etc. Em seguida, a *avaliação da significância dos impactos potenciais* associados é determinada, sendo ela produto da G*ravidade* (G) do impacto potencial, a P*ossibilidade* (P) de ocorrência do impacto e as formas de D*etecção* (D) adotadas pela organização em caso de ocorrência. Para cada um dos itens da avaliação da significância do impacto potencial é atribuída uma nota (valor numérico), sendo considerado *significativo*, por exemplo, aquele impacto com fator de significância (FS) maior ou igual a 15 — como descrito na Equação 1.

$$FS = G \, . \, P \, . \, D \quad (1)$$

Em que FS≥15 significa um impacto significativo. Recomenda-se que a avaliação da significância utilize os seguintes critérios para atribuição da nota:

- **GRAVIDADE (G)**: (1) *Baixa* — quando no solo, água ou ar, o impacto for facilmente contido no local de ocorrência; o produto de reação com o meio ambiente for desprezível; não existirem restrições legais ou de boas práticas; quando envolver apenas o consumo de recurso natural renovável em pequena quantidade; e não afetar a saúde e segurança dos colaboradores da organização; (2) *Moderada baixa* — quando no solo, água ou ar, o impacto for contido no local de ocorrência; causar a contaminação destes elementos do meio em pequenas proporções, não sendo percebido em áreas adjacentes; não existirem requisitos legais ou de boas práticas; e quando envolver o consumo de recurso natural renovável em grande quantidade; (3) *Moderada* — quando no solo, água ou ar, o impacto causado atingir áreas adjacentes ao local de ocorrência; causar a contaminação destes elementos do meio sem ser percebido fora da organização; e não atender às boas práticas da organização; quando envolver o consumo de recurso natural não renovável em pequena quantidade; e afetar a saúde e segurança dos colaboradores, mas podendo ser controlado por meio do uso de equipamento de proteção individual (EPI); (4) *Moderada alta* — quando no solo, água ou ar, o impacto causado se restringir ao ambiente da organização; causar a contaminação destes elementos do meio; e não atender aos requisitos legais ou da organização, ou quando houver possível prejuízo da reputação da organização perante seus colaboradores e comunidade externa; e quando envolver o consumo de recurso natural não renovável em quantidade significativa; (5) *Alta* — quando no solo, água ou ar, o impacto causado atingir o ambiente externo da organização; causar a contaminação destes elementos do meio; e não atender aos requisitos legais ou da organização; quando envolver o consumo de recurso natural não renovável em grande quantidade; e afetar a saúde e segurança da comunidade externa.
- **POSSIBILIDADE (P)**: (1) *Baixa* — quando for muito improvável que o impacto ocorra; quando aconteça em quantidade desprezível; e seja facilmente controlado no local de ocorrência; (2) *Moderada baixa* — quando o impacto pode ocorrer durante a execução de uma atividade em quantidade desprezível; quando eventualmente ocorre, mas em pequena quantidade; e for de fácil controle no local de ocorrência; (3) *Moderada* — quando for prevista a ocorrência do impacto ou quando ele ocorrer durante a execução de uma atividade em pequena quantidade; e não houver formas de controle no local; (4) *Moderada alta* — quando for prevista a ocorrência do impacto ou quando ele ocorrer durante a execução de uma atividade em quantidade significativa; e não houver

formas de controle no local; (5) *Alta* — quando for prevista a ocorrência do impacto durante a execução de uma atividade em quantidade significativa; e não houver formas de controle no local.

- **DETECÇÃO (D)**: (1) *Fácil* — quando houver dispositivos automáticos no local; ou que a ocorrência do impacto seja facilmente detectada durante a execução da atividade; (2) *Moderada* — quando a detecção for limitada à inspeção no local, com reconhecimento por aspecto visual, odor, ruído etc.; (3) *Difícil* — quando a detecção for limitada ao uso de equipamentos auxiliares, não disponíveis no local de execução da atividade.

Ainda conforme a cláusula 6, a organização precisa estabelecer os *objetivos ambientais*, definir como alcançá-los e medi-los. Uma forma possível de atender este requisito é fazendo uso da ferramenta 5W2H (*What/O que — When/Quando — Where/Onde — Why/Por que — Who/Quem — How/Como — How much/Quanto*), por meio da qual se define: **o que** a organização almeja em termos ambientais (objetivo); em **quanto tempo** ela espera atingir o objetivo; em quais atividades, processos ou unidades de negócio (**onde**) espera-se que o objetivo seja atendido; o **porquê**, ou seja, a justificativa para o estabelecimento de certo objetivo; determinar o(s) responsável(is) (**quem**) por acompanhar e/ou realizar as ações necessárias para se atingir o objetivo; **como** será feita a avaliação de forma a saber se o objetivo foi cumprido conforme o planejado; e o **quanto** se espera alcançar deste objetivo (meta) — também pode-se mencionar o quanto será necessário investir para que determinado objetivo seja atingido. Objetivos que envolvam ou tenham influência sobre o atendimento à legislação devem ser considerados como prioritários. O não atendimento de um objetivo pode ser justificado, desde que sejam devidamente documentados os comprovantes que demonstrem os motivos pelos quais não foi possível cumprir o estabelecido.

Na **cláusula 7** são apresentados os requisitos de *apoio* para a implantação e manutenção do SGA. O suporte previsto pela norma envolve: providenciar recursos (desde humanos e financeiros, até infraestrutura como instalações, equipamentos, tecnologia da informação, entre outros); garantir que a equipe tenha ou desenvolva as competências necessárias para o desenvolvimento de suas tarefas; garantir que todos estejam cientes da política e dos objetivos ambientais, bem como de sua importância dentro do SGA, além de certificar que a comunicação (interna e externa) ocorre de forma efetiva. Outro ponto de extrema importância abordado pela norma é a garantia de que a informação documentada esteja ao alcance de todos os envolvidos e que os documentos sejam mantidos sempre atualizados.

Na **cláusula 8** estão os requisitos referentes à *operação*. A norma estabelece que a organização precisa definir os processos relevantes do ponto de vista ambiental para que se consiga atender os requisitos do SGA. Feito isso, ela deve estabelecer critérios operacionais para estes processos, controlar as mudanças planejadas e analisar as não planejadas de forma crítica. A organização também precisa garantir que os requisitos ambientais sejam considerados durante o processo de desenvolvimento de produtos, assim como durante a aquisição de materiais e produtos externos. Esta cláusula estabelece que a organização precisa estar preparada para responder a potenciais situações de emergência, devendo, desta forma, estabelecer um plano de contingência e treinar os envolvidos por meio de simulações previamente agendadas ou não.

A **cláusula 9** se refere à *avaliação do desempenho*. Portanto, a organização precisa definir quais parâmetros devem ser monitorados, como e quando será feito este monitoramento, e quais os métodos e equipamentos envolvidos nele. Mais detalhes sobre esta cláusula são fornecidos nas Seções 11.4. Medição de desempenho e 11.5. ISO 14031.

Um ponto importante também abordado na cláusula 9 é a condução de *auditorias internas* para a verificação da conformidade do SGA, que são chamadas de internas (ou de primeira parte) por serem conduzidas por auditores qualificados diretamente relacionados com a organização avaliada ou auditores terceirizados que atuem em seu nome. Seu objetivo é atestar que o SGA implementado (ou em implementação) na organização atende a todos os requisitos da norma. Assim, a organização deve elaborar um programa de auditorias, o que inclui desde a seleção dos auditores, periodicidade, método utilizado e forma de divulgação dos resultados.

Além disso, a norma exige que seja feita uma *análise crítica* pela alta direção da organização de forma periódica, por exemplo, anualmente. A análise crítica deve levar em consideração, por exemplo, os resultados das auditorias internas, a avaliação do atendimento às leis e outros requisitos, a comunicação recebida de partes externas, os resultados do atendimento aos objetivos e metas ambientais, além da situação das ações corretivas.

Por fim, a **cláusula 10** trata das *oportunidades de melhorias* a serem exploradas pelo SGA. Durante o processo de auditoria, eventualmente, podem ser observadas *não conformidades*, que são caracterizadas pelo não cumprimento (total ou parcial) de um requisito da norma, de um requisito estabelecido por uma parte interessada ou, ainda, pela própria organização. Neste caso, para cada não conformidade constatada, a organização deve estabelecer uma ação corretiva para eliminar sua causa ou prevenir sua recorrência. O plano de ação corretiva deve conter: a descrição detalhada da não conformidade verificada; unidade/processo/atividade em que ela foi observada; a ação corretiva (ou ações) a ser realizada (o que inclui ações de realização imediata); cronograma para correção; responsável(is) por acompanhar/realizar o plano.

Tomando todas estas informações como base, a alta direção deve propor e discutir oportunidades de melhoria, que envolvem a adoção de novas práticas, tecnologias e materiais que possam resultar no aprimoramento da gestão ambiental dentro da organização.

Além da norma ISO 14001, que fornece os requisitos, as organizações podem utilizar também a norma ISO 14004, que complementa as orientações para a implementação, manutenção e melhoria do SGA. Os requisitos da ISO 14001 podem ser utilizados também para estruturar qualquer SGA, independente da certificação. Esta situação é bastante comum entre as micro, pequenas e médias empresas.

Neste caso, uma opção é seguir as instruções definidas pela norma ISO 14005, que guia a implementação do SGA por fases. De modo geral, pode-se dizer que a implementação por fases trabalha um aspecto ambiental por vez, especialmente aquele considerado como significativo para o contexto da organização. Focando apenas um aspecto ambiental, por exemplo, no consumo de água, a organização conduz todos os requisitos exigidos pela ISO 14001, estabelecendo objetivos e metas, formas de controle e verificação.

Ao final deste processo (fase), a organização avalia o aprendizado obtido e verifica se possui as condições necessárias para seguir com a implementação da ISO 14001, considerando todos os seus aspectos ambientais; caso contrário, ela pode continuar trabalhando este mesmo aspecto ambiental e/ou escolher outro. Caso opte pela certificação do SGA, seguindo a norma ISO 14001, primeiramente, ela deve assegurar-se de que atende integralmente às cláusulas de 4 a 10, que se referem a um conjunto de atividades ou processos de gestão.

Anualmente, cresce o número de empresas que possuem SGA certificados conforme os requisitos da norma ISO 14001, como mostra a Figura 2. Segundo a ISO (2018), em 2017, este número chegou a 362.610 organizações com SGA certificados, o maior registrado até então.

No entanto, a empresa não pode fornecer a si própria o certificado de que segue a norma ISO 14001, mesmo que tenha passado por uma auditoria interna e tenha sido constatado que ela segue todos os requisitos propostos. Desta forma, ela deve procurar uma certificadora credenciada. No Brasil, o órgão que realiza o credenciamento dos organismos certificadores é o Instituto Nacional de Metrologia, Normalização e Qualidade Industrial (INMETRO), sendo este denominado como organismo acreditador. Além do INMETRO, há outro organismo em âmbito mundial que realiza o credenciamento das empresas certificadoras, sendo ele o *International Accreditation Forum* (IAF).

Figura 2 • Número de certificados ISO 14001 (Mundo) / Ano

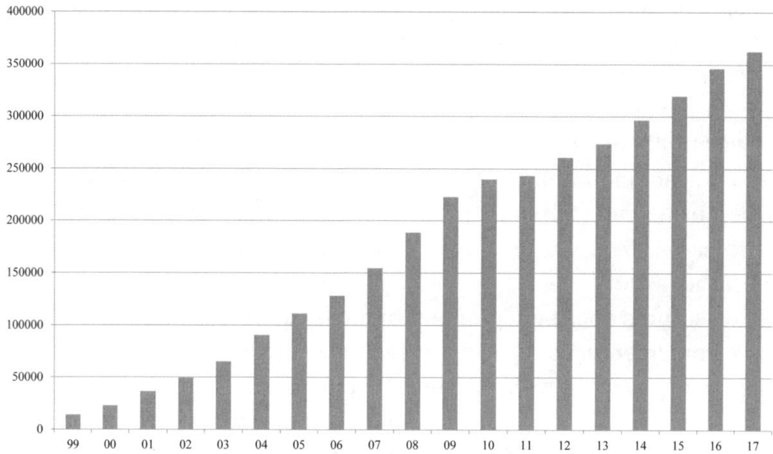

Fonte: Baseado em ISO (2018).

A entidade certificadora escolhida pela organização deve realizar *auditorias externas* (também conhecidas como de terceira parte). O processo é semelhante ao realizado pelas auditorias internas, porém, é conduzido por uma equipe de auditores totalmente independente. Constatada a conformidade do SGA da organização, sua certificação é recomendada e o certificado, que tem validade de três anos, é emitido. Neste período, após a auditoria externa de certificação, e das auditorias internas que devem ser feitas regularmente, são realizadas, anualmente, auditorias externas de manutenção e, após este período, uma auditoria externa de recertificação.

Todas as auditorias de sistema de gestão (internas ou externas) devem seguir as diretrizes fornecidas pela norma ISO 19011, que está em sua terceira versão, lançada em 2018, ainda sem tradução para o português. Uma curiosidade é que, até 2002, as auditorias de SGA eram orientadas pela norma ISO 14010; no entanto, ela foi cancelada, sendo que seu conteúdo foi unificado à norma ISO 10011, que tratava das auditorias de sistema de gestão da qualidade (também cancelada), originando a norma ISO 19011. Tal fato se deve ao entendimento de que todo processo de verificação da conformidade de sistemas de gestão se dá igualmente.

Embora a norma ISO 14001 não inclua requisitos específicos de qualidade, segurança e saúde ocupacional, ela permite o alinhamento com outros sistemas de gestão. Em 2012, a ISO propôs uma estrutura de alto nível conhecida como Anexo SL, do inglês *High Level Structure* (HLS), a qual estabelece uma estrutura idêntica para todas as normas de sistemas de gestão que surgirem ou forem revisadas após esta data. Esta estrutura contribui para a integração dos diferentes sistemas de gestão, sendo que a ISO 14001:2015 já segue esta estrutura. De acordo com o Anexo SL, as normas de sistemas de gestão devem ser compostas de dez cláusulas previamente definidas, cujo conteúdo é definido de acordo com o objeto da norma.

Atualmente, existem diversas normas para a implementação de sistemas de gestão, cada qual tendo como foco uma área estratégica da organização; alguns são genéricos, sendo aplicáveis a qualquer tipo e tamanho de organização, como é o caso da ISO 9001 (Sistema de Gestão da Qualidade), ISO 14001 (Sistema de Gestão Ambiental), ISO 45001/OHSAS 18001 (Sistema de Gestão de Segurança e Saúde Ocupacional) e NBR 16001 (Sistema de Gestão de Responsabilidade Social); outros são destinados a setores específicos como é o caso da ISO/TS 16949 (Sistema de Gestão da Qualidade voltada para o setor automobilístico), ISO 27001 (Sistema de Gestão de Segurança da Informação), ISO 50001 (Sistema de Gestão de Energia) e ISO 22000 (Sistema de Gestão de Segurança Alimentar).

Quando uma organização decide por implementar dois ou mais sistemas de gestão, ela pode optar pela gestão integrada. Isto porque, independentemente do foco, os sistemas de gestão apresentam seus requisitos organizados em fases de acordo com o ciclo PDCA, isto é, para o planejamento da implementação, operacionalização, verificação, e por fim, análise e proposição de melhorias. Ao integrar os sistemas, a organização pode ter economia de recursos e tempo, visto que a integração gera sinergia entre as atividades de gestão.

11.4 Medição de Desempenho

De acordo com Lebas (1995), o *desempenho* pode ser definido como a implantação e gestão dos componentes de um modelo de relação causal, que leva ao alcance de objetivos previamente definidos para uma empresa e situação específica. Portanto, as medidas de desempenho só têm sentido se forem definidas a partir de uma relação de causa e efeito, em que os elementos desta relação são aqueles a serem mensurados.

No entanto, a tarefa de escolher o que medir não é fácil e deve sempre estar atrelada a uma orientação estratégica. Deve-se ter uma visão do todo, evitando indicadores que reflitam apenas alguns aspectos ou áreas. Essa não é uma tarefa fácil e exige a colaboração de uma equipe multidisciplinar de forma a agregar diferentes visões. Também é preciso estar atento a questões internas e externas à empresa. Como dimensão interna, destaca-se a necessidade de a medição estar alinhada à cultura organizacional, o que torna mais fácil a operacionalização dos indicadores. Sobre a dimensão externa, dois elementos devem ser considerados prioritariamente: os clientes e os concorrentes, pois trata-se de duas partes interessadas importantes para qualquer organização.

O conjunto de diferentes indicadores de desempenho utilizados em paralelo dá origem ao Sistema de Medição de Desempenho (SMD). O interesse por SMD tem crescido ao longo dos anos, já que, para sobreviver em um mundo em constante mudança e acirrada competitividade, as empresas precisam estar preparadas, e uma das principais formas de se fazer isso é definindo metas e acompanhando indicadores para verificar se elas estão sendo atingidas. Isso tudo contribui para a tomada de decisão, pois não se gerencia o que não se mede. Portanto, a medição é fundamental para que se possa administrar algo, podendo ser criada para diferentes usuários e propósitos. Algumas das situações típicas em que a medição de desempenho pode ser utilizada são: no acompanhamento do trabalho gerencial, no auxílio à resolução de problemas, na apresentação de relatórios a determinadas partes interessadas, além de ajudar no estabelecimento de metas.

Na definição de Neely (1998), a medição de desempenho é o processo de quantificar uma ação realizada. Há dois conceitos importantes quando se trata de medição de desempenho: eficiência e eficácia. A eficiência se refere à medida de como os recursos disponíveis na organização são utilizados para atingir um determinado nível de satisfação dos clientes, enquanto a eficácia é a medida que avalia se os requisitos do cliente são realmente satisfeitos. Portanto, um sistema de medição de desempenho permite que as decisões e ações sejam tomadas com base em informações sobre as ações passadas, por meio da coleta, exame, classificação, análise, interpretação e disseminação dos dados adequados.

Franco-Santos *et al.* (2007) estabeleceram elementos necessários para a existência de um sistema de gestão, conforme mostra a Figura 3. A estrutura básica é definida como: características do sistema, propósitos do sistema e processos do sistema. Os autores separaram, dentro de cada uma dessas categorias, as condições necessárias, sem as quais o sistema de medição não existe, e as condições suficientes, que condicionam o sistema de medição.

Em resumo, destacam-se como características necessárias o uso de medidas ou indicadores de desempenho, bem como a infraestrutura de apoio para a coleta e análise das informações (que podem variar desde as mais simples, como planilha de anotações, até as mais sofisticadas, como programas computacionais).

O propósito fundamental de um sistema de medição de desempenho é medir o desempenho. No entanto, eles ainda podem desempenhar um conjunto de outros papéis que são agrupados nas seguintes categorias: gestão da estratégia, que compreende a formulação, execução e foco; comunicação, que compreende tanto a interna quanto a externa, *benchmarking* e conformidade com as regulamentações; a influência comportamental, que abrange o monitoramento do progresso e a premiação/compensação comportamental; e o aprendizado e aperfeiçoamento dentro da organização, que compreende os papéis de feedback (retorno), loop duplo de aprendizagem e melhoria de desempenho.

Figura 3 • Elementos de um sistema de medição de desempenho

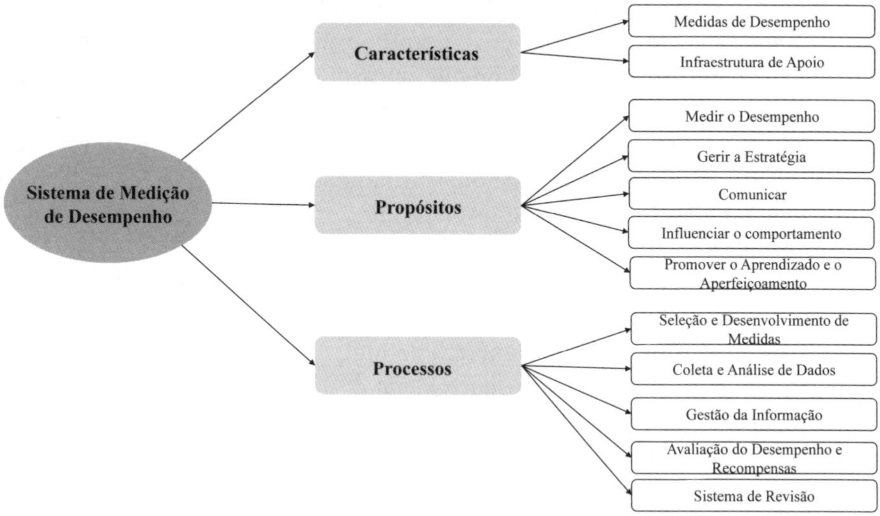

Fonte: Adaptado de Franco-Santos *et al.* (2007).

Com relação aos processos que se enquadram como essenciais para o sistema de medição de desempenho, pode-se dividir em: design e seleção de medidas, que compreende o processo de identificação das necessidades dos *stakeholders*, o planejamento, definição de objetivos estratégicos, seleção e desenvolvimento das medidas e das metas; a coleta e manutenção dos dados, que inclui os processos de coleta e análise dos dados; e a gestão da informação, que engloba os processos de gestão de informação, interpretação e tomada de decisão, ou seja, trata-se do uso que se faz das informações disponíveis no sistema de medição de desempenho. Assim, pode-se definir o sistema de medição de desempenho como um conjunto de processos que uma organização usa para gerir a implementação da sua estratégia, comunicar sua posição e progresso, e influenciar o comportamento e ações dos seus funcionários.

Pode-se dividir os Sistemas de Medição de Desempenho (SMD) em: *tradicionais* e *não tradicionais*. Os sistemas de medição tradicionais foram muito utilizados até a década de 80. Eles incentivavam a visão de curto prazo, focando apenas atingir resultados financeiros. Mesmo coletados com certa frequência (diária, semanal, mensal etc.), os indicadores forneciam uma visão enganosa da produção, pois só eram considerados os resultados finais das operações. Com isso, a informação era disponibilizada tardiamente, impossibilitando a tomada de decisão no sentido de melhorar o processo de produção. Por essa razão, o objetivo destes SMDs era apenas monitorar e não promover a melhoria contínua da produção. Esses sistemas tradicionais tornaram-se ineficientes para a realidade que se apresentava no final dos anos de 1980. A necessidade de promover melhorias nos processos de produção e as novas filosofias e métodos de gestão (*Total Quality Management, Lean Manufacturing* etc.) incentivaram as mudanças nos modelos de sistemas de medição de desempenho que se tornaram mais flexíveis, dinâmicos e acessíveis a todos os funcionários das organizações. Os processos de produção passaram a ser acompanhados mais de perto, com maior frequência, tornando as informações mais reais. Deste modo, a finalidade dos SMDs não tradicionais é promover a melhoria dos processos de produção, e não apenas monitorar o desempenho deles.

Por meio da Figura 4, é possível visualizar o desenvolvimento dos SMDs ao longo dos anos e verificar a mudança na intenção deles. Os SMDs começam atendendo à demanda causada pelo aumento da industrialização, por volta de 1900, e à necessidade de gerenciar a produtividade dos processos. Com o surgimento de organizações mais complexas, o foco desses sistemas continuou na produtividade, mas houve um aumento na preocupação com o controle do orçamento. Nos períodos seguintes, com a acirrada competição mundial e a sofisticação dos mercados, os SMDs passaram a se comportar como um sistema de gestão integrada de desempenho, agregando vários propósitos em um único sistema de gestão e medição.

Ainda na Figura 4, é possível notar a emergência de tendências importantes para o desenvolvimento dos SMDs e, especialmente, como o aspecto ambiental e social vem sendo incorporado a esses sistemas.

Outro ponto importante é a necessidade de manutenção e revisão periódica dos sistemas de medição, principalmente quando as organizações mudam suas estratégias e implantam novas tecnologias, de tal forma que o sistema evolua sempre acompanhando as mudanças sofridas pela organização, cumprindo seu papel de grande contribuidor no processo de melhoria contínua. Sem a atualização constante, é possível que esse sistema entre em conflito com os objetivos da empresa e forneça medidas que não representem a realidade. Na Figura 5, é apresentado um modelo que descreve a dinâmica do processo de evolução dos SMDs.

O processo tem início com a existência e o uso de um sistema de medição. A partir do uso desse sistema e impulsionado por alavancas externas (por exemplo, mudanças na legislação, pressões de *stakeholders* ou de mercado, ou ainda modificações na posse da organização), ocorre a reflexão acerca do sistema existente para identificar falhas e possíveis melhorias. Em seguida, é conduzida a modificação necessária para assegurar o alinhamento do sistema com as novas contingências. Por fim, é feito um desdobramento do sistema de medição de desempenho modificado de forma que ele possa ser utilizado na gestão do desempenho da organização. As alavancas internas (por exemplo, cultura da organização) são responsáveis por moldar as reflexões e modificações necessárias.

Figura 4 • Desenvolvimento da literatura em medição de desempenho e tendências globais

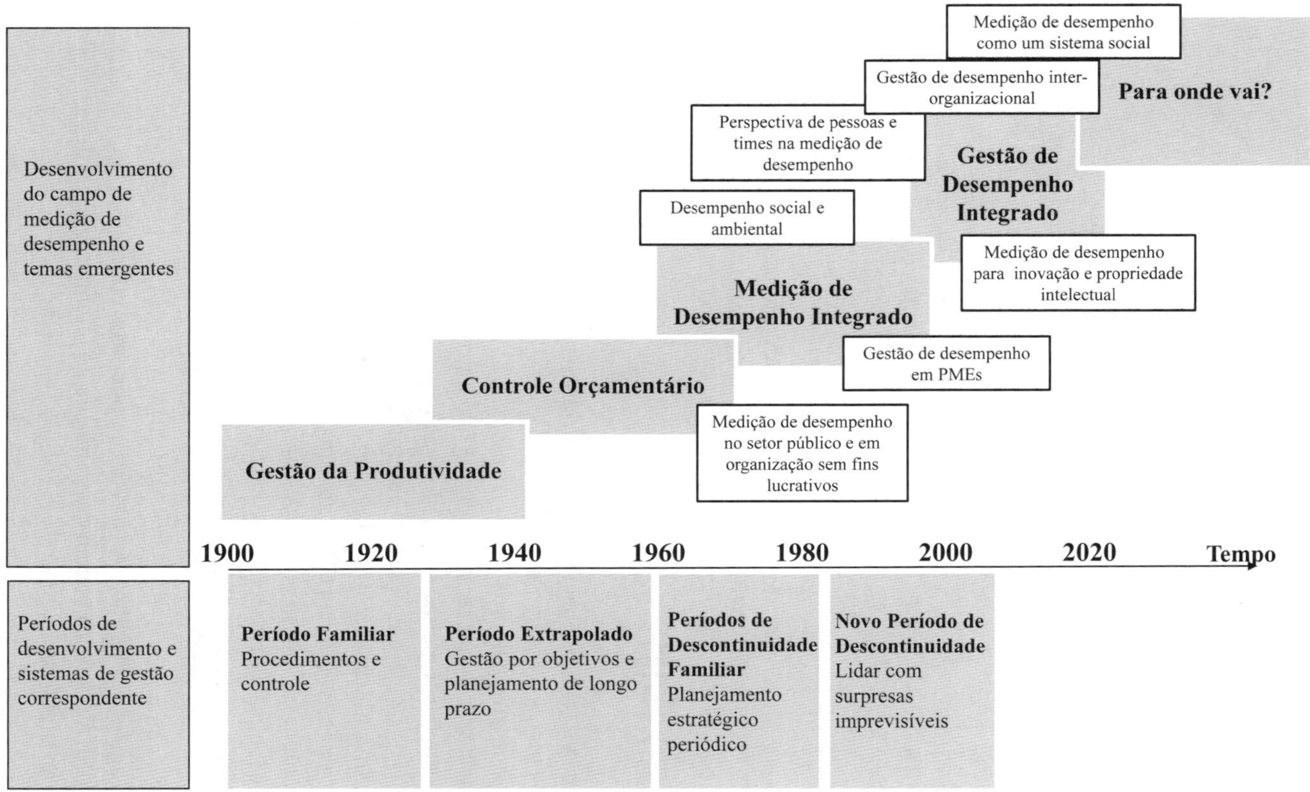

Fonte: Adaptado de Bititci *et al.* (2012).

Figura 5 • Fatores que afetam a evolução dos SMDs

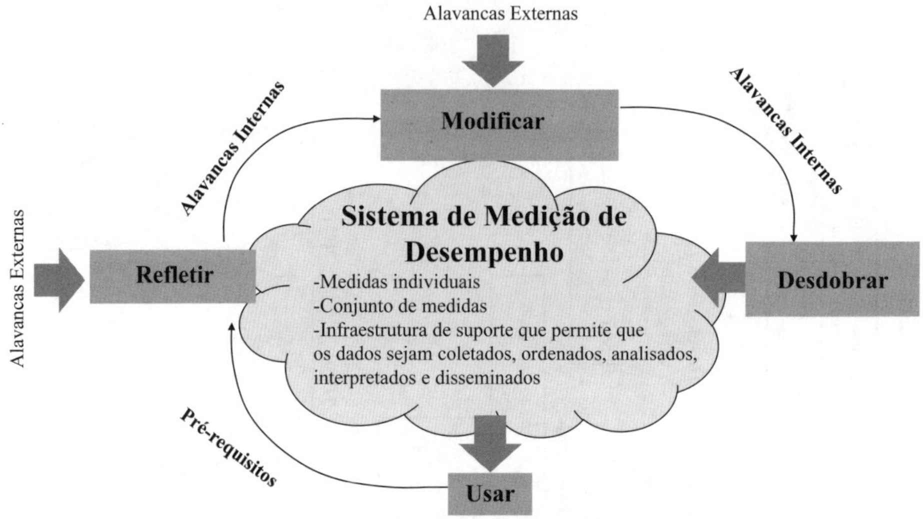

Fonte: Adaptado de Kennerley e Neely (2002).

11.5 ISO 14031

Conforme visto anteriormente, os indicadores surgiram inicialmente como uma forma de medir o crescimento econômico, sendo que apenas depois foram acrescentados outros aspectos, como o ambiental. Além disso, só se consegue gerenciar e melhorar o que se mede. O que não é medido, não se tem parâmetro para avaliar se ações tomadas foram efetivas.

A ISO 14031 é uma norma que fornece diretrizes para a Avaliação de Desempenho Ambiental (ADA) e faz parte da série de normas ISO 14000. Essa norma não é passível de certificação, uma vez que fornece diretrizes e não requisitos. Embora ela possa servir de suporte para a implantação e certificação da ISO 14001, não é obrigatório que ela tenha sido implantada para que uma empresa receba a certificação ISO 14001.

Essa norma está em sua segunda revisão e sua versão em português pode ser citada como *ABNT NBR ISO 14031:2015*. A versão em inglês, idêntica à versão em português, foi publicada em 2013 e pode ser citada da seguinte forma: *ISO 14031:2013*. A primeira versão dessa norma no idioma inglês se deu em 1999 e no idioma português em 2004.

A ISO 14031 está organizada em quatro cláusulas. As três primeiras tratam do Escopo, Referências Normativas e Termos e Definições. Na quarta cláusula é que são apresentados os processos, indicadores e princípios da avaliação de desempenho ambiental. A norma ainda apresenta uma série de orientações suplementares nos Anexos. Vale ressaltar que, assim como a ISO 14001, a norma ISO 14031 também está em consonância com o ciclo de aprendizado PDCA, o que torna mais fácil a sua execução em paralelo com outras normas que sigam esse mesmo padrão.

É definido pela norma que a avaliação do desempenho ambiental é um processo contínuo empregado para facilitar as decisões gerenciais com relação às questões ambientais de uma organização por meio da seleção e do uso de indicadores, coleta e análise de dados, e avaliando informações sobre o desempenho ambiental. Também é parte deste processo o relato, a comunicação e, periodicamente, a análise crítica e melhoria dos indicadores utilizados.

Assim, a ADA é um processo de gestão que utiliza indicadores de desempenho para comparar o desempenho ambiental passado e presente de uma organização com seus objetivos e metas ambientais. As informações geradas pela ADA podem auxiliar as organizações a: identificar seus aspectos ambientais e determinar quais devem ser priorizados, estabelecer objetivos e metas para melhorar o desempenho ambiental, identificar oportunidades de melhoria de gestão de aspectos ambientais, identificar tendências em seu desempenho, analisar criticamente e melhorar a eficiência e eficácia de suas operações, identificar oportunidades estratégicas, verificar a regularização de requisitos ambientais e outros que devem ser atendidos pela organização na esfera ambiental e, relatar e comunicar o seu desempenho ambiental interna e externamente.

De acordo com a ISO 14031 (ABNT, 2015), um indicador de desempenho é definido como a representação mensurável da condição ou estado de operações de uma organização. Quando se trata da abordagem ambiental, estes indicadores podem ser divididos em dois grandes grupos: os Indicadores de Condição Ambiental (ICA) e os Indicadores de Desempenho Ambiental (IDA).

Os ICAs são utilizados para verificar a condição do meio ambiente que pode ser impactado pela ação de uma organização. Essas informações são importantes para melhorar o entendimento das organizações sobre os impactos ambientais reais ou potenciais dos aspectos ambientais gerados por sua operação. Nem sempre é fácil estabelecer essa conexão direta entre o ICA e a operação que gera determinado aspecto. De fato, isso só ocorre quando existe uma única operação responsável por gerar um determinado impacto. Desta forma, é recomendado pela norma atenção na contabilização de qualquer outro tipo de fonte ou fatores que possam gerar impactos ambientais semelhantes. Por exemplo, determinado indicador é utilizado para monitorar a condição de emissão de um poluente. No entanto, podem existir dentro da organização outros processos que emitem o mesmo poluente. Assim, fica difícil fazer a ligação direta com somente um processo operacional dentro da organização, pois o poluente monitorado tem várias fontes de emissão.

Os ICAs são comumente utilizados por órgãos regulatórios e agências governamentais para fornecer uma linha base de desempenho ambiental, monitorar tendências, estabelecer limites permitidos de alguns poluentes e criar incentivos para fomentar a melhoria de processos. Como exemplo, em termos de poluentes atmosféricos, pode-se citar os índices limites de materiais particulados permitidos por lei de acordo com a Resolução nº 382 do Conselho Nacional do Meio Ambiente (CONAMA) (BRASIL, 2006).

O segundo grupo de indicadores definidos pela ISO 14031 são os IDAs. Estes fornecem informações sobre a gestão dos aspectos ambientais significativos da organização e demonstram os resultados dos programas de gestão ambiental. Este grupo se subdivide ainda em dois tipos, os *Indicadores de Desempenho de Gestão* (IDG) e os *Indicadores de Desempenho Operacional* (IDO). Enquanto os primeiros fornecem informações sobre o empenho da gestão em influenciar o desempenho ambiental da organização, os últimos informam sobre o desempenho ambiental das operações da organização.

Dentro do contexto da ISO 14031, estes indicadores podem ser utilizados para demonstrar a aderência das organizações aos três pilares da sustentabilidade (social, econômico e ambiental). De fato, as decisões e ações da gestão organizacional estão diretamente ligadas ao desempenho de suas operações. Assim, a Figura 6 apresenta um esboço de como a ADA pode ser colocada em funcionamento pelas organizações.

De maneira geral, a ISO 14031 sugere que o primeiro passo para implantação de um sistema de ADA é planejar o seu funcionamento. Destaca-se que a ADA pode ser implantada em empresas com ou sem um SGA implementado e/ou certificado. No entanto, para a ADA ser efetiva, convém que a organização defina sua política ambiental, metas, objetivos e os requisitos legais que são aplicáveis. Desta forma, devem ser selecionados os indicadores mais apropriados para descrever o desempenho ambiental da organização com base em suas necessidades.

Figura 6 • Esboço do sistema de avaliação do desempenho ambiental seguindo o padrão PDCA

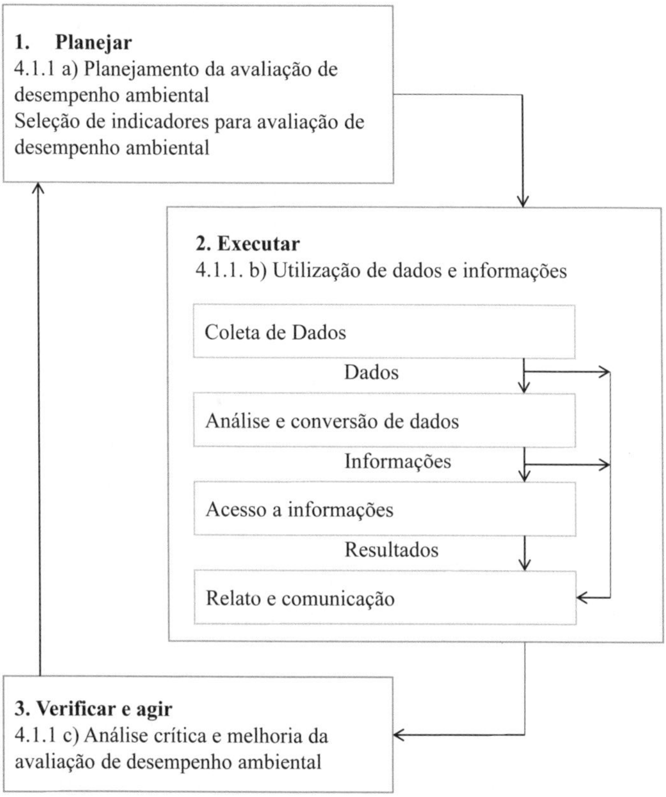

Fonte: Adaptado de ISO (2015).

Na seleção dos indicadores, a norma recomenda alguns usos específicos para os IDGs e os IDOs. Dentro do primeiro grupo, convém que as informações fornecidas sejam eficazes para ajudar as organizações a prever mudanças de desempenho, identificar causas de desempenhos fora do planejado (tanto positiva como negativamente) e identificar ações preventivas. Neste sentido, os IDGs podem ser utilizados para acompanhar o nível de comprometimento com a gestão ambiental, os recursos para implantação de políticas e programas ligados à missão da organização, conformidade com requisitos legais (ou outros requisitos subscritos pela organização). No Quadro 1, estão apresentados alguns exemplos sugeridos pela ISO 14031 de indicadores de desempenho gerencial.

Quadro 1 • Exemplos de indicadores de desempenho gerencial

Área de Desempenho	Indicador
Relacionados a políticas e programas de gestão	Recursos para implantar políticas e programas de gestão ambiental.
	Sucesso de iniciativas de prevenção da poluição.
	Percentual de colaboradores treinados versus o percentual de colaboradores que precisam ser treinados em gestão ambiental.
	Resultados de pesquisa com colaboradores sobre o seu conhecimento das questões ambientais da organização.
Relacionados com a conformidade regulatória	Número e gravidade das violações de conformidade.
	Tempo para responder a incidentes ambientais.
	Número de auditorias.
	Frequência de simulados de preparação e resposta a emergências.
Desempenho financeiro relacionado ao desempenho ambiental	Custos (operacional e de capital) associados aos aspectos ambientais de um produto ou processo.
	Retorno sobre investimento para projetos de melhoria ambiental.
	Economia obtida com a redução do uso dos recursos, da prevenção da poluição ou da reciclagem de resíduos.
	Fundos de pesquisa e desenvolvimento aplicados a projetos com significância ambiental.
Relacionados com a comunidade	Número de consultas externas ou comentários sobre questões relacionadas ao meio ambiente.
	Recursos aplicados para apoiar programas ambientais na comunidade.
	Índices de aprovação e pesquisas nas comunidades.
	Número de reportagens da imprensa sobre o desempenho ambiental da organização.

Fonte: Adaptado de ABNT (2015).

O segundo grupo de indicadores de desempenho ambiental, os Indicadores de Desempenho Operacional (IDO), são responsáveis por gerar informações a respeito do desempenho ambiental das operações propriamente dito. Estes indicadores podem ser selecionados com base nas entradas, processos operacionais equipamentos e nas saídas geradas pelos processos de produção da organização, como mostra o Quadro 2.

A maioria dos exemplos fornecidos está expressa na forma de medições diretas, eventos ou números, para ilustrar como as organizações podem avaliar os fatores que são úteis para o seu monitoramento. No entanto, a norma esclarece que as organizações, suas políticas, objetivos e estruturas variam muito, e um bom sistema de avaliação de desempenho ambiental deve ser desenvolvido considerando-se essas peculiaridades.

Quadro 2 • Exemplos de Indicadores de Desempenho Operacional de acordo com a categoria que se deseja avaliar

Categoria	Indicador
Materiais	Material utilizado por unidade de produto.
	Matéria-prima reutilizada no processo de produção.
	Água utilizada por unidade de produto.
Energia	Energia usada por serviço ou cliente.
	Energia gerada por subproduto ou fluxos de processos.
Serviços de apoio	Quantidade de material tóxico utilizado pelos prestadores de serviço contratados.
	Tipo de resíduos gerados por prestadores de serviços contratados.
Instalações físicas e equipamentos	Percentual das partes dos equipamentos com peças projetadas para fácil desmontagem, reciclagem e reutilização.
	Dióxido de carbono equivalente por unidade transportada.
	Percentual de veículos na frota com tecnologia para a redução da poluição.
Fornecimento e Distribuição	Número de entregas de mercadoria por meio de transporte por unidade de tempo.
	Número de viagens de negócios por cada modo de transporte.
Produtos	Número de produtos que podem ser reutilizados ou reciclados.
	Quantidade de recursos consumidos durante o uso do produto.
	Durabilidade do produto.
Serviços fornecidos pela organização	Consumo de recurso por unidade de serviço prestado.
	Quantidade de poluente por serviço prestado.
Resíduos	Total de resíduo descartado por categoria.
	Quantidade de resíduos convertidos em material reutilizável por unidade.
	Quantidade de resíduos perigosos eliminados devido a programas de prevenção da poluição.
Emissões Atmosféricas	Emissões específicas por ano.
	Energia desperdiçada, liberada para a atmosfera.
Emissão de efluentes para solo ou água	Material específico lançado por ano.
	Efluentes por unidade de serviço ou cliente.
Outras emissões	Indicador de ruído medido no local determinado.
	Quantidade de calor, vibração ou luz emitidos por unidade.

Fonte: Adaptado de ABNT (2015).

Uma vez selecionados, os indicadores de desempenho ambiental são utilizados e as informações geradas são processadas: essa é a segunda etapa da avaliação de desempenho ambiental, e compreende os processos de coletar dados, fazer a análise e a conversão dos dados, avaliar criticamente as informações obtidas, e fazer o relato para comunicação dos resultados alcançados interna e externamente.

A fonte para a coleta de dados pode ser o próprio SGA, quando existir, ou ainda outras fontes como registros de processos, entrevistas e observações, relatórios, clientes e demais partes interessadas, entre outras. O mais importante é que a coleta de dados seja realizada de tal forma a assegurar a confiabilidade dos dados obtidos, bem como sua validade. Assim, a norma ISO 14031 orienta que seja estabelecido um procedimento que inclua formas apropriadas de identificação, arquivamento, armazenamento, recuperação e disposição dos dados. Para a análise e conversão dos dados coletados, a norma recomenda que sejam utilizadas ferramentas estatísticas para aumentar a confiabilidade das decisões tomadas e a garantia de ter objetivos alcançados de fato.

Em sequência, é aconselhável realizar a análise crítica das informações obtidas pela ADA, confrontando seus resultados com os objetivos e metas definidos pela organização. Neste processo, os IDAs e também os ICAs são comparados com os objetivos de desempenho ambiental propostos pela organização no início do período de avaliação. As informações provenientes desta comparação devem ser encaminhadas para a direção, de forma que auxiliem no processo de melhoria das ações de gestão.

O último elemento da fase de uso dos dados e informações é o relato e a divulgação deles. Como orientação geral, a ISO 14031 sugere que informações úteis sobre o desempenho ambiental da organização sejam repassadas para as partes interessadas internas e externas. Esta comunicação deve ser incorporada ao plano de comunicação geral da organização e pode trazer benefícios como o aumento da conscientização e diálogo sobre políticas ambientais, critérios de desempenho ambiental e conquistas relevantes para a organização; e ainda demonstrar o compromisso e esforço da organização para melhorar o seu desempenho ambiental. De forma mais específica, quando se trata do relato interno, é importante deixar claro que as informações necessárias e adequadas, que descrevem o desempenho ambiental da organização, devem estar disponíveis para os colaboradores em tempo hábil para que decisões sejam tomadas considerando esses dados. Esta prática auxilia funcionários, fornecedores e outras partes relacionadas à organização a cumprirem suas responsabilidades e metas nos critérios ambientais estabelecidos. Externamente, as organizações são requisitadas a emitir relatórios ambientais sobre suas ações, e ter as informações previamente organizadas na ADA pode agilizar esse processo. Além disso, é comum que organizações desejem expor voluntariamente seu desempenho ambiental em relatórios para melhorar sua posição nos negócios e suas relações com partes interessadas, como, por exemplo, a comunidade na qual a organização opera seus processos de produção. Assim, é fundamental que essa comunicação seja confiável e represente, de fato, o desempenho ambiental da organização nos processos monitorados.

Por fim, a última etapa da avaliação de desempenho ambiental é a análise crítica e a melhoria do processo como um todo. A intenção, neste caso, é identificar oportunidades de melhoria e contribuir para o aprimoramento tanto no desempenho da gestão quanto no desempenho das operações da organização, resultando na melhoria das condições ambientais. Esta avaliação deve ser periódica, de tal forma que seu resultado seja a melhoria e o aprimoramento contínuo da ADA da organização.

Assim, destaca-se que a ADA é um processo contínuo de coleta e avaliação de dados e informações ambientais, e tem como objetivo fornecer uma avaliação atual do desempenho da organização neste quesito. A ISO 14031 define um modelo genérico de como essa avaliação pode ser organizada, no entanto, não é objetivo desta norma estabelecer níveis para o desempenho dos indicadores utilizados.

11.6 Considerações Finais

A padronização dos sistemas de gestão pode gerar diversos benefícios para as organizações que se utilizam deles, como a redução de custos e desperdícios, melhoria da imagem junto às partes interessadas, acesso a novos mercados, maior garantia do atendimento aos requisitos legais aplicáveis, redução da chance de se ter divergências na realização das atividades de produção e, especialmente, o aumento da satisfação dos clientes.

A incorporação da variável ambiental nas organizações, em geral, inicia-se com o acompanhamento de indicadores de desempenho ambiental, por exemplo, indicador de consumo de água e/ou energia. Porém, à medida que a empresa adquire maturidade ambiental, há uma tendência de ampliar sua gestão para um processo sistêmico e, para tal, pode-se utilizar das normas técnicas para estruturar um SGA. Para aumentar seu nível de maturidade ambiental, uma organização pode, por exemplo, adotar programas de Produção mais Limpa, ou iniciar um SGA por fases, como sugerido pela ISO.

A gestão sistêmica é importante porque garante que todos os aspectos ambientais da organização são conhecidos, controlados e que ela está trabalhando para minimizá-los e/ou eliminá-los, quando possível. No entanto, deve-se ter em mente que não há gestão sem o controle de indicadores, e esta premissa é válida, inclusive, para a área ambiental.

Segundo Höjer *et al.* (2008), as ferramentas disponíveis para o estudo de sistemas ambientais podem ser classificadas em: i) *processuais*, por serem focadas em procedimentos e conexões com os contextos social e de tomada de decisão; ou ii) *analíticas*, por estarem diretamente associadas aos aspectos técnicos da análise, podendo ser integradas à estrutura de uma ferramenta processual. Finnveden e Moberg (2005) acrescentam que a combinação de ferramentas é justificada quando existem diferenças entre elas relacionadas a alguns critérios como, por exemplo, grau de quantificação, limites do sistema e impactos incluídos etc., pois assim adicionam partes complementares aos resultados da análise e, consequentemente, à tomada de decisão. Neste sentido, o SGA pode ser classificado como um instrumento processual, enquanto o SMD figura entre as ferramentas analíticas, podendo, portanto, serem utilizados de forma combinada para melhor efetividade da análise ambiental.

Uma premissa do SGA que segue a norma ISO 14001 é que a organização tenha responsabilidade pelos aspectos ambientais associados às suas atividades e influencie as partes interessadas a gerenciar os seus próprios. Isto ficou ainda mais marcante na versão da norma de 2015, uma vez que ela recomenda a consideração da perspectiva do ciclo de vida dos produtos entregues pela organização, o que extrapola as fronteiras físicas da organização. Isso evita que as cargas ambientais sejam transferidas de uma etapa para outra, ou de uma organização para outra, como, por exemplo, com a contratação de serviços terceirizados, sem a devida consideração, o que poderia ocultar ilusoriamente os aspectos ambientais relacionados.

Desta forma, evidencia-se que, segundo as recomendações da ISO, a tendência é que o escopo dos SGA seja ampliado, incluindo as diversas etapas do ciclo de vida dos produtos da organização, tornando a avaliação dos sistemas ambientais mais completa e realista. E, nesse sentido, a Avaliação do Ciclo de Vida (ACV) aparece como técnica complementar para esta nova forma de gerir o desempenho ambiental organizacional, podendo ser consultada no Capítulo 3 deste livro.

11.7 Exercícios

Questão 1. Reflita sobre a seguinte afirmação: "Apenas quando uma organização possui um SGA certificado é que ela consegue obter os benefícios previstos." Considerando-se o exposto neste capítulo, esta afirmação está correta?

Questão 2. Os SGA, com base na norma ISO 14001, garantem que as empresas certificadas atuarão de forma ambientalmente correta? Justifique sua resposta. Apresente exemplos reais para complementar sua resposta.

Questão 3. Em sua opinião, a ISO 14001 é um certificado de produto? O que vem primeiro: a implantação do SGA ou de um sistema de medição de desempenho ambiental? Justifique.

CASE 1

Uma empresa do setor de papel e celulose possui um SGA certificado com base na norma ISO 14001 e seu sistema de avaliação do desempenho ambiental é baseado nas diretrizes da ISO 14031. Um tema que vem sendo considerado estratégico para a organização é o seu papel frente às mudanças climáticas que, segundo estudos científicos, estão ocorrendo no planeta. Neste caso, o principal indicador acompanhado pela empresa é a emissão de gases do efeito estufa (GEE), calculada com base em emissão de quilogramas de dióxido de carbono equivalente (kg CO_2-eq). A empresa assinou um acordo de setor em que se compromete a reduzir em 7% esse indicador nos próximos 10 anos. Para isso, um indicador de emissão de GEE pelo processo de produção da empresa é aferido diariamente. Outra ação da organização foi calcular a emissão de CO_2 para todos os seus processos, além da produção, e, desta forma, tomar melhores decisões sobre a matriz energética utilizada pela empresa, bem como sobre questões logísticas que envolvem a distância até seus fornecedores e os veículos utilizados para o transporte de cargas. Outro ponto no qual a empresa tem investido é estimular que seus funcionários utilizem meios de transporte com baixa emissão de GEE para realizarem o trajeto de suas residências até o trabalho.

O diretor-presidente da empresa afirma: "Trata-se de uma meta ousada que depende do esforço de todas as áreas da empresa, não apenas da produção. Desde o setor de compras de insumos até o setor de manutenção, todos têm que pensar em como reduzir o indicador global de emissão de CO_2-eq, caso contrário, não conseguiremos atingir nossa meta."

Diante dos esforços desta empresa de papel e celulose, indique:

Questão 4. Qual o indicador de condição ambiental (ICA) está sendo considerado neste caso?

Questão 5. Quais indicadores de desempenho ambiental (IDA) estão descritos no caso apresentado?

Questão 6. Que indicadores de desempenho de gestão você sugere para serem monitorados?

Questão 7. Que indicadores de desempenho operacional você sugere que sejam monitorados pela empresa?

CASE 2

Em uma fábrica de embalagens plásticas de pequeno porte, Gustavo, o gerente-geral, recebeu a visita de Guilherme, gerente de uma empresa de cosméticos que é um dos seus principais clientes. O motivo da visita era para tratar de questões ambientais. Segundo Guilherme, a empresa que ele gerencia anda muito preocupada com o fato de utilizar matérias-primas de fontes não renováveis, com o consumo de energia nas etapas de fabricação para a produção das embalagens e com as sobras de processo (resíduos sólidos) geradas. Ele destacou que, ao abordar seus clientes, foi possível perceber um aumento grande por parte deles quanto a preocupações ambientais. Além disso, um de seus principais concorrentes recentemente implantou um SGA e recebeu a certificação ISO 14001. Tudo isso tem feito com que Guilherme e sua empresa tenham começado a se movimentar em uma direção onde seus processos sejam ambientalmente melhores. Porém, Guilherme afirma que não basta somente eles se preocuparem em produzir cosméticos com menor impacto ambiental, mas é necessário que toda a cadeia de suprimentos também se envolva e trabalhe para minimizar seus aspectos e impactos ambientais. Depois desse contato, com medo de perder o cliente, Gustavo resolveu procurar Luiza, a gerente de produção, para pedir uma ajuda frente a essa requisição do Guilherme. Vale a pena destacar que a empresa em que Gustavo trabalha não possui nenhuma certificação ambiental, nem tanto se preocupa com qualquer questão ambiental inerente aos seus processos de produção.

Com base no texto, responda às questões:

Questão 8. Considerada a estrutura da norma ISO 14001, qual seria o primeiro passo para que a empresa onde Gustavo trabalha inicie a implementação de um SGA certificado? Seria em direção à adoção de um SGA ou de um SMD? Justifique sua resposta.

Questão 9. O que são aspectos e impactos ambientais? Analisando o caso apresentado, quais aspectos ambientais estão nele citados? Quais os impactos potencialmente originados dos aspectos ambientais analisados?

Questão 10. Para se obter uma certificação ISO 14001, é preciso que toda a cadeia e seus fornecedores sejam certificados ou apresentem preocupação ambiental? Justifique sua resposta.

GABARITO

Questão 1.

Sugestão de resposta: Não. Ao seguir um modelo de SGA, a organização promove a adequação ambiental dos seus processos e atividades e, desta forma, garante os benefícios desta ação, tais como: redução de custos e desperdícios, melhoria da imagem da organização, acesso a novos mercados, maior garantia do atendimento aos requisitos legais aplicáveis, redução da chance de se ter divergências na realização das atividades de produção, e, especialmente, o aumento da satisfação dos clientes. No entanto, ao buscar a certificação, a organização passa por verificações periódicas externas (auditorias) que conferem veracidade às informações prestadas e consolidam os benefícios alcançados.

Questão 2.

Sugestão de resposta: Não. A certificação garante a existência de um SGA, mas não garante que a empresa esteja atuando de maneira ambientalmente correta. Quando uma organização tem um SGA implementado, ela atesta que conhece, controla, trabalha na redução e eliminação dos seus aspectos e impactos ambientais. Isso não significa que ela não possa causar impactos ambientais negativos, ou que possua passivos ambientais.

Há casos de empresas com SGA certificado pela norma ISO 14001 e que, mesmo assim, envolveram-se em acidentes ambientais. Um exemplo ocorreu com a empresa de mineração Samarco, atuante no estado de Minas Gerais. Mesmo possuindo SGA certificado, e tendo adotado soluções ambientalmente aceitas pelo órgão ambiental competente para o gerenciamento de seus rejeitos (a saber, barragens), a empresa, em 05 de novembro de 2015, foi responsável por um dos maiores acidentes ambientais da história do Brasil. (Sugestão de reportagem: https://www.istoedinheiro.com.br/blogs-e-colunas/post/20151109/caso-samarco-desmoronamento-responsabilidade-social-corporativa/7737.)

Questão 3.

Sugestão de resposta: A certificação da ISO 14001 se refere ao processo e não ao produto, ou seja, uma empresa certificada garante que seu processo está estruturado e garantindo a promoção da melhoria contínua. Além disso, a adoção de um sistema de medição de desempenho ambiental não depende de um SGA implementado. Ao monitorar ao menos um aspecto ambiental por meio de um indicador, a empresa faz a medição de seu desempenho em relação a este aspecto ambiental, mesmo que não tenha um SGA. Porém, por outro lado, para a implementação de um SGA, é necessário que existam indicadores de desempenho que monitorem os aspectos ambientais da organização periodicamente.

Questão 4.

O ICA relacionado é o de emissão de gases de efeito estufa, mensurado em quilogramas de CO_2-equivalente que, por sua vez, tem contribuição para indicadores de impacto em nível global, como aqueles que indicam as mudanças climáticas. Este indicador retrata a situação atual do ambiente no momento, e não considera o desempenho da empresa.

Questão 5.

Os IDA descritos no caso são: indicador de emissão de CO_2-equivalente pelos processos de produção, indicadores logísticos de distância de fornecedores e tipo do transporte de carga, indicador que avalie o meio de transporte dos funcionários. Todos esses indicadores serão posteriormente convertidos em termos de emissão de CO_2-equivalente e, assim, irão contribuir para o monitoramento deste indicador de desempenho ambiental considerando a empresa como um todo.

Questão 6.

Um indicador potencial é: percentual de colaboradores que usam transportes alternativos (exemplo: bicicleta) versus colaboradores que usam transporte tradicional (ônibus, carro, moto). Assim, seria possível avaliar como os colaboradores estão percebendo a sua contribuição para a meta de redução de emissão de CO_2-equivalente proposta pela empresa. Outra possibilidade é monitorar a matriz energética da empresa considerando a contribuição de fontes de origem renovável e não renovável.

Questão 7.

Os indicadores de desempenho operacional são responsáveis por gerar informações sobre o desempenho ambiental das operações propriamente dito. Estes indicadores podem ser selecionados com base nas entradas, processos operacionais e os equipamentos, e as saídas geradas pelos processos de produção da organização. Como exemplo, pode-se citar: consumo total de energia da empresa (MWh), consumo de energia por processos produtivos/administrativos e consumo de energia por quilograma de produto produzido. Ainda é possível considerar outros indicadores que tenham impacto indireto na emissão de CO_2, com quantidade de produtos produzidos, forma de reciclagem de resíduos (por exemplo, a reciclagem externa exige locomoção e gasto de combustível), entre outros.

Questão 8.

De acordo com a norma ISO 14031, sistemas de avaliação ambiental podem existir sem estar associado a um SGA certificado. No entanto, para a demanda dos clientes, a certificação seria o passo mais relevante. Assim, pode-se sugerir que o Gustavo inicie essa questão que está acontecendo à alta direção da empresa para depois dar seguimento à aplicação da norma ISO 14001. Após atender as cláusulas 4 e 5, a empresa pode partir para a cláusula 6, que inclui o levantamento dos aspectos e impactos ambientais do seu processo produtivo, para então definir indicadores para eles. A norma ISO 14005 pode ser indicada para esse início, já que estrutura um SGA baseado em um ou poucos aspectos ambientais, para depois se expandir para um SGA mais amplo. Depois de estar com esse primeiro passo consolidado, a empresa fica mais segura para ampliar o escopo do seu SGA e, por fim, solicitar a certificação da ISO 14001.

Questão 9.

É importante compreender que, por aspecto ambiental, entende-se todo elemento das atividades, produtos e serviços de uma organização que pode interagir com o meio ambiente, enquanto o impacto ambiental, por sua vez, representa qualquer modificação, adversa ou benéfica, resultante de um aspecto. No case apresentado, os aspectos ambientais citados são: utilizar matérias-primas de fontes não renováveis, o consumo de energia para a produção das embalagens e as sobras geradas durante esse processo fabril. Para esses aspectos, os possíveis impactos ambientais são: contaminação do ar, contaminação do solo, depleção de recursos naturais não renováveis etc.
O consumo de energia está associado à fonte. Se for termelétrica, queima carvão e polui o ar; se for nuclear, gera resíduos altamente perigosos. Sobre as sobras de resíduos, envolve a destinação correta (reúso, reciclagem, aterro etc.), mas se descartados de forma incorreta, podem levar à contaminação da água, do solo e, se queimados incorretamente, poluição do ar.

Questão 10.

Não. A certificação ISO 14001 refere-se somente à empresa solicitante e não à sua cadeia. No entanto, quanto mais elos da cadeia se tornarem certificados (ou demonstrarem preocupação com os aspectos ambientais) melhor. Apesar de não ser obrigatório que os fornecedores tenham SGA certificado, é natural que a empresa exija mais de seus fornecedores do que exigia antes com relação ao atendimento de requisitos ambientais. Por exemplo, no case apresentado, a empresa do Gustavo é fornecedora e ainda não tem o SGA certificado, enquanto a empresa onde Guilherme trabalha já tem o SGA certificado pela ISO 14001.

Referências

ALBERTON, A.; COSTA JR., N. C. A. Meio Ambiente e Desempenho Econômico-Financeiro: Benefícios dos Sistemas de Gestão Ambiental (SGAs) e o Impacto da ISO 14001 nas Empresas Brasileiras. *Revista de Administração Contemporânea - RAC-Eletrônica*, v. 1, n. 2, p. 153-171, 2007.

ABIQUIM - ASSOCIAÇÃO BRASILEIRA DA INDÚSTRIA QUÍMICA. *Atuação Responsável - Histórico. [s.d.].* Disponível em: https://abiquim.org.br/programas/historico. Acesso em: 18 set. 2018.

ABNT - ASSOCIAÇÃO BRASILEIRA DE NORMAS TÉCNICAS. ABNT NBR ISO 14001: sistemas de gestão ambiental - requisitos com orientações para uso. Rio de Janeiro: ABNT, 2015. 41 p.

ABNT - ASSOCIAÇÃO BRASILEIRA DE NORMAS TÉCNICAS. ABNT NBR ISO 14031: Gestão ambiental - Avaliação de desempenho ambiental - diretrizes. Rio de Janeiro: ABNT, 2015. 44 p.

BARBIERI, J. C. *Gestão Ambiental Empresarial.* 3ª ed. São Paulo: Saraiva, 2011. 376p.

BITITCI, U.; GARENGO, P.; DORFLER, V.; NUDURUPATI, S. Performance Measurament: Challenges for Tomorrow. *International Journal of Management Reviews*, v. 14, 2012.

BRASIL. MINISTÉRIO DO MEIO AMBIENTE. *Resolução CONAMA nº 001*, de 23 de janeiro de 1986, estabelecendo as definições, as responsabilidades, os critérios básicos e as diretrizes gerais para uso e implementação da Avaliação de Impacto Ambiental como um dos instrumentos da Política Nacional do Meio Ambiente. Diário Oficial da União. Brasília, DF: Imprensa Oficial.

BRASIL. MINISTÉRIO DO MEIO AMBIENTE. *Resolução CONAMA nº 382,* de 26 de dezembro de 2006, estabelecendo os limites máximos de emissão de poluentes atmosféricos para fontes fixas. Diário Oficial da União. Brasília, DF: Imprensa Oficial.

FINNVEDEN, G.; MOBERG, Å. Environmental systems analysis tools: an overview. *Journal of Cleaner Production*, v. 13, 2005, pp. 1165-1173.

FRANCO-SANTOS, M.; KENNERLEY, M.; MICHELI, P.; MARTINEZ, V.; MASON, S.; MARR, B.; GRAY, D. *et al.* Towards a definition of a business performance measurement system.

International Journal of Operations & Production Management, v. 27, p. 784-801, 2007.

HÖJER, M.; AHLROTH, S.; DREBORG, K. H.; EKVALL, T.; FINNVEDEN, G.; HJELM, O.; HOCHSCHORNER, E.; NILSSON, M.; PALM, V. Scenarios in selected tools for environmental systems analysis. *Journal of Cleaner Production*, v. 16, 2008, pp. 1958-1970.

ISO. Management system standards. Disponível em: http://www.iso.org/iso/home/standards/management-standards.htm. Acesso em: 19 jun. 2015.

ISO. ISO Survey. [s.d.]. Disponível em: http://www.iso.org/iso/home/standards/certification/iso-survey.htm?certificate=ISO%209001&countrycode=AF. Acesso em: 18 set. 2018.

KENNERLEY, M.; NEELY, A. A framework of the factors affecting the evolution of performance measurement systems. *International Journal of Operations & Production Management,* v. 22, p. 1222-1245, 2002.

LEBAS, M. J. Performance measurement and performance management. *International Journal of Production Economics,* v. 41, p. 23-35, 1995.

MOREIRA, M. S. *Estratégia e Implantação do Sistema de Gestão Ambiental Modelo ISO 14000.* 2ª ed. São Paulo: INDG Tecnologia e Serviços Ltda., 2006. 320 p.

NEELY, A. *Measuring Business Performance:* why, what, how. London: Economist Books, 1998. 224 p.

SOUSA, S. R.; SANCHES, R.; OMETTO, A. R.; PACCA, S. A. A utilização da avaliação do ciclo de vida em sistemas de gestão ambiental: modelos de aplicação. *Revista INGEPRO,* v. 2, n. 6, 2010, pp. 90–98.

CAPÍTULO

12

Gestão Sustentável da Cadeia de Suprimentos

Prof. Dr. Fabio Neves Puglieri

Universidade Tecnológica Federal de Paraná – UTFPR
Departamento Acadêmico de Engenharia de Produção
Campus Ponta Grossa. Rua Dr. Washington Subtil Chueire, 330 – Jardim Carvalho
84017-220, Ponta Grossa-PR/Brasil

Profa. Dra. Yovana María Barrera Saavedra

Universidade Federal de São Carlos
Centro de Ciências da Natureza – CCN
Campus Buri Lagoa do Sino
Rodovia Lauri Simões de Barros, km 12 – SP-189 – Bairro Aracaçu
18290-000, Buri-SP/Brasil

12 Gestão Sustentável da Cadeia de Suprimentos

12.1 Introdução à Gestão Verde da Cadeia de Suprimentos

Antes de abordar os elementos que estruturam toda a estratégia integrada para implementar e operacionalizar a Gestão Verde da Cadeia de Suprimentos (GVCS), é importante trazer ao leitor a definição dos conceitos principais que norteiam este capítulo, isto é, o que é a Gestão da Cadeia de Suprimentos (GCS) e a gestão verde desta cadeia.

Uma Cadeia de Suprimentos (CS) pode ser definida como todo conjunto de processos que ligam fornecedores, empresas (fábricas), varejo e clientes, ou seja, desde o fornecimento das matérias-primas até o consumo do produto acabado pelo cliente. A Figura 1 ilustra todos os elementos que compõem uma CS.

Figura 1 • Principais elementos componentes de uma Cadeia de Suprimentos

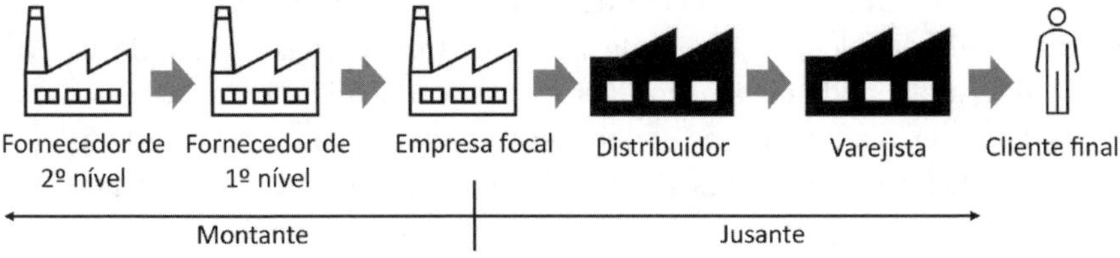

Fonte: Adaptado de Pires (2016).

Conforme é possível observar na Figura 1, em toda CS há uma empresa focal, isto é, a empresa que governa toda a cadeia de suprimentos. Na montante dela estão os seus fornecedores, podendo ser um fornecedor direto (de primeiro nível) ou fornecedores dos fornecedores (segundo nível). A jusante da empresa focal está com toda a cadeia de distribuição de produtos, incluindo o varejo e o consumidor final.

Mas o que é afinal a GCS? De forma simples, a GCS trata da integração, planejamento e gerenciamento de todos os processos de negócio, dos consumidores finais aos primeiros fornecedores de insumos e matérias-primas, de modo a adicionar valor aos clientes e *stakeholders* (PIRES, 2016; GRANT, 2013).

A GVCS, que também é conhecida como *Green Supply Chain Management* (GSCM), pode ser vista como uma extensão do modo de adição de valor da GCS. De acordo com Srivastava (2007), a GVCS tem suas raízes na GCS e gestão ambiental, sendo assim, a GVCS inclui, dentro da GCS, as influências e relações entre a GCS e o meio ambiente. Ageron, Gunasekaran e Spalanzani (2012) acrescentam que a GVCS oferece uma perspectiva ampliada sobre a gestão ambiental e adota a aplicação de ferramentas e práticas tanto dentro como fora da empresa.

Uma definição para a GVCS bastante difundida e colocada por Srivastava (2007) é que se trata da integração do pensamento ambiental na gestão da cadeia de suprimentos, incluindo nesse processo atividades relacionadas ao projeto do produto, seleção de fornecedores, compras de materiais, manufatura, distribuição dos produtos aos consumidores, incluindo a gestão do fim de vida dos produtos após o término da sua vida útil.

Em outras palavras, podemos definir a GVCS como a incorporação da questão ambiental de um modo sistêmico em toda a gestão da cadeia de suprimentos, o que significa que em todos os processos e atividades, desde as decisões de compra e fornecedores, passando pelo design, a manufatura, gestão de inventário, marketing, transportes e distribuição e logística reversa, critérios ambientais precisam ser considerados junto aos demais critérios utilizados na GCS, como custo, tempo e qualidade.

Fica claro, nesse sentido, que a GVCS envolve todo o ciclo de vida da empresa, podendo trazer inúmeras oportunidades para a melhoria do desempenho ambiental dos produtos e serviços, além da geração de valor para o negócio. É na GVCS que fornecedores de materiais e componentes com melhor desempenho ambiental podem ser selecionados, onde melhores alternativas de manufatura verde são consideradas, onde decisões relacionadas à adoção de transportes mais eficientes de materiais e produtos podem ser tomadas, além de quais estratégias de fim de vida de produtos podem ser implementadas e operacionalizadas por meio de mecanismos de logística reversa. Trata-se de uma abordagem ainda recente na área de gestão da cadeia de suprimentos, sendo Sarkis (2003) e Srivastava (2007) um dos precursores na temática na literatura acadêmica.

Um fator importante a destacar é o papel do Ecodesign (ver Capítulo 8) dentro da GVCS. Isso se deve ao fato de que muitas oportunidades de melhoria ambiental na cadeia de suprimentos, como as estratégias de fim de vida, que serão discutidas mais adiante neste capítulo, dependem de mudanças no Processo de Desenvolvimento de Produtos (PDP). Além disso, a técnica de Avaliação do Ciclo de Vida (ACV) apresentada no Capítulo 3 pode auxiliar em diversas decisões relacionadas às mudanças em produtos para auxiliar na GVCS, já que se trata de uma das principais técnicas de Ecodesign.

Agora que já foram explicados os conceitos fundamentais para você, caro leitor, poder entender o que é a GVCS e sua relação com o ciclo de vida da empresa, podemos apresentá-lo à Figura 2. A Figura 2 traz a representação de um modelo para desenvolver e implementar a GVCS e será usada como base deste capítulo.

Figura 2 • Principais elementos componentes da Gestão Verde da Cadeia de Suprimentos

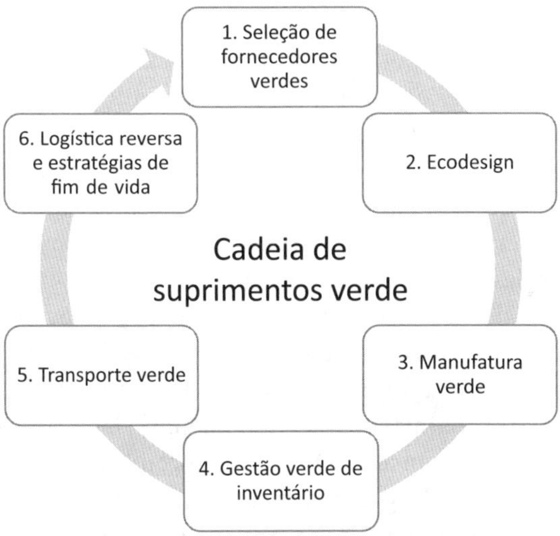

A partir da Figura 2, o presente capítulo está dividido em oito partes. A primeira parte tratou da explicação dos conceitos de CS, GCS e GVCS. Em seguida, será abordado o processo de seleção de fornecedores verdes. No terceiro momento, será rapidamente destacada a importância do design *verde* (*Ecodesign*) para a GVCS e, na sequência, é discutida a manufatura verde. Posteriormente, traremos uma discussão de oportunidades de atuar na GVCS por meio da gestão verde de inventários, que envolve a movimentação de materiais e a gestão de estoques e, em seguida, nas atividades de transporte. Por fim, exploraremos a logística reversa e as principais estratégias de fim de vida que podem ser adotadas, sendo estas fundamentais para implementar muitas das oportunidades de Economia Circular que foram abordadas no Capítulo 10.

12.2 Seleção de Fornecedores Verdes

Como já visto na Figura 2, a GVCS é estruturada em seis áreas de atuação, sendo a primeira delas referente à seleção de fornecedores verdes. Também chamado de compras sustentáveis ou compras verdes (*Green Purchasing*), o objetivo na seleção de fornecedores verdes se refere ao procedimento de adquirir produtos ou serviços no mercado que causem menos impactos ambientais. Paralelamente, há ainda o conceito de seleção de fornecedores/compras sustentáveis. Neste caso em especial, além dos requisitos ambientais, há ainda critérios sociais e éticos de negócio, no entanto, esse conceito não será detalhado nesta seção, sendo restrito então somente à questão ambiental.

Sabemos que os produtos e serviços podem causar impactos ambientais em todas as fases do seu ciclo de vida. Assim, a importância de se considerar requisitos ambientais ao selecionar potenciais fornecedores está justamente em reduzir os impactos que podem ser gerados nas fases seguintes do ciclo de vida, ou seja, na manufatura, transportes, uso e fim de vida.

Para exemplificar, imagine a seguinte situação: você é uma empresa de manufatura e fabrica um determinado produto. Caso sua empresa tenha como estratégia de negócio competir por baixo custo, e o único critério para a escolha de fornecedores seja aqueles que entregam materiais e componentes pelo menor valor possível, seria natural esperar como consequência maiores perdas no processo de produção (em virtude da baixa qualidade da matéria-prima), maior possibilidade de produzir produtos fora dos requisitos de qualidade (podendo se tornar refugo ou requerer retrabalho, levando a impactos relacionados à disposição ou consumo de energia/outros insumos) e, até uma redução da vida útil do produto na fase de uso por conta de desgaste prematuro de componentes. Ou seja, há uma forte relação entre o que o fornecedor entrega para a empresa/fábrica e os possíveis impactos que isso pode gerar no ciclo de vida do produto.

Outros exemplos ainda podem ser citados, como a redução da possibilidade de contaminação dos usuários/consumidores com os produtos cujos materiais e componentes sejam produzidos sem substâncias tóxicas. Mais uma vez, enfatizamos que existe uma repercussão em todo o ciclo de vida a partir de decisões relacionadas à seleção de fornecedores.

Cabe salientar que, além do próprio desempenho ambiental no ciclo de vida ser afetado por tais decisões, a qualidade do produto e do processo também podem sofrer com tais decisões, podendo levar à perda de clientes e outros tipos de perdas financeiras para o negócio.

Deste modo, faz-se necessário adotar procedimentos para selecionar fornecedores que possam entregar materiais e componentes para a empresa com um melhor nível de desempenho ambiental. A Figura 3 apresenta um esquema sequencial, estruturado em etapas e atividades, que está relacionado com a seleção de fornecedores verdes.

Figura 3 • Sequência para seleção de fornecedores verdes

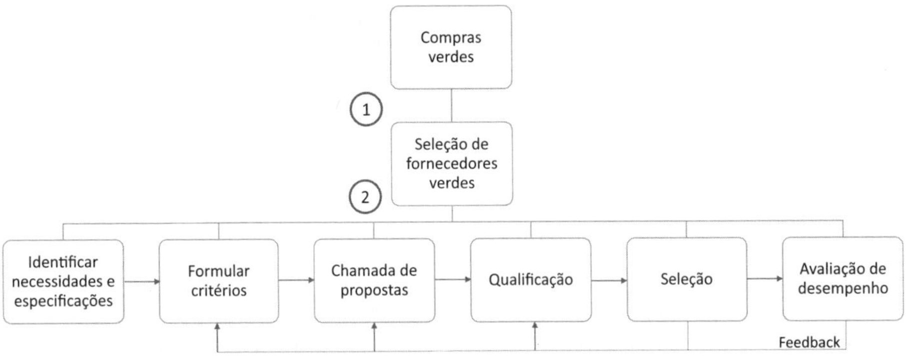

Fonte: Adaptado de Rodrigues (2016).

Por meio da Figura 3, observando a etapa (1), as compras verdes se dão primeiro pela seleção dos fornecedores verdes, sendo esta etapa dividida em outras seis atividades, conforme é mostrado em (2): identificação das necessidades e especificações; formulação de critérios; chamada de propostas; qualificação; seleção; e por fim, avaliação de desempenho. O feedback da avaliação de desempenho de fornecedores atuais é utilizado constantemente para auxiliar nesse processo de tomada de decisão.

A identificação das necessidades e especificações vai depender da empresa que está selecionando fornecedores, ou seja, do seu grau de exigência frente aos requisitos ambientais esperados dos materiais/componentes a serem adquiridos. Muitas dessas necessidades e especificações podem vir de um estudo de Ecodesign ou mesmo de *hotspots* de um estudo de ACV. A partir disso, tais necessidades e especificações devem ser traduzidas em critérios para a seleção de fornecedores. A Figura 4 traz uma visualização simplificada de como esses critérios podem ser.

Figura 4 • Critérios para seleção de fornecedores verdes

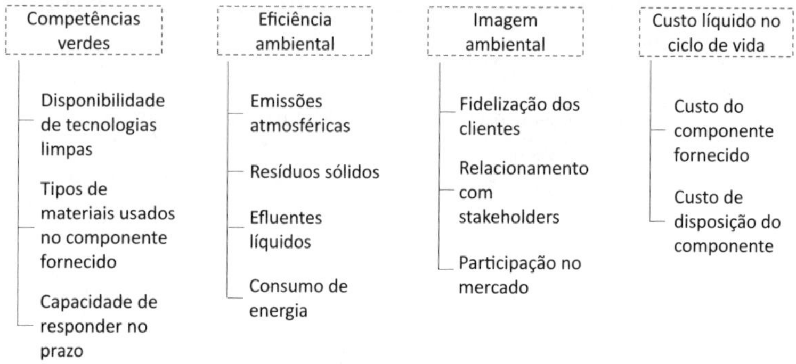

Fonte: Adaptado de Noci (1997).

Os critérios podem ser divididos por categorias de critérios e, então, em subcritérios, podendo ser tanto qualitativos quanto quantitativos. Apesar da ênfase nas questões ambientais, outros critérios econômicos, como custo, qualidade, grau de inovação, grau tecnológico, flexibilidade, distância, entre outros, podem ser adicionados nesse processo de decisão.

Além dos apresentados na Figura 4, outros critérios e subcritérios ambientais também podem ser citados, como adoção de práticas de ecodesign e economia circular, presença de certificação ISO 14001, ou mesmo outros baseados em uma perspectiva de ciclo de vida ou na ACV.

É interessante observar que alguns critérios econômicos e ambientais podem se relacionar. Por exemplo, uma decisão que envolve a escolha de um fornecedor mais distante da empresa pode levar a uma maior geração de consumo de recursos e emissões da atividade de fornecimento, assim como a baixa qualidade do material ou componente fornecido por levar a perdas de processo e retrabalho, gerando resíduos ou consumindo novamente recursos naturais e energia. Além disso, há alguns *trade-offs* que precisam ser lidados, como desempenho ambiental e custo de fornecimento.

Formulados os critérios para seleção de fornecedores, iniciam-se as atividades de chamada, qualificação e seleção dos fornecedores, podendo ser realizadas com auxílio de métodos. Como muitas vezes há um número de fornecedores maior que 1 no mercado e, como descrito anteriormente, pode haver n critérios (econômicos e ambientais, além de outros, como sociais, que não são tratados aqui), esse tipo de problema pode ser chamado de problema de decisão multicritério (RODRIGUES, 2016).

Govidan *et al.* (2013) demonstram um extenso número de abordagens de tomada de decisão multicritério para seleção e avaliação de fornecedores verdes. Um dos métodos mais citados para auxiliar na seleção de fornecedores verdes é o *Analytical Hierarchy Process* (AHP), incluindo *fuzzy* AHP, seguido do *Analytic Network Process* (ANP). A Figura 5 mostra um típico caso que envolve a tomada de decisão de fornecedores verdes utilizando o método AHP.

Figura 5 • Método AHP utilizado para seleção de fornecedores verdes

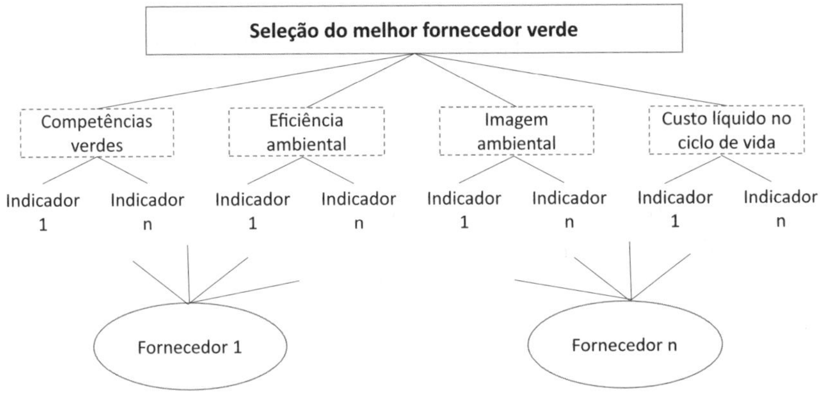

Fonte: Adaptado de Noci (1997).

Observando a Figura 5, a seleção de um fornecedor verde, conforme já descrito, dependerá da definição de critérios e subcritérios, podendo estes ser indicadores ambientais, abordados no Capítulo 11. Ao final do processo, é feita a valoração dos fornecedores por meio da importância relativa de cada um em relação ao objetivo da seleção, que, no caso, seria encontrar o melhor fornecedor verde. Esses fornecedores verdes se tornam importantes para que os materiais usados no produto possam auxiliar a cumprir os requisitos do Ecodesign.

12.3 Ecodesign

Caro leitor, como vimos no Capítulo 8 e na introdução deste capítulo, o Ecodesign, que tem por objetivo integrar as questões ambientais dentro do Processo de Desenvolvimento de Produtos (PDP), é um dos elementos-chave dentro da GVCS. Mas por que o Ecodesign é importante para a GVCS? A resposta é que decisões de Ecodesign podem apoiar e ser apoiadas por outros elementos na cadeia de suprimentos.

Vamos trazer alguns exemplos. Se na empresa já existem os fornecedores verdes, isto possibilitará o uso de matérias-primas de alta qualidade e que tenham menor impacto ambiental, ajudando a cumprir uma das estratégias de Ecodesign que trata da extensão da vida útil do produto e redução de impactos no ciclo de vida. Já no caso do transporte verde e inventário verde, o Ecodesign pode auxiliar ao tomar decisões que visem minimizar o consumo energético durante o transporte e armazenamento, por exemplo, reduzindo o volume e embalagens dos produtos. Além disso, ao reduzir peso e volume nos produtos, o Ecodesign também promove a redução de emissões atmosféricas, que podem causar aquecimento global.

Agora, vejamos um exemplo mais prático: imaginem uma empresa que fabrica computadores e faz a distribuição para as lojas em caixas individuais, contendo dentro uma sacola plástica com o computador, um mouse e um cabo. Para poder fazer a distribuição das quantidades solicitadas pela loja, nesta condição, a empresa tem que pagar altos custos em transporte, gerando mais emissões e impactos. No entanto, se o cliente compra o computador na loja, termina por descartar a caixa na mesma, gerando grande quantidade de resíduos. Pensando nisso, por meio do Ecodesign, a empresa pode desenvolver um computador mais desmaterializado, cuja embalagem é apenas uma mala resistente com o computador e os acessórios dentro. Para transportar os computadores, podem ser usadas caixas com capacidade para 5 computadores e, no momento de chegar na loja, os computadores são descarregados e a loja devolve as caixas para a empresa, que as leva de volta para fazer novas entregas. Para pôr em prática esta estratégia, há a necessidade de elaborar todo o plano de logística reversa que faz parte da GVCS.

Para mais detalhes sobre o Ecodesign, pedimos que leia o Capítulo 8.

12.4 Manufatura Verde

A Manufatura Verde (MV) é definida como um modo de manufatura em que seus processos produtivos sejam menos ambientalmente impactantes, e que integre a redução e preservação dos recursos naturais e a minimização da geração de resíduos (DORNFELD *et al.*, 2013). Os processos de transformação, fabricação e de montagem de semiacabados e acabados também fazem parte da MV. Srivastava (2007) ainda acrescenta que, na MV, são usadas ferramentas e técnicas que auxiliam a reduzir o consumo de energia, água e matéria-prima, destacando a ACV como uma das técnicas mais empregadas nos últimos anos.

Definida no Capítulo 2, a Ecoeficiência é determinante para os processos da MV e pode ser calculada segundo a NBR ISO 14045 pela Equação 1:

$$\text{Ecoeficiência} = \text{valor do produto impacto ambiental} \quad (1)$$

Além disso, a NBR ISO 14045 recomenda que, para comparar a ecoeficiência entre produtos, se adote a Equação 2:

$$\text{Ecoeficiência} = \text{Ecoeficiência do produto avaliado}/\text{Ecoeficiência do produto base} \quad (2)$$

Como exemplo do seu uso, podemos citar o trabalho desenvolvido por Santos *et al.* (2016) que realiza uma ACV combinada com a avaliação de Ecoeficiência em uma usina termelétrica para avaliar as alternativas de valorização de resíduos. A avaliação de Ecoeficiência foi aplicada no processo de reutilização de cinzas pesadas geradas na combustão do carvão mineral para gerar a energia elétrica da usina e, então, comparado com a produção de areia para a indústria de revestimentos cerâmicos e produção de clínquer para a indústria de cimento Portland. Com isso, foi possível demonstrar que as cinzas podem ser utilizadas neste tipo de empresa.

Para realizar o cálculo da Ecoeficiência, Santos *et al.* (2016) consideraram os resultados dos impactos relacionados com saúde humana, ecossistemas e recursos (Tabela 1) e o valor de produto foi a geração de 804,65 t diárias de cinzas pela termelétrica.

Tabela 1 • Impactos ambientais calculados pelo método ReCiPe *endpoint* H pontuação única

Processo	Pontuação			
	Saúde humana	**Ecossistema**	**Recursos**	**Total**
Geração de cinzas pela termelétrica	163,6	32,6	0,21	196,4
Geração de cinzas para cerâmica	163,7	32,6	0,21	196,5
Geração de cinzas para cimento	164,9	33,2	0,212	198,3
Produção de clínquer	28,2	16,2	0,084	44,5
Produção de areia	1,6	0,7	0,001	2,3
Total	522	115,3	0,72	638,1

Fonte: Adaptado de Santos *et al.* (2016).

Segundo a Equação 1, os resultados foram:

I. Ecoeficiência da termelétrica na geração de cinzas pesadas = 804,65/196,4 = 4,10.
II. Ecoeficiência da termelétrica no uso de cinzas pesadas para revestimentos cerâmicos = 804,65/196,5 = 4,09.
III. Ecoeficiência da termelétrica no uso de cinzas pesadas para produção de cimento Portland = 804,65/198,3 = 4,06.

Com estes resultados, os autores realizaram as comparações usando a Equação 2. Para a Ecoeficiência dos processos de geração de cinzas pesadas usadas em processos cerâmicos e a Ecoeficiência na geração de cinzas pesadas da termelétrica, os resultados foram 4,09/4,10 = 0,9975 (99,75%), o que significa que usando as cinzas pesadas para revestimentos cerâmicos não é possível melhorar a Ecoeficiência da termelétrica, pois seria inferior à disposição das cinzas pesadas feitas nas lagoas (0,25%) (SANTOS *et al.*, 2016).

Já na comparação na geração de cinzas pesadas, usadas na produção de cimento Portland com a Ecoeficiência na geração de cinzas pesadas da termelétrica, obteve-se 4,06/4,10 = 0,99 (99%). Com esse resultado, observa-se que o uso de cinzas pesadas na indústria de produção de cimento Portland também não aumentaria a Ecoeficiência da termelétrica, ficando em 1% a menos em relação à disposição das cinzas nas lagoas (SANTOS *et al.*, 2016). Como foi observado no exemplo apresentado, a Ecoeficiência nem sempre é facilmente nem diretamente alcançada, o que leva à necessidade da análise de diversas alternativas que considerem, além dos impactos ambientais e econômicos, a legislação relacionada aos processos avaliados.

Outro indicador frequente na MV é o denominado Overall Equipment Effectiveness (OEE), ou Indicador de Eficiência Global de Equipamentos que está incluído dentro da Manutenção Produtiva Total do inglês Total Productive Maintenance (TPM) para verificar quanto a empresa está usando os recursos disponíveis tais como: máquinas, mão de obra e materiais. No OEE, a eficiência é desdobrada em três indicadores: disponibilidade, performance e de qualidade. Segundo Nakajima (1989), o OEE tem um papel básico na obtenção e maximização da eficiência dos equipamentos. Hansen (2001) e Chiaradia (2004) acrescentam que as perdas e ineficiências representam que, na empresa, uma parte do recurso não está sendo aproveitada na sua totalidade. Neste sentido, podemos apontar que a partir dessas perdas e ineficiências são usados mais recursos naturais e gerados mais impactos ambientais pelos equipamentos.

Uma oportunidade relacionada à OEE para o cálculo da ecoeficiência das operações de fabricação também pode ser estabelecida por meio de uma equação, como a que segue:

$$\text{Ecoeficiência} = \text{Overall Equipment Effectiveness (OEE)} / \text{Impacto ambiental a partir da ACV} \quad (3)$$

Para saber mais sobre indicadores de OEE, consulte os trabalhos de Chiaradia (2004) e Santos (2018). Para mais detalhes sobre os potenciais de impactos a partir da ACV, consulte o Capítulo 5.

Ainda na MV, podem ser inseridas medidas para controlar a poluição atmosférica advinda do uso de equipamentos nos diferentes processos. Neste sentido,

Lona e Leme (2013) citam a importância de considerar na seleção de equipamento fatores tais como: padrões de emissões, consumo de energia, eficiência, custo de investimento, custo de operação e manutenção, natureza física e química dos particulados e sua periculosidade.

Os mesmos autores também destacam que todos os equipamentos têm a sua eficiência (E) calculada com base no seu balanço de massa, que, neste caso, seria a relação entre a massa de partículas que sai (ms) e a quantidade de partículas que entra (me), medido por meio da taxa de participação do sistema (Pt). Em outras palavras, refere-se à fração de massa que não é aportada pela rede, representada pela Equação 3.

$$Pt = ms/me \qquad (3)$$

Em que:

Pt = Participação do sistema

ms = Massa de partículas que sai do sistema

me = Quantidade de particular que entra no sistema

Já a Equação 4 está relacionada com a

$$E = 1\text{-}Pt \qquad (4)$$

Em que:

E = Eficiência

Pt = Participação do sistema (calculado com a Equação 3)

Quando o sistema apresenta dispositivos em série, deve ser usada a Equação 5:

$$Pt_o = \prod_{i=1}^{n} Pt_i \qquad (5)$$

Em que:

Pt_0 = Taxa de penetração global

Pt_i = Taxa de penetração do dispositivo i

A eficiência de coleta global do sistema é dada pela Equação 6:

$$E_0 = 1+Pt_0 \qquad (6)$$

Ou pode ser calculada pela eficiência por frações:
Efi = Eficiência de separação das partículas com diâmetro dpi
Pt = Taxa de penetração das partículas com diâmetro dpi

Segundo Lona e Leme (2013), deve-se considerar importante outro conceito que é relacionado com o diâmetro de corte (dpc) e que se refere ao diâmetro das partículas com 50% de eficiência, isto é, Ef = 0,5. Em outras palavras, as partículas que apresentam diâmetro maior que dpc são recolhidas com eficiência no mínimo de 50% ou pelo menos de 50%.

Como exemplo ilustrativo, os autores apresentam um exercício de uma amostragem de partículas que foi realizada em um processo industrial X com a finalidade de estimar a eficiência global mínima do sistema. Para o cálculo, devem ser usadas as Tabelas 2 e 3.

Tabela 2 • Dados obtidos da amostragem

Dpi	2	6	10	20	40	50
massa (mg) (me)	25	125	100	75	30	5
massa (mg) (ms)	0,10	0,60	3,75	15,00	37,50	22,50

Fonte: Adaptado de Lona e Leme (2013).

Tabela 3 • Dados obtidos da amostragem

Dpi (μm)	0-2	2-4	4-7	7-10	15-25	10-15	25-40	40-60	>60
massa (mg) (me)	10	25	45	70	85	95	97	98	100

Fonte: Adaptado de Lona e Leme (2013).

Solução:

Para poder estimar a eficiência global mínima do sistema, é necessário determinar a taxa de penetração.

Tabela 4 • Dados Consolidados

dpi	me (mg)	E	ms (mg)
50	5	98%	0,10
40	30	98%	0,60
20	75	85%	3,75
10	100	95%	15,00
6	125	45%	37,50
2	25	10%	22,50
TOTAL	360		79,45

Fonte: Adaptado de Lona e Leme (2013).

Pt = ms/me = 79,45/360 = 0,220694 = 22,07%
E = 1-Pt = 1-0,220694 = 0,7793 = 77,93%

Com este resultado, podemos observar que ainda são necessárias novas alternativas para aumentar a eficiência nos equipamentos usados nos processos da indústria analisada. Outro ponto importante a destacar é que neste tipo de análise também é possível usar os indicadores de Ecoeficiência apresentados no início do capítulo. Neste caso, os resultados apontaram a operação mais ecoeficiente e que será a operação mais verde dentro do processo.

No próximo subcapítulo, vamos apresentar outro elemento importante dentro da GVCS, a gestão verde de inventário.

12.5 Gestão Verde de Inventário

Na gestão verde de inventário, questões relacionadas ao desempenho ambiental, como perda de material e consequente geração de resíduos, além de emissões, passam a ser consideradas junto ao desempenho econômico, isto é, os custos de operação. Neste subcapítulo, vamos falar em particular de duas questões importantes na gestão verde de inventário: a movimentação de materiais e a gestão de estoques.

Em relação à movimentação de materiais, algumas práticas podem ser adotadas pensando na GVCS. Uma delas é a mudança de layout de fábrica, que pode ser otimizada de modo a reduzir distâncias entre as operações e consequentemente reduzir a manipulação de materiais e componentes (que podem se danificar ou quebrar, requerendo retrabalho ou gerando refugo), poupando ainda consumo de energia e combustível, e reduzindo emissões. Além disso, há alternativas de tecnologias que podem ser adotadas, como a substituição de combustíveis fósseis por fontes renováveis em equipamentos, como empilhadeiras e, até mesmo, o uso de Veículos Guiados Automaticamente, chamados de AGVs (*Automated Guided Vehicles*).

A má gestão de estoques pode trazer perda de desempenho ambiental na cadeia de suprimentos. Materiais e componentes podem se deteriorar, principalmente aqueles com propriedades de perecibilidade, gerando, além do custo para a empresa, também um resíduo sólido. Produtos orgânicos, especialmente alimentos, ao se decomporem, também são responsáveis por emissões de carbono na atmosfera. Uma prática de gestão que pode ser adotada para evitar tal situação é o *First In First Out* (FIFO), que consiste em retirar, a partir dos materiais em estoque, primeiramente aqueles que chegaram primeiro no depósito da fábrica.

Há ainda, no caso do armazenamento de produtos refrigerados e congelados, o consumo de energia elétrica e as emissões atmosféricas associadas ao ciclo de vida da sua geração. Neste caso, ações relacionadas à substituição de equipamentos antigos por novos que tenham melhor eficiência energética. São recomendadas práticas que podem ser identificadas com o uso de Produção mais Limpa (consultar o Capítulo 2 deste livro). O próximo item traz outro elemento importante da GCVS, o transporte verde.

12.6 Transporte Verde

Outra parte bastante importante da GVCS se refere ao transporte entre fornecedor, fábrica, ponto de venda e consumidor, além da movimentação interna de materiais. As atividades de transporte são uma parte intrínseca de qualquer cadeia de suprimentos e do ciclo de vida de um produto. Isso é evidente, pois desde a extração da matéria-prima, fornecimento de materiais e componentes na indústria, distribuição e logística reversa, os transportes estão envolvidos. Além disso, ao longo do ciclo de vida, atividades de transporte podem se configurar como umas das atividades que mais prejudicam o desempenho ambiental de um produto. Diversas categorias de impacto, como consumo de recursos não renováveis, por conta do uso de derivados de petróleo na combustão dos motores dos veículos, e potencial de aquecimento global, pela emissão da queima do diesel, são alguns exemplos de categorias de impacto ambiental que estão associados ao transporte.

A ACV e o próprio Ecodesign, apresentados respectivamente no Capítulo 3 e no Capítulo 8 apresentam oportunidades para melhorar o desempenho ambiental da cadeia de suprimentos em relação às atividades de transporte e movimentação de materiais. A identificação de *hotspots* ao longo do ciclo de vida e a comparação de alternativas (o que seria melhor no ciclo de vida: usar veículos a diesel ou híbridos/elétricos?) pode ser obtida por estudos de ACV, ao passo que o Ecodesign, por exemplo, apresenta oportunidades para melhoria ambiental desses produtos.

Além disso, outras oportunidades também podem ser obtidas para melhorar o desempenho ambiental do transporte e da movimentação de materiais. De acordo com Bouchery *et al.* (2017), na escolha das melhores estratégias de transporte verde devem ser consideradas algumas variáveis, entre elas: a distância a ser percorrida pelo veículo; o modal de transporte a ser utilizado; tipo de equipamento usado nas operações logísticas; taxa de carregamento do veículo utilizado no transporte; e por fim, as operações, que envolvem as habilidades e conscientização ambiental do operador do veículo, além do grau de otimização do plano de transporte. A seguir, discutiremos, a partir dessas variáveis, algumas estratégias de transporte verde que podem melhorar o desempenho ambiental de toda a cadeia de suprimentos.

Conforme já foi citado, algumas categorias de impacto estão diretamente associadas às atividades de transporte, como consumo de recursos não renováveis e emissões atmosféricas com potencial de aquecimento global, e um dos fatores que mais influencia nestes impactos é a distância percorrida. Ou seja, quanto maior a distância, mais combustível será usado, maior a queima deste combustível e por consequência, mais emissões são geradas.

Uma estratégia para minimizar impactos ambientais relacionados à distância de transporte é optar por fornecedores que estejam localizados mais próximos da empresa. Outra possível estratégia para otimizar rotas e diminuir distâncias no transporte vem da Pesquisa Operacional, que à roteirização. A roteirização consiste na definição de rotas que diminuam os custos e tempos de distribuição a partir de um ou mais centros de distribuição ou depósitos. No entanto, ao considerar que rotas mais curtas podem reduzir o consumo de recursos, em especial os não renováveis como o diesel, além das emissões associadas à sua queima, podemos dizer que a roteirização pode trazer benefícios para a GVCS.

Diversos métodos podem aqui ser utilizados, podendo eles serem divididos em métodos exatos, métodos heurísticos e métodos meta-heurísticos. Os métodos exatos permitem chegar numa solução ótima, porém, são de grande complexidade. Já os métodos heurísticos geram soluções aproximadas, mas normalmente de forma mais rápida e com menor esforço computacional. Por fim, os métodos meta-heurísticos agregam técnicas mais avançadas, como sistemas especialistas e iterativos.

Como exemplos de métodos heurísticos bastante citados na literatura e que podem ser usados para roteirização de transportes e melhoria da GVCS são os métodos da Varredura e de Clark e Wright. Atualmente, há uma grande variedade de softwares que também podem ser utilizados para auxiliar nas decisões relacionadas à roteirização.

Em relação ao tipo de modal de transporte, este também pode influenciar muito nos impactos ambientais do transporte. Dados apresentados pela *International Chamber of Shipping* mostram que numa comparação entre três diferentes modais, para cada tonelada-quilômetro, um navio container emite 3 gramas de CO_2eq, um caminhão 80 gramas de CO_2eq enquanto uma aeronave emite 435 gramas de CO_2eq. Em razão disso, para uma melhor gestão verde da cadeia de suprimentos, é preciso considerar modais de transporte que sejam mais eficientes energeticamente, optando sempre que possível, e quando houver infraestrutura, o transporte hidroviário e ferroviário. Outra oportunidade está relacionada à instalação de fábricas próximas de terminais multimodais, de modo a combinar diferentes modais no transporte, reduzindo a dependência do transporte rodoviário, por exemplo.

Veículos em mau estado de conservação também podem ser fontes de impactos ambientais. Nesse sentido, a adoção de programas de manutenção preventiva pode ser trazer resultados eficientes para promover uma cadeia de suprimentos mais ambientalmente correta. Ao mesmo tempo, a busca por alternativas de transporte que façam uso de fontes mais limpas de energia e substituição de frotas antigas por mais modernas são estratégias válidas para melhorar o desempenho ambiental da cadeia de suprimentos.

A taxa de carregamento de veículos também pode influenciar substancialmente no desempenho ambiental do transporte e na cadeia de suprimentos. Dados da Agência de Proteção Ambiental dos Estados Unidos de 2006 (*Environmental Protection Agency*), apresentados por Elhedhli e Merrick (2012), mostram que quando se dobra a quantidade de carga transportada (em toneladas) em um caminhão, as emissões atmosféricas não aumentam na mesma proporção, mas sim passam a ter um incremento de 35% aproximadamente. Em razão disso, fazer o uso máximo da capacidade de carga durante o transporte é uma prática ecoeficiente.

Por fim, é importante destacar ao leitor as habilidades de condução de veículos de transporte e conscientização ambiental do operador. Embora muitas vezes seja negligenciada como uma estratégia de redução de impactos ambientais no transporte, as decisões e os comportamentos dos condutores podem afetar o desempenho verde da cadeia de suprimentos. Peguemos o seguinte exemplo: imagine um motorista de caminhão que pegue rotas sempre congestionadas, exigindo paradas constantes e tráfego em baixa velocidade. É possível esperar que este veículo consuma mais combustível e gere mais emissões por tonelada-quilômetro do que um mesmo veículo que está transitando em uma via livre, a 100 km/h e em velocidade constante, correto?

Com base nisso, como forma de minimizar impactos ambientais no transporte, o condutor deve reconhecer que suas decisões e comportamentos podem impactar o desempenho de toda a GVCS. Como estratégia para atuar frente a isso, podemos citar o uso de sistemas de monitoramento, como a telemetria veicular. A telemetria veicular permite um operador acompanhar em tempo real variáveis do veículo que podem estar associadas às categorias de impacto, como consumo de combustível, velocidade média e instantânea e localização. A partir desses dados, decisões podem ser tomadas, entre elas, a realização de treinamentos sobre a melhor forma de condução de veículos, objetivando a redução do consumo de combustível e emissões, criando, em longo prazo, uma cultura ambiental nos motoristas.

Na sequência iremos falar um pouco sobre Logística Reversa (LR) e sua importância para a GCVS.

12.7 Logística Reversa e Estratégias de Fim de Vida

Agora, caro leitor, vamos mostrar alguns conceitos e alternativas que auxiliam principalmente a fase de descarte dos produtos, ou seja, quando o produto chega ao seu fim de vida, perdeu a sua funcionalidade ou a sua validade. E aqui você deve estar pensando: "Mas eu posso recuperar os produtos com seus materiais depois de serem descartados?" E a resposta é sim! Uma boa parte dos produtos que são atualmente descartados podem ser reintegrados direta ou indiretamente na cadeia de suprimentos e, é aqui, que a Logística Reversa (LR) e as Estratégias de Fim de Vida (EFV) tem um papel fundamental.

Algo muito importante que você deve se lembrar é que integrando esses conceitos com as suas diferentes ferramentas, é possível transformar o fluxo linear de produção em um fluxo semicircular ou circular (fechado). Ou seja, vamos ter menos entrada de recursos e menos saídas, contribuindo com a GVCS.

Vamos falar separadamente da LR e das EFV a seguir.

12.7.1 *Logística reversa*

A LR é definida como o processo eficiente de planejamento, implementação controle dos fluxos econômicos e de matérias-primas, estoques de produto no processo, produtos semiacabados, acabados e informações relacionadas do ponto de vista do consumo ao ponto de origem com o objetivo de recuperar valor ou realizar a disposição final adequada.

Para Tibben Lembke (2002), a LR acontece desde o ponto de consumo até o ponto de origem e, neste caminho, são considerados os processos de planejamento, implementação e controle de fluxo de produtos acabados com todas as suas informações e sempre com a intenção principal de conseguir sua recuperação e disposição final adequada.

Leite (2017) acrescenta que a LR é a nova área da logística empresarial que cuida do retorno dos produtos de pós-venda e pós-consumo à cadeia produtiva e usa para isso os canais reversos. Os produtos de pós-venda são entendidos como aqueles itens enviados de maneira errada pela distribuidora, produtos danificados (como alimentos e remédios que podem ter a sua validade vencida e não podem ser usados pelos consumidores), estoques excessivos no canal de distribuição, consignação e problemas de qualidade. Já os produtos pós-consumo são aqueles que não são mais usados pelo consumidor e são descartados após um determinado tempo que pode variar de dias até anos. Os produtos descartados com seus componentes e materiais são reintegrados à cadeia produtiva como matéria-prima secundária.

Para maior entendimento do conceito da LR, imagine a seguinte situação: você decide descartar sua impressora velha nos pontos de coleta dos supermercados da cidade. A empresa que realiza a recuperação agenda o transporte para que em datas específicas sejam recolhidos esses produtos descartados e passem pelo processo de recuperação e disposição final adequada. Pronto, agora você sabe o que é LR!

A LR tem se tornado nos últimos anos uma alternativa fundamental para auxiliar na integração do pensamento do ciclo de vida na GVCS. Além disso, com a LR é possível obter benefícios que podem trazer um valor agregado em aspectos relacionados com o econômico, legal, ambiental, social, fidelização dos clientes, entrada a novos mercados, transparência, entre outros.

É importante notar que no Brasil há uma legislação específica para os resíduos sólidos e ela deve ser sempre consultada juntos às leis estaduais e locais quando se pretende trabalhar com LR e EFV. A Política Nacional de Resíduos Sólidos (PNRS), Lei nº 12.305, de 2010, com seu Decreto nº 7.404 de 23 de dezembro de 2010, traz os principais conceitos, objetivos e instrumentos para alcançar uma gestão integrada e um adequado gerenciamento de resíduos. Nesta PNRS, aparece a seção II referente à Responsabilidade Compartilhada na gestão dos resíduos sólidos, na qual os fabricantes, comerciantes, importadores e distribuidores são obrigados a estruturar e implementar a LR de pilhas e baterias, pneus, óleos e lubrificantes, seus resíduos e embalagens, lâmpadas fluorescentes de vapor de sódio e mercúrio e de luz mista e de agrotóxicos com seus resíduos e embalagens. Ainda atores da cadeia de suprimentos, como os consumidores, também se tornam elementos importantes para a operacionalização da LR (BRASIL, 2010).

É importante destacar que com isto não necessariamente a empresa deve fazer a recuperação e disposição final, mas é de responsabilidade dela criar caminhos para que a LR de fato aconteça e seja realizada de forma adequada. Além disso, embora os outros produtos não sejam citados na PNRS, ela recomenda que as empresas integrem as seguintes estratégias hierárquicas quando tratamos de resíduos sólidos: não geração, redução, reúso, reciclagem, tratamento e disposição final. É importante que você seja consciente que sem a LR não é viável nenhum tipo de recuperação do produto descartado, ou seja, sem a LR não é possível pôr em prática as EFV que serão descritas na sequência.

12.7.2 *Estratégias de fim de vida (EFV)*

A Figura 6 representa os diferentes tipos de recuperação e disposição final que existem atualmente.

A partir da Figura 6, podemos destacar três pontos: 1. O ciclo principal, ou linear, representado pela linha contínua, é basicamente o ciclo de vida de um produto. 2. A linha pontilhada é o fluxo secundário ou reverso do produto descartado ou resíduo, e é a partir desse momento que a LR acontece. 3. Observa-se que existem diversas formas de recuperação e de disposição final adequada e isto pode variar segundo as características do produto descartado e seus componentes, pelo nível de recuperação, pela etapa de reinserção dentro cadeia de suprimentos e pelo risco à saúde que representa esse resíduo. Além disso, as EFV não necessariamente ocorrem no fluxo reverso, pois em alguns casos, como na reciclagem, podem ocorrer também no fluxo principal como veremos nos próximos parágrafos.

Figura 6 • Estratégias de Fim de Vida do Produto e o Ciclo de Vida

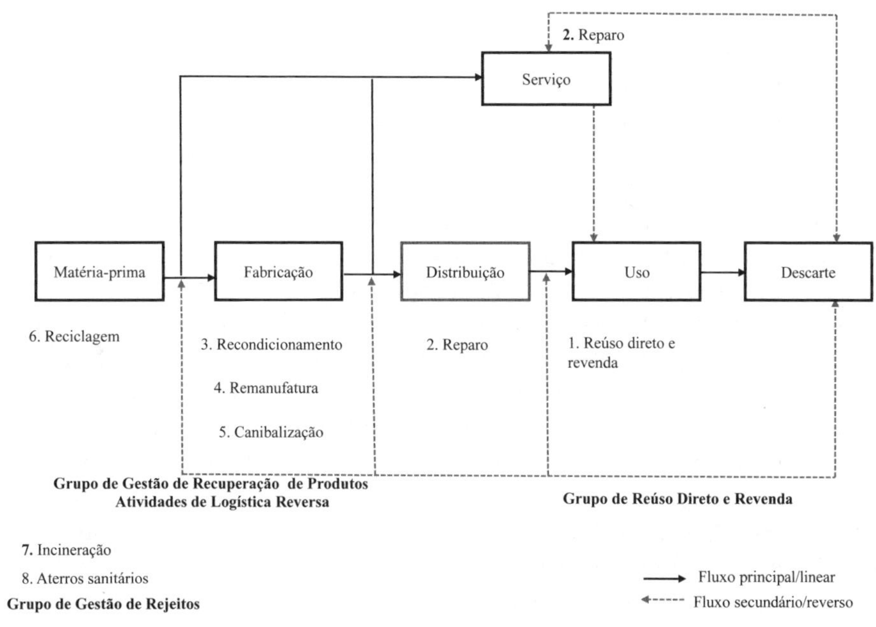

Fonte: Adaptado de Gehin *et al.* (2008); Saavedra (2010) e Thierry *et al.* (1995).

Para conhecer as EFV, primeiro devemos entender o seu conceito. As EFV são as alternativas ou caminhos que podem ser usadas para recuperar os produtos descartados com seus componentes, e, de alguma forma, poder reintegrá-los à cadeia produtiva. As EFV de produtos variam principalmente pelo nível de facilidade de desmontagem para conseguir a sua recuperação e reintegração dentro da cadeia de suprimentos.

A partir das EFV, é possível obter alguns benefícios, tais como: diminuição de áreas para disposição de resíduos, diminuição dos impactos ambientais, geração de novos negócios, redução de custos pela aquisição de matéria-prima, geração de empregos, entre outros. Algo muito importante que você deve lembrar é que, antes de decidir optar pelo uso de alguma EFV, é importante que realize uma análise de viabilidade econômica, ambiental e social para tomar a melhor decisão e, para isso, recomendamos que o leitor explore os outros capítulos deste livro onde se apresentam diversas técnicas e ferramentas que podem ser aplicadas para esta finalidade.

Voltando à Figura 6, encontramos três grupos, sendo que o primeiro grupo é definido como um grupo de reúso direto. O segundo grupo é a gestão da recuperação de produtos, e o último grupo, a gestão de resíduos que trata da gestão de rejeitos, pois, teoricamente, o único que deve ir para aterros sanitários são aqueles rejeitos que não foram possíveis de serem recuperados. Agora nos próximos parágrafos vamos discutir um pouco mais sobre cada uma das EFV e as formas de disposição final.

O **Reúso direto e revenda (1)** consiste em produtos descartados que passam para outro consumidor, o que permite estender a vida útil desse produto. Nesta EFV, o produto conserva a sua funcionalidade e design original e não passa por nenhum tipo de reparação, exceto pelo desgaste das partes. Um exemplo muito comum é o repasse entre pessoas ou venda em websites de produtos usados, que ocorre muitas vezes quando há a compra de aparelhos mais novos e com tecnologias mais avançadas, caso como celulares, computadores, tablets etc.

O segundo grupo, nomeado de Gestão de produtos recuperados, apresenta as seguintes EFV: Reparo (2), Recondicionamento (3), Remanufatura (4), Canibalização (5) e Reciclagem (6). Iniciamos com a **Canibalização (5)** por ser considerada um centro de distribuição para as outras EFV, onde os produtos podem ou não ser desmontados e direcionados para as outras EFV. Além disso, a canibalização pode receber peças das outras EFV para novo direcionamento e recuperação. Como exemplo, pode ser citado as empresas que realizam a recuperação de Resíduos de Equipamentos Eletroeletrônicos (REEE).

Já o **Reparo (2)** é uma EFV na qual o produto descartado apresenta uma desmontagem limitada apenas para a troca de pequenas partes quebradas ou danificadas. Nesta EFV, o importante é que a funcionalidade do produto seja mantida e as partes trocadas geralmente são peças usadas de outros produtos descartados e que podem ser de produtos iguais ou similares. Neste caso, a garantia se aplica apenas pelas peças substituídas e não pelo produto inteiro. Como exemplos deste tipo de EFV podem ser citados a troca de partes em carros, troca de parte em celulares, os cabos de computadores etc.

Na EFV de **Recondicionamento (3)**, o processo é feito a partir de um produto defeituoso por meio de um trabalho mecânico onde se realiza uma desmontagem parcial do produto e geralmente apresenta limpeza parcial dos componentes e a troca é apenas para substituir a peça defeituosa, não sendo obrigatório que sejam peças novas. No final, temos um produto recondicionado que conserva o padrão anterior. A garantia será apenas pela peça recondicionada. Como exemplo, temos um computador que passa por uma desmontagem parcial para trocar o HD ou a tela quebrada.

Na **Remanufatura (4)**, o objetivo principal é devolver um produto com a garantia e qualidade de um produto novo a um preço que é aproximadamente 40% menor que o preço do mesmo produto novo. Para isso, o produto descartado (core ou núcleo) passa por uma sequência de etapas onde é realizada a desmontagem total do produto. Em seguida é realizada a limpeza das partes, a inspeção e armazenamento das partes, o recondicionamento e troca de partes e a remontagem do produto. Ainda ao longo desse processo, são realizados vários testes de qualidade e o produto pode receber atualização tecnológica. Uma das maiores vantagens desta estratégia é conseguir estender o ciclo de vida completo dos produtos, ou seja, se eu tenho um notebook que tem um ciclo de vida de 5 anos, com a remanufatura é possível conseguir pelo menos 1,5 a 2 ciclos de vida completos a mais para este mesmo produto (o que pode representar entre 10 e 15 anos). Obviamente, sempre deve ser analisado o produto e ver a porcentagem feita de remanufatura, porque se for necessário fazer a troca de mais do 70% de partes, já não seria adequado realizar remanufatura.

No Brasil, a norma ABNT 16290:2014 estabelece os requisitos gerais para a classificação, tipo de reprocessamento, produtos a serem comercializados e términos, e definições aplicáveis. Esta é uma das EFV que mais oferece possibilidades para estender o ciclo de vida completo dos produtos. Países como Europa e Estados Unidos consideram a remanufatura como uma indústria rentável e que gera anualmente diversos empregos.

É importante destacar que para que a remanufatura tenha maior sucesso o ideal é que o processo seja realizado pela empresa original do produto, pois é ela que possui o design e a lista de materiais e componentes que compõem esse produto, o que garante que o produto remanufaturado mantenha as características e requisitos do produto original. Caso o processo não seja realizado pela empresa original, é recomendável que o terceirizado seja capacitado para realizar um processo adequado de remanufatura pela empresa original fabricante do produto. Outro fator importante é a importância que o conceito com seus princípios seja integrado desde o Processo de Desenvolvimento dos Produtos (PDP) e do Ecodesign, pois isso facilitará todo o reprocessamento e evitará danos nas partes, otimizando os tempos de montagem e remontagem do produto remanufaturado. Para mais informações, consultar o trabalho de Gehin *et al.* (2008); Gray e Charter, (2006); Ijomah *et al.* (2007); Saavedra (2010); Saavedra *et al.* (2013) e Sitcharangsie, Ijomah e Wong, (2019).

Exemplos mais comuns de remanufatura são produtos com alto valor agregado, como embreagens de veículos pesados, eletroeletrônicos, equipamentos médicos, máquinas agrícolas, entre outros. No Brasil pode ser destacada a

Associação Nacional de Remanufaturadores de Autopeças (ANRAP) que tem mais de 15 empresas que realizam a remanufatura. A Figura 7 apresenta alguns exemplos destas empresas.

Figura 7 • Exemplos de produtos remanufaturados

Fonte: Cummins (2020); Sachs (2020); Caterpillar (2020).

Finalmente a **Reciclagem (6)** é considerada a EFV mais usada historicamente para a recuperação de materiais e tem por objetivo a transformação dos produtos descartados em novas matérias-primas para a fabricação do mesmo produto ou de outros produtos. Um ponto negativo da reciclagem quando comparada com a remanufatura é que a energia, a funcionalidade e a geometria do produto são perdidas no processo de transformação. Segundo Manzini e Vezzoli (2002), a reciclagem é classificada conforme o seu ciclo de vida. Ou seja, podemos ter a reciclagem interna nos processos da empresa que seria nomeada pré-consumo e temos a reciclagem que acontece no pós-consumo, ou seja, quando o produto é descartado.

Nesta EFV, também existe uma série de etapas onde dependendo do produto é realizada a sua desmontagem total, separação e destinação das partes. Por exemplo, o computador pode passar por um processo de reciclagem onde são recicladas suas partes plásticas e as placas para recuperação de materiais preciosos como ouro e platina.

A reciclagem pode ser dividida em mecânica e química. Na reciclagem mecânica, os produtos passam por uma fragmentação basicamente para redução de tamanho, usando mecanismos como a britagem e moagem. Já a reciclagem química usa processos como a hidrogenação, pirólise, gaseificação, entre outros, para conseguir recuperar componentes que serão usados como matéria-prima para a fabricação de novos produtos. Segundo a Associação Brasileira de Empresas de Limpeza Pública e Resíduos Especiais (ABRELPE), em 2018 foram coletadas aproximadamente 11.308 toneladas de plásticos e 434 toneladas de latas de alumínio no Brasil, sendo que esses produtos foram encaminhados para reciclagem. É importante lembrar que o Brasil recicla aproximadamente 98% de latas de alumínio, ou seja, apresenta um ciclo praticamente fechado frente a outros países que realizam a mesma prática (ABRELPE, 2018). Para mais informações sobre dados de reciclagem, consultar o Panorama dos Resíduos Sólidos no Brasil da ABRELPE de 2018.

Para finalizar, é importante citar a incineração e os aterros sanitários que estão inseridos dentro da Gestão de Rejeitos, ou seja, onde se encontram aqueles produtos descartados que não tem opções de recuperação, como é o caso dos produtos descartados nos hospitais, fraldas, absorventes, entre outros. Embora a compostagem não apareça como uma EFV, é importante que seja citada pelo fato de recuperar e transformar resíduos orgânicos em adubo, que pode ser usado em atividades agrícolas e pecuárias.

A seguir, apresentamos uma ferramenta que pode auxiliar nas atividades das empresas e da academia interessadas por este tema, chamada de matriz RemPro. A matriz RemPro permite relacionar um conjunto de características desejadas com as etapas da remanufatura, sendo sete estas etapas e nove as propriedades do produto, conforme listados no Quadro 1. A matriz visa auxiliar na determinação das propriedades de um produto que são necessárias para que o produto seja remanufaturado. Por exemplo, no caso da etapa de limpeza, o produto deve ter características de fácil acesso (exemplo: modularidade) e resistência ao desgaste (exemplo: uso de materiais duráveis para resistir ao contato com produtos químicos corrosivos etc.) (SUNDIN, 2004).

Esta é uma matriz de fácil aplicação onde os resultados podem criar oportunidades para que sejam inseridas novas informações durante as fases do PDP e possam ser criados mecanismos que facilitem a remanufatura dos produtos desenvolvidos por uma empresa. No momento de aplicar a matriz é necessário que realize ou simule todas as etapas de remanufatura para obter resultados mais reais. Além disso, é recomendável que se anote todas as observações identificadas em cada quadro para poder ter um acompanhamento detalhado do produto avaliado.

Para finalizar, é importante destacar que antes de adotar uma EFV é necessário realizar análise de viabilidade tanto ambiental quanto econômica para saber se realmente a EFV selecionada é a mais adequada para adotar.

Quadro 1 • Repro2 – Matriz RemPro

Etapas da Remanufatura / Propriedades do produto	Inspeção	Limpeza	Desmontagem	Armazenamento	Reprocessamento	Remontagem	Teste
Facilidade de identificação	X		X	X			X
Facilidade de verificação	X						
Facilidade de acesso	X	X	X		X		X
Facilidade de manuseio			X	X	X	X	
Facilidade de separação			X		X		
Facilidade de segurança						X	
Facilidade de alinhamento						X	
Facilidade de estocagem				X			
Resistência ao desgaste		X	X		X	X	

Fonte: Adaptado de SUNDIN (2004).

12.7 Considerações Finais

Este capítulo trouxe a GVCS como uma alternativa que deve ser adotada dentro do nosso modelo atual de produção para conseguir um modelo circular e mais sustentável. A adoção do pensamento do ciclo de vida e a visão estratégia e sistêmica se tornam elementos centrais da cadeia de suprimentos. Além disso, o Ecodesign e a ACV devem ser a base central para essa transformação, a qual deve ser realizada de forma interna e externa à cadeia, ou seja, todos os atores devem participar. Neste sentido, o Ecodesign, a manufatura verde e a logística reversa, incluindo as estratégias de fim de vida, tudo serve como apoio para tornar os processos mais ambientalmente sustentáveis, ajudar a estender o ciclo de vida dos produtos e a alcançar maiores níveis de recuperação de produtos descartados e que podem ser inseridos novamente à cadeia. No entanto, a cadeia de suprimentos verde não estará totalmente transformada se não forem consideradas as compras mais verdes, o transporte mais inteligente e ambientalmente sustentável e o controle na armazenagem e movimentação de materiais.

Em conclusão, para os próximos anos, temos grandes desafios com a GVCS devido ao fato de que sua inserção ainda se encontra muito inicial. No entanto, espera-se ter maiores avanços na sua transformação com a inserção e expansão de novas práticas pela indústria e governos por meio da economia circular.

12.8 Exercícios

Questão 1. Quais são os benefícios da GVCS? Liste pelo menos 5.

Questão 2. Para este exercício, você deve usar os dados do trabalho Santos *et al.* (2016) que aparecem na Tabela 1 deste capítulo (Impactos ambientais calculados pelo método ReCiPe *endpoint* H pontuação única) e substituir a areia pelas cinzas pesadas na indústria de revestimento de cerâmicos e verificar se a termelétrica conseguiria aumentar a sua ecoeficiência. Lembre-se de usar as equações 1 e 2 e adotar 804,65 t diárias de cinzas pesadas geradas pela termelétrica.

Questão 3. Pesquise e descreva dois métodos de controle de poluição atmosférica que podem ser usados nas fontes pontuais (empresas).

Questão 4. Discorra sobre os principais pontos relacionados com o pensamento do ciclo de vida apresentados dentro da PNRS.

Questão 5. Aplique a matriz RemPro em um celular para verificar se o produto tem facilidade para ser remanufaturado ou não. Para isso, anote o tempo de montagem e remontagem e apresente a matriz preenchida junto com as informações identificadas por cada requadro avaliado e proponha, caso seja necessário, algumas alternativas de melhoria que deveriam ser feitas para conseguir facilitar o processo de remanufatura.

Questão 6. Quais são as cinco principais estratégias para melhorar a eficiência dos transportes na GVCS?

GABARITO

Questão 1.

Resposta:

» Integra o pensamento do ciclo de vida.

» Tem uma visão estratégica e sistêmica que permite olhar a cadeia inteira junto com seus atores internos e externos para criar modelos circulares de produção.

» Cria produtos com melhor desempenho ambiental que inclui que seus processos e atividades sejam mais sustentáveis.

» Oferece o uso de menos recursos naturais onde existe uma extensão do ciclo de vida dos materiais e inclusão de ciclos fechados ou circulares.

» Oferece maiores benefícios econômicos e sociais.

Questão 2.

Resposta: Ao retirar o uso de areia na produção de revestimentos cerâmicos, automaticamente teríamos uma diminuição de impactos de 2,3 (que seria a somatória dos impactos relacionados com saúde humana, ecossistema e recurso, ver na Tabela 1). Nesta ordem de ideias o novo resultado ficaria:

Ecoeficiência = 804,65/(196,5-2,3) = 4,14 (uso da Equação 1 e dos dados da Tabela 1)

Comparando (uso da Equação 2)

4,14/4,10 (dado já obtido no exemplo apresentado) = 1,0097 (100,97%). Ou seja, com esta mudança, a termelétrica conseguiria aumentar a ecoeficiência em 0,97%, o que significaria que evitaria a disposição de cinzas pesadas na lagoa e evitaria diversos impactos ambientais.

Questão 3.

Resposta: Dois dos métodos que podem ser usados no controle de poluição atmosférica são os separadores ciclônicos que têm por objetivo remover as partículas e fazem com que o gás gire em um padrão espiral dentro de um tubo, onde a força centrífuga se movimenta até as paredes do equipamento, e pode cair ou escorregar no fundo do ciclone para depois serem removidas.

O segundo método é o filtro de manga que opera igual a um aspirador de pó, onde as partículas são carregadas pelo ar e passam por meio de um pano. Cada vez que o gás passa pelo tecido, a sujeira vai formando um tipo de torta de filtro e, na sequência, é liberado um gás limpo.

Questão 4.

Resposta: Entre os principais pontos relacionados ao pensamento do ciclo de vida que estão presentes na PNRS podem ser citados:

» O uso do conceito do ciclo de vida na integração da gestão dos resíduos.

» Uso e implementação da hierarquia da gestão, tendo ela a seguinte estrutura: não geração, redução, reúso, reciclagem, tratamento e disposição final.

» Implementação da logística reversa para realizar a recuperação de produtos com seus componentes e materiais.

» O princípio de responsabilidade compartilhada onde todos os atores da cadeia são responsáveis pela gestão dos resíduos.

» Os acordos setoriais que devem ser estabelecidos para os produtos descartados etc.

Questão 5.

Exemplo de resposta:

Etapas da remanufatura **Propriedade do produto**	**Inspeção**	**Limpeza**	**Desmontagem**	**Armazenagem**	**Reprocessamento**	**Remontagem**	**Teste**
Facilidade de identificação	X Obs.		X Dificuldade para identificar as partes	X Obs.			X Obs.
Facilidade de verificação	X Obs.						
Facilidade de acesso	X Obs.	X Obs.	X Obs.		X Obs.		X Obs.
Facilidade de manuseio			X Difícil manuseio dificulta a desmontagem	X Obs.	X Obs.	X Dificuldade para a remontagem das partes	
Facilidade de separação			X Quebra dos componentes		X Obs.		
Facilidade de segurança						X Obs.	
Facilidade de alinhamento						X Obs.	
Facilidade de estocagem				X Obs.			
Resistência ao desgaste		X Obs.	X Obs.		X Obs.	X Obs.	
Tempo de desmontagem					**Tempo de montagem**		
Propostas de melhoria	Evitar soldas no celular Usar parte modulares para facilitar a desmontagem Facilitar a atualização tecnológica para aumentar o ciclo de vida do celular						

Questão 6.

Resposta: Reduzir a distância a ser percorrida pelo veículo; 2) escolher modais de transporte que causem menos impactos ambientais; 3) atuar na escolha, conservação e manutenção de equipamentos usados nas operações logísticas; 4) promover maior ocupação do carregamento de veículos utilizado no transporte; 5) atuar na conscientização ambiental do operador do veículo e criar uma cultura ambiental na empresa.

Referências

AGERON, B.; GUNASEKARAN, A.; SPALANZANI, A. Sustainable supply management: An empirical study. *International Journal Production Economics.* 140, p. 168-182. 2012.

ABNT – Associação Brasileira de Normas Técnicas. NBR 16290. Bens reprocessados. Rio de Janeiro. 2014.

ABRELPE. Panorama dos resíduos sólidos no Brasil 2018/2019. Disponível em: http://abrelpe.org.br/panorama/. Acesso em: fev. 2020.

BRASIL Lei nº 12.305, de 2 de agosto de 2010 Institui a Política Nacional de Resíduos Sólidos; altera a Lei nº 9.605, de 12 de fevereiro de 1998; e dá outras providências. Brasília, DF. Disponível em: http://www2.mma.gov.br/port/conama/legiabre.cfm?codlegi=636.

BOUCHERY, Y.; CORBETT, C. J.; FRANSOO, J. C.; TAN, T. *Sustainable Supply Chains.* Springer. 2017.

CATERPILLAR. PEÇAS CAT REMAN. Disponível em: https://www.sotreq.com.br/pt-br/pecas/pecas-catr-reman. Acesso em: fev. 2020.

CHIARADIA, A. J.P. Utilização do indicador de eficiência global de equipamentos na gestão de melhoria contínua de equipamentos: um estudo de caso na indústria automobilística. Trabalho de conclusão de mestrado profissionalizante em engenharia. *Universidade Federal de Rio Grande do Sul.* 133p. 2004.

CUMMINS. Peças genuínas. disponível em: https://www.cummins.com.br/produtos/pecas-genuinas. Acesso em: fev. 2020.

DORNFELD, D.A *et al.* Introduction to green manufacturing. *In:* DORNFELD. D.A. Green manufacturing: fundamentals and applications. Berkeley: Springer, 2013.

ELHEDHLI, S.; MERRICK, R. Green supply chain network design to reduce carbon emissions. *Transportation Research Part D: Transport and Environment,* 17, 370-379, 2012.

GEHIN, A., ZWOLINSKI, P., BRISSAUD, D. A tool to implement sustainable end-of-life strategies in the product development phase. *Journal of Cleaner Production,* 16, 566-576, 2008.

GRANT, D. B. *Gestão de logística e cadeia de suprimentos.* São Paulo: Saraiva, 2013.

IJOMAH, W. L.; McMAHON, C. A.; HAMMOND, G. P.; NEWMAN, S. T. Development of Design for Remanufacturing Guidelines to Support Sustainable. *Manufacturing, Robotics and Computer-integrates Manufacturing*. v 23, p. 712-719. 2007.

GOVIDAN, K.; RAJENDRAN, S.; SARKIS, J.; MURUGESAN, P. Multi criteria decision making approaches for green supplier evaluation and selection: a literature review. *Journal of Cleaner Production*, v. 98, pp. 66-83, 2015.

GRAY, C.; CHARTER, M. Remanufacturing, and product design: designing for the 7th generation. The Centre for Sustainable Design. University for the Creative Art, Farmham. Reino Unido. 206. (2006).

HANSEN, R. C. Overall Equipment Effectiveness: a powerful production/maintenance tool for increased profits. Industrial Press: New York, 2001.

LEITE, P. R. Logística reversa: sustentabilidade e competitividade, teoria, prática e estratégias. 3. ed. São Paulo: Saraiva, p. 360, 2017.

LONA, E. E. S.; LEME, M. M. V. Processos produtivos e a poluição atmosférica. Em: ADISSI, P. J.; PINHEIRO, F. A.; CARDOSO, R. S. Gestão Ambiental de unidades produtivas. Rio de Janeiro: Elsevier, 2013.

MANZINI, E.; VEZZOLI, C. O. Desenvolvimento de produtos sustentáveis: os requisitos ambientais dos produtos industriais. Tradução Astrid de Carvalho. São Paulo: Editora da Universidade de São Paulo, p. 367, 2002.

NAKAJIMA, S. (Ed.) TPM development program: implementing total productive maintenance productivity press. Portland: OR, 1989.

NOCI, G. Designing 'green' vendor rating systems for the assessment of a supplier's environmental performance. *European Journal of Purchasing & Supply Management*, v. 3, N. 2, p. 103-114, 1997.

PIRES, S. R. I. *Gestão da cadeia de suprimentos:* conceitos, estratégias, práticas e casos. 3. Ed. São Paulo: Atlas, 2016.

RODRIGUES, L. R. *Seleção de fornecedores sustentáveis utilizando fuzzy DEMATEL-ANP. 165f.* Dissertação (Mestrado em Engenharia de Produção) Universidade Federal de São Carlos (UFSCar), São Carlos, 2016.

SAAVEDRA, Y. M. B. S. Práticas de estratégias de fim de vida no processo de desenvolvimento de produtos e suas aplicações em empresas que realizam a recuperação de produtos pós-consumo. São Carlos, 2010. P. 235. Dissertação de Mestrado. Engenharia de Produção. Escola de Engenharia de São Carlos. USP-EESC.

SAAVEDRA, Y. M. B.; BARQUET, P. B. A.; ROZENFELD, H.; FORCELLINI, A. F. Remanufacturing in Brazil: case studies on the automotive sector. *Journal of Cleaner Production*. v. 53, p. 267-276, 2013.

SACHS. Mas do que um mero reparo: Remanufatura de embreagens da SACHS. Disponível em: https://aftermarket.zf.com/la/pt/sachs/quem-somos/qualidade-como-novo/. Acesso em: fevereiro de 2020.

SANTOS, M. R.; TEIXEIRA, C. E.; KNIESS, C. T.; BARBIERI, J. C. O uso da avaliação do ciclo de vida e da ecoeficiência para avaliar alternativas de valorização de resíduos: um estudo em empresa termelétrica. *Revista de Administração da Universidade Federal de Santa Maria. Especial Engema.* V. 9, p. 82-99, 2016.

SANTOS, P. V. S. Aplicação de um indicador Overall Equipment Effectiveness (OEE): um estudo de caso numa retífica e oficina mecânica. *Brazilian Journal of Production Engineering.* v. 4, n. 3, p. 01-18, 2018.

SARKIS, J. A strategic decision framework for green supply chain management. *Journal of Cleaner Production,* v. 11, I. 4, p. 397-409, 2003.

SITCHARANGSIE, S.; IJOMAH, W.; WONG, T. C. Decision making in key remanufacturing activities to optimise remanufacturing outcomes: A review. Journal of Cleaner Production. v. 232, p. 1465-1481, 2019.

SUNDIN, E. Product and Design for Successful Remanufacturing. PhD. Dissertation. Linköping University (LiU), 2004.

SRIVASTAVA, S. K. Green supply-chain management: A state-of-the-art literature review. *International Journal of Management Reviews* v. 9, n. 1, p. 53-80, 2007.

THIERRY *et al.* Strategies issues in Product Recovery Management. *California Management Review.* v. 37, n. 2, p. 114-135, 1995.

TIBBEN-LEMBKE, R. S. Life after death – reverse logistics and the product life cycle. *International Journal of Physical Distribution & Logistics Management,* v. 32, n. 3, p. 223-244, 2002.

CAPÍTULO

13

Comunicação e Rotulagem Ambiental

Prof. Dr. Cassiano Moro Piekarski

Universidade Tecnológica Federal do Paraná – UTFPR
Campus Ponta Grossa. Rua Dr. Washington Subtil Chueire, 330 – Jardim Carvalho
84017-220, Ponta Grossa-PR/Brasil

Prof. Dr. Murillo Vetroni Barros

Universidade Estadual do Paraná – UNESPAR
Campus Paranaguá. Rua Comendador Correia Júnior, 117 – Centro
83203-560, Paranaguá-PR/Brasil

Prof. Dr. Rodrigo Salvador

Universidade Técnica da Dinamarca – DTU
Campus Ballerup. Lautrupvang, 15
2750, Ballerup/Dinamarca

Prof. Dr. Fabio Neves Puglieri

Universidade Tecnológica Federal do Paraná – UTFPR
Departamento Acadêmico de Engenharia de Produção
Campus Ponta Grossa. Rua Dr. Washington Subtil Chueire, 330 – Jardim Carvalho
84017-220, Ponta Grossa-PR/Brasil

Felipe Queiroz Coelho

Fundação Vanzolini
Rua Camburiú, 255 – Alto da Lapa
05058-020, São Paulo-SP/Brasil

M.Sc. Beatriz Cristina Koszka Kiss

Centro de Estudos de Sustentabilidade da Fundação Getúlio Vargas – FGVces
Avenida Nove de Julho, 2029 – 11º andar – Bela Vista
01313-001, São Paulo-SP/Brasil

13 Comunicação e Rotulagem Ambiental

13.1 Introdução

Diante do cenário ambiental e socioeconômico atual, torna-se importante o compartilhamento de informações de qualidade sobre o desempenho ambiental de determinados produtos. Esta afirmação se confirma na forma de demandas geradas por consumidores individuais e organizações que, cada vez mais, buscam escolhas "mais sustentáveis" na compra e no consumo de produtos diversos. Se, por um lado, consumidores buscam informações sobre os impactos ambientais gerados pelos produtos e as consequências de suas decisões, por outro, fabricantes devem estar preparados para prover informações completas e confiáveis que auxiliem este processo. Mas como escolher um produto melhor diante de um cenário em que mais de 600 programas, rótulos e ferramentas (UNEP, 2015) se colocam no mercado trazendo informações diferentes sobre a sustentabilidade de produtos?

Faz-se necessária, então, uma comunicação clara dos benefícios gerados por um produto, bem como as vantagens para o meio ambiente. A padronização e regulamentação desse tipo de comunicação, em especial a rotulagem ambiental, tem ganhado força nos últimos anos, incentivando organizações dos mais diversos setores e evitando que essa informação confunda os consumidores.

Além disso, o surgimento de novos modelos de negócio e produtos tem feito os gestores repensarem no modo de comprar, produzir, vender e se relacionar com fornecedores e clientes. Assim, uma estratégia de destaque focada em conquistar vantagem competitiva pode ser um programa de rotulagem ambiental, principalmente em termos de importação e exportação, pois muitas empresas têm buscado desenvolver relações e parcerias com organizações que detêm determinadas certificações ambientais relevantes para suas áreas de atuação.

A rotulagem ambiental pode ser considerada um instrumento econômico e de comunicação a fim de difundir informações que incentivem positivamente os padrões de produção e consumo, além de potencializar a consciência das organizações produtoras para a necessidade de extrair recursos naturais provenientes de fontes renováveis e de forma mais responsável (MOURA, 2013). A ISO define o objetivo dos rótulos ambientais como:

> "A meta geral dos rótulos e declarações ambientais é, através de comunicação e informações precisas e verificáveis, que não sejam enganosas, sobre aspectos ambientais de produtos e serviços, promover a demanda e o fornecimento dos produtos e serviços que causem menor impacto ambiental, estimulando, assim, o potencial para uma melhoria ambiental continua, ditada pelo mercado" (ABNT, 2002).

A rotulagem ambiental, primeiramente, surge a partir da necessidade de padronização para um certo produto (bem ou serviço). O sistema de rotulagem surgiu após uma série de pressões do movimento ambientalista. O primeiro programa oficial de rotulagem ambiental foi nomeado *Blue Angel* e surgiu em 1978, na Alemanha, com o propósito de analisar os impactos ambientais de produtos. A *Blue Angel* atua no mercado até os dias atuais, estabelecendo altos padrões de design de produtos ecológicos a fim de sustentar um consumo mais responsável (BLUE ANGEL, 2019). Após isso, outras certificadoras em diversos países, como Estados Unidos, Japão e países da Europa, deram início ao processo de disseminação da rotulagem ambiental. No Brasil, o primeiro indício de rotulagem ocorreu em 1993, com a criação do Programa Brasileiro de Rotulagem Ambiental, elaborado pela Associação Brasileira de Normas Técnicas (ABNT). Globalmente, a iniciativa *Global Ecolabelling Network* (GEN, 2019) reúne 27 programas de rotulagem ambiental que se baseiam na norma ISO 14024 (rotulagem do Tipo II, que será abordada na Seção 13.2.2 deste capítulo). A ABNT é a representante brasileira no GEN.

O objetivo da rotulagem ambiental é a promoção da qualidade ambiental do produto aplicando esforços por diferentes partes da organização a fim de transmitir uma comunicação ambiental de forma clara para o consumidor do produto, destinada à divulgação de práticas de cuidados com o meio ambiente, e pode agregar valor ao produto por meio da diferenciação desses no mercado. Mais recentemente, a rotulagem ambiental também vem sendo utilizada para oferecer maior clareza e comprovar os benefícios ou vantagens ambientais de "produtos verdes" ou "sustentáveis" (KISS, 2018). A Comissão Europeia define os produtos verdes como "aqueles que usam recursos de maneira mais eficiente e causam menor impacto ambiental ao longo de seu ciclo de vida, desde a extração das matérias-primas, sua produção, distribuição, uso, até o fim do ciclo de vida (estratégias de fim de vida, incluindo reúso, reciclagem e recuperação, que serão abordadas no Capítulo 12) comparado a outros produtos similares da mesma categoria". "Produtos verdes" existem em quaisquer categorias de produto, independente de possuírem rótulo ecológico ou de serem comercializadas como verdes; é a performance ambiental que as define como "verdes" (EUROPEAN COMMISSION, 2013).

Adicionado a isso, a adoção da prática promove um sistema de gestão ambiental (conforme Capítulo 11) mais eficiente e menos impactante ao meio ambiente. Esta mensagem é reforçada pelos Objetivos de Desenvolvimento Sustentável (ODS) e pela Agenda 2030 da Organização das Nações Unidas (ONU): em seu Objetivo 6 (Água potável e saneamento), 7 (Energia limpa e acessível), 8 (Trabalho decente e crescimento econômico), 9 (Indústria, inovação e infraestrutura), 12 (Consumo e Produção Sustentável) e 13 (Ação contra mudança global do clima) (ONU, 2015). Com ênfase no Objetivo 12, a ONU busca assegurar padrões de produção e de consumo sustentáveis. Isso se dará, entre outros, por meio de:

- Alcançar a gestão sustentável e o uso eficiente dos recursos naturais.
- Alcançar o manejo ambientalmente saudável dos produtos químicos e de todos os resíduos, ao longo de todo o ciclo de vida destes, e minimizar seus impactos negativos sobre a saúde humana e ao meio ambiente.
- Reduzir substancialmente a geração de resíduos por meio da prevenção, redução, reciclagem e reúso.
- Incentivar as empresas, especialmente as empresas grandes e transnacionais, a adotar práticas sustentáveis.
- Promover práticas de compras públicas sustentáveis, de acordo com as políticas e prioridades nacionais.
- Garantir que as pessoas, em todos os lugares, tenham informação relevante e conscientização para o desenvolvimento sustentável e estilos de vida em harmonia com a natureza.

Em consequência da disseminação dos rótulos, as organizações possuem opções amigáveis ao meio ambiente para adquirir reconhecimento e facilitar a entrada e permanência no mercado internacional, em especial nos países mais desenvolvidos, onde a demanda por produtos desse tipo é maior. Além disso, os impactos positivos da rotulagem podem significar importante avanço em termos de comercialização do produto.

Um exemplo é a iniciativa *The Single Market for Green Products* da União Europeia, lançado em 2013 (EUROPEAN COMMISSION, 2013), que visa direcionar o mercado para a escolha de produtos menos impactantes e mais eficientes no uso de recursos, fomentando uma comunicação clara sobre o que é um "produto verde". Nesse contexto, informações sobre o desempenho ambiental de produtos é fundamental. Sua ausência pode representar a constituição de barreiras comerciais não tarifárias para produtos que chegarão à Europa, impactando fortemente a forma de fazer negócios, na forma de produzir e de comunicar os atributos de cada produto (KISS, 2018).

O apelo estético em termos de rotulagem ambiental pode desempenhar importante papel no instrumento de informação e publicidade (SCATOLIM, 2009). A informação de comunicação pode ser transmitida em termos de símbolos, gráficos, imagens, marcas, textos, ou seja, qualquer tipo de ilustração. Contudo, as informações ambientais transmitidas para o consumidor devem ser passadas de forma concisa, clara, relevante e objetiva, facilitando o entendimento da linguagem ambiental. A Figura 1 apresenta alguns exemplos de rótulos ambientais, os quais serão abordados em mais detalhes em seções subsequentes, tratando de rótulos Tipo I, Tipo II e Tipo III, assunto que também será tratado mais adiante.

Figura 1 • Exemplos de Rótulos Tipos I, II e III

Tipo I

(i) (ii) (iii)

Tipo II

(iv)

Tipo III

Impactos ambientais	A1-A2	A3	Total	Unidade
Potencial de aquecimento global	25,9	763,2	789,1	Kg CO_2-eq.
Potencial de depleção da camada de ozônio estratosférico	0	0	0	Kg CFC 11-eq.
Potencial de acidificação do solo e da água	0,1	1,5	1,7	Kg SO_2-eq.
Potencial de eutrofização	0	0,2	0,2	Kg PO_4^{3-}-eq.
Potencial de formação do ozônio troposférico	0	0,1	0,1	Kg C_2H_4-eq.
Potencial de depleção abiótica para recursos não-fósseis	0	0	0	Kg Sb-eq.
Potencial de depleção abiótica para recursos fósseis	407,5	1419,7	1827,2	MJ

(v)

(i) GREEN SEAL (2020)
(ii) ENVIRONMENTAL CHOICE (2020)
(iii) ABNT (2020)
(iv) UNILEVER (2020)
(v) VOTORANTIM (2020)

A comunicação é facilitada mediante a atuação de atores como fabricante e consumidor. A rotulagem é baseada em um tripé de três principais atores: i) órgãos públicos de meio ambiente que agem na regulamentação, padronização e proteção do meio ambiente; ii) organizações produtoras, introduzindo ações tecnológicas direcionadas em prol do meio ambiente; e iii) consumidores, fazendo escolhas conscientes, benéficas ao meio ambiente por meio do poder de compra (MOURA, 2013). Outrossim, a prática ainda pode ser usada na comunicação ambiental entre as partes interessadas da organização, como acionistas, comunidade, fornecedores, clientes e funcionários. Esse processo de comunicação está inerente ao produto e pode ocorrer mediante o transmissor e o receptor. A comunicação é realizada em termos de propaganda, marketing, impressão digital, meios digitais ou na própria embalagem do produto.

Como ferramenta efetiva para mensuração do potencial impacto ambiental de produtos, serviços e processos, destaca-se a ACV, atuando como colaborador do processo de rotulagem ambiental. Para mais detalhes sobre a ACV, consultar o Capítulo 3.

Ressalta-se, ainda, os benefícios da aplicação de rotulagem ambiental para as organizações, os quais podem ser compreendidos como: gerenciamento eficiente de recursos provenientes de fontes renováveis e não renováveis, estímulo à destinação consciente do produto no pós-uso, opções como reutilização, reparo, reciclagem, reaproveitamento e destinação final. Com isso, o potencial de melhoria no desempenho ambiental do produto e de materiais utilizados para a fabricação pode ser analisado, mensurado e comparado. Para esse fim, mudanças no processo produtivo podem ser representadas pela substituição de matérias-primas de origem fóssil por renovável; redução no uso de água e energia; minimização de emissão de poluentes atmosféricos; tratamento e reutilização de água de processo; geração de eletricidade proveniente de fonte limpa (eólica, solar, biomassa), bem como no design ecoeficiente, entre outros exemplos. Além disso, algumas empresas vêm percebendo que resíduos industriais podem ser tratados, transformados e reutilizados, resultando em valor financeiro, estratégico e fomentando iniciativas para a rotulagem ambiental.

Ainda que o uso de rótulos ambientais de produtos se concentre no contexto voluntário, diferentes normas, regulações e iniciativas fazem menção à ou se utilizam da rotulagem ambiental como forma de diferenciar produtos. Por exemplo, empresas e governos podem utilizar esses selos e rótulos como forma de comprovar um melhor desempenho ambiental de produtos em processo de compras e licitações. No Brasil, já existem manuais para compras públicas sustentáveis (ALEM *et al.*, 2015). Um exemplo é a compra de papel pelo Senado (SENADO FEDERAL, 2019). Para a compra de papel A4, para reprografia, é exigido que esse tenha origem legal certificada, que é verificada pelo cadastro da empresa fornecedora no Instituto Brasileiro de Meio Ambiente (IBAMA). O papel pode ser reciclado ou branco, que não faça uso de cloro elementar no processo de branqueamento.

Além da perspectiva ambiental descrita aqui, a perspectiva econômica também pode ser considerada como uma forte aliada em programas de rotulagem ambiental. Por meio da aplicação, fomento e justificativa de iniciativas como redução de desperdícios e redução de custos — principalmente na etapa de uso dos produtos — podem compor os benefícios gerados ao consumidor e comunicados em rótulos ambientais. Com isso, a consciência da sociedade pode acarretar mudanças de comportamento e em processos de tomada de decisão a favor de produtos menos impactantes, a favor do meio ambiente. A recém-lançada norma

ISO 20400:2017 propõe diretrizes para as Compras Sustentáveis e reforça o fato de que as decisões institucionais, por meio da compra de produtos, podem influenciar cadeias de valor como um todo, fomentando iniciativas que reduzam os impactos gerados por produtos, em todas as fases de seu ciclo de vida. A norma recomenda, ainda, o uso da ACV como forma de mensurar e gerir esses impactos (ISO, 2017).

Portanto, dada toda a motivação para a criação e/ou a conquista de rótulos ambientais, bem como da comunicação deles e o que significam, deve-se atentar aos requisitos necessários à sua prática, pois há normas e padrões em âmbito internacional e nacional que as governam.

Na sequência, são apresentados os três tipos de rotulagem ambiental e comunicação normalizadas pela ISO em suas versões nacionais (por NBR ISO) desenvolvidas pela ABNT.

13.2 Tipos de Rotulagem Ambiental e Comunicação

No Brasil, a temática de rotulagem ambiental vem sendo estudada, desenvolvida e aplicada nas últimas décadas, devido principalmente a negociações com perfil exportador. Todos os mercados buscam constantes avanços na economia e nos setores industriais. O mercado nacional vem realizando maiores investimentos em eficácia e comunicação ambiental com vistas a vantagens competitivas. A identificação de novos nichos de mercado, oportunidades de inovação, crescimento financeiro e abertura para o comércio internacional compõem o portfólio de benefícios para as organizações.

Segundo a NBR ISO 14024 (ABNT, 2004), um programa de rotulagem ambiental possui como objetivo aumentar a consciência na cadeia de suprimento dos produtos, como fornecedores, produtores, distribuidores e consumidores. Nesse sentido, a aplicação da rotulagem pode significar uma medida eficiente na obtenção de ganho ambiental. Por um lado, os consumidores podem cobrar os produtores em relação aos compromissos exigidos pela respectiva certificação ambiental. Por outro lado, os produtores estão interessados em atingir novos mercados, alcançar vantagens estratégicas e, com isso, crescimento de capital. Além disso, o programa tem a função de prevenir falhas em informações ambientais, aumentar a consciência ambiental dos consumidores e educá-los nesse sentido, proporcionando incentivo ao fabricante a fim de produzir produtos com baixo impacto ambiental (ABNT, 2004).

De acordo com a NBR ISO 14020:2002 um rótulo ambiental ou declaração ambiental é uma "afirmação que indica os aspectos ambientais de um produto ou serviço", cujo objetivo é promover produtos e/ou serviços que gerem menor impacto ambiental, com informações claras e não enganosas, que possam ser verificadas (ABNT, 2002). Os princípios da rotulagem ambiental pregam, ainda, que os procedimentos para rotulagem não devem ser elaborados de forma a criar obstáculos ao comércio internacional.

Além disso, a ISO 14024:2018 aponta algumas vantagens na utilização da rotulagem ambiental como: promover a diminuição de desperdícios inerente ao produto, otimizar os processos, demonstrar ao mercado e às partes interessadas que a organização está preocupada com ações voltadas para a sustentabilidade, promover a preservação do meio ambiente mediante a redução de impactos negativos e permitir o enquadramento nas exigências em termos de licitações ambientais sustentáveis.

Um rótulo ambiental pode dar destaque à empresa frente aos concorrentes e auxiliar no aumento da lucratividade. O conteúdo da rotulagem serve tanto para comunicação direta com o consumidor final quanto ao *Business-to-Business* (B2B).

Na relação direta com o consumidor, os rótulos servem para informar o consumidor final sobre as características ambientais do produto sendo adquirido. Na relação B2B, muitos negócios dão preferência para fornecedores com produtos (matérias-primas) e serviços com certificações/rótulos ambientais, assim como outros trabalham exclusivamente com parceiros que tenham uma determinada certificação.

No Brasil, as diretrizes para rotulagem ambiental são estabelecidas pela série NBR ISO 14020:2002. Existem três tipos de rotulagem: Tipo I (que são rótulos ou selos ambientais), Tipo II (que são autodeclarações ambientais) e Tipo III (que são declarações ambientais de produto). Os requisitos para cada tipo são estabelecidos por uma norma específica.

13.2.1 *Rotulagem do Tipo I: Rótulo ambiental (ISO 14024:2018 e NBR ISO 14024:2004)*

Nesta norma são estabelecidos os princípios e procedimentos para programas de rotulagem ambiental do Tipo I, o que inclui seleção de categorias de produtos, bem como critérios ambientais, características funcionais e meios para avaliar e demonstrar a conformidade deles. A NBR ISO 14024:2004 também estabelece os procedimentos para certificação e concessão do rótulo (ABNT, 2004).

Ressalta-se ainda que, um programa de rotulagem ambiental do Tipo I, que gera os rótulos ambientais (*ecolabels*), deve objetivar o destaque de produtos/serviços que evidenciem a redução de impactos ambientais, considerando o ciclo de vida dos mesmos e, não somente a transferência da responsabilidade dos impactos, de alguma forma, a partes terceiras. Os produtos/serviços devem demonstrar preferência ambiental em um processo de avaliação baseado em sólidos princípios científicos e de engenharia. Ademais, todas as informações devem ser tratadas de forma transparente e serem colocadas à disposição de todas as partes interessadas para consulta.

À certificação será, ainda, determinado um prazo de validade, que pode variar de acordo com o estabelecido pela terceira parte certificadora. Findo tal prazo, o sistema de produto/serviço necessitará de nova auditoria para recertificação, caso esteja em conformidade com os requisitos. Em caso de atualizações relacionadas aos requisitos de certificação, o sistema continuará com a certificação até o fim do prazo de validade da mesma e apenas perderá a certificação caso não cumpra os novos requisitos quando do processo de recertificação.

A ISO 14024:2018, particularmente, foi atualizada em 2018. Seus objetivos e princípios foram mantidos, contudo, a nova versão busca fortalecer os requisitos documentais para obtenção de um rótulo, além de assegurar transparência e credibilidade dos programas de rotulagem ambiental do Tipo I e definir as competências necessárias aos auditores dos processos. As certificações concedidas pela NBR ISO 14024:2004 continuam válidas até um novo ciclo de certificação, com a atualização da norma brasileira equivalente.

Destaca-se, então, que a rotulagem do Tipo I visa oferecer a possibilidade de promoção de produtos comprovadamente (por meio de verificação externa) ambientalmente mais amigáveis frente aos seus concorrentes e podem ser utilizados para promoção das práticas de uma empresa ou mesmo para o estabelecimento de parcerias em cadeias produtivas, visto que algumas empresas podem recomendar que todos os seus parceiros detenham certificação em determinado selo para manutenção das relações econômicas e estratégicas. A verificação externa é feita por um órgão independente (autorizado pela entidade certificadora) sem qualquer relação com fabricante/vendedor do produto, e visa apurar se ele está de acordo com as diretrizes e critérios de concessão do rótulo em questão. Mais adiante, na Seção 13.3.1, serão apresentados alguns exemplos de rótulos Tipo I.

13.2.2 *Rotulagem do Tipo II: Autodeclarações ambientais (ISO 14021:2013 e NBR ISO 14021:2017)*

A NBR ISO 14021:2017 estabelece os requisitos para autodeclarações ambientais. Autodeclarações não podem ser vagas, portanto, termos como "ambientalmente seguro", "amigo do meio ambiente", "amigo da Terra", "não poluente", "verde", "amigo da natureza" e "amigo da camada de ozônio" não podem ser utilizados, de acordo com a NBR ISO 14021 (ABNT, 2017).

É grandemente encorajado que autodeclarações sejam acompanhadas de textos explicativos, visto que autodeclarações isoladas podem, em vezes, acarretar mal-entendidos. Quando as declarações fizerem uso de símbolos naturais, estes só devem ser utilizados se e quando houver relação direta entre o símbolo e o benefício fornecido pelo produto. Outro cuidado que se deve ter é o de não relacionar um símbolo ambiental com uma marca.

Autodeclarações não passam por avaliação externa, entretanto, deve ser designado um responsável pelas informações e pelo método de avaliação, método o qual deve permitir reprodução dos resultados. Esse responsável deve deter o conhecimento e experiência prévia. Toda a documentação referente aos procedimentos e resultados de avaliação deve ser mantida preferencialmente até o final da vida útil do produto (mesmo após cessação de sua comercialização). A Norma aborda que não existe uma metodologia padrão para sua realização, ou seja, cada certificadora cria o seu próprio sistema de avaliação. Contudo, o instrumento deve ser confiável, descrevendo de forma detalhada para que outros indivíduos possam seguir.

A NBR ISO 14024:2004 ainda prevê características de uso de termos, qualificações, uso de símbolos e metodologia de avaliação para os termos "conteúdo reciclado", "compostável", "degradável", "energia recuperada, reciclável", "energia renovável", "material renovável", "projeto para desmonte", "redução de resíduos", "redução no consumo de água", "redução no consumo de energia", "redução no uso de recursos", "reutilizável e recarregável", "sustentável", "vida útil do produto prolongada"; assim como também abrange as declarações a respeito de "pegada de carbono" e "carbono neutro".

Mas afinal, o que é uma autodeclaração ambiental? Um exemplo de autodeclaração ambiental é quando uma empresa afirma que determinado produto é 100% biodegradável. Ou quando é afirmado que houve um aumento de 10% no uso de material reciclável para a produção de um determinado produto. Esta segunda declaração pode ser confusa, pois pode representar 10% em relação à porcentagem já utilizada anteriormente, ou em relação à massa do produto. Nestes casos, destaca-se o uso de textos explicativos, para garantir a transparência e uma melhor comunicação, evitando o *greenwashing*[1].

13.2.3 *Rotulagem do Tipo III: Declarações ambientais (ISO 14025:2006 e ABNT NBR ISO 14025:2015)*

A ABNT NBR ISO 14025:2015 (ABNT, 2015) estabelece os princípios e procedimentos para a elaboração de Declarações Ambientais de Produto (DAP). Uma DAP é baseada em uma ACV, que leva em conta os aspectos ambientais de um

1 O termo *greenwashing* se refere à prática antiética da organização em divulgar informações falsas ou mesmo induzir o consumidor sobre um falso desempenho ambiental do seu produto/serviço.

sistema de modo a mensurar os impactos ambientais potenciais dele. Princípios e Estrutura para a realização de um estudo de ACV podem ser encontrados nas normas ISO 14040 (ISO, 2006a) e NBR ISO 14040 (ABNT, 2014a), e requisitos e orientações podem ser encontrados nas normas ISO 14044 (ISO, 2006b) e NBR ISO 14044 (ABNT, 2014b). Mais recentemente foram publicadas a ISO/TR 14049:2014 que apresenta exemplos ilustrativos de como aplicar a ABNT NBR ISO 14044:2014 à definição de objetivo e escopo e à análise de inventário de uma ACV, e a ISO/TR 14047:2016 que possui exemplos ilustrativos de como aplicar a ABNT NBR ISO 14044:2014 a situações de avaliação de impacto de ciclo de vida, conforme apresentado no Capítulo 5.

Uma DAP busca, entre outros objetivos, evidenciar os potenciais impactos ambientais de um produto, incentivar melhorias no seu desempenho ambiental e possibilitar comparações entre produtos.

Para um programa de rotulagem do Tipo III, é necessário que haja categorias de produto, o que, entre outros benefícios, possibilita a comparação do desempenho de sistemas de produtos similares, pois estes podem ser avaliados por meio de uma mesma unidade funcional. Para tanto, existem regras sob as quais os produtos, em uma determinada categoria, devem ser avaliados, e estas constituem as Regras de Categorias de Produto (RCP).

Uma RCP, de modo sucinto, deve estabelecer as características do estudo e do relato de resultados da avaliação do ciclo de vida para uma determinada categoria de produto, incluindo tópicos de objetivo e o escopo, unidade funcional, categorias de impacto, definindo o intuito da ACV e as fronteiras do sistema, ou seja, quais fases do ciclo de vida devem ser consideradas. Além de indicar como devem ser produzidos os resultados a serem reportados a fim de produzir a declaração.

Levando em conta as possibilidades de uma ACV, para fins de uma DAP, uma regra de categoria de produto pode requerer a inclusão de: i) todas as quatro fases de uma ACV, isto é, definição de objetivo e escopo, análise de inventário do ciclo de vida, avaliação de impacto do ciclo de vida e interpretação; ou ii) definição de objetivo e escopo, análise de inventário do ciclo de vida e interpretação, não incluindo a fase de avaliação de impactos. Após a realização do estudo de ACV, este deve passar por verificação externa, ou seja, deve ser examinado e aprovado por terceiros. Todo esse processo pode ser realizado junto aos operadores de programa (entidades que viabilizam rotulagem do Tipo III). No Brasil, pode-se citar: INMETRO, EPD Brasil (*International EPD System*), IBU (*Institut Bauen und Umwelt*), e UL do Brasil Certificações.

Mas, afinal de contas, para que serve uma DAP? E qual a diferença entre uma DAP (Tipo III) e um selo (Tipo I)?

Bem, uma DAP produz um relatório com o desempenho ambiental do sistema avaliado, mostrando quais são seus impactos potenciais, por meio de uma ACV. Os dados são quantitativos. Uma DAP, por si só, não determina se um determinado produto é melhor ou pior que outro, apenas expõe os fatos, releva numericamente o desempenho ambiental do produto. Já um selo é usado para certificar que um determinado produto é ambientalmente preferível a produtos similares que não o têm, considerando as características avaliadas pelo selo. Uma DAP pode ser utilizada, por exemplo, como parte de um programa de rotulagem do Tipo I, mas sozinha, não julga o desempenho.

Por fim, devido às ações práticas e econômicas ocorridas nos últimos anos no Brasil, a tendência do setor de rotulagem ambiental mostra importantes avanços e perspectivas de crescimento. Três pontos sustentam essa perspectiva. A primeira é o comprometimento com ações amigáveis ao meio ambiente, fomentando iniciativas de uma produção limpa, reduzindo emissões e uso de materiais renováveis. O segundo ponto refere-se à potencialização de vantagem competitiva da empresa e do produto frente aos concorrentes. O atual mercado globalizado está em constante mudança, avanços de inovação e tecnológicos, portanto, agregar selos ambientais em produtos pode representar vantagem estratégica. Por fim, o terceiro aspecto abrange a abertura de mercado no exterior. Muitas empresas têm a visão de exportar os produtos para um mercado norte-americano, europeu ou asiático. Em contrapartida, esses mercados aceitam e remuneram selos ambientais das empresas como forma de mostrar o comprometimento com o meio ambiente e com a comunicação entre empresa e consumidor.

Em seguida, são apresentados alguns exemplos de rótulos/selos ambientais em seus diversos usos.

13.3 Exemplos Práticos

Nos últimos anos, a criação e a divulgação de diversos selos e rótulos ambientais têm invadido mercados e consumidores com as mais variadas informações. Por um lado, muitos rótulos diferentes podem ajudar na escolha de um determinado produto; já por outro, podem também confundir o consumidor.

Diante disso, como o consumidor individual pode encontrar meios para entender os rótulos e confiar nas informações? E como as empresas podem usar essas informações para desenvolver políticas de compras sustentáveis, buscando utilizar produtos e serviços que apresentem desempenho ambiental elevado?

Para tanto, trazemos nesta seção exemplos de rótulos/selos aplicados por empresas atuantes no mercado a fim de entender alguns tipos de rótulos e que o leitor possa observar. Conforme mostrado anteriormente, existem rótulos/selos ambientais (Tipo I), autodeclarações (Tipo II) e DAPs (Tipo III). A seguir são apresentados alguns exemplos para cada tipo de rotulagem.

13.3.1 Selos/rótulos ambientais (Tipo I)

Um dos exemplos mais importantes de selo ambiental e que merece destaque é o *Blue Angel* (Figura 2). Iniciativa do governo alemão desde 1978, atualmente possui mais de 12 mil produtos rotulados de mais de 1.500 empresas. De acordo com estudo encomendado pela própria *Blue Angel*, em 2014, 92% da população alemã reconhecia o selo, sendo desses, 37% relataram que o rótulo impactava a decisão de compra.

Outro exemplo de selo ambiental é o *Green Seal* (logo da Figura 3). Considerado um selo ecológico, o *Green Seal* busca evidenciar produtos que cumprem uma série de requisitos de desempenho e de saúde ambiental para muitos produtos e serviços.

Figura 2 • Selo Ecológico *Blue Angel*

Fonte: Blue Angel (2019).

Figura 3 • Selo Ecológico *Green Seal*

Fonte: Green Seal (2019).

Empresas que possuem o *Green Seal* incluem a 3M (exemplo: para limpador e protetor de aço inoxidável) e a ECOLAB (exemplo: solução para limpar vidro).

Há também o *Environmental Choice* (na Figura 4). O selo cobre uma gama de produtos, como edificações e produtos de construção, pisos, detergentes, produtos e serviços de reciclagem, produtos de higiene pessoal e produtos e serviços de escritório. Empresas e produtos que conquistaram o selo incluem a Canon e a Fuji Xerox, como, por exemplo, impressoras e copiadoras.

Deve-se destacar também a existência de um selo brasileiro de qualidade ambiental, certificado pela ABNT, o ABNT Qualidade Ambiental, apresentado na Figura 5.

O selo de qualidade ambiental da ABNT cobre requisitos como a redução de desperdícios, otimização de processos, demonstração de que a empresa se preocupa com um desenvolvimento sustentável por meio da redução de impactos ambientais negativos, além de permitir a participação em licitações sustentáveis. Ademais, o ABNT Qualidade Ambiental é o único membro pleno da América do Sul do GEN, *Global Ecolabelling Network.*

Figura 4 • Selo *Environmental Choice*

Fonte: Environmental Choice (2019).

Figura 5 • Selo Qualidade Ambiental

Fonte: ABNT (2019).

13.3.2 *Autodeclarações ambientais (Tipo II)*

Um conhecido e recente exemplo de autodeclaração é o caso da empresa Coca-Cola, quando reduziu a quantidade de plástico na produção das garrafas plásticas de 500 ml para água. A garrafa usa uma embalagem chamada de *PlantBottle*, uma recente inovação da Coca-Cola que utiliza como matéria-prima a cana-de-açúcar para a fabricação. Com isso, a empresa difundiu a proposta em diversos meios de comunicação como mídia social, mídia impressa, propaganda e na rotulagem do produto, mostrando que reduziu em média 20% de plástico na fabricação da garrafa e 37% de redução no volume, com isso, reduziu os impactos ambientais do produto (T). A Figura 6 ilustra a garrafa de água cheia e, após o uso, a garrafa torcida.

Figura 6 • Autodeclaração: garrafa de plástico da Coca-Cola

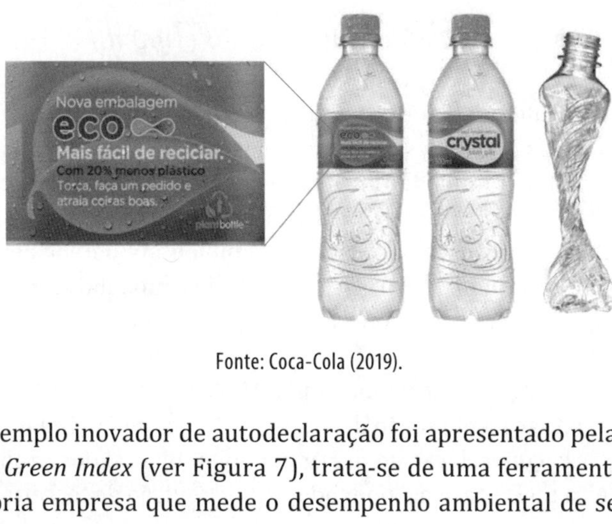

Fonte: Coca-Cola (2019).

Outro exemplo inovador de autodeclaração foi apresentado pela Timberland. Chamada de *Green Index* (ver Figura 7), trata-se de uma ferramenta desenvolvida pela própria empresa que mede o desempenho ambiental de seus produtos, considerando: potencial de aquecimento global, presença de substâncias químicas e consumo de recursos. Ou seja, trata-se de uma ferramenta que auxilia o consumidor final na compreensão de quão impactante o produto é para o meio ambiente, sendo que quanto maior o valor, pior é seu desempenho ambiental.

Figura 7 • *Green Index*: Autodeclaração Timberland

Fonte: Timberland (2018).

Além do *Green Index*, a Timberland traz informações também relacionadas à quantidade de CO_2 equivalente emitida, consumo de água, resíduos perigosos e resíduos sólidos lançados.

13.3.3 *Declarações ambientais de produto (Tipo III)*

Um exemplo de resultado de DAP é apresentado para o Cimento CP II E 40 da empresa Votorantim. Os resultados da ACV para o produto são ilustrados na Tabela 1.

Sendo informada a unidade funcional e seguindo as especificações da RCP, é possível realizar a comparação de diferentes produtos da mesma categoria de forma justa. Pode-se observar os impactos ambientais potenciais do produto/serviço avaliado, definindo, assim, seu perfil de desempenho ambiental. As DAPs são, ainda, disponibilizadas pelo operador do programa para consulta pelas partes interessadas.

Conforme descrito anteriormente, uma DAP não informa preferência, mas os dados podem auxiliar na obtenção de selos e, principalmente, reiterar a transparência da empresa com relação ao desempenho ambiental dos produtos, mensurados de maneira quantitativa e podendo incluir revisão de terceira parte.

Tabela 1 • Resultados DAP Cimento CP II E 40 – Votorantim

Impactos ambientais	A1-A2	A3	Total	Unidade
Potencial de aquecimento global	25,9	763,2	789,1	Kg CO_2-eq.
Potencial de depleção da camada de ozônio estratosférico	0	0	0	Kg CFC 11-eq.
Potencial de acidificação do solo e da água	0,1	1,5	1,7	Kg SO_2-eq.
Potencial de eutrofização	0	0,2	0,2	Kg PO_4^{3-}-eq.
Potencial de formação do ozônio troposférico	0	0,1	0,1	Kg C_2H_4-eq.
Potencial de depleção abiótica para recursos não fósseis	0	0	0	Kg Sb-eq.
Potencial de depleção abiótica para recursos fósseis	407,5	1419,7	1827,2	MJ

Fonte: Adaptado de Votorantim (2019).

Diante dos exemplos apresentados, o consumidor pode ter uma noção sobre como funcionam os rótulos ambientais. Diversas organizações estão em busca dessa prática e, paralelo a isso, é importante que o consumidor entenda os selos a fim de desenvolver políticas de compras sustentáveis.

13.4 Características Importantes para um Rótulo Ambiental

Como apresentado, os rótulos ambientais são um ótimo caminho para aumentar a credibilidade e confiança na compra de produtos e serviços. No entanto, existem muitos rótulos ambientais no mercado e um rótulo por si só não está isento de falhas. A seguir, são apresentadas algumas dicas para as organizações ou consumidores finais que fazem uso de rótulos e declarações ambientais.

13.4.1 *Conheça os tipos de rótulos!*

Conhecer os tipos de rotulagem auxiliará na escolha, visto que cada tipo de rotulagem pode fornecer mais ou menos informações. Por exemplo, alguns rótulos se concentram em um único critério tal como uma rotulagem do Tipo II de conteúdo reciclado, que é muito utilizada em embalagens, isto pode facilitar a escolha, se é isso que se está procurando, por outro lado, a falta de conhecimento pode induzir o consumidor a pensar que a embalagem ou até mesmo o produto contido na embalagem é "sustentável".

13.4.2 *Quem está por trás do rótulo?*

Com a grande quantidade de rótulos ambientais disponíveis no mercado, é muito importante conhecer quem é responsável pelo programa. Frequentemente, uma pesquisa rápida sobre a organização que opera determinado programa de rotulagem pode revelar muita coisa sobre sua credibilidade.

13.4.3 *Padrões adotados?*

Identifique se a metodologia é confiável! Verificar se os padrões adotados pelo selo estão em conformidade com um padrão bem conhecido, como, por exemplo, uma norma ISO (as normas ISO 14021, 14024, 14025 abordam os padrões para rótulos e declarações ambientais).

13.4.4 *Abordagem de ciclo de vida?*

A abordagem de ciclo de vida auxilia no fornecimento de informações ambientais relevantes e abrangentes, evitando possível *greenwashing*.

13.4.5 *Verificação de terceira parte?*

Um aspecto que gera confusão na escolha de um rótulo ambiental é a diferença entre os níveis de credibilidade, confiabilidade e imparcialidade aplicados em cada programa de rotulagem. Um programa com uma verificação independente e de terceira parte[2] naturalmente possui um rigor mais elevado nestes três aspectos.

---

2 Terceira parte: Pessoa ou organismo reconhecido como independente das partes envolvidas, no que se refere a um dado assunto. As partes envolvidas representam geralmente os interesses do fornecedor (primeira parte) e do comprador (segunda parte).

13.4.6 *Transparência?*

Um programa de rotulagem não deve ser reticente quanto a revelar informações relevantes, todas as questões abordadas anteriormente devem estar disponíveis de maneira clara para as organizações e consumidores finais.

13.5 Considerações Finais

A comunicação ambiental é um importante instrumento de gestão ambiental e de produção e consumo sustentável. Permite não somente informar os consumidores em relação ao desempenho ambiental do produto ou serviço que ele está adquirindo, mas também auxiliá-lo no processo de decisão de compra. Isso se torna de grande relevância principalmente quando o mercado consumidor passa a considerar os aspectos ambientais de um produto ou serviço como um fator de decisão para a compra, além do seu preço, marca e outros atributos.

Observa-se, nos últimos anos, que o número de Declarações Ambientais publicadas tem aumentado. As aplicações e os diversos usos potenciais das declarações estão longe de se esgotarem. Muitas organizações têm inovado não apenas no desenvolvimento das DAPs, mas na forma de comunicar as informações ambientais.

A sustentabilidade e as preocupações ambientais têm mudado o modo de pensar da sociedade e o cotidiano das pessoas; assim, ainda que as DAPs tenham surgido primeiramente como uma ferramenta de comunicação entre empresas, o seu uso para a comunicação de empresas com o consumidor final tem se expandido.

Nesse sentido, a rotulagem e as declarações ambientais de produtos podem inclusive auxiliar no atendimento e na promoção de diversos ODS da ONU. Exemplo: ODS 6 (Água potável e saneamento), ODS 7 (Energia limpa e acessível), ODS 8 (Trabalho decente e crescimento econômico), ODS 9 (Indústria, inovação e infraestrutura), ODS 12 (Consumo e produção sustentável) e ODS 13 (Ação contra a mudança global do clima).

O uso das rotulagens e DAPs hoje ainda é limitado. A maioria dos proprietários e potenciais proprietários de DAPs ainda não possuem conhecimento profundo nelas para explorar todo o seu potencial sustentável de forma lucrativa. Contudo, a rotulagem ambiental apresenta benefícios, dentre os quais destacam-se a comunicação, vantagem competitiva, potencial expansão de mercado, bem como as vantagens para o meio ambiente.

Por outro lado, as rotulagens e principalmente as DAPs ainda apresentam alguns desafios. No Brasil, esses desafios estão relacionados em grande parte aos custos de realizar estudos de ACV e à confiabilidade dos dados por conta da falta de inventários de ciclo de vida nacionais e métodos de avaliação de impacto regionalizados.

13.6 Exercícios Propostos

Questão 1. O que é rotulagem ambiental e para quem é destinada?

Questão 2. Preencha o quadro comparativo entre os diferentes tipos de rotulagem ambiental a partir dos seguintes critérios:

	ISO 14021 - Rotulagem do Tipo II	**ISO 14024 - Rotulagem do Tipo I**	**ISO 14025 - Rotulagem do Tipo III**
Utiliza revisão externa			
Baseada em Avaliação do Ciclo de Vida			
Permite comparabilidade			
Está mais sujeita às práticas de *greenwashing*			

Questão 3. A rotulagem ambiental é regulamentada de acordo com qual Norma Brasileira? Cite e explique algumas orientações da Norma.

Questão 4. Preencha com verdadeiro (V) ou falso (F).

( ) é obrigatório ter uma DAP para realizar exportações.

( ) rótulos do Tipo I têm certificação com validade determinada.

( ) a rotulagem ambiental pode ser considerada um instrumento econômico.

( ) *greenwashing* pode induzir o consumidor a acreditar em um falso desempenho ambiental de um produto/serviço.

( ) uma RCP determina como os resultados de uma DAP serão comunicados.

( ) há 2 tipos de rótulos ambientais, apenas selos e autodeclarações, pois uma DAP não é um tipo de rótulo.

( ) para produtos sem uma RCP estabelecida, o operador de programa permite realizar apenas um estudo de ACV e comunicar os resultados em uma DAP.

( ) rótulos do Tipo II não passam por avaliação externa.

( ) nem todas as DAPs necessitam de revisão por terceira parte.

( ) a principal diferença entre um rótulo do Tipo I e um rótulo do Tipo III é que o primeiro não passa por revisão por terceira parte e o segundo sim.

Questão 5. Considere a Tabela 1 com dados de duas DAPs de diferentes setores e responda:

Tabela 1 • Indicadores de impactos potenciais de duas DAPs

Indicadores de impacto ambiental potencial	Massa de macarrão (1 kg de produto)[3] Total (berço ao túmulo)	Creme hidratante (200 ml)[4] Total (berço ao túmulo)
Mudanças climáticas – contribuição fóssil (g. CO_2 eq.)	833,80	5,97E-02
Mudanças climáticas – contribuição biogênica (g. CO_2 eq.)	-77,20	-
Acidificação (g. SO_2 eq.)	11,29	3,80E-02
Eutrofização (g. PO_4 eq.)	6,12	-
Ozônio fotoquímico (g. C_2H_4 eq.)	0,12	6,10E-02

a. Quais são as categorias de impacto analisadas?
b. Qual é o fluxo de referência de cada produto?
c. Os produtos possuem as mesmas RCPs e unidades funcionais? Justifique.
d. Qual dos dois produtos possui um menor impacto ambiental?
e. Justifique por que os produtos não podem ser comparados?

---

3 Informações extraídas da DAP "*dry semolina* pasta selezione oro chef", número de registro S-P-00492 do International EPD System.

4 Informações extraídas da DAP "dei prodotti cosmetici rinse-off", número de registro S-P-00867 do International EPD System.

GABARITO

Questão 1.

Resposta: A rotulagem ambiental é um instrumento de comunicação com o objetivo de promover a qualidade ambiental do produto, aplicando esforços por diferentes partes da organização a fim de transmitir uma comunicação ambiental de forma clara para o consumidor do produto. Essa comunicação ocorre entre as organizações fabricantes do produto, o setor público e o comprador — tanto individual quanto institucional.

Questão 2.

Resposta: Preencha o quadro comparativo entre os diferentes tipos de rotulagem ambiental a partir dos seguintes critérios (se a afirmação for verdadeira, preencha o campo com um X):

	ISO 14021 - Rotulagem do Tipo II	**ISO 14024 - Rotulagem do Tipo I**	**ISO 14025 - Rotulagem do Tipo III**
Utiliza revisão externa		X	X
Baseada em Avaliação do Ciclo de Vida			X
Permite comparabilidade			X
Está mais sujeita às práticas de *greenwashing*	X		

Questão 3.

Resposta: A rotulagem ambiental é regulamentada de acordo com algumas Normas Brasileiras. A rotulagem do Tipo I é representada na ABNT NBR ISO 14024:2004. Um programa de rotulagem ambiental do Tipo I gera os rótulos ambientais (ecolabels), com o objetivo de destacar os produtos/serviços que evidenciem a redução de impactos ambientais, considerando o ciclo de vida deles, e não somente a transferência da responsabilidade dos impactos, de alguma forma, às partes terceiras.

A rotulagem do Tipo II: Autodeclarações Ambientais, é estabelecido a partir da ABNT NBR ISO 14021:2017. O Tipo II estabelece os requisitos para autodeclarações ambientais.

A rotulagem do Tipo III é nomeada de Declaração Ambiental de Produto (DAP), sendo regulamentada pela norma ABNT NBR ISO 14025:2015, estabelecendo os princípios e procedimentos para a elaboração das DAPs. Uma DAP é baseada em uma ACV, que leva em conta os aspectos ambientais de um sistema de modo a mensurar os impactos ambientais potenciais.

Questão 4.

Resposta:

(F) é obrigatório ter uma DAP para realizar exportações.

(V) rótulos do Tipo I tem certificação com validade determinada.

(V) a rotulagem ambiental pode ser considerada um instrumento econômico.

(V) *greenwashing* pode induzir o consumidor a acreditar em um falso desempenho ambiental de um produto/serviço.

(V) uma RCP determina como os resultados de uma DAP serão comunicados.

(F) há 2 tipos de rótulos ambientais, apenas selos e autodeclarações, pois uma DAP não é um tipo de rótulo.

(F) para produtos sem uma RCP estabelecida, o operador de programa permite realizar apenas um estudo de ACV e comunicar os resultados em uma DAP.

(V) rótulos do Tipo II não passam por avaliação externa.

(F) nem todas as DAPs necessitam de revisão por terceira parte.

(F) a principal diferença entre um rótulo do Tipo I e um rótulo do Tipo III é que o primeiro não passa por revisão por terceira parte e o segundo sim.

Questão 5.

Resposta:

Tabela 2 • Indicadores de impactos potenciais de duas DAPs

Indicadores de impacto ambiental potencial	Massa de macarrão (1 kg de produto)[5] Total (berço ao túmulo)	Creme hidratante (200 ml)[6] Total (berço ao túmulo)
Mudanças climáticas – contribuição fóssil (g. CO_2 eq.)	833,80	5,97E-02
Mudanças climáticas – contribuição biogênica (g. CO_2 eq.)	-77,20	-
Acidificação (g. SO_2 eq.)	11,29	3,80E-02
Eutrofização (g. PO_4 eq.)	6,12	-
Ozônio fotoquímico (g. C_2H_4 eq.)	0,12	6,10E-02

a) As categorias de impacto analisadas são Mudanças climáticas — contribuição fóssil, Mudanças climáticas — contribuição biogênica, Acidificação, Eutrofização e Ozônio fotoquímico.

b) Fluxo de referência para a massa de macarrão: 1 kg de produto.
Fluxo de referência para o creme hidratante: 200 ml.

c) Não. As Regras de Categorias são distintas, logo as unidades funcionais são diferentes, pois se trata de produtos com funções diferentes.

d) Não é possível dizer, pois as DAPs não são comparáveis.

5 Informações extraídas da DAP "*dry semolina* pasta selezione oro chef", número de registro S-P-00492 do International EPD System.

6 Informações extraídas da DAP "dei prodotti cosmetici rinse-off", número de registro S-P-00867 do International EPD System.

e) Os produtos não podem ser comparados, pois, segundo a ABNT NBR ISO 14025, é um requisito para comparabilidade que a definição da categoria de produto e a descrição (por exemplo, função, desempenho técnico e uso) sejam idênticas. Ademais, ainda segundo a mesma norma, a definição de objetivo e escopo, assim como análise de inventário e avaliação de impactos para a ACV do produto, de acordo com a série ABNT NBR ISO 14040, devem ser, no mínimo, equivalentes.

Referências

ABNT – Associação Brasileira de Normas Técnicas. ISO 14044: Environmental management – Life cycle assessment – Requirements and guidelines, 2006.

ABNT – Associação Brasileira de Normas Técnicas. NBR ISO 14020: Rótulos e declarações ambientais – Princípios gerais. Brasil, 2002.

ABNT – Associação Brasileira de Normas Técnicas. NBR ISO 14021: Rótulos e declarações ambientais – Autodeclarações ambientais (rotulagem do Tipo II). Brasil, 2017.

ABNT – Associação Brasileira de Normas Técnicas. NBR ISO 14024: Rótulos e declarações ambientais – Rotulagem ambiental do Tipo I – Princípios e procedimentos. Brasil, 2004.

ABNT – Associação Brasileira de Normas Técnicas. NBR ISO 14025: Rótulos e declarações ambientais – Declarações ambientais de Tipo III – Princípios e procedimentos. Brasil, 2015.

ABNT – Associação Brasileira de Normas Técnicas. NBR ISO 14040: Gestão ambiental – Avaliação do ciclo de vida – Princípios e estrutura. Brasil, 2014.

ABNT – Associação Brasileira de Normas Técnicas. NBR ISO 14044: Gestão ambiental – Avaliação do ciclo de vida – Requisitos e orientações. Brasil, 2014.

ABNT – Associação Brasileira de Normas Técnicas. *O que é Rótulo Ecológico?* 2019. Disponível em: https://www.abntonline.com.br/sustentabilidade/Rotulo/Default. Acesso em: 28 mar. 2019.

ALEM, G. *et al.* 2015. *Compras sustentáveis & grandes eventos:* a avaliação do ciclo de vida como ferramenta para decisões de consumo. Sérgio Ade ed. São Paulo: Programa Gestão Pública e Cidadania, 2015.

BLUE ANGEL. *The German Ecolabel.* 2019. Disponível em: https://www.blauer-engel.de/en. Acesso em: 27 mar. 2019.

Coca-Cola. *PlantBottle.* 2019. Disponível em: https://www.coca-colacompany.com/media-center/coca-cola-expands-access-to-plantbottle-ip. Acesso em: 28 mar. 2019.

Coca-Cola Brasil. 2019. Disponível em: https://www.cocacolabrasil.com.br/. Acesso em: 27 mar. 2019.

ENVIRONMENTAL CHOICE. *Environmental Choice New Zealand.* 2019. Disponível em: https://environmentalchoice.org.nz/. Acesso em: 28 mar. 2019.

EUROPEAN COMMISSION 196 final: *Building the Single Market for Green Products*, 2013. Disponível em: http://eur-lex.europa.eu/legal-content/EN/TXT/PDF/?uri=CELEX:52013DC0196&from=EN.

EUROPEAN COMMISSION. *Single Market for Green Products Initiative.* Disponível em: http://ec.europa.eu/environment/eussd/smgp/index.htm. Acesso em: 30 abr. 2018.

GEN (Global Ecolabelling Network). *Global Ecolabelling Network.* 2019. Disponível em: https://www.globalecolabelling.net/. Acesso em: 02 mai. 2019.

GREEN SEAL. *Make healthier, greener choices with confidence.* Disponível em: https://www.greenseal.org/. Acesso em: 28 mar. 2019.

ISO (International Organization for Standardization). ISO 14040: Environmental management – Life cycle assessment – Principles and framework, 2006.

ISO (International Organization for Standardization). ISO 20400:2017 – Sustainable Procurement, Guidance. 2017.

KISS, Beatriz Cristina Koszka. 2018. Análise da aplicação do pensamento de ciclo de vida na gestão empresarial: estudo de casos brasileiros. 158 f. Escola de Administração de Empresas de São Paulo – FGV EAESP. Disponível em: http://bibliotecadigital.fgv.br/dspace/handle/10438/24510. Acesso em: 15 abr. 2019.

MOURA, Adriana Maria Magalhães de. O mecanismo de rotulagem ambiental: perspectivas de aplicação no Brasil. 2013. Disponível em: http://repositorio.ipea.gov.br/handle/11058/5655. Acesso em: 26 mar. 2019.

ONU – ORGANIZAÇÃO DAS NAÇÕES UNIDAS. Objetivo 12. Assegurar padrões de produção e de consumo sustentáveis. 2015. Disponível em: https://nacoesunidas.org/pos2015/ods12/. Acesso em: 02 mai. 2019.

SCATOLIM, Roberta Lucas. A importância do rótulo na comunicação visual da embalagem: uma análise sinestésica do produto. Unesp, FAAC, Bauru, SP. 2009. Disponível em: http://www.bocc.ubi.pt/pag/scatolim-roberta-importancia-rotulo-comunicacao.pdf. Acesso em: 26 mar. 2019.

SENADO FEDERAL. *Compras e Contratações Sustentáveis.* 2019. Disponível em: https://www12.senado.leg.br/institucional/programas/senado-verde/eixos-tematicos/compras-sustentaveis-1/home. Acesso em: 11 set. 2019.

UNEP. 2015. *Product Sustainability Information:* State of Play and Way Forward. [s.l.] United Nations Environmental Programme (UNEP), 2015.

VOTORANTIM. *EPD – Environmental Product Declaration:* CP II E 40, CP III-40 RS and CP V-ARI by Votorantim Cimentos. Disponível em: https://gryphon4.environdec.com/system/data/files/6/11919/epd895%20Votorantim%20Cement.pdf. Acesso em: 28 mar. 2019.

Índice

Símbolos

A

B

C

D

E

F

G

H

I

L

M

N

O

P

R

S

T

V

Este livro foi impresso nas oficinas gráficas da Editora Vozes Ltda.,
Rua Frei Luís, 100 – Petrópolis, RJ.